《机动车船污染防治和治理》系列丛书

丛书主编　刘炳江／副主编　吴险峰　姜华

移动源环境管理实用手册

（上册）

生态环境部大气环境司
中国环境科学研究院　编

中国环境出版集团·北京

图书在版编目（CIP）数据

移动源环境管理实用手册. 上册/生态环境部大气环境司，中国环境科学研究院编. —北京：中国环境出版集团，2020.11

（《机动车船污染防治和治理》系列丛书）

ISBN 978-7-5111-4485-0

Ⅰ. ①移… Ⅱ. ①生…②中… Ⅲ. ①移动污染源—环境管理—手册 Ⅳ. ①X501-62

中国版本图书馆 CIP 数据核字（2020）第 206646 号

出 版 人 武德凯
责任编辑 张维平
责任校对 任 丽
封面设计 彭 杉

出版发行 中国环境出版集团
（100062 北京市东城区广渠门内大街 16 号）
网　　址：http：//www.cesp.com.cn
电子邮箱：bjgl@cesp.com.cn
联系电话：010-67112765（编辑管理部）
发行热线：010-67125803，010-67113405（传真）
印　　刷 北京中科印刷有限公司
经　　销 各地新华书店
版　　次 2020 年 11 月第 1 版
印　　次 2020 年 11 月第 1 次印刷
开　　本 787×1092 1/16
印　　张 26
字　　数 590 千字
定　　价 120 元

《移动源环境管理实用手册》

（上册）

编写人员

谷雪景　丁　焰　尹　航　崔明明　王军方

王英才　纪　亮　解淑霞　李　刚　赵海光

伊　飞　滕　琦　郝春晓　田　苗　王运静

前　　言

大气环境保护事关人民群众根本利益，事关全面建成小康社会、经济高质量发展和美丽中国建设。2018 年 6 月 27 日国务院正式印发《打赢蓝天保卫战三年行动计划》，2018 年 12 月，生态环境部等 11 部门联合印发《柴油货车污染治理攻坚战行动计划》，部署了清洁柴油车、清洁柴油机、清洁运输和清洁油品四大行动措施。当前，我国移动源污染问题日益突出，据《第二次全国污染源普查公报》统计显示，2017 年移动源 NO_x 和 VOCs 排放量分别占污染源排放总量的 59.6%和 23.5%。各地的 $PM_{2.5}$ 源解析结果也表明，移动源对 $PM_{2.5}$ 的质量浓度贡献率在 10%～50%，已成为北京、上海、深圳、成都等大中型城市空气污染的主要来源。机动车船大都运行在城市区域的人口密集区，因此排放的污染物直接危害人体健康。

“十三五”期间，在党中央、国务院总体部署下，通过不断完善法律法规标准体系，移动源污染防控在提升新车污染防治水平、淘汰老旧机动车、综合整治非道路移动源、推进运输结构调整、加速推进车辆燃油低硫化进程等方面取得了积极进展。一是全国人大常委会 2015 年修订发布了《中华人民共和国大气污染防治法》，提出了建立机动车船环保信息公开、排放达标、环保召回等基本环境保护制度。二是 2016 年以来陆续发布了轻型车、重型车国家第六阶段及在用汽车、船舶等排放标准，机动车船污染控制技术水平进一步提高，为机动车船产业高质量发展奠定了坚实的基础。三是京津冀三地发布了移动源专项条例，《中华人民共和国大气污染防治法》提出的重点区域联防联控的统一规划、统一标准、统一监测、统一污染防治措施在京津冀区域移动源管控中得到落实。四是运输结构调整取得明显进展，2017 年开始推进运输结构调整工作后，铁路货运量逐年提高，2017—2019 年三年分别比上年上涨 7.80%、7.93%、8.08%。五是构建了覆盖机动车船全生命周期的环境管理制度体系，建立了事前信息公开、事中达标监管、事后环保召回的新车环境管理制度。构建了“天地车人”一体化的在用车监控系统，实现了机动车排放检验机构和遥感监测三级联网。持续开展新生产、在用机动车及排放检验机构监督执法检查，逐渐形成日常监管机制。虽然“十三五”以来移动源污染防治取得显著进展，但在严峻的大气污染形势面前，移动源污染防治仍面临很大压力，相对于固定源污染防治，移动源污染防治人员能力较弱，尤其是在市、县层面，能力严重不足，普遍存在认识不够、基础知识严重缺乏、污染防治体系不够完善等问题，已成为我国大气污染防治工作的薄弱环节和短板，迫切需要进一步加强指导和推进。

为配合做好移动源污染防治，尤其是落实柴油货车污染治理攻坚战任务，实现科学治污、依法治污和精准治污，切实解决环保、产业以及相关方面的实际困难，方便相关业务人员学习使用和提高业务能力，生态环境部大气环境司和中国环境科学研究院联合编制了《机动车船污染防治和治理》系列丛书。丛书涉及移动源法律法规、地方规章、规定及排放标准、污染治理基础知识等内容。

本系列丛书涉及内容多、领域广、专业性强，在编写的过程中，我们虽然力求准确阐述，但编者深知自己专业水平有限、认知高度和深度不足，错漏之处在所难免，敬请读者批评指正。

生态环境部大气环境司
中国环境科学研究院
2020 年 7 月

目　录

第一部分　法律法规

中华人民共和国环境保护法……3
中华人民共和国大气污染防治法……12
中华人民共和国道路交通安全法……30
中华人民共和国港口法……47
中华人民共和国产品质量法……55
中华人民共和国行政许可法……64
中华人民共和国行政处罚法……76
中华人民共和国认证认可条例……84

第二部分　规划、计划文件

中共中央　国务院关于全面加强生态环境保护　坚决打好污染防治攻坚战的意见（节选）……95
中共中央　国务院印发《交通强国建设纲要》……98
中共中央办公厅　国务院办公厅关于印发《中央和国家机关有关部门生态环境保护责任清单》的通知……107
中共中央办公厅　国务院办公厅印发《中央生态环境保护督察工作规定》……122
国务院关于印发打赢蓝天保卫战三年行动计划的通知……129
国务院办公厅关于印发《推进运输结构调整三年行动计划（2018—2020年）》的通知……136
国务院办公厅转发交通运输部等部门关于加快道路货运行业转型升级促进高质量发展意见的通知……144
报废机动车回收管理办法……147
国务院关于印发“十三五”生态环境保护规划的通知……151
国务院关于印发《“十三五”节能减排综合工作方案》的通知……158
国务院关于印发《“十三五”现代综合交通运输体系发展规划》的通知……164

国务院关于印发《“十三五”控制温室气体排放工作方案》的通知......184
国务院办公厅关于促进二手车便利交易的若干意见......188

第三部分　部门贯彻落实文件

综合管理......193
生态环境部等十一部门关于印发《柴油货车污染治理攻坚战行动计划》的通知......194
关于稳定和扩大汽车消费若干措施的通知......206
国家发展改革委等五部门发布关于加快推进铁路专用线建设的指导意见......208
国家发展改革委等七部门关于印发《加快成品油质量升级工作方案》的通知......213
国家发展改革委等八部门关于推进电能替代的指导意见......218
环境保护部等四部门和北京市等六省市人民政府关于印发《京津冀及周边地区 2017 年大气污染防治工作方案》的通知......223
交通运输部等十二部门和单位关于印发《绿色出行行动计划（2019—2022 年）》的通知......226
交通运输部关于全面深入推进绿色交通发展的意见......231
交通运输部关于全面加强生态环境保护　坚决打好污染防治攻坚战的实施意见......238
交通运输部等九部门贯彻落实国务院办公厅《推进运输结构调整三年行动计划（2018—2020 年）》的通知......246
民用航空局关于印发《民航贯彻落实〈打赢蓝天保卫战三年行动计划〉工作方案》的通知......249

公路运输与机动车管理......253
关于建立实施汽车排放检验与维护制度的通知......254
环境保护部关于加强机动车污染防治工作　推进大气 $PM_{2.5}$ 治理进程的指导意见......258
商务部、发展改革委、公安部、环境保护部令　《机动车强制报废标准规定》......263
环境保护部等五部门关于全面推进黄标车淘汰工作的通知......267
环境保护部、公安部、国家认监委关于进一步规范排放检验加强机动车环境监督管理工作的通知......269
环境保护部关于开展机动车和非道路移动机械环保信息公开工作的公告......273
环境保护部、商务部关于加强二手车环保达标监管工作的通知......276
环境保护部关于发布《机动车污染防治技术政策》的公告......278
海关总署关于进一步规范进口机动车环保项目检验的公告......284
关于完善新能源汽车推广应用财政补贴政策的通知......285

关于印发《推动重点消费品更新升级　畅通资源循环利用实施方案（2019—2020年）》的通知......288
中华人民共和国海关对非居民长期旅客进出境自用物品监管办法......294
商务部等七部门关于进一步促进汽车平行进口发展的意见......298

水路运输与船舶管理......302
港口和船舶岸电管理办法......303
交通运输部　发展改革委　财政部　自然资源部　生态环境部　应急部　海关总署　市场监管总局　国家铁路集团关于建设世界一流港口的指导意见......307
交通运输部关于印发《内河航运发展纲要》的通知......313
渔业船舶检验管理规定......319
交通运输部关于印发《船舶与港口污染防治专项行动实施方案（2015—2020年）》的通知......326
交通运输部关于印发《珠三角、长三角、环渤海（京津冀）水域船舶排放控制区实施方案》的通知......333
中华人民共和国防治船舶污染内河水域环境管理规定......337
交通运输部关于开展港口船舶污染物接收处置有关工作的通知......347
中华人民共和国船舶及其有关作业活动污染海洋环境防治管理规定......349
交通运输部等十三部门关于加强船用低硫燃油供应保障和联合监管的指导意见......359
交通运输部关于印发《长江经济带船舶污染防治专项行动方案（2018—2020年）》的通知......363
交通运输部关于进一步做好港口污染防治相关工作的通知......369
中华人民共和国船舶污染海洋环境应急防备和应急处置管理规定......371
交通运输部关于印发《船舶大气污染物排放控制区实施方案》的通知......379
交通运输部　财政部　国家发展改革委　国家能源局　国家电网公司　南方电网公司关于进一步共同推进船舶靠港使用岸电工作的通知......385
交通运输部关于发布《绿色港口等级评价指南》的公告......389

非道路移动机械管理......390
生态环境部关于发布《非道路移动机械污染防治技术政策》的公告......391
关于加快推进非道路移动机械摸底调查和编码登记工作的通知......396
农业农村部办公厅　财政部办公厅　商务部办公厅关于印发《农业机械报废更新补贴实施指导意见》的通知......402

第一部分

法律法规

中华人民共和国环境保护法

（1989年12月26日第七届全国人民代表大会常务委员会第十一次会议通过　2014年4月24日第十二届全国人民代表大会常务委员会第八次会议修订）

第一章　总　则

第一条　为保护和改善环境，防治污染和其他公害，保障公众健康，推进生态文明建设，促进经济社会可持续发展，制定本法。

第二条　本法所称环境，是指影响人类生存和发展的各种天然的和经过人工改造的自然因素的总体，包括大气、水、海洋、土地、矿藏、森林、草原、湿地、野生生物、自然遗迹、人文遗迹、自然保护区、风景名胜区、城市和乡村等。

第三条　本法适用于中华人民共和国领域和中华人民共和国管辖的其他海域。

第四条　保护环境是国家的基本国策。

国家采取有利于节约和循环利用资源、保护和改善环境、促进人与自然和谐的经济、技术政策和措施，使经济社会发展与环境保护相协调。

第五条　环境保护坚持保护优先、预防为主、综合治理、公众参与、损害担责的原则。

第六条　一切单位和个人都有保护环境的义务。

地方各级人民政府应当对本行政区域的环境质量负责。

企业事业单位和其他生产经营者应当防止、减少环境污染和生态破坏，对所造成的损害依法承担责任。

公民应当增强环境保护意识，采取低碳、节俭的生活方式，自觉履行环境保护义务。

第七条　国家支持环境保护科学技术研究、开发和应用，鼓励环境保护产业发展，促进环境保护信息化建设，提高环境保护科学技术水平。

第八条　各级人民政府应当加大保护和改善环境、防治污染和其他公害的财政投入，提高财政资金的使用效益。

第九条　各级人民政府应当加强环境保护宣传和普及工作，鼓励基层群众性自治组织、社会组织、环境保护志愿者开展环境保护法律法规和环境保护知识的宣传，营造保护环境的良好风气。

教育行政部门、学校应当将环境保护知识纳入学校教育内容，培养学生的环境保护意识。

新闻媒体应当开展环境保护法律法规和环境保护知识的宣传，对环境违法行为进行舆论监督。

第十条 国务院环境保护主管部门，对全国环境保护工作实施统一监督管理；县级以上地方人民政府环境保护主管部门，对本行政区域环境保护工作实施统一监督管理。

县级以上人民政府有关部门和军队环境保护部门，依照有关法律的规定对资源保护和污染防治等环境保护工作实施监督管理。

第十一条 对保护和改善环境有显著成绩的单位和个人，由人民政府给予奖励。

第十二条 每年 6 月 5 日为环境日。

第二章 监督管理

第十三条 县级以上人民政府应当将环境保护工作纳入国民经济和社会发展规划。

国务院环境保护主管部门会同有关部门，根据国民经济和社会发展规划编制国家环境保护规划，报国务院批准并公布实施。

县级以上地方人民政府环境保护主管部门会同有关部门，根据国家环境保护规划的要求，编制本行政区域的环境保护规划，报同级人民政府批准并公布实施。

环境保护规划的内容应当包括生态保护和污染防治的目标、任务、保障措施等，并与主体功能区规划、土地利用总体规划和城乡规划等相衔接。

第十四条 国务院有关部门和省、自治区、直辖市人民政府组织制定经济、技术政策，应当充分考虑对环境的影响，听取有关方面和专家的意见。

第十五条 国务院环境保护主管部门制定国家环境质量标准。

省、自治区、直辖市人民政府对国家环境质量标准中未作规定的项目，可以制定地方环境质量标准；对国家环境质量标准中已作规定的项目，可以制定严于国家环境质量标准的地方环境质量标准。地方环境质量标准应当报国务院环境保护主管部门备案。

国家鼓励开展环境基准研究。

第十六条 国务院环境保护主管部门根据国家环境质量标准和国家经济、技术条件，制定国家污染物排放标准。

省、自治区、直辖市人民政府对国家污染物排放标准中未作规定的项目，可以制定地方污染物排放标准；对国家污染物排放标准中已作规定的项目，可以制定严于国家污染物排放标准的地方污染物排放标准。地方污染物排放标准应当报国务院环境保护主管部门备案。

第十七条 国家建立、健全环境监测制度。国务院环境保护主管部门制定监测规范，会同有关部门组织监测网络，统一规划国家环境质量监测站（点）的设置，建立监测数据共享机制，加强对环境监测的管理。

有关行业、专业等各类环境质量监测站（点）的设置应当符合法律法规规定和监测规范的要求。

监测机构应当使用符合国家标准的监测设备，遵守监测规范。监测机构及其负责人对监测数据的真实性和准确性负责。

第十八条　省级以上人民政府应当组织有关部门或者委托专业机构，对环境状况进行调查、评价，建立环境资源承载能力监测预警机制。

第十九条　编制有关开发利用规划，建设对环境有影响的项目，应当依法进行环境影响评价。

未依法进行环境影响评价的开发利用规划，不得组织实施；未依法进行环境影响评价的建设项目，不得开工建设。

第二十条　国家建立跨行政区域的重点区域、流域环境污染和生态破坏联合防治协调机制，实行统一规划、统一标准、统一监测、统一的防治措施。

前款规定以外的跨行政区域的环境污染和生态破坏的防治，由上级人民政府协调解决，或者由有关地方人民政府协商解决。

第二十一条　国家采取财政、税收、价格、政府采购等方面的政策和措施，鼓励和支持环境保护技术装备、资源综合利用和环境服务等环境保护产业的发展。

第二十二条　企业事业单位和其他生产经营者，在污染物排放符合法定要求的基础上，进一步减少污染物排放的，人民政府应当依法采取财政、税收、价格、政府采购等方面的政策和措施予以鼓励和支持。

第二十三条　企业事业单位和其他生产经营者，为改善环境，依照有关规定转产、搬迁、关闭的，人民政府应当予以支持。

第二十四条　县级以上人民政府环境保护主管部门及其委托的环境监察机构和其他负有环境保护监督管理职责的部门，有权对排放污染物的企业事业单位和其他生产经营者进行现场检查。被检查者应当如实反映情况，提供必要的资料。实施现场检查的部门、机构及其工作人员应当为被检查者保守商业秘密。

第二十五条　企业事业单位和其他生产经营者违反法律法规规定排放污染物，造成或者可能造成严重污染的，县级以上人民政府环境保护主管部门和其他负有环境保护监督管理职责的部门，可以查封、扣押造成污染物排放的设施、设备。

第二十六条　国家实行环境保护目标责任制和考核评价制度。县级以上人民政府应当将环境保护目标完成情况纳入对本级人民政府负有环境保护监督管理职责的部门及其负责人和下级人民政府及其负责人的考核内容，作为对其考核评价的重要依据。考核结果应当向社会公开。

第二十七条　县级以上人民政府应当每年向本级人民代表大会或者人民代表大会常

务委员会报告环境状况和环境保护目标完成情况，对发生的重大环境事件应当及时向本级人民代表大会常务委员会报告，依法接受监督。

第三章 保护和改善环境

第二十八条 地方各级人民政府应当根据环境保护目标和治理任务，采取有效措施，改善环境质量。

未达到国家环境质量标准的重点区域、流域的有关地方人民政府，应当制定限期达标规划，并采取措施按期达标。

第二十九条 国家在重点生态功能区、生态环境敏感区和脆弱区等区域划定生态保护红线，实行严格保护。

各级人民政府对具有代表性的各种类型的自然生态系统区域，珍稀、濒危的野生动植物自然分布区域，重要的水源涵养区域，具有重大科学文化价值的地质构造、著名溶洞和化石分布区、冰川、火山、温泉等自然遗迹，以及人文遗迹、古树名木，应当采取措施予以保护，严禁破坏。

第三十条 开发利用自然资源，应当合理开发，保护生物多样性，保障生态安全，依法制定有关生态保护和恢复治理方案并予以实施。

引进外来物种以及研究、开发和利用生物技术，应当采取措施，防止对生物多样性的破坏。

第三十一条 国家建立、健全生态保护补偿制度。

国家加大对生态保护地区的财政转移支付力度。有关地方人民政府应当落实生态保护补偿资金，确保其用于生态保护补偿。

国家指导受益地区和生态保护地区人民政府通过协商或者按照市场规则进行生态保护补偿。

第三十二条 国家加强对大气、水、土壤等的保护，建立和完善相应的调查、监测、评估和修复制度。

第三十三条 各级人民政府应当加强对农业环境的保护，促进农业环境保护新技术的使用，加强对农业污染源的监测预警，统筹有关部门采取措施，防治土壤污染和土地沙化、盐渍化、贫瘠化、石漠化、地面沉降以及防治植被破坏、水土流失、水体富营养化、水源枯竭、种源灭绝等生态失调现象，推广植物病虫害的综合防治。

县级、乡级人民政府应当提高农村环境保护公共服务水平，推动农村环境综合整治。

第三十四条 国务院和沿海地方各级人民政府应当加强对海洋环境的保护。向海洋排放污染物、倾倒废弃物，进行海岸工程和海洋工程建设，应当符合法律法规规定和有关标准，防止和减少对海洋环境的污染损害。

第三十五条 城乡建设应当结合当地自然环境的特点，保护植被、水域和自然景观，加强城市园林、绿地和风景名胜区的建设与管理。

第三十六条 国家鼓励和引导公民、法人和其他组织使用有利于保护环境的产品和再生产品，减少废弃物的产生。

国家机关和使用财政资金的其他组织应当优先采购和使用节能、节水、节材等有利于保护环境的产品、设备和设施。

第三十七条 地方各级人民政府应当采取措施，组织对生活废弃物的分类处置、回收利用。

第三十八条 公民应当遵守环境保护法律法规，配合实施环境保护措施，按照规定对生活废弃物进行分类放置，减少日常生活对环境造成的损害。

第三十九条 国家建立、健全环境与健康监测、调查和风险评估制度；鼓励和组织开展环境质量对公众健康影响的研究，采取措施预防和控制与环境污染有关的疾病。

第四章 防治污染和其他公害

第四十条 国家促进清洁生产和资源循环利用。

国务院有关部门和地方各级人民政府应当采取措施，推广清洁能源的生产和使用。

企业应当优先使用清洁能源，采用资源利用率高、污染物排放量少的工艺、设备以及废弃物综合利用技术和污染物无害化处理技术，减少污染物的产生。

第四十一条 建设项目中防治污染的设施，应当与主体工程同时设计、同时施工、同时投产使用。防治污染的设施应当符合经批准的环境影响评价文件的要求，不得擅自拆除或者闲置。

第四十二条 排放污染物的企业事业单位和其他生产经营者，应当采取措施，防治在生产建设或者其他活动中产生的废气、废水、废渣、医疗废物、粉尘、恶臭气体、放射性物质以及噪声、振动、光辐射、电磁辐射等对环境的污染和危害。

排放污染物的企业事业单位，应当建立环境保护责任制度，明确单位负责人和相关人员的责任。

重点排污单位应当按照国家有关规定和监测规范安装使用监测设备，保证监测设备正常运行，保存原始监测记录。

严禁通过暗管、渗井、渗坑、灌注或者篡改、伪造监测数据，或者不正常运行防治污染设施等逃避监管的方式违法排放污染物。

第四十三条 排放污染物的企业事业单位和其他生产经营者，应当按照国家有关规定缴纳排污费。排污费应当全部专项用于环境污染防治，任何单位和个人不得截留、挤占或者挪作他用。

依照法律规定征收环境保护税的，不再征收排污费。

第四十四条 国家实行重点污染物排放总量控制制度。重点污染物排放总量控制指标由国务院下达，省、自治区、直辖市人民政府分解落实。企业事业单位在执行国家和地方污染物排放标准的同时，应当遵守分解落实到本单位的重点污染物排放总量控制指标。

对超过国家重点污染物排放总量控制指标或者未完成国家确定的环境质量目标的地区，省级以上人民政府环境保护主管部门应当暂停审批其新增重点污染物排放总量的建设项目环境影响评价文件。

第四十五条 国家依照法律规定实行排污许可管理制度。

实行排污许可管理的企业事业单位和其他生产经营者应当按照排污许可证的要求排放污染物；未取得排污许可证的，不得排放污染物。

第四十六条 国家对严重污染环境的工艺、设备和产品实行淘汰制度。任何单位和个人不得生产、销售或者转移、使用严重污染环境的工艺、设备和产品。

禁止引进不符合我国环境保护规定的技术、设备、材料和产品。

第四十七条 各级人民政府及其有关部门和企业事业单位，应当依照《中华人民共和国突发事件应对法》的规定，做好突发环境事件的风险控制、应急准备、应急处置和事后恢复等工作。

县级以上人民政府应当建立环境污染公共监测预警机制，组织制定预警方案；环境受到污染，可能影响公众健康和环境安全时，依法及时公布预警信息，启动应急措施。

企业事业单位应当按照国家有关规定制定突发环境事件应急预案，报环境保护主管部门和有关部门备案。在发生或者可能发生突发环境事件时，企业事业单位应当立即采取措施处理，及时通报可能受到危害的单位和居民，并向环境保护主管部门和有关部门报告。

突发环境事件应急处置工作结束后，有关人民政府应当立即组织评估事件造成的环境影响和损失，并及时将评估结果向社会公布。

第四十八条 生产、储存、运输、销售、使用、处置化学物品和含有放射性物质的物品，应当遵守国家有关规定，防止污染环境。

第四十九条 各级人民政府及其农业等有关部门和机构应当指导农业生产经营者科学种植和养殖，科学合理施用农药、化肥等农业投入品，科学处置农用薄膜、农作物秸秆等农业废弃物，防止农业面源污染。

禁止将不符合农用标准和环境保护标准的固体废物、废水施入农田。施用农药、化肥等农业投入品及进行灌溉，应当采取措施，防止重金属和其他有毒有害物质污染环境。

畜禽养殖场、养殖小区、定点屠宰企业等的选址、建设和管理应当符合有关法律法规规定。从事畜禽养殖和屠宰的单位和个人应当采取措施，对畜禽粪便、尸体和污水等废弃物进行科学处置，防止污染环境。

县级人民政府负责组织农村生活废弃物的处置工作。

第五十条 各级人民政府应当在财政预算中安排资金，支持农村饮用水水源地保护、生活污水和其他废弃物处理、畜禽养殖和屠宰污染防治、土壤污染防治和农村工矿污染治理等环境保护工作。

第五十一条　各级人民政府应当统筹城乡建设污水处理设施及配套管网，固体废物的收集、运输和处置等环境卫生设施，危险废物集中处置设施、场所以及其他环境保护公共设施，并保障其正常运行。

第五十二条　国家鼓励投保环境污染责任保险。

第五章　信息公开和公众参与

第五十三条　公民、法人和其他组织依法享有获取环境信息、参与和监督环境保护的权利。

各级人民政府环境保护主管部门和其他负有环境保护监督管理职责的部门，应当依法公开环境信息、完善公众参与程序，为公民、法人和其他组织参与和监督环境保护提供便利。

第五十四条　国务院环境保护主管部门统一发布国家环境质量、重点污染源监测信息及其他重大环境信息。省级以上人民政府环境保护主管部门定期发布环境状况公报。

县级以上人民政府环境保护主管部门和其他负有环境保护监督管理职责的部门，应当依法公开环境质量、环境监测、突发环境事件以及环境行政许可、行政处罚、排污费的征收和使用情况等信息。

县级以上地方人民政府环境保护主管部门和其他负有环境保护监督管理职责的部门，应当将企业事业单位和其他生产经营者的环境违法信息记入社会诚信档案，及时向社会公布违法者名单。

第五十五条　重点排污单位应当如实向社会公开其主要污染物的名称、排放方式、排放浓度和总量、超标排放情况，以及防治污染设施的建设和运行情况，接受社会监督。

第五十六条　对依法应当编制环境影响报告书的建设项目，建设单位应当在编制时向可能受影响的公众说明情况，充分征求意见。

负责审批建设项目环境影响评价文件的部门在收到建设项目环境影响报告书后，除涉及国家秘密和商业秘密的事项外，应当全文公开；发现建设项目未充分征求公众意见的，应当责成建设单位征求公众意见。

第五十七条　公民、法人和其他组织发现任何单位和个人有污染环境和破坏生态行为的，有权向环境保护主管部门或者其他负有环境保护监督管理职责的部门举报。

公民、法人和其他组织发现地方各级人民政府、县级以上人民政府环境保护主管部门和其他负有环境保护监督管理职责的部门不依法履行职责的，有权向其上级机关或者监察机关举报。

接受举报的机关应当对举报人的相关信息予以保密，保护举报人的合法权益。

第五十八条　对污染环境、破坏生态，损害社会公共利益的行为，符合下列条件的社会组织可以向人民法院提起诉讼：

（一）依法在设区的市级以上人民政府民政部门登记；

（二）专门从事环境保护公益活动连续五年以上且无违法记录。

符合前款规定的社会组织向人民法院提起诉讼，人民法院应当依法受理。

提起诉讼的社会组织不得通过诉讼牟取经济利益。

第六章　法律责任

第五十九条　企业事业单位和其他生产经营者违法排放污染物，受到罚款处罚，被责令改正，拒不改正的，依法作出处罚决定的行政机关可以自责令改正之日的次日起，按照原处罚数额按日连续处罚。

前款规定的罚款处罚，依照有关法律法规按照防治污染设施的运行成本、违法行为造成的直接损失或者违法所得等因素确定的规定执行。

地方性法规可以根据环境保护的实际需要，增加第一款规定的按日连续处罚的违法行为的种类。

第六十条　企业事业单位和其他生产经营者超过污染物排放标准或者超过重点污染物排放总量控制指标排放污染物的，县级以上人民政府环境保护主管部门可以责令其采取限制生产、停产整治等措施；情节严重的，报经有批准权的人民政府批准，责令停业、关闭。

第六十一条　建设单位未依法提交建设项目环境影响评价文件或者环境影响评价文件未经批准，擅自开工建设的，由负有环境保护监督管理职责的部门责令停止建设，处以罚款，并可以责令恢复原状。

第六十二条　违反本法规定，重点排污单位不公开或者不如实公开环境信息的，由县级以上地方人民政府环境保护主管部门责令公开，处以罚款，并予以公告。

第六十三条　企业事业单位和其他生产经营者有下列行为之一，尚不构成犯罪的，除依照有关法律法规规定予以处罚外，由县级以上人民政府环境保护主管部门或者其他有关部门将案件移送公安机关，对其直接负责的主管人员和其他直接责任人员，处十日以上十五日以下拘留；情节较轻的，处五日以上十日以下拘留：

（一）建设项目未依法进行环境影响评价，被责令停止建设，拒不执行的；

（二）违反法律规定，未取得排污许可证排放污染物，被责令停止排污，拒不执行的；

（三）通过暗管、渗井、渗坑、灌注或者篡改、伪造监测数据，或者不正常运行防治污染设施等逃避监管的方式违法排放污染物的；

（四）生产、使用国家明令禁止生产、使用的农药，被责令改正，拒不改正的。

第六十四条　因污染环境和破坏生态造成损害的，应当依照《中华人民共和国侵权责任法》的有关规定承担侵权责任。

第六十五条　环境影响评价机构、环境监测机构以及从事环境监测设备和防治污染设施维护、运营的机构，在有关环境服务活动中弄虚作假，对造成的环境污染和生态破坏负有责任的，除依照有关法律法规规定予以处罚外，还应当与造成环境污染和生态破坏的其他责任者承担连带责任。

第六十六条　提起环境损害赔偿诉讼的时效期间为三年，从当事人知道或者应当知道其受到损害时起计算。

第六十七条　上级人民政府及其环境保护主管部门应当加强对下级人民政府及其有关部门环境保护工作的监督。发现有关工作人员有违法行为，依法应当给予处分的，应当向其任免机关或者监察机关提出处分建议。

依法应当给予行政处罚，而有关环境保护主管部门不给予行政处罚的，上级人民政府环境保护主管部门可以直接作出行政处罚的决定。

第六十八条　地方各级人民政府、县级以上人民政府环境保护主管部门和其他负有环境保护监督管理职责的部门有下列行为之一的，对直接负责的主管人员和其他直接责任人员给予记过、记大过或者降级处分；造成严重后果的，给予撤职或者开除处分，其主要负责人应当引咎辞职：

（一）不符合行政许可条件准予行政许可的；

（二）对环境违法行为进行包庇的；

（三）依法应当作出责令停业、关闭的决定而未作出的；

（四）对超标排放污染物、采用逃避监管的方式排放污染物、造成环境事故以及不落实生态保护措施造成生态破坏等行为，发现或者接到举报未及时查处的；

（五）违反本法规定，查封、扣押企业事业单位和其他生产经营者的设施、设备的；

（六）篡改、伪造或者指使篡改、伪造监测数据的；

（七）应当依法公开环境信息而未公开的；

（八）将征收的排污费截留、挤占或者挪作他用的；

（九）法律法规规定的其他违法行为。

第六十九条　违反本法规定，构成犯罪的，依法追究刑事责任。

第七章　附　则

第七十条　本法自 2015 年 1 月 1 日起施行。

中华人民共和国大气污染防治法

（1987 年 9 月 5 日第六届全国人民代表大会常务委员会第二十二次会议通过　根据 1995 年 8 月 29 日第八届全国人民代表大会常务委员会第十五次会议《关于修改〈中华人民共和国大气污染防治法〉的决定》第一次修正　2000 年 4 月 29 日第九届全国人民代表大会常务委员会第十五次会议第一次修订　2015 年 8 月 29 日第十二届全国人民代表大会常务委员会第十六次会议第二次修订　根据 2018 年 10 月 26 日第十三届全国人民代表大会常务委员会第六次会议《关于修改〈中华人民共和国野生动物保护法〉等十五部法律的决定》第二次修正）

第一章　总　则

第一条　为保护和改善环境，防治大气污染，保障公众健康，推进生态文明建设，促进经济社会可持续发展，制定本法。

第二条　防治大气污染，应当以改善大气环境质量为目标，坚持源头治理，规划先行，转变经济发展方式，优化产业结构和布局，调整能源结构。

防治大气污染，应当加强对燃煤、工业、机动车船、扬尘、农业等大气污染的综合防治，推行区域大气污染联合防治，对颗粒物、二氧化硫、氮氧化物、挥发性有机物、氨等大气污染物和温室气体实施协同控制。

第三条　县级以上人民政府应当将大气污染防治工作纳入国民经济和社会发展规划，加大对大气污染防治的财政投入。

地方各级人民政府应当对本行政区域的大气环境质量负责，制定规划，采取措施，控制或者逐步削减大气污染物的排放量，使大气环境质量达到规定标准并逐步改善。

第四条　国务院生态环境主管部门会同国务院有关部门，按照国务院的规定，对省、自治区、直辖市大气环境质量改善目标、大气污染防治重点任务完成情况进行考核。省、自治区、直辖市人民政府制定考核办法，对本行政区域内地方大气环境质量改善目标、大气污染防治重点任务完成情况实施考核。考核结果应当向社会公开。

第五条　县级以上人民政府生态环境主管部门对大气污染防治实施统一监督管理。

县级以上人民政府其他有关部门在各自职责范围内对大气污染防治实施监督管理。

第六条　国家鼓励和支持大气污染防治科学技术研究，开展对大气污染来源及其变化趋势的分析，推广先进适用的大气污染防治技术和装备，促进科技成果转化，发挥科学技术在大气污染防治中的支撑作用。

第七条　企业事业单位和其他生产经营者应当采取有效措施，防止、减少大气污染，对所造成的损害依法承担责任。

公民应当增强大气环境保护意识，采取低碳、节俭的生活方式，自觉履行大气环境保护义务。

第二章　大气污染防治标准和限期达标规划

第八条　国务院生态环境主管部门或者省、自治区、直辖市人民政府制定大气环境质量标准，应当以保障公众健康和保护生态环境为宗旨，与经济社会发展相适应，做到科学合理。

第九条　国务院生态环境主管部门或者省、自治区、直辖市人民政府制定大气污染物排放标准，应当以大气环境质量标准和国家经济、技术条件为依据。

第十条　制定大气环境质量标准、大气污染物排放标准，应当组织专家进行审查和论证，并征求有关部门、行业协会、企业事业单位和公众等方面的意见。

第十一条　省级以上人民政府生态环境主管部门应当在其网站上公布大气环境质量标准、大气污染物排放标准，供公众免费查阅、下载。

第十二条　大气环境质量标准、大气污染物排放标准的执行情况应当定期进行评估，根据评估结果对标准适时进行修订。

第十三条　制定燃煤、石油焦、生物质燃料、涂料等含挥发性有机物的产品、烟花爆竹以及锅炉等产品的质量标准，应当明确大气环境保护要求。

制定燃油质量标准，应当符合国家大气污染物控制要求，并与国家机动车船、非道路移动机械大气污染物排放标准相互衔接，同步实施。

前款所称非道路移动机械，是指装配有发动机的移动机械和可运输工业设备。

第十四条　未达到国家大气环境质量标准城市的人民政府应当及时编制大气环境质量限期达标规划，采取措施，按照国务院或者省级人民政府规定的期限达到大气环境质量标准。

编制城市大气环境质量限期达标规划，应当征求有关行业协会、企业事业单位、专家和公众等方面的意见。

第十五条　城市大气环境质量限期达标规划应当向社会公开。直辖市和设区的市的大气环境质量限期达标规划应当报国务院生态环境主管部门备案。

第十六条　城市人民政府每年在向本级人民代表大会或者其常务委员会报告环境状况和环境保护目标完成情况时，应当报告大气环境质量限期达标规划执行情况，并向社会公开。

第十七条　城市大气环境质量限期达标规划应当根据大气污染防治的要求和经济、技术条件适时进行评估、修订。

第三章　大气污染防治的监督管理

第十八条　企业事业单位和其他生产经营者建设对大气环境有影响的项目，应当依法进行环境影响评价、公开环境影响评价文件；向大气排放污染物的，应当符合大气污染物排放标准，遵守重点大气污染物排放总量控制要求。

第十九条　排放工业废气或者本法第七十八条规定名录中所列有毒有害大气污染物的企业事业单位、集中供热设施的燃煤热源生产运营单位以及其他依法实行排污许可管理的单位，应当取得排污许可证。排污许可的具体办法和实施步骤由国务院规定。

第二十条　企业事业单位和其他生产经营者向大气排放污染物的，应当依照法律法规和国务院生态环境主管部门的规定设置大气污染物排放口。

禁止通过偷排、篡改或者伪造监测数据、以逃避现场检查为目的的临时停产、非紧急情况下开启应急排放通道、不正常运行大气污染防治设施等逃避监管的方式排放大气污染物。

第二十一条　国家对重点大气污染物排放实行总量控制。

重点大气污染物排放总量控制目标，由国务院生态环境主管部门在征求国务院有关部门和各省、自治区、直辖市人民政府意见后，会同国务院经济综合主管部门报国务院批准并下达实施。

省、自治区、直辖市人民政府应当按照国务院下达的总量控制目标，控制或者削减本行政区域的重点大气污染物排放总量。

确定总量控制目标和分解总量控制指标的具体办法，由国务院生态环境主管部门会同国务院有关部门规定。省、自治区、直辖市人民政府可以根据本行政区域大气污染防治的需要，对国家重点大气污染物之外的其他大气污染物排放实行总量控制。

国家逐步推行重点大气污染物排污权交易。

第二十二条　对超过国家重点大气污染物排放总量控制指标或者未完成国家下达的大气环境质量改善目标的地区，省级以上人民政府生态环境主管部门应当会同有关部门约谈该地区人民政府的主要负责人，并暂停审批该地区新增重点大气污染物排放总量的建设项目环境影响评价文件。约谈情况应当向社会公开。

第二十三条　国务院生态环境主管部门负责制定大气环境质量和大气污染源的监测和评价规范，组织建设与管理全国大气环境质量和大气污染源监测网，组织开展大气环境质量和大气污染源监测，统一发布全国大气环境质量状况信息。

县级以上地方人民政府生态环境主管部门负责组织建设与管理本行政区域大气环境质量和大气污染源监测网，开展大气环境质量和大气污染源监测，统一发布本行政区域大气环境质量状况信息。

第二十四条　企业事业单位和其他生产经营者应当按照国家有关规定和监测规范，对其排放的工业废气和本法第七十八条规定名录中所列有毒有害大气污染物进行监测，并保存原始监测记录。其中，重点排污单位应当安装、使用大气污染物排放自动监测设备，与生态环境主管部门的监控设备联网，保证监测设备正常运行并依法公开排放信息。监测的具体办法和重点排污单位的条件由国务院生态环境主管部门规定。

重点排污单位名录由设区的市级以上地方人民政府生态环境主管部门按照国务院生态环境主管部门的规定，根据本行政区域的大气环境承载力、重点大气污染物排放总量控制指标的要求以及排污单位排放大气污染物的种类、数量和浓度等因素，商有关部门确定，并向社会公布。

第二十五条　重点排污单位应当对自动监测数据的真实性和准确性负责。生态环境主管部门发现重点排污单位的大气污染物排放自动监测设备传输数据异常，应当及时进行调查。

第二十六条　禁止侵占、损毁或者擅自移动、改变大气环境质量监测设施和大气污染物排放自动监测设备。

第二十七条　国家对严重污染大气环境的工艺、设备和产品实行淘汰制度。

国务院经济综合主管部门会同国务院有关部门确定严重污染大气环境的工艺、设备和产品淘汰期限，并纳入国家综合性产业政策目录。

生产者、进口者、销售者或者使用者应当在规定期限内停止生产、进口、销售或者使用列入前款规定目录中的设备和产品。工艺的采用者应当在规定期限内停止采用列入前款规定目录中的工艺。

被淘汰的设备和产品，不得转让给他人使用。

第二十八条　国务院生态环境主管部门会同有关部门，建立和完善大气污染损害评估制度。

第二十九条　生态环境主管部门及其环境执法机构和其他负有大气环境保护监督管理职责的部门，有权通过现场检查监测、自动监测、遥感监测、远红外摄像等方式，对排放大气污染物的企业事业单位和其他生产经营者进行监督检查。被检查者应当如实反映情况，提供必要的资料。实施检查的部门、机构及其工作人员应当为被检查者保守商业秘密。

第三十条　企业事业单位和其他生产经营者违反法律法规规定排放大气污染物，造成或者可能造成严重大气污染，或者有关证据可能灭失或者被隐匿的，县级以上人民政府生态环境主管部门和其他负有大气环境保护监督管理职责的部门，可以对有关设施、设备、物品采取查封、扣押等行政强制措施。

第三十一条　生态环境主管部门和其他负有大气环境保护监督管理职责的部门应当公布举报电话、电子邮箱等，方便公众举报。

生态环境主管部门和其他负有大气环境保护监督管理职责的部门接到举报的，应当及时处理并对举报人的相关信息予以保密；对实名举报的，应当反馈处理结果等情况，查证属实的，处理结果依法向社会公开，并对举报人给予奖励。

举报人举报所在单位的，该单位不得以解除、变更劳动合同或者其他方式对举报人进行打击报复。

第四章　大气污染防治措施

第一节　燃煤和其他能源污染防治

第三十二条　国务院有关部门和地方各级人民政府应当采取措施，调整能源结构，推广清洁能源的生产和使用；优化煤炭使用方式，推广煤炭清洁高效利用，逐步降低煤炭在一次能源消费中的比重，减少煤炭生产、使用、转化过程中的大气污染物排放。

第三十三条　国家推行煤炭洗选加工，降低煤炭的硫分和灰分，限制高硫分、高灰分煤炭的开采。新建煤矿应当同步建设配套的煤炭洗选设施，使煤炭的硫分、灰分含量达到规定标准；已建成的煤矿除所采煤炭属于低硫分、低灰分或者根据已达标排放的燃煤电厂要求不需要洗选的以外，应当限期建成配套的煤炭洗选设施。

禁止开采含放射性和砷等有毒有害物质超过规定标准的煤炭。

第三十四条　国家采取有利于煤炭清洁高效利用的经济、技术政策和措施，鼓励和支持洁净煤技术的开发和推广。

国家鼓励煤矿企业等采用合理、可行的技术措施，对煤层气进行开采利用，对煤矸石进行综合利用。从事煤层气开采利用的，煤层气排放应当符合有关标准规范。

第三十五条　国家禁止进口、销售和燃用不符合质量标准的煤炭，鼓励燃用优质煤炭。

单位存放煤炭、煤矸石、煤渣、煤灰等物料，应当采取防燃措施，防止大气污染。

第三十六条　地方各级人民政府应当采取措施，加强民用散煤的管理，禁止销售不符合民用散煤质量标准的煤炭，鼓励居民燃用优质煤炭和洁净型煤，推广节能环保型炉灶。

第三十七条　石油炼制企业应当按照燃油质量标准生产燃油。

禁止进口、销售和燃用不符合质量标准的石油焦。

第三十八条　城市人民政府可以划定并公布高污染燃料禁燃区，并根据大气环境质量改善要求，逐步扩大高污染燃料禁燃区范围。高污染燃料的目录由国务院生态环境主管部门确定。

在禁燃区内，禁止销售、燃用高污染燃料；禁止新建、扩建燃用高污染燃料的设施，已建成的，应当在城市人民政府规定的期限内改用天然气、页岩气、液化石油气、电或者其他清洁能源。

第三十九条　城市建设应当统筹规划，在燃煤供热地区，推进热电联产和集中供热。

在集中供热管网覆盖地区，禁止新建、扩建分散燃煤供热锅炉；已建成的不能达标排放的燃煤供热锅炉，应当在城市人民政府规定的期限内拆除。

第四十条　县级以上人民政府市场监督管理部门应当会同生态环境主管部门对锅炉生产、进口、销售和使用环节执行环境保护标准或者要求的情况进行监督检查；不符合环境保护标准或者要求的，不得生产、进口、销售和使用。

第四十一条　燃煤电厂和其他燃煤单位应当采用清洁生产工艺，配套建设除尘、脱硫、脱硝等装置，或者采取技术改造等其他控制大气污染物排放的措施。

国家鼓励燃煤单位采用先进的除尘、脱硫、脱硝、脱汞等大气污染物协同控制的技术和装置，减少大气污染物的排放。

第四十二条　电力调度应当优先安排清洁能源发电上网。

第二节　工业污染防治

第四十三条　钢铁、建材、有色金属、石油、化工等企业生产过程中排放粉尘、硫化物和氮氧化物的，应当采用清洁生产工艺，配套建设除尘、脱硫、脱硝等装置，或者采取技术改造等其他控制大气污染物排放的措施。

第四十四条　生产、进口、销售和使用含挥发性有机物的原材料和产品的，其挥发性有机物含量应当符合质量标准或者要求。

国家鼓励生产、进口、销售和使用低毒、低挥发性有机溶剂。

第四十五条　产生含挥发性有机物废气的生产和服务活动，应当在密闭空间或者设备中进行，并按照规定安装、使用污染防治设施；无法密闭的，应当采取措施减少废气排放。

第四十六条　工业涂装企业应当使用低挥发性有机物含量的涂料，并建立台账，记录生产原料、辅料的使用量、废弃量、去向以及挥发性有机物含量。台账保存期限不得少于三年。

第四十七条　石油、化工以及其他生产和使用有机溶剂的企业，应当采取措施对管道、设备进行日常维护、维修，减少物料泄漏，对泄漏的物料应当及时收集处理。

储油储气库、加油加气站、原油成品油码头、原油成品油运输船舶和油罐车、气罐车等，应当按照国家有关规定安装油气回收装置并保持正常使用。

第四十八条　钢铁、建材、有色金属、石油、化工、制药、矿产开采等企业，应当加强精细化管理，采取集中收集处理等措施，严格控制粉尘和气态污染物的排放。

工业生产企业应当采取密闭、围挡、遮盖、清扫、洒水等措施，减少内部物料的堆存、传输、装卸等环节产生的粉尘和气态污染物的排放。

第四十九条　工业生产、垃圾填埋或者其他活动产生的可燃性气体应当回收利用，不具备回收利用条件的，应当进行污染防治处理。

可燃性气体回收利用装置不能正常作业的，应当及时修复或者更新。在回收利用装置不能正常作业期间确需排放可燃性气体的，应当将排放的可燃性气体充分燃烧或者采取其他控制大气污染物排放的措施，并向当地生态环境主管部门报告，按照要求限期修复或者更新。

第三节 机动车船等污染防治

第五十条 国家倡导低碳、环保出行，根据城市规划合理控制燃油机动车保有量，大力发展城市公共交通，提高公共交通出行比例。

国家采取财政、税收、政府采购等措施推广应用节能环保型和新能源机动车船、非道路移动机械，限制高油耗、高排放机动车船、非道路移动机械的发展，减少化石能源的消耗。

省、自治区、直辖市人民政府可以在条件具备的地区，提前执行国家机动车大气污染物排放标准中相应阶段排放限值，并报国务院生态环境主管部门备案。

城市人民政府应当加强并改善城市交通管理，优化道路设置，保障人行道和非机动车道的连续、畅通。

第五十一条 机动车船、非道路移动机械不得超过标准排放大气污染物。

禁止生产、进口或者销售大气污染物排放超过标准的机动车船、非道路移动机械。

第五十二条 机动车、非道路移动机械生产企业应当对新生产的机动车和非道路移动机械进行排放检验。经检验合格的，方可出厂销售。检验信息应当向社会公开。

省级以上人民政府生态环境主管部门可以通过现场检查、抽样检测等方式，加强对新生产、销售机动车和非道路移动机械大气污染物排放状况的监督检查。工业、市场监督管理等有关部门予以配合。

第五十三条 在用机动车应当按照国家或者地方的有关规定，由机动车排放检验机构定期对其进行排放检验。经检验合格的，方可上道路行驶。未经检验合格的，公安机关交通管理部门不得核发安全技术检验合格标志。

县级以上地方人民政府生态环境主管部门可以在机动车集中停放地、维修地对在用机动车的大气污染物排放状况进行监督抽测；在不影响正常通行的情况下，可以通过遥感监测等技术手段对在道路上行驶的机动车的大气污染物排放状况进行监督抽测，公安机关交通管理部门予以配合。

第五十四条 机动车排放检验机构应当依法通过计量认证，使用经依法检定合格的机动车排放检验设备，按照国务院生态环境主管部门制定的规范，对机动车进行排放检验，并与生态环境主管部门联网，实现检验数据实时共享。机动车排放检验机构及其负责人对检验数据的真实性和准确性负责。

生态环境主管部门和认证认可监督管理部门应当对机动车排放检验机构的排放检验情况进行监督检查。

第五十五条　机动车生产、进口企业应当向社会公布其生产、进口机动车车型的排放检验信息、污染控制技术信息和有关维修技术信息。

机动车维修单位应当按照防治大气污染的要求和国家有关技术规范对在用机动车进行维修，使其达到规定的排放标准。交通运输、生态环境主管部门应当依法加强监督管理。

禁止机动车所有人以临时更换机动车污染控制装置等弄虚作假的方式通过机动车排放检验。禁止机动车维修单位提供该类维修服务。禁止破坏机动车车载排放诊断系统。

第五十六条　生态环境主管部门应当会同交通运输、住房城乡建设、农业行政、水行政等有关部门对非道路移动机械的大气污染物排放状况进行监督检查，排放不合格的，不得使用。

第五十七条　国家倡导环保驾驶，鼓励燃油机动车驾驶人在不影响道路通行且需停车三分钟以上的情况下熄灭发动机，减少大气污染物的排放。

第五十八条　国家建立机动车和非道路移动机械环境保护召回制度。

生产、进口企业获知机动车、非道路移动机械排放大气污染物超过标准，属于设计、生产缺陷或者不符合规定的环境保护耐久性要求的，应当召回；未召回的，由国务院市场监督管理部门会同国务院生态环境主管部门责令其召回。

第五十九条　在用重型柴油车、非道路移动机械未安装污染控制装置或者污染控制装置不符合要求，不能达标排放的，应当加装或者更换符合要求的污染控制装置。

第六十条　在用机动车排放大气污染物超过标准的，应当进行维修；经维修或者采用污染控制技术后，大气污染物排放仍不符合国家在用机动车排放标准的，应当强制报废。其所有人应当将机动车交售给报废机动车回收拆解企业，由报废机动车回收拆解企业按照国家有关规定进行登记、拆解、销毁等处理。

国家鼓励和支持高排放机动车船、非道路移动机械提前报废。

第六十一条　城市人民政府可以根据大气环境质量状况，划定并公布禁止使用高排放非道路移动机械的区域。

第六十二条　船舶检验机构对船舶发动机及有关设备进行排放检验。经检验符合国家排放标准的，船舶方可运营。

第六十三条　内河和江海直达船舶应当使用符合标准的普通柴油。远洋船舶靠港后应当使用符合大气污染物控制要求的船舶用燃油。

新建码头应当规划、设计和建设岸基供电设施；已建成的码头应当逐步实施岸基供电设施改造。船舶靠港后应当优先使用岸电。

第六十四条　国务院交通运输主管部门可以在沿海海域划定船舶大气污染物排放控制区，进入排放控制区的船舶应当符合船舶相关排放要求。

第六十五条　禁止生产、进口、销售不符合标准的机动车船、非道路移动机械用燃料；禁止向汽车和摩托车销售普通柴油以及其他非机动车用燃料；禁止向非道路移动机械、内河和江海直达船舶销售渣油和重油。

第六十六条 发动机油、氮氧化物还原剂、燃料和润滑油添加剂以及其他添加剂的有害物质含量和其他大气环境保护指标，应当符合有关标准的要求，不得损害机动车船污染控制装置效果和耐久性，不得增加新的大气污染物排放。

第六十七条 国家积极推进民用航空器的大气污染防治，鼓励在设计、生产、使用过程中采取有效措施减少大气污染物排放。

民用航空器应当符合国家规定的适航标准中的有关发动机排出物要求。

第四节 扬尘污染防治

第六十八条 地方各级人民政府应当加强对建设施工和运输的管理，保持道路清洁，控制料堆和渣土堆放，扩大绿地、水面、湿地和地面铺装面积，防治扬尘污染。

住房城乡建设、市容环境卫生、交通运输、国土资源等有关部门，应当根据本级人民政府确定的职责，做好扬尘污染防治工作。

第六十九条 建设单位应当将防治扬尘污染的费用列入工程造价，并在施工承包合同中明确施工单位扬尘污染防治责任。施工单位应当制定具体的施工扬尘污染防治实施方案。

从事房屋建筑、市政基础设施建设、河道整治以及建筑物拆除等施工单位，应当向负责监督管理扬尘污染防治的主管部门备案。

施工单位应当在施工工地设置硬质围挡，并采取覆盖、分段作业、择时施工、洒水抑尘、冲洗地面和车辆等有效防尘降尘措施。建筑土方、工程渣土、建筑垃圾应当及时清运；在场地内堆存的，应当采用密闭式防尘网遮盖。工程渣土、建筑垃圾应当进行资源化处理。

施工单位应当在施工工地公示扬尘污染防治措施、负责人、扬尘监督管理主管部门等信息。

暂时不能开工的建设用地，建设单位应当对裸露地面进行覆盖；超过三个月的，应当进行绿化、铺装或者遮盖。

第七十条 运输煤炭、垃圾、渣土、砂石、土方、灰浆等散装、流体物料的车辆应当采取密闭或者其他措施防止物料遗撒造成扬尘污染，并按照规定路线行驶。

装卸物料应当采取密闭或者喷淋等方式防治扬尘污染。

城市人民政府应当加强道路、广场、停车场和其他公共场所的清扫保洁管理，推行清洁动力机械化清扫等低尘作业方式，防治扬尘污染。

第七十一条 市政河道以及河道沿线、公共用地的裸露地面以及其他城镇裸露地面，有关部门应当按照规划组织实施绿化或者透水铺装。

第七十二条 贮存煤炭、煤矸石、煤渣、煤灰、水泥、石灰、石膏、砂土等易产生扬尘的物料应当密闭；不能密闭的，应当设置不低于堆放物高度的严密围挡，并采取有效覆盖措施防治扬尘污染。

码头、矿山、填埋场和消纳场应当实施分区作业，并采取有效措施防治扬尘污染。

第五节　农业和其他污染防治

第七十三条　地方各级人民政府应当推动转变农业生产方式，发展农业循环经济，加大对废弃物综合处理的支持力度，加强对农业生产经营活动排放大气污染物的控制。

第七十四条　农业生产经营者应当改进施肥方式，科学合理施用化肥并按照国家有关规定使用农药，减少氨、挥发性有机物等大气污染物的排放。

禁止在人口集中地区对树木、花草喷洒剧毒、高毒农药。

第七十五条　畜禽养殖场、养殖小区应当及时对污水、畜禽粪便和尸体等进行收集、贮存、清运和无害化处理，防止排放恶臭气体。

第七十六条　各级人民政府及其农业行政等有关部门应当鼓励和支持采用先进适用技术，对秸秆、落叶等进行肥料化、饲料化、能源化、工业原料化、食用菌基料化等综合利用，加大对秸秆还田、收集一体化农业机械的财政补贴力度。

县级人民政府应当组织建立秸秆收集、贮存、运输和综合利用服务体系，采用财政补贴等措施支持农村集体经济组织、农民专业合作经济组织、企业等开展秸秆收集、贮存、运输和综合利用服务。

第七十七条　省、自治区、直辖市人民政府应当划定区域，禁止露天焚烧秸秆、落叶等产生烟尘污染的物质。

第七十八条　国务院生态环境主管部门应当会同国务院卫生行政部门，根据大气污染物对公众健康和生态环境的危害和影响程度，公布有毒有害大气污染物名录，实行风险管理。

排放前款规定名录中所列有毒有害大气污染物的企业事业单位，应当按照国家有关规定建设环境风险预警体系，对排放口和周边环境进行定期监测，评估环境风险，排查环境安全隐患，并采取有效措施防范环境风险。

第七十九条　向大气排放持久性有机污染物的企业事业单位和其他生产经营者以及废弃物焚烧设施的运营单位，应当按照国家有关规定，采取有利于减少持久性有机污染物排放的技术方法和工艺，配备有效的净化装置，实现达标排放。

第八十条　企业事业单位和其他生产经营者在生产经营活动中产生恶臭气体的，应当科学选址，设置合理的防护距离，并安装净化装置或者采取其他措施，防止排放恶臭气体。

第八十一条　排放油烟的餐饮服务业经营者应当安装油烟净化设施并保持正常使用，或者采取其他油烟净化措施，使油烟达标排放，并防止对附近居民的正常生活环境造成污染。

禁止在居民住宅楼、未配套设立专用烟道的商住综合楼以及商住综合楼内与居住层相邻的商业楼层内新建、改建、扩建产生油烟、异味、废气的餐饮服务项目。

任何单位和个人不得在当地人民政府禁止的区域内露天烧烤食品或者为露天烧烤食

品提供场地。

第八十二条 禁止在人口集中地区和其他依法需要特殊保护的区域内焚烧沥青、油毡、橡胶、塑料、皮革、垃圾以及其他产生有毒有害烟尘和恶臭气体的物质。

禁止生产、销售和燃放不符合质量标准的烟花爆竹。任何单位和个人不得在城市人民政府禁止的时段和区域内燃放烟花爆竹。

第八十三条 国家鼓励和倡导文明、绿色祭祀。

火葬场应当设置除尘等污染防治设施并保持正常使用，防止影响周边环境。

第八十四条 从事服装干洗和机动车维修等服务活动的经营者，应当按照国家有关标准或者要求设置异味和废气处理装置等污染防治设施并保持正常使用，防止影响周边环境。

第八十五条 国家鼓励、支持消耗臭氧层物质替代品的生产和使用，逐步减少直至停止消耗臭氧层物质的生产和使用。

国家对消耗臭氧层物质的生产、使用、进出口实行总量控制和配额管理。具体办法由国务院规定。

第五章 重点区域大气污染联合防治

第八十六条 国家建立重点区域大气污染联防联控机制，统筹协调重点区域内大气污染防治工作。国务院生态环境主管部门根据主体功能区划、区域大气环境质量状况和大气污染传输扩散规律，划定国家大气污染防治重点区域，报国务院批准。

重点区域内有关省、自治区、直辖市人民政府应当确定牵头的地方人民政府，定期召开联席会议，按照统一规划、统一标准、统一监测、统一的防治措施的要求，开展大气污染联合防治，落实大气污染防治目标责任。国务院生态环境主管部门应当加强指导、督促。

省、自治区、直辖市可以参照第一款规定划定本行政区域的大气污染防治重点区域。

第八十七条 国务院生态环境主管部门会同国务院有关部门、国家大气污染防治重点区域内有关省、自治区、直辖市人民政府，根据重点区域经济社会发展和大气环境承载力，制定重点区域大气污染联合防治行动计划，明确控制目标，优化区域经济布局，统筹交通管理，发展清洁能源，提出重点防治任务和措施，促进重点区域大气环境质量改善。

第八十八条 国务院经济综合主管部门会同国务院生态环境主管部门，结合国家大气污染防治重点区域产业发展实际和大气环境质量状况，进一步提高环境保护、能耗、安全、质量等要求。

重点区域内有关省、自治区、直辖市人民政府应当实施更严格的机动车大气污染物排放标准，统一在用机动车检验方法和排放限值，并配套供应合格的车用燃油。

第八十九条 编制可能对国家大气污染防治重点区域的大气环境造成严重污染的有关工业园区、开发区、区域产业和发展等规划，应当依法进行环境影响评价。规划编制机关应当与重点区域内有关省、自治区、直辖市人民政府或者有关部门会商。

重点区域内有关省、自治区、直辖市建设可能对相邻省、自治区、直辖市大气环境质量产生重大影响的项目，应当及时通报有关信息，进行会商。

会商意见及其采纳情况作为环境影响评价文件审查或者审批的重要依据。

第九十条 国家大气污染防治重点区域内新建、改建、扩建用煤项目的，应当实行煤炭的等量或者减量替代。

第九十一条 国务院生态环境主管部门应当组织建立国家大气污染防治重点区域的大气环境质量监测、大气污染源监测等相关信息共享机制，利用监测、模拟以及卫星、航测、遥感等新技术分析重点区域内大气污染来源及其变化趋势，并向社会公开。

第九十二条 国务院生态环境主管部门和国家大气污染防治重点区域内有关省、自治区、直辖市人民政府可以组织有关部门开展联合执法、跨区域执法、交叉执法。

第六章 重污染天气应对

第九十三条 国家建立重污染天气监测预警体系。

国务院生态环境主管部门会同国务院气象主管机构等有关部门、国家大气污染防治重点区域内有关省、自治区、直辖市人民政府，建立重点区域重污染天气监测预警机制，统一预警分级标准。可能发生区域重污染天气的，应当及时向重点区域内有关省、自治区、直辖市人民政府通报。

省、自治区、直辖市、设区的市人民政府生态环境主管部门会同气象主管机构等有关部门建立本行政区域重污染天气监测预警机制。

第九十四条 县级以上地方人民政府应当将重污染天气应对纳入突发事件应急管理体系。

省、自治区、直辖市、设区的市人民政府以及可能发生重污染天气的县级人民政府，应当制定重污染天气应急预案，向上一级人民政府生态环境主管部门备案，并向社会公布。

第九十五条 省、自治区、直辖市、设区的市人民政府生态环境主管部门应当会同气象主管机构建立会商机制，进行大气环境质量预报。可能发生重污染天气的，应当及时向本级人民政府报告。省、自治区、直辖市、设区的市人民政府依据重污染天气预报信息，进行综合研判，确定预警等级并及时发出预警。预警等级根据情况变化及时调整。任何单位和个人不得擅自向社会发布重污染天气预报预警信息。

预警信息发布后，人民政府及其有关部门应当通过电视、广播、网络、短信等途径告知公众采取健康防护措施，指导公众出行和调整其他相关社会活动。

第九十六条 县级以上地方人民政府应当依据重污染天气的预警等级，及时启动应急预案，根据应急需要可以采取责令有关企业停产或者限产、限制部分机动车行驶、禁止燃放烟花爆竹、停止工地土石方作业和建筑物拆除施工、停止露天烧烤、停止幼儿园和学校组织的户外活动、组织开展人工影响天气作业等应急措施。

应急响应结束后，人民政府应当及时开展应急预案实施情况的评估，适时修改完善应急预案。

第九十七条 发生造成大气污染的突发环境事件，人民政府及其有关部门和相关企业事业单位，应当依照《中华人民共和国突发事件应对法》《中华人民共和国环境保护法》的规定，做好应急处置工作。生态环境主管部门应当及时对突发环境事件产生的大气污染物进行监测，并向社会公布监测信息。

第七章 法律责任

第九十八条 违反本法规定，以拒绝进入现场等方式拒不接受生态环境主管部门及其环境执法机构或者其他负有大气环境保护监督管理职责的部门的监督检查，或者在接受监督检查时弄虚作假的，由县级以上人民政府生态环境主管部门或者其他负有大气环境保护监督管理职责的部门责令改正，处二万元以上二十万元以下的罚款；构成违反治安管理行为的，由公安机关依法予以处罚。

第九十九条 违反本法规定，有下列行为之一的，由县级以上人民政府生态环境主管部门责令改正或者限制生产、停产整治，并处十万元以上一百万元以下的罚款；情节严重的，报经有批准权的人民政府批准，责令停业、关闭：

（一）未依法取得排污许可证排放大气污染物的；

（二）超过大气污染物排放标准或者超过重点大气污染物排放总量控制指标排放大气污染物的；

（三）通过逃避监管的方式排放大气污染物的。

第一百条 违反本法规定，有下列行为之一的，由县级以上人民政府生态环境主管部门责令改正，处二万元以上二十万元以下的罚款；拒不改正的，责令停产整治：

（一）侵占、损毁或者擅自移动、改变大气环境质量监测设施或者大气污染物排放自动监测设备的；

（二）未按照规定对所排放的工业废气和有毒有害大气污染物进行监测并保存原始监测记录的；

（三）未按照规定安装、使用大气污染物排放自动监测设备或者未按照规定与生态环境主管部门的监控设备联网，并保证监测设备正常运行的；

（四）重点排污单位不公开或者不如实公开自动监测数据的；

（五）未按照规定设置大气污染物排放口的。

第一百零一条 违反本法规定，生产、进口、销售或者使用国家综合性产业政策目录中禁止的设备和产品，采用国家综合性产业政策目录中禁止的工艺，或者将淘汰的设备和产品转让给他人使用的，由县级以上人民政府经济综合主管部门、海关按照职责责令改正，没收违法所得，并处货值金额一倍以上三倍以下的罚款；拒不改正的，报经有批准权的人民政府批准，责令停业、关闭。进口行为构成走私的，由海关依法予以处罚。

第一百零二条　违反本法规定，煤矿未按照规定建设配套煤炭洗选设施的，由县级以上人民政府能源主管部门责令改正，处十万元以上一百万元以下的罚款；拒不改正的，报经有批准权的人民政府批准，责令停业、关闭。

违反本法规定，开采含放射性和砷等有毒有害物质超过规定标准的煤炭的，由县级以上人民政府按照国务院规定的权限责令停业、关闭。

第一百零三条　违反本法规定，有下列行为之一的，由县级以上地方人民政府市场监督管理部门责令改正，没收原材料、产品和违法所得，并处货值金额一倍以上三倍以下的罚款：

（一）销售不符合质量标准的煤炭、石油焦的；

（二）生产、销售挥发性有机物含量不符合质量标准或者要求的原材料和产品的；

（三）生产、销售不符合标准的机动车船和非道路移动机械用燃料、发动机油、氮氧化物还原剂、燃料和润滑油添加剂以及其他添加剂的；

（四）在禁燃区内销售高污染燃料的。

第一百零四条　违反本法规定，有下列行为之一的，由海关责令改正，没收原材料、产品和违法所得，并处货值金额一倍以上三倍以下的罚款；构成走私的，由海关依法予以处罚：

（一）进口不符合质量标准的煤炭、石油焦的；

（二）进口挥发性有机物含量不符合质量标准或者要求的原材料和产品的；

（三）进口不符合标准的机动车船和非道路移动机械用燃料、发动机油、氮氧化物还原剂、燃料和润滑油添加剂以及其他添加剂的。

第一百零五条　违反本法规定，单位燃用不符合质量标准的煤炭、石油焦的，由县级以上人民政府生态环境主管部门责令改正，处货值金额一倍以上三倍以下的罚款。

第一百零六条　违反本法规定，使用不符合标准或者要求的船舶用燃油的，由海事管理机构、渔业主管部门按照职责处一万元以上十万元以下的罚款。

第一百零七条　违反本法规定，在禁燃区内新建、扩建燃用高污染燃料的设施，或者未按照规定停止燃用高污染燃料，或者在城市集中供热管网覆盖地区新建、扩建分散燃煤供热锅炉，或者未按照规定拆除已建成的不能达标排放的燃煤供热锅炉的，由县级以上地方人民政府生态环境主管部门没收燃用高污染燃料的设施，组织拆除燃煤供热锅炉，并处二万元以上二十万元以下的罚款。

违反本法规定，生产、进口、销售或者使用不符合规定标准或者要求的锅炉，由县级以上人民政府市场监督管理、生态环境主管部门责令改正，没收违法所得，并处二万元以上二十万元以下的罚款。

第一百零八条　违反本法规定，有下列行为之一的，由县级以上人民政府生态环境主管部门责令改正，处二万元以上二十万元以下的罚款；拒不改正的，责令停产整治：

（一）产生含挥发性有机物废气的生产和服务活动，未在密闭空间或者设备中进行，未按照规定安装、使用污染防治设施，或者未采取减少废气排放措施的；

（二）工业涂装企业未使用低挥发性有机物含量涂料或者未建立、保存台账的；

（三）石油、化工以及其他生产和使用有机溶剂的企业，未采取措施对管道、设备进行日常维护、维修，减少物料泄漏或者对泄漏的物料未及时收集处理的；

（四）储油储气库、加油加气站和油罐车、气罐车等，未按照国家有关规定安装并正常使用油气回收装置的；

（五）钢铁、建材、有色金属、石油、化工、制药、矿产开采等企业，未采取集中收集处理、密闭、围挡、遮盖、清扫、洒水等措施，控制、减少粉尘和气态污染物排放的；

（六）工业生产、垃圾填埋或者其他活动中产生的可燃性气体未回收利用，不具备回收利用条件未进行防治污染处理，或者可燃性气体回收利用装置不能正常作业，未及时修复或者更新的。

第一百零九条 违反本法规定，生产超过污染物排放标准的机动车、非道路移动机械的，由省级以上人民政府生态环境主管部门责令改正，没收违法所得，并处货值金额一倍以上三倍以下的罚款，没收销毁无法达到污染物排放标准的机动车、非道路移动机械；拒不改正的，责令停产整治，并由国务院机动车生产主管部门责令停止生产该车型。

违反本法规定，机动车、非道路移动机械生产企业对发动机、污染控制装置弄虚作假、以次充好，冒充排放检验合格产品出厂销售的，由省级以上人民政府生态环境主管部门责令停产整治，没收违法所得，并处货值金额一倍以上三倍以下的罚款，没收销毁无法达到污染物排放标准的机动车、非道路移动机械，并由国务院机动车生产主管部门责令停止生产该车型。

第一百一十条 违反本法规定，进口、销售超过污染物排放标准的机动车、非道路移动机械的，由县级以上人民政府市场监督管理部门、海关按照职责没收违法所得，并处货值金额一倍以上三倍以下的罚款，没收销毁无法达到污染物排放标准的机动车、非道路移动机械；进口行为构成走私的，由海关依法予以处罚。

违反本法规定，销售的机动车、非道路移动机械不符合污染物排放标准的，销售者应当负责修理、更换、退货；给购买者造成损失的，销售者应当赔偿损失。

第一百一十一条 违反本法规定，机动车生产、进口企业未按照规定向社会公布其生产、进口机动车车型的排放检验信息或者污染控制技术信息的，由省级以上人民政府生态环境主管部门责令改正，处五万元以上五十万元以下的罚款。

违反本法规定，机动车生产、进口企业未按照规定向社会公布其生产、进口机动车车型的有关维修技术信息的，由省级以上人民政府交通运输主管部门责令改正，处五万元以上五十万元以下的罚款。

第一百一十二条　违反本法规定，伪造机动车、非道路移动机械排放检验结果或者出具虚假排放检验报告的，由县级以上人民政府生态环境主管部门没收违法所得，并处十万元以上五十万元以下的罚款；情节严重的，由负责资质认定的部门取消其检验资格。

违反本法规定，伪造船舶排放检验结果或者出具虚假排放检验报告的，由海事管理机构依法予以处罚。

违反本法规定，以临时更换机动车污染控制装置等弄虚作假的方式通过机动车排放检验或者破坏机动车车载排放诊断系统的，由县级以上人民政府生态环境主管部门责令改正，对机动车所有人处五千元的罚款；对机动车维修单位处每辆机动车五千元的罚款。

第一百一十三条　违反本法规定，机动车驾驶人驾驶排放检验不合格的机动车上道路行驶的，由公安机关交通管理部门依法予以处罚。

第一百一十四条　违反本法规定，使用排放不合格的非道路移动机械，或者在用重型柴油车、非道路移动机械未按照规定加装、更换污染控制装置的，由县级以上人民政府生态环境等主管部门按照职责责令改正，处五千元的罚款。

违反本法规定，在禁止使用高排放非道路移动机械的区域使用高排放非道路移动机械的，由城市人民政府生态环境等主管部门依法予以处罚。

第一百一十五条　违反本法规定，施工单位有下列行为之一的，由县级以上人民政府住房城乡建设等主管部门按照职责责令改正，处一万元以上十万元以下的罚款；拒不改正的，责令停工整治：

（一）施工工地未设置硬质围挡，或者未采取覆盖、分段作业、择时施工、洒水抑尘、冲洗地面和车辆等有效防尘降尘措施的；

（二）建筑土方、工程渣土、建筑垃圾未及时清运，或者未采用密闭式防尘网遮盖的。

违反本法规定，建设单位未对暂时不能开工的建设用地的裸露地面进行覆盖，或者未对超过三个月不能开工的建设用地的裸露地面进行绿化、铺装或者遮盖的，由县级以上人民政府住房城乡建设等主管部门依照前款规定予以处罚。

第一百一十六条　违反本法规定，运输煤炭、垃圾、渣土、砂石、土方、灰浆等散装、流体物料的车辆，未采取密闭或者其他措施防止物料遗撒的，由县级以上地方人民政府确定的监督管理部门责令改正，处二千元以上二万元以下的罚款；拒不改正的，车辆不得上道路行驶。

第一百一十七条　违反本法规定，有下列行为之一的，由县级以上人民政府生态环境等主管部门按照职责责令改正，处一万元以上十万元以下的罚款；拒不改正的，责令停工整治或者停业整治：

（一）未密闭煤炭、煤矸石、煤渣、煤灰、水泥、石灰、石膏、砂土等易产生扬尘的物料的；

（二）对不能密闭的易产生扬尘的物料，未设置不低于堆放物高度的严密围挡，或者未采取有效覆盖措施防治扬尘污染的；

（三）装卸物料未采取密闭或者喷淋等方式控制扬尘排放的；

（四）存放煤炭、煤矸石、煤渣、煤灰等物料，未采取防燃措施的；

（五）码头、矿山、填埋场和消纳场未采取有效措施防治扬尘污染的；

（六）排放有毒有害大气污染物名录中所列有毒有害大气污染物的企业事业单位，未按照规定建设环境风险预警体系或者对排放口和周边环境进行定期监测、排查环境安全隐患并采取有效措施防范环境风险的；

（七）向大气排放持久性有机污染物的企业事业单位和其他生产经营者以及废弃物焚烧设施的运营单位，未按照国家有关规定采取有利于减少持久性有机污染物排放的技术方法和工艺，配备净化装置的；

（八）未采取措施防止排放恶臭气体的。

第一百一十八条 违反本法规定，排放油烟的餐饮服务业经营者未安装油烟净化设施、不正常使用油烟净化设施或者未采取其他油烟净化措施，超过排放标准排放油烟的，由县级以上地方人民政府确定的监督管理部门责令改正，处五千元以上五万元以下的罚款；拒不改正的，责令停业整治。

违反本法规定，在居民住宅楼、未配套设立专用烟道的商住综合楼、商住综合楼内与居住层相邻的商业楼层内新建、改建、扩建产生油烟、异味、废气的餐饮服务项目的，由县级以上地方人民政府确定的监督管理部门责令改正；拒不改正的，予以关闭，并处一万元以上十万元以下的罚款。

违反本法规定，在当地人民政府禁止的时段和区域内露天烧烤食品或者为露天烧烤食品提供场地的，由县级以上地方人民政府确定的监督管理部门责令改正，没收烧烤工具和违法所得，并处五百元以上二万元以下的罚款。

第一百一十九条 违反本法规定，在人口集中地区对树木、花草喷洒剧毒、高毒农药，或者露天焚烧秸秆、落叶等产生烟尘污染的物质的，由县级以上地方人民政府确定的监督管理部门责令改正，并可以处五百元以上二千元以下的罚款。

违反本法规定，在人口集中地区和其他依法需要特殊保护的区域内，焚烧沥青、油毡、橡胶、塑料、皮革、垃圾以及其他产生有毒有害烟尘和恶臭气体的物质的，由县级人民政府确定的监督管理部门责令改正，对单位处一万元以上十万元以下的罚款，对个人处五百元以上二千元以下的罚款。

违反本法规定，在城市人民政府禁止的时段和区域内燃放烟花爆竹的，由县级以上地方人民政府确定的监督管理部门依法予以处罚。

第一百二十条 违反本法规定，从事服装干洗和机动车维修等服务活动，未设置异味和废气处理装置等污染防治设施并保持正常使用，影响周边环境的，由县级以上地方人民政府生态环境主管部门责令改正，处二千元以上二万元以下的罚款；拒不改正的，责令停业整治。

第一百二十一条　违反本法规定，擅自向社会发布重污染天气预报预警信息，构成违反治安管理行为的，由公安机关依法予以处罚。

违反本法规定，拒不执行停止工地土石方作业或者建筑物拆除施工等重污染天气应急措施的，由县级以上地方人民政府确定的监督管理部门处一万元以上十万元以下的罚款。

第一百二十二条　违反本法规定，造成大气污染事故的，由县级以上人民政府生态环境主管部门依照本条第二款的规定处以罚款；对直接负责的主管人员和其他直接责任人员可以处上一年度从本企业事业单位取得收入百分之五十以下的罚款。

对造成一般或者较大大气污染事故的，按照污染事故造成直接损失的一倍以上三倍以下计算罚款；对造成重大或者特大大气污染事故的，按照污染事故造成的直接损失的三倍以上五倍以下计算罚款。

第一百二十三条　违反本法规定，企业事业单位和其他生产经营者有下列行为之一，受到罚款处罚，被责令改正，拒不改正的，依法作出处罚决定的行政机关可以自责令改正之日的次日起，按照原处罚数额按日连续处罚：

（一）未依法取得排污许可证排放大气污染物的；

（二）超过大气污染物排放标准或者超过重点大气污染物排放总量控制指标排放大气污染物的；

（三）通过逃避监管的方式排放大气污染物的；

（四）建筑施工或者贮存易产生扬尘的物料未采取有效措施防治扬尘污染的。

第一百二十四条　违反本法规定，对举报人以解除、变更劳动合同或者其他方式打击报复的，应当依照有关法律的规定承担责任。

第一百二十五条　排放大气污染物造成损害的，应当依法承担侵权责任。

第一百二十六条　地方各级人民政府、县级以上人民政府生态环境主管部门和其他负有大气环境保护监督管理职责的部门及其工作人员滥用职权、玩忽职守、徇私舞弊、弄虚作假的，依法给予处分。

第一百二十七条　违反本法规定，构成犯罪的，依法追究刑事责任。

第八章　附　则

第一百二十八条　海洋工程的大气污染防治，依照《中华人民共和国海洋环境保护法》的有关规定执行。

第一百二十九条　本法自 2016 年 1 月 1 日起施行。

中华人民共和国道路交通安全法

（2003年10月28日第十届全国人民代表大会常务委员会第五次会议通过　根据2007年12月29日第十届全国人民代表大会常务委员会第三十一次会议《关于修改〈中华人民共和国道路交通安全法〉的决定》第一次修正　根据2011年4月22日第十一届全国人民代表大会常务委员会第二十次会议《关于修改〈中华人民共和国道路交通安全法〉的决定》第二次修正）

第一章　总　则

第一条　为了维护道路交通秩序，预防和减少交通事故，保护人身安全，保护公民、法人和其他组织的财产安全及其他合法权益，提高通行效率，制定本法。

第二条　中华人民共和国境内的车辆驾驶人、行人、乘车人以及与道路交通活动有关的单位和个人，都应当遵守本法。

第三条　道路交通安全工作，应当遵循依法管理、方便群众的原则，保障道路交通有序、安全、畅通。

第四条　各级人民政府应当保障道路交通安全管理工作与经济建设和社会发展相适应。

县级以上地方各级人民政府应当适应道路交通发展的需要，依据道路交通安全法律、法规和国家有关政策，制定道路交通安全管理规划，并组织实施。

第五条　国务院公安部门负责全国道路交通安全管理工作。县级以上地方各级人民政府公安机关交通管理部门负责本行政区域内的道路交通安全管理工作。

县级以上各级人民政府交通、建设管理部门依据各自职责，负责有关的道路交通工作。

第六条　各级人民政府应当经常进行道路交通安全教育，提高公民的道路交通安全意识。

公安机关交通管理部门及其交通警察执行职务时，应当加强道路交通安全法律、法规的宣传，并模范遵守道路交通安全法律、法规。

机关、部队、企业事业单位、社会团体以及其他组织，应当对本单位的人员进行道路交通安全教育。

教育行政部门、学校应当将道路交通安全教育纳入法制教育的内容。

新闻、出版、广播、电视等有关单位，有进行道路交通安全教育的义务。

第七条　对道路交通安全管理工作，应当加强科学研究，推广、使用先进的管理方法、技术、设备。

第二章　车辆和驾驶人

第一节　机动车、非机动车

第八条　国家对机动车实行登记制度。机动车经公安机关交通管理部门登记后，方可上道路行驶。尚未登记的机动车，需要临时上道路行驶的，应当取得临时通行牌证。

第九条　申请机动车登记，应当提交以下证明、凭证：

（一）机动车所有人的身份证明；

（二）机动车来历证明；

（三）机动车整车出厂合格证明或者进口机动车进口凭证；

（四）车辆购置税的完税证明或者免税凭证；

（五）法律、行政法规规定应当在机动车登记时提交的其他证明、凭证。

公安机关交通管理部门应当自受理申请之日起五个工作日内完成机动车登记审查工作，对符合前款规定条件的，应当发放机动车登记证书、号牌和行驶证；对不符合前款规定条件的，应当向申请人说明不予登记的理由。

公安机关交通管理部门以外的任何单位或者个人不得发放机动车号牌或者要求机动车悬挂其他号牌，本法另有规定的除外。

机动车登记证书、号牌、行驶证的式样由国务院公安部门规定并监制。

第十条　准予登记的机动车应当符合机动车国家安全技术标准。申请机动车登记时，应当接受对该机动车的安全技术检验。但是，经国家机动车产品主管部门依据机动车国家安全技术标准认定的企业生产的机动车型，该车型的新车在出厂时经检验符合机动车国家安全技术标准，获得检验合格证的，免予安全技术检验。

第十一条　驾驶机动车上道路行驶，应当悬挂机动车号牌，放置检验合格标志、保险标志，并随车携带机动车行驶证。

机动车号牌应当按照规定悬挂并保持清晰、完整，不得故意遮挡、污损。

任何单位和个人不得收缴、扣留机动车号牌。

第十二条　有下列情形之一的，应当办理相应的登记：

（一）机动车所有权发生转移的；

（二）机动车登记内容变更的；

（三）机动车用作抵押的；

（四）机动车报废的。

第十三条　对登记后上道路行驶的机动车，应当依照法律、行政法规的规定，根据车辆用途、载客载货数量、使用年限等不同情况，定期进行安全技术检验。对提供机动车行驶证和机动车第三者责任强制保险单的，机动车安全技术检验机构应当予以检验，任何单位不得附加其他条件。对符合机动车国家安全技术标准的，公安机关交通管理部门应当发给检验合格标志。

对机动车的安全技术检验实行社会化。具体办法由国务院规定。

机动车安全技术检验实行社会化的地方，任何单位不得要求机动车到指定的场所进行检验。

公安机关交通管理部门、机动车安全技术检验机构不得要求机动车到指定的场所进行维修、保养。

机动车安全技术检验机构对机动车检验收取费用，应当严格执行国务院价格主管部门核定的收费标准。

第十四条 国家实行机动车强制报废制度，根据机动车的安全技术状况和不同用途，规定不同的报废标准。

应当报废的机动车必须及时办理注销登记。

达到报废标准的机动车不得上道路行驶。报废的大型客、货车及其他营运车辆应当在公安机关交通管理部门的监督下解体。

第十五条 警车、消防车、救护车、工程救险车应当按照规定喷涂标志图案，安装警报器、标志灯具。其他机动车不得喷涂、安装、使用上述车辆专用的或者与其相类似的标志图案、警报器或者标志灯具。

警车、消防车、救护车、工程救险车应当严格按照规定的用途和条件使用。

公路监督检查的专用车辆，应当依照公路法的规定，设置统一的标志和示警灯。

第十六条 任何单位或者个人不得有下列行为：

（一）拼装机动车或者擅自改变机动车已登记的结构、构造或者特征；

（二）改变机动车型号、发动机号、车架号或者车辆识别代号；

（三）伪造、变造或者使用伪造、变造的机动车登记证书、号牌、行驶证、检验合格标志、保险标志；

（四）使用其他机动车的登记证书、号牌、行驶证、检验合格标志、保险标志。

第十七条 国家实行机动车第三者责任强制保险制度，设立道路交通事故社会救助基金。具体办法由国务院规定。

第十八条 依法应当登记的非机动车，经公安机关交通管理部门登记后，方可上道路行驶。

依法应当登记的非机动车的种类，由省、自治区、直辖市人民政府根据当地实际情况规定。

非机动车的外形尺寸、质量、制动器、车铃和夜间反光装置，应当符合非机动车安全技术标准。

第二节　机动车驾驶人

第十九条　驾驶机动车，应当依法取得机动车驾驶证。

申请机动车驾驶证，应当符合国务院公安部门规定的驾驶许可条件；经考试合格后，由公安机关交通管理部门发给相应类别的机动车驾驶证。

持有境外机动车驾驶证的人，符合国务院公安部门规定的驾驶许可条件，经公安机关交通管理部门考核合格的，可以发给中国的机动车驾驶证。

驾驶人应当按照驾驶证载明的准驾车型驾驶机动车；驾驶机动车时，应当随身携带机动车驾驶证。

公安机关交通管理部门以外的任何单位或者个人，不得收缴、扣留机动车驾驶证。

第二十条　机动车的驾驶培训实行社会化，由交通主管部门对驾驶培训学校、驾驶培训班实行资格管理，其中专门的拖拉机驾驶培训学校、驾驶培训班由农业（农业机械）主管部门实行资格管理。

驾驶培训学校、驾驶培训班应当严格按照国家有关规定，对学员进行道路交通安全法律、法规、驾驶技能的培训，确保培训质量。

任何国家机关以及驾驶培训和考试主管部门不得举办或者参与举办驾驶培训学校、驾驶培训班。

第二十一条　驾驶人驾驶机动车上道路行驶前，应当对机动车的安全技术性能进行认真检查；不得驾驶安全设施不全或者机件不符合技术标准等具有安全隐患的机动车。

第二十二条　机动车驾驶人应当遵守道路交通安全法律、法规的规定，按照操作规范安全驾驶、文明驾驶。

饮酒、服用国家管制的精神药品或者麻醉药品，或者患有妨碍安全驾驶机动车的疾病，或者过度疲劳影响安全驾驶的，不得驾驶机动车。

任何人不得强迫、指使、纵容驾驶人违反道路交通安全法律、法规和机动车安全驾驶要求驾驶机动车。

第二十三条　公安机关交通管理部门依照法律、行政法规的规定，定期对机动车驾驶证实施审验。

第二十四条　公安机关交通管理部门对机动车驾驶人违反道路交通安全法律、法规的行为，除依法给予行政处罚外，实行累积记分制度。公安机关交通管理部门对累积记分达到规定分值的机动车驾驶人，扣留机动车驾驶证，对其进行道路交通安全法律、法规教育，重新考试；考试合格的，发还其机动车驾驶证。

对遵守道路交通安全法律、法规，在一年内无累积记分的机动车驾驶人，可以延长机动车驾驶证的审验期。具体办法由国务院公安部门规定。

第三章　道路通行条件

第二十五条　全国实行统一的道路交通信号。

交通信号包括交通信号灯、交通标志、交通标线和交通警察的指挥。

交通信号灯、交通标志、交通标线的设置应当符合道路交通安全、畅通的要求和国家标准，并保持清晰、醒目、准确、完好。

根据通行需要，应当及时增设、调换、更新道路交通信号。增设、调换、更新限制性的道路交通信号，应当提前向社会公告，广泛进行宣传。

第二十六条　交通信号灯由红灯、绿灯、黄灯组成。红灯表示禁止通行，绿灯表示准许通行，黄灯表示警示。

第二十七条　铁路与道路平面交叉的道口，应当设置警示灯、警示标志或者安全防护设施。无人看守的铁路道口，应当在距道口一定距离处设置警示标志。

第二十八条　任何单位和个人不得擅自设置、移动、占用、损毁交通信号灯、交通标志、交通标线。

道路两侧及隔离带上种植的树木或者其他植物，设置的广告牌、管线等，应当与交通设施保持必要的距离，不得遮挡路灯、交通信号灯、交通标志，不得妨碍安全视距，不得影响通行。

第二十九条　道路、停车场和道路配套设施的规划、设计、建设，应当符合道路交通安全、畅通的要求，并根据交通需求及时调整。

公安机关交通管理部门发现已经投入使用的道路存在交通事故频发路段，或者停车场、道路配套设施存在交通安全严重隐患的，应当及时向当地人民政府报告，并提出防范交通事故、消除隐患的建议，当地人民政府应当及时作出处理决定。

第三十条　道路出现坍塌、坑槽、水毁、隆起等损毁或者交通信号灯、交通标志、交通标线等交通设施损毁、灭失的，道路、交通设施的养护部门或者管理部门应当设置警示标志并及时修复。

公安机关交通管理部门发现前款情形，危及交通安全，尚未设置警示标志的，应当及时采取安全措施，疏导交通，并通知道路、交通设施的养护部门或者管理部门。

第三十一条　未经许可，任何单位和个人不得占用道路从事非交通活动。

第三十二条　因工程建设需要占用、挖掘道路，或者跨越、穿越道路架设、增设管线设施，应当事先征得道路主管部门的同意；影响交通安全的，还应当征得公安机关交通管理部门的同意。

施工作业单位应当在经批准的路段和时间内施工作业，并在距离施工作业地点来车方向安全距离处设置明显的安全警示标志，采取防护措施；施工作业完毕，应当迅速清除道路上的障碍物，消除安全隐患，经道路主管部门和公安机关交通管理部门验收合格，符合通行要求后，方可恢复通行。

对未中断交通的施工作业道路，公安机关交通管理部门应当加强交通安全监督检查，维护道路交通秩序。

第三十三条 新建、改建、扩建的公共建筑、商业街区、居住区、大（中）型建筑等，应当配建、增建停车场；停车泊位不足的，应当及时改建或者扩建；投入使用的停车场不得擅自停止使用或者改作他用。

在城市道路范围内，在不影响行人、车辆通行的情况下，政府有关部门可以施划停车泊位。

第三十四条 学校、幼儿园、医院、养老院门前的道路没有行人过街设施的，应当施划人行横道线，设置提示标志。

城市主要道路的人行道，应当按照规划设置盲道。盲道的设置应当符合国家标准。

第四章 道路通行规定

第一节 一般规定

第三十五条 机动车、非机动车实行右侧通行。

第三十六条 根据道路条件和通行需要，道路划分为机动车道、非机动车道和人行道的，机动车、非机动车、行人实行分道通行。没有划分机动车道、非机动车道和人行道的，机动车在道路中间通行，非机动车和行人在道路两侧通行。

第三十七条 道路划设专用车道的，在专用车道内，只准许规定的车辆通行，其他车辆不得进入专用车道内行驶。

第三十八条 车辆、行人应当按照交通信号通行；遇有交通警察现场指挥时，应当按照交通警察的指挥通行；在没有交通信号的道路上，应当在确保安全、畅通的原则下通行。

第三十九条 公安机关交通管理部门根据道路和交通流量的具体情况，可以对机动车、非机动车、行人采取疏导、限制通行、禁止通行等措施。遇有大型群众性活动、大范围施工等情况，需要采取限制交通的措施，或者作出与公众的道路交通活动直接有关的决定，应当提前向社会公告。

第四十条 遇有自然灾害、恶劣气象条件或者重大交通事故等严重影响交通安全的情形，采取其他措施难以保证交通安全时，公安机关交通管理部门可以实行交通管制。

第四十一条 有关道路通行的其他具体规定，由国务院规定。

第二节 机动车通行规定

第四十二条 机动车上道路行驶，不得超过限速标志标明的最高时速。在没有限速标志的路段，应当保持安全车速。

夜间行驶或者在容易发生危险的路段行驶，以及遇有沙尘、冰雹、雨、雪、雾、结冰等气象条件时，应当降低行驶速度。

第四十三条 同车道行驶的机动车，后车应当与前车保持足以采取紧急制动措施的安全距离。有下列情形之一的，不得超车：

（一）前车正在左转弯、掉头、超车的；

（二）与对面来车有会车可能的；

（三）前车为执行紧急任务的警车、消防车、救护车、工程救险车的；

（四）行经铁路道口、交叉路口、窄桥、弯道、陡坡、隧道、人行横道、市区交通流量大的路段等没有超车条件的。

第四十四条 机动车通过交叉路口，应当按照交通信号灯、交通标志、交通标线或者交通警察的指挥通过；通过没有交通信号灯、交通标志、交通标线或者交通警察指挥的交叉路口时，应当减速慢行，并让行人和优先通行的车辆先行。

第四十五条 机动车遇有前方车辆停车排队等候或者缓慢行驶时，不得借道超车或者占用对面车道，不得穿插等候的车辆。

在车道减少的路段、路口，或者在没有交通信号灯、交通标志、交通标线或者交通警察指挥的交叉路口遇到停车排队等候或者缓慢行驶时，机动车应当依次交替通行。

第四十六条 机动车通过铁路道口时，应当按照交通信号或者管理人员的指挥通行；没有交通信号或者管理人员的，应当减速或者停车，在确认安全后通过。

第四十七条 机动车行经人行横道时，应当减速行驶；遇行人正在通过人行横道，应当停车让行。

机动车行经没有交通信号的道路时，遇行人横过道路，应当避让。

第四十八条 机动车载物应当符合核定的载质量，严禁超载；载物的长、宽、高不得违反装载要求，不得遗洒、飘散载运物。

机动车运载超限的不可解体的物品，影响交通安全的，应当按照公安机关交通管理部门指定的时间、路线、速度行驶，悬挂明显标志。在公路上运载超限的不可解体的物品，并应当依照公路法的规定执行。

机动车载运爆炸物品、易燃易爆化学物品以及剧毒、放射性等危险物品，应当经公安机关批准后，按指定的时间、路线、速度行驶，悬挂警示标志并采取必要的安全措施。

第四十九条 机动车载人不得超过核定的人数，客运机动车不得违反规定载货。

第五十条 禁止货运机动车载客。

货运机动车需要附载作业人员的，应当设置保护作业人员的安全措施。

第五十一条 机动车行驶时，驾驶人、乘坐人员应当按规定使用安全带，摩托车驾驶人及乘坐人员应当按规定戴安全头盔。

第五十二条 机动车在道路上发生故障，需要停车排除故障时，驾驶人应当立即开启危险报警闪光灯，将机动车移至不妨碍交通的地方停放；难以移动的，应当持续开启危险报警闪光灯，并在来车方向设置警告标志等措施扩大示警距离，必要时迅速报警。

第五十三条　警车、消防车、救护车、工程救险车执行紧急任务时，可以使用警报器、标志灯具；在确保安全的前提下，不受行驶路线、行驶方向、行驶速度和信号灯的限制，其他车辆和行人应当让行。

警车、消防车、救护车、工程救险车非执行紧急任务时，不得使用警报器、标志灯具，不享有前款规定的道路优先通行权。

第五十四条　道路养护车辆、工程作业车进行作业时，在不影响过往车辆通行的前提下，其行驶路线和方向不受交通标志、标线限制，过往车辆和人员应当注意避让。

洒水车、清扫车等机动车应当按照安全作业标准作业；在不影响其他车辆通行的情况下，可以不受车辆分道行驶的限制，但是不得逆向行驶。

第五十五条　高速公路、大中城市中心城区内的道路，禁止拖拉机通行。其他禁止拖拉机通行的道路，由省、自治区、直辖市人民政府根据当地实际情况规定。

在允许拖拉机通行的道路上，拖拉机可以从事货运，但是不得用于载人。

第五十六条　机动车应当在规定地点停放。禁止在人行道上停放机动车；但是，依照本法第三十三条规定施划的停车泊位除外。

在道路上临时停车的，不得妨碍其他车辆和行人通行。

第三节　非机动车通行规定

第五十七条　驾驶非机动车在道路上行驶应当遵守有关交通安全的规定。非机动车应当在非机动车道内行驶；在没有非机动车道的道路上，应当靠车行道的右侧行驶。

第五十八条　残疾人机动轮椅车、电动自行车在非机动车道内行驶时，最高时速不得超过十五公里。

第五十九条　非机动车应当在规定地点停放。未设停放地点的，非机动车停放不得妨碍其他车辆和行人通行。

第六十条　驾驭畜力车，应当使用驯服的牲畜；驾驭畜力车横过道路时，驾驭人应当下车牵引牲畜；驾驭人离开车辆时，应当拴系牲畜。

第四节　行人和乘车人通行规定

第六十一条　行人应当在人行道内行走，没有人行道的靠路边行走。

第六十二条　行人通过路口或者横过道路，应当走人行横道或者过街设施；通过有交通信号灯的人行横道，应当按照交通信号灯指示通行；通过没有交通信号灯、人行横道的路口，或者在没有过街设施的路段横过道路，应当在确认安全后通过。

第六十三条　行人不得跨越、倚坐道路隔离设施，不得扒车、强行拦车或者实施妨碍道路交通安全的其他行为。

第六十四条 学龄前儿童以及不能辨认或者不能控制自己行为的精神疾病患者、智力障碍者在道路上通行，应当由其监护人、监护人委托的人或者对其负有管理、保护职责的人带领。

盲人在道路上通行，应当使用盲杖或者采取其他导盲手段，车辆应当避让盲人。

第六十五条 行人通过铁路道口时，应当按照交通信号或者管理人员的指挥通行；没有交通信号和管理人员的，应当在确认无火车驶临后，迅速通过。

第六十六条 乘车人不得携带易燃易爆等危险物品，不得向车外抛洒物品，不得有影响驾驶人安全驾驶的行为。

第五节 高速公路的特别规定

第六十七条 行人、非机动车、拖拉机、轮式专用机械车、铰接式客车、全挂拖斗车以及其他设计最高时速低于七十公里的机动车，不得进入高速公路。高速公路限速标志标明的最高时速不得超过一百二十公里。

第六十八条 机动车在高速公路上发生故障时，应当依照本法第五十二条的有关规定办理；但是，警告标志应当设置在故障车来车方向一百五十米以外，车上人员应当迅速转移到右侧路肩上或者应急车道内，并且迅速报警。

机动车在高速公路上发生故障或者交通事故，无法正常行驶的，应当由救援车、清障车拖曳、牵引。

第六十九条 任何单位、个人不得在高速公路上拦截检查行驶的车辆，公安机关的人民警察依法执行紧急公务除外。

第五章 交通事故处理

第七十条 在道路上发生交通事故，车辆驾驶人应当立即停车，保护现场；造成人身伤亡的，车辆驾驶人应当立即抢救受伤人员，并迅速报告执勤的交通警察或者公安机关交通管理部门。因抢救受伤人员变动现场的，应当标明位置。乘车人、过往车辆驾驶人、过往行人应当予以协助。

在道路上发生交通事故，未造成人身伤亡，当事人对事实及成因无争议的，可以即行撤离现场，恢复交通，自行协商处理损害赔偿事宜；不即行撤离现场的，应当迅速报告执勤的交通警察或者公安机关交通管理部门。

在道路上发生交通事故，仅造成轻微财产损失，并且基本事实清楚的，当事人应当先撤离现场再进行协商处理。

第七十一条 车辆发生交通事故后逃逸的，事故现场目击人员和其他知情人员应当向公安机关交通管理部门或者交通警察举报。举报属实的，公安机关交通管理部门应当给予奖励。

第七十二条　公安机关交通管理部门接到交通事故报警后，应当立即派交通警察赶赴现场，先组织抢救受伤人员，并采取措施，尽快恢复交通。

交通警察应当对交通事故现场进行勘验、检查，收集证据；因收集证据的需要，可以扣留事故车辆，但是应当妥善保管，以备核查。

对当事人的生理、精神状况等专业性较强的检验，公安机关交通管理部门应当委托专门机构进行鉴定。鉴定结论应当由鉴定人签名。

第七十三条　公安机关交通管理部门应当根据交通事故现场勘验、检查、调查情况和有关的检验、鉴定结论，及时制作交通事故认定书，作为处理交通事故的证据。交通事故认定书应当载明交通事故的基本事实、成因和当事人的责任，并送达当事人。

第七十四条　对交通事故损害赔偿的争议，当事人可以请求公安机关交通管理部门调解，也可以直接向人民法院提起民事诉讼。

经公安机关交通管理部门调解，当事人未达成协议或者调解书生效后不履行的，当事人可以向人民法院提起民事诉讼。

第七十五条　医疗机构对交通事故中的受伤人员应当及时抢救，不得因抢救费用未及时支付而拖延救治。肇事车辆参加机动车第三者责任强制保险的，由保险公司在责任限额范围内支付抢救费用；抢救费用超过责任限额的，未参加机动车第三者责任强制保险或者肇事后逃逸的，由道路交通事故社会救助基金先行垫付部分或者全部抢救费用，道路交通事故社会救助基金管理机构有权向交通事故责任人追偿。

第七十六条　机动车发生交通事故造成人身伤亡、财产损失的，由保险公司在机动车第三者责任强制保险责任限额范围内予以赔偿；不足的部分，按照下列规定承担赔偿责任：

（一）机动车之间发生交通事故的，由有过错的一方承担赔偿责任；双方都有过错的，按照各自过错的比例分担责任。

（二）机动车与非机动车驾驶人、行人之间发生交通事故，非机动车驾驶人、行人没有过错的，由机动车一方承担赔偿责任；有证据证明非机动车驾驶人、行人有过错的，根据过错程度适当减轻机动车一方的赔偿责任；机动车一方没有过错的，承担不超过百分之十的赔偿责任。

交通事故的损失是由非机动车驾驶人、行人故意碰撞机动车造成的，机动车一方不承担赔偿责任。

第七十七条　车辆在道路以外通行时发生的事故，公安机关交通管理部门接到报案的，参照本法有关规定办理。

第六章　执法监督

第七十八条　公安机关交通管理部门应当加强对交通警察的管理，提高交通警察的素质和管理道路交通的水平。

公安机关交通管理部门应当对交通警察进行法制和交通安全管理业务培训、考核。交通警察经考核不合格的，不得上岗执行职务。

第七十九条 公安机关交通管理部门及其交通警察实施道路交通安全管理，应当依据法定的职权和程序，简化办事手续，做到公正、严格、文明、高效。

第八十条 交通警察执行职务时，应当按照规定着装，佩戴人民警察标志，持有人民警察证件，保持警容严整，举止端庄，指挥规范。

第八十一条 依照本法发放牌证等收取工本费，应当严格执行国务院价格主管部门核定的收费标准，并全部上缴国库。

第八十二条 公安机关交通管理部门依法实施罚款的行政处罚，应当依照有关法律、行政法规的规定，实施罚款决定与罚款收缴分离；收缴的罚款以及依法没收的违法所得，应当全部上缴国库。

第八十三条 交通警察调查处理道路交通安全违法行为和交通事故，有下列情形之一的，应当回避：

（一）是本案的当事人或者当事人的近亲属；

（二）本人或者其近亲属与本案有利害关系；

（三）与本案当事人有其他关系，可能影响案件的公正处理。

第八十四条 公安机关交通管理部门及其交通警察的行政执法活动，应当接受行政监察机关依法实施的监督。

公安机关督察部门应当对公安机关交通管理部门及其交通警察执行法律、法规和遵守纪律的情况依法进行监督。

上级公安机关交通管理部门应当对下级公安机关交通管理部门的执法活动进行监督。

第八十五条 公安机关交通管理部门及其交通警察执行职务，应当自觉接受社会和公民的监督。

任何单位和个人都有权对公安机关交通管理部门及其交通警察不严格执法以及违法违纪行为进行检举、控告。收到检举、控告的机关，应当依据职责及时查处。

第八十六条 任何单位不得给公安机关交通管理部门下达或者变相下达罚款指标；公安机关交通管理部门不得以罚款数额作为考核交通警察的标准。

公安机关交通管理部门及其交通警察对超越法律、法规规定的指令，有权拒绝执行，并同时向上级机关报告。

第七章 法律责任

第八十七条 公安机关交通管理部门及其交通警察对道路交通安全违法行为，应当及时纠正。

公安机关交通管理部门及其交通警察应当依据事实和本法的有关规定对道路交通安全违法行为予以处罚。对于情节轻微，未影响道路通行的，指出违法行为，给予口头警告后放行。

第八十八条 对道路交通安全违法行为的处罚种类包括：警告、罚款、暂扣或者吊销机动车驾驶证、拘留。

第八十九条 行人、乘车人、非机动车驾驶人违反道路交通安全法律、法规关于道路通行规定的，处警告或者五元以上五十元以下罚款；非机动车驾驶人拒绝接受罚款处罚的，可以扣留其非机动车。

第九十条 机动车驾驶人违反道路交通安全法律、法规关于道路通行规定的，处警告或者二十元以上二百元以下罚款。本法另有规定的，依照规定处罚。

第九十一条 饮酒后驾驶机动车的，处暂扣六个月机动车驾驶证，并处一千元以上二千元以下罚款。因饮酒后驾驶机动车被处罚，再次饮酒后驾驶机动车的，处十日以下拘留，并处一千元以上二千元以下罚款，吊销机动车驾驶证。

醉酒驾驶机动车的，由公安机关交通管理部门约束至酒醒，吊销机动车驾驶证，依法追究刑事责任；五年内不得重新取得机动车驾驶证。

饮酒后驾驶营运机动车的，处十五日拘留，并处五千元罚款，吊销机动车驾驶证，五年内不得重新取得机动车驾驶证。

醉酒驾驶营运机动车的，由公安机关交通管理部门约束至酒醒，吊销机动车驾驶证，依法追究刑事责任；十年内不得重新取得机动车驾驶证，重新取得机动车驾驶证后，不得驾驶营运机动车。

饮酒后或者醉酒驾驶机动车发生重大交通事故，构成犯罪的，依法追究刑事责任，并由公安机关交通管理部门吊销机动车驾驶证，终生不得重新取得机动车驾驶证。

第九十二条 公路客运车辆载客超过额定乘员的，处二百元以上五百元以下罚款；超过额定乘员百分之二十或者违反规定载货的，处五百元以上二千元以下罚款。

货运机动车超过核定载质量的，处二百元以上五百元以下罚款；超过核定载质量百分之三十或者违反规定载客的，处五百元以上二千元以下罚款。

有前两款行为的，由公安机关交通管理部门扣留机动车至违法状态消除。

运输单位的车辆有本条第一款、第二款规定的情形，经处罚不改的，对直接负责的主管人员处二千元以上五千元以下罚款。

第九十三条 对违反道路交通安全法律、法规关于机动车停放、临时停车规定的，可以指出违法行为，并予以口头警告，令其立即驶离。

机动车驾驶人不在现场或者虽在现场但拒绝立即驶离，妨碍其他车辆、行人通行的，处二十元以上二百元以下罚款，并可以将该机动车拖移至不妨碍交通的地点或者公安机关交通管理部门指定的地点停放。公安机关交通管理部门拖车不得向当事人收取费用，并应当及时告知当事人停放地点。

因采取不正确的方法拖车造成机动车损坏的，应当依法承担补偿责任。

第九十四条 机动车安全技术检验机构实施机动车安全技术检验超过国务院价格主管部门核定的收费标准收取费用的，退还多收取的费用，并由价格主管部门依照《中华人民共和国价格法》的有关规定给予处罚。

机动车安全技术检验机构不按照机动车国家安全技术标准进行检验，出具虚假检验结果的，由公安机关交通管理部门处所收检验费用五倍以上十倍以下罚款，并依法撤销其检验资格；构成犯罪的，依法追究刑事责任。

第九十五条 上道路行驶的机动车未悬挂机动车号牌，未放置检验合格标志、保险标志，或者未随车携带行驶证、驾驶证的，公安机关交通管理部门应当扣留机动车，通知当事人提供相应的牌证、标志或者补办相应手续，并可以依照本法第九十条的规定予以处罚。当事人提供相应的牌证、标志或者补办相应手续的，应当及时退还机动车。

故意遮挡、污损或者不按规定安装机动车号牌的，依照本法第九十条的规定予以处罚。

第九十六条 伪造、变造或者使用伪造、变造的机动车登记证书、号牌、行驶证、驾驶证的，由公安机关交通管理部门予以收缴，扣留该机动车，处十五日以下拘留，并处二千元以上五千元以下罚款；构成犯罪的，依法追究刑事责任。

伪造、变造或者使用伪造、变造的检验合格标志、保险标志的，由公安机关交通管理部门予以收缴，扣留该机动车，处十日以下拘留，并处一千元以上三千元以下罚款；构成犯罪的，依法追究刑事责任。

使用其他车辆的机动车登记证书、号牌、行驶证、检验合格标志、保险标志的，由公安机关交通管理部门予以收缴，扣留该机动车，处二千元以上五千元以下罚款。

当事人提供相应的合法证明或者补办相应手续的，应当及时退还机动车。

第九十七条 非法安装警报器、标志灯具的，由公安机关交通管理部门强制拆除，予以收缴，并处二百元以上二千元以下罚款。

第九十八条 机动车所有人、管理人未按照国家规定投保机动车第三者责任强制保险的，由公安机关交通管理部门扣留车辆至依照规定投保后，并处依照规定投保最低责任限额应缴纳的保险费的二倍罚款。

依照前款缴纳的罚款全部纳入道路交通事故社会救助基金。具体办法由国务院规定。

第九十九条 有下列行为之一的，由公安机关交通管理部门处二百元以上二千元以下罚款：

（一）未取得机动车驾驶证、机动车驾驶证被吊销或者机动车驾驶证被暂扣期间驾驶机动车的；

（二）将机动车交由未取得机动车驾驶证或者机动车驾驶证被吊销、暂扣的人驾驶的；

（三）造成交通事故后逃逸，尚不构成犯罪的；

（四）机动车行驶超过规定时速百分之五十的；

（五）强迫机动车驾驶人违反道路交通安全法律、法规和机动车安全驾驶要求驾驶机动车，造成交通事故，尚不构成犯罪的；

（六）违反交通管制的规定强行通行，不听劝阻的；

（七）故意损毁、移动、涂改交通设施，造成危害后果，尚不构成犯罪的；

（八）非法拦截、扣留机动车辆，不听劝阻，造成交通严重阻塞或者较大财产损失的。

行为人有前款第二项、第四项情形之一的，可以并处吊销机动车驾驶证；有第一项、第三项、第五项至第八项情形之一的，可以并处十五日以下拘留。

第一百条　驾驶拼装的机动车或者已达到报废标准的机动车上道路行驶的，公安机关交通管理部门应当予以收缴，强制报废。

对驾驶前款所列机动车上道路行驶的驾驶人，处二百元以上二千元以下罚款，并吊销机动车驾驶证。

出售已达到报废标准的机动车的，没收违法所得，处销售金额等额的罚款，对该机动车依照本条第一款的规定处理。

第一百零一条　违反道路交通安全法律、法规的规定，发生重大交通事故，构成犯罪的，依法追究刑事责任，并由公安机关交通管理部门吊销机动车驾驶证。

造成交通事故后逃逸的，由公安机关交通管理部门吊销机动车驾驶证，且终生不得重新取得机动车驾驶证。

第一百零二条　对六个月内发生二次以上特大交通事故负有主要责任或者全部责任的专业运输单位，由公安机关交通管理部门责令消除安全隐患，未消除安全隐患的机动车，禁止上道路行驶。

第一百零三条　国家机动车产品主管部门未按照机动车国家安全技术标准严格审查，许可不合格机动车型投入生产的，对负有责任的主管人员和其他直接责任人员给予降级或者撤职的行政处分。

机动车生产企业经国家机动车产品主管部门许可生产的机动车型，不执行机动车国家安全技术标准或者不严格进行机动车成品质量检验，致使质量不合格的机动车出厂销售的，由质量技术监督部门依照《中华人民共和国产品质量法》的有关规定给予处罚。

擅自生产、销售未经国家机动车产品主管部门许可生产的机动车型的，没收非法生产、销售的机动车成品及配件，可以并处非法产品价值三倍以上五倍以下罚款；有营业执照的，由工商行政管理部门吊销营业执照，没有营业执照的，予以查封。

生产、销售拼装的机动车或者生产、销售擅自改装的机动车的，依照本条第三款的规定处罚。

有本条第二款、第三款、第四款所列违法行为，生产或者销售不符合机动车国家安全技术标准的机动车，构成犯罪的，依法追究刑事责任。

第一百零四条 未经批准，擅自挖掘道路、占用道路施工或者从事其他影响道路交通安全活动的，由道路主管部门责令停止违法行为，并恢复原状，可以依法给予罚款；致使通行的人员、车辆及其他财产遭受损失的，依法承担赔偿责任。

有前款行为，影响道路交通安全活动的，公安机关交通管理部门可以责令停止违法行为，迅速恢复交通。

第一百零五条 道路施工作业或者道路出现损毁，未及时设置警示标志、未采取防护措施，或者应当设置交通信号灯、交通标志、交通标线而没有设置或者应当及时变更交通信号灯、交通标志、交通标线而没有及时变更，致使通行的人员、车辆及其他财产遭受损失的，负有相关职责的单位应当依法承担赔偿责任。

第一百零六条 在道路两侧及隔离带上种植树木、其他植物或者设置广告牌、管线等，遮挡路灯、交通信号灯、交通标志，妨碍安全视距的，由公安机关交通管理部门责令行为人排除妨碍；拒不执行的，处二百元以上二千元以下罚款，并强制排除妨碍，所需费用由行为人负担。

第一百零七条 对道路交通违法行为人予以警告、二百元以下罚款，交通警察可以当场作出行政处罚决定，并出具行政处罚决定书。

行政处罚决定书应当载明当事人的违法事实、行政处罚的依据、处罚内容、时间、地点以及处罚机关名称，并由执法人员签名或者盖章。

第一百零八条 当事人应当自收到罚款的行政处罚决定书之日起十五日内，到指定的银行缴纳罚款。

对行人、乘车人和非机动车驾驶人的罚款，当事人无异议的，可以当场予以收缴罚款。

罚款应当开具省、自治区、直辖市财政部门统一制发的罚款收据；不出具财政部门统一制发的罚款收据的，当事人有权拒绝缴纳罚款。

第一百零九条 当事人逾期不履行行政处罚决定的，作出行政处罚决定的行政机关可以采取下列措施：

（一）到期不缴纳罚款的，每日按罚款数额的百分之三加处罚款；

（二）申请人民法院强制执行。

第一百一十条 执行职务的交通警察认为应当对道路交通违法行为人给予暂扣或者吊销机动车驾驶证处罚的，可以先予扣留机动车驾驶证，并在二十四小时内将案件移交公安机关交通管理部门处理。

道路交通违法行为人应当在十五日内到公安机关交通管理部门接受处理。无正当理由逾期未接受处理的，吊销机动车驾驶证。

公安机关交通管理部门暂扣或者吊销机动车驾驶证的，应当出具行政处罚决定书。

第一百一十一条 对违反本法规定予以拘留的行政处罚，由县、市公安局、公安分局或者相当于县一级的公安机关裁决。

第一百一十二条　公安机关交通管理部门扣留机动车、非机动车，应当当场出具凭证，并告知当事人在规定期限内到公安机关交通管理部门接受处理。

公安机关交通管理部门对被扣留的车辆应当妥善保管，不得使用。

逾期不来接受处理，并且经公告三个月仍不来接受处理的，对扣留的车辆依法处理。

第一百一十三条　暂扣机动车驾驶证的期限从处罚决定生效之日起计算；处罚决定生效前先予扣留机动车驾驶证的，扣留一日折抵暂扣期限一日。

吊销机动车驾驶证后重新申请领取机动车驾驶证的期限，按照机动车驾驶证管理规定办理。

第一百一十四条　公安机关交通管理部门根据交通技术监控记录资料，可以对违法的机动车所有人或者管理人依法予以处罚。对能够确定驾驶人的，可以依照本法的规定依法予以处罚。

第一百一十五条　交通警察有下列行为之一的，依法给予行政处分：

（一）为不符合法定条件的机动车发放机动车登记证书、号牌、行驶证、检验合格标志的；

（二）批准不符合法定条件的机动车安装、使用警车、消防车、救护车、工程救险车的警报器、标志灯具，喷涂标志图案的；

（三）为不符合驾驶许可条件、未经考试或者考试不合格人员发放机动车驾驶证的；

（四）不执行罚款决定与罚款收缴分离制度或者不按规定将依法收取的费用、收缴的罚款及没收的违法所得全部上缴国库的；

（五）举办或者参与举办驾驶学校或者驾驶培训班、机动车修理厂或者收费停车场等经营活动的；

（六）利用职务上的便利收受他人财物或者谋取其他利益的；

（七）违法扣留车辆、机动车行驶证、驾驶证、车辆号牌的；

（八）使用依法扣留的车辆的；

（九）当场收取罚款不开具罚款收据或者不如实填写罚款额的；

（十）徇私舞弊，不公正处理交通事故的；

（十一）故意刁难，拖延办理机动车牌证的；

（十二）非执行紧急任务时使用警报器、标志灯具的；

（十三）违反规定拦截、检查正常行驶的车辆的；

（十四）非执行紧急公务时拦截搭乘机动车的；

（十五）不履行法定职责的。

公安机关交通管理部门有前款所列行为之一的，对直接负责的主管人员和其他直接责任人员给予相应的行政处分。

第一百一十六条　依照本法第一百一十五条的规定，给予交通警察行政处分的，在作出行政处分决定前，可以停止其执行职务；必要时，可以予以禁闭。

依照本法第一百一十五条的规定，交通警察受到降级或者撤职行政处分的，可以予以辞退。

交通警察受到开除处分或者被辞退的，应当取消警衔；受到撤职以下行政处分的交通警察，应当降低警衔。

第一百一十七条 交通警察利用职权非法占有公共财物，索取、收受贿赂，或者滥用职权、玩忽职守，构成犯罪的，依法追究刑事责任。

第一百一十八条 公安机关交通管理部门及其交通警察有本法第一百一十五条所列行为之一，给当事人造成损失的，应当依法承担赔偿责任。

第八章 附 则

第一百一十九条 本法中下列用语的含义：

（一）“道路”，是指公路、城市道路和虽在单位管辖范围但允许社会机动车通行的地方，包括广场、公共停车场等用于公众通行的场所。

（二）“车辆”，是指机动车和非机动车。

（三）“机动车”，是指以动力装置驱动或者牵引，上道路行驶的供人员乘用或者用于运送物品以及进行工程专项作业的轮式车辆。

（四）“非机动车”，是指以人力或者畜力驱动，上道路行驶的交通工具，以及虽有动力装置驱动但设计最高时速、空车质量、外形尺寸符合有关国家标准的残疾人机动轮椅车、电动自行车等交通工具。

（五）“交通事故”，是指车辆在道路上因过错或者意外造成的人身伤亡或者财产损失的事件。

第一百二十条 中国人民解放军和中国人民武装警察部队在编机动车牌证、在编机动车检验以及机动车驾驶人考核工作，由中国人民解放军、中国人民武装警察部队有关部门负责。

第一百二十一条 对上道路行驶的拖拉机，由农业（农业机械）主管部门行使本法第八条、第九条、第十三条、第十九条、第二十三条规定的公安机关交通管理部门的管理职权。

农业（农业机械）主管部门依照前款规定行使职权，应当遵守本法有关规定，并接受公安机关交通管理部门的监督；对违反规定的，依照本法有关规定追究法律责任。

本法施行前由农业（农业机械）主管部门发放的机动车牌证，在本法施行后继续有效。

第一百二十二条 国家对入境的境外机动车的道路交通安全实施统一管理。

第一百二十三条 省、自治区、直辖市人民代表大会常务委员会可以根据本地区的实际情况，在本法规定的罚款幅度内，规定具体的执行标准。

第一百二十四条 本法自 2004 年 5 月 1 日起施行。

中华人民共和国港口法

（2003年6月28日第十届全国人民代表大会常务委员会第三次会议通过　根据2015年4月24日第十二届全国人民代表大会常务委员会第十四次会议《关于修改〈中华人民共和国港口法〉等七部法律的决定》第一次修正　根据2017年11月4日第十二届全国人民代表大会常务委员会第三十次会议《关于修改〈中华人民共和国会计法〉等十一部法律的决定》第二次修正　根据2018年12月29日第十三届全国人民代表大会常务委员会第七次会议《关于修改〈中华人民共和国电力法〉等四部法律的决定》第三次修正）

第一章　总　　则

第一条　为了加强港口管理，维护港口的安全与经营秩序，保护当事人的合法权益，促进港口的建设与发展，制定本法。

第二条　从事港口规划、建设、维护、经营、管理及其相关活动，适用本法。

第三条　本法所称港口，是指具有船舶进出、停泊、靠泊，旅客上下，货物装卸、驳运、储存等功能，具有相应的码头设施，由一定范围的水域和陆域组成的区域。

港口可以由一个或者多个港区组成。

第四条　国务院和有关县级以上地方人民政府应当在国民经济和社会发展计划中体现港口的发展和规划要求，并依法保护和合理利用港口资源。

第五条　国家鼓励国内外经济组织和个人依法投资建设、经营港口，保护投资者的合法权益。

第六条　国务院交通主管部门主管全国的港口工作。

地方人民政府对本行政区域内港口的管理，按照国务院关于港口管理体制的规定确定。

依照前款确定的港口管理体制，由港口所在地的市、县人民政府管理的港口，由市、县人民政府确定一个部门具体实施对港口的行政管理；由省、自治区、直辖市人民政府管理的港口，由省、自治区、直辖市人民政府确定一个部门具体实施对港口的行政管理。

依照前款确定的对港口具体实施行政管理的部门，以下统称港口行政管理部门。

第二章 港口规划与建设

第七条 港口规划应当根据国民经济和社会发展的要求以及国防建设的需要编制，体现合理利用岸线资源的原则，符合城镇体系规划，并与土地利用总体规划、城市总体规划、江河流域规划、防洪规划、海洋功能区划、水路运输发展规划和其他运输方式发展规划以及法律、行政法规规定的其他有关规划相衔接、协调。

编制港口规划应当组织专家论证，并依法进行环境影响评价。

第八条 港口规划包括港口布局规划和港口总体规划。

港口布局规划，是指港口的分布规划，包括全国港口布局规划和省、自治区、直辖市港口布局规划。

港口总体规划，是指一个港口在一定时期的具体规划，包括港口的水域和陆域范围、港区划分、吞吐量和到港船型、港口的性质和功能、水域和陆域使用、港口设施建设岸线使用、建设用地配置以及分期建设序列等内容。

港口总体规划应当符合港口布局规划。

第九条 全国港口布局规划，由国务院交通主管部门征求国务院有关部门和有关军事机关的意见编制，报国务院批准后公布实施。

省、自治区、直辖市港口布局规划，由省、自治区、直辖市人民政府根据全国港口布局规划组织编制，并送国务院交通主管部门征求意见。国务院交通主管部门自收到征求意见的材料之日起满三十日未提出修改意见的，该港口布局规划由有关省、自治区、直辖市人民政府公布实施；国务院交通主管部门认为不符合全国港口布局规划的，应当自收到征求意见的材料之日起三十日内提出修改意见；有关省、自治区、直辖市人民政府对修改意见有异议的，报国务院决定。

第十条 港口总体规划由港口行政管理部门征求有关部门和有关军事机关的意见编制。

第十一条 地理位置重要、吞吐量较大、对经济发展影响较广的主要港口的总体规划，由国务院交通主管部门征求国务院有关部门和有关军事机关的意见后，会同有关省、自治区、直辖市人民政府批准，并公布实施。主要港口名录由国务院交通主管部门征求国务院有关部门意见后确定并公布。

省、自治区、直辖市人民政府征求国务院交通主管部门的意见后确定本地区的重要港口。重要港口的总体规划由省、自治区、直辖市人民政府征求国务院交通主管部门意见后批准，公布实施。

前两款规定以外的港口的总体规划，由港口所在地的市、县人民政府批准后公布实施，并报省、自治区、直辖市人民政府备案。

市、县人民政府港口行政管理部门编制的属于本条第一款、第二款规定范围的港口的总体规划，在报送审批前应当经本级人民政府审核同意。

第十二条 港口规划的修改，按照港口规划制定程序办理。

第十三条 在港口总体规划区内建设港口设施，使用港口深水岸线的，由国务院交通主管部门会同国务院经济综合宏观调控部门批准；建设港口设施，使用非深水岸线的，由港口行政管理部门批准。但是，由国务院或者国务院经济综合宏观调控部门批准建设的项目使用港口岸线，不再另行办理使用港口岸线的审批手续。

港口深水岸线的标准由国务院交通主管部门制定。

第十四条 港口建设应当符合港口规划。不得违反港口规划建设任何港口设施。

第十五条 按照国家规定须经有关机关批准的港口建设项目，应当按照国家有关规定办理审批手续，并符合国家有关标准和技术规范。

建设港口工程项目，应当依法进行环境影响评价。

港口建设项目的安全设施和环境保护设施，必须与主体工程同时设计、同时施工、同时投入使用。

第十六条 港口建设使用土地和水域，应当依照有关土地管理、海域使用管理、河道管理、航道管理、军事设施保护管理的法律、行政法规以及其他有关法律、行政法规的规定办理。

第十七条 港口的危险货物作业场所、实施卫生除害处理的专用场所，应当符合港口总体规划和国家有关安全生产、消防、检验检疫和环境保护的要求，其与人口密集区和港口客运设施的距离应当符合国务院有关部门的规定；经依法办理有关手续后，方可建设。

第十八条 航标设施以及其他辅助性设施，应当与港口同步建设，并保证按期投入使用。

港口内有关行政管理机构办公设施的建设应当符合港口总体规划，建设费用不得向港口经营人摊派。

第十九条 港口设施建设项目竣工后，应当按照国家有关规定经验收合格，方可投入使用。

港口设施的所有权，依照有关法律规定确定。

第二十条 县级以上有关人民政府应当保证必要的资金投入，用于港口公用的航道、防波堤、锚地等基础设施的建设和维护。具体办法由国务院规定。

第二十一条 县级以上有关人民政府应当采取措施，组织建设与港口相配套的航道、铁路、公路、给排水、供电、通信等设施。

第三章 港口经营

第二十二条 从事港口经营，应当向港口行政管理部门书面申请取得港口经营许可，并依法办理工商登记。

港口行政管理部门实施港口经营许可，应当遵循公开、公正、公平的原则。

港口经营包括码头和其他港口设施的经营，港口旅客运输服务经营，在港区内从事货物的装卸、驳运、仓储的经营和港口拖轮经营等。

第二十三条 取得港口经营许可，应当有固定的经营场所，有与经营业务相适应的设施、设备、专业技术人员和管理人员，并应当具备法律、法规规定的其他条件。

第二十四条 港口行政管理部门应当自收到本法第二十二条第一款规定的书面申请之日起三十日内依法作出许可或者不予许可的决定。予以许可的，颁发港口经营许可证；不予许可的，应当书面通知申请人并告知理由。

第二十五条 国务院交通主管部门应当制定港口理货服务标准和规范。

经营港口理货业务，应当按照规定报港口行政管理部门备案。

港口理货业务经营人应当公正、准确地办理理货业务；不得兼营本法第二十二条第三款规定的货物装卸经营业务和仓储经营业务。

第二十六条 港口经营人从事经营活动，必须遵守有关法律、法规，遵守国务院交通主管部门有关港口作业规则的规定，依法履行合同约定的义务，为客户提供公平、良好的服务。

从事港口旅客运输服务的经营人，应当采取保证旅客安全的有效措施，向旅客提供快捷、便利的服务，保持良好的候船环境。

港口经营人应当依照有关环境保护的法律、法规的规定，采取有效措施，防治对环境的污染和危害。

第二十七条 港口经营人应当优先安排抢险物资、救灾物资和国防建设急需物资的作业。

第二十八条 港口经营人应当在其经营场所公布经营服务的收费项目和收费标准；未公布的，不得实施。

港口经营性收费依法实行政府指导价或者政府定价的，港口经营人应当按照规定执行。

第二十九条 国家鼓励和保护港口经营活动的公平竞争。

港口经营人不得实施垄断行为和不正当竞争行为，不得以任何手段强迫他人接受其提供的港口服务。

第三十条 港口行政管理部门依照《中华人民共和国统计法》和有关行政法规的规定要求港口经营人提供的统计资料，港口经营人应当如实提供。

港口行政管理部门应当按照国家有关规定将港口经营人报送的统计资料及时上报，并为港口经营人保守商业秘密。

第三十一条 港口经营人的合法权益受法律保护。任何单位和个人不得向港口经营人摊派或者违法收取费用，不得违法干预港口经营人的经营自主权。

第四章　港口安全与监督管理

第三十二条　港口经营人必须依照《中华人民共和国安全生产法》等有关法律、法规和国务院交通主管部门有关港口安全作业规则的规定，加强安全生产管理，建立健全安全生产责任制等规章制度，完善安全生产条件，采取保障安全生产的有效措施，确保安全生产。

港口经营人应当依法制定本单位的危险货物事故应急预案、重大生产安全事故的旅客紧急疏散和救援预案以及预防自然灾害预案，保障组织实施。

第三十三条　港口行政管理部门应当依法制定可能危及社会公共利益的港口危险货物事故应急预案、重大生产安全事故的旅客紧急疏散和救援预案以及预防自然灾害预案，建立健全港口重大生产安全事故的应急救援体系。

第三十四条　船舶进出港口，应当依照有关水上交通安全的法律、行政法规的规定向海事管理机构报告。海事管理机构接到报告后，应当及时通报港口行政管理部门。

船舶载运危险货物进出港口，应当按照国务院交通主管部门的规定将危险货物的名称、特性、包装和进出港口的时间报告海事管理机构。海事管理机构接到报告后，应当在国务院交通主管部门规定的时间内作出是否同意的决定，通知报告人，并通报港口行政管理部门。但是，定船舶、定航线、定货种的船舶可以定期报告。

第三十五条　在港口内进行危险货物的装卸、过驳作业，应当按照国务院交通主管部门的规定将危险货物的名称、特性、包装和作业的时间、地点报告港口行政管理部门。港口行政管理部门接到报告后，应当在国务院交通主管部门规定的时间内作出是否同意的决定，通知报告人，并通报海事管理机构。

第三十六条　港口行政管理部门应当依法对港口安全生产情况实施监督检查，对旅客上下集中、货物装卸量较大或者有特殊用途的码头进行重点巡查；检查中发现安全隐患的，应当责令被检查人立即排除或者限期排除。

负责安全生产监督管理的部门和其他有关部门依照法律、法规的规定，在各自职责范围内对港口安全生产实施监督检查。

第三十七条　禁止在港口水域内从事养殖、种植活动。

不得在港口进行可能危及港口安全的采掘、爆破等活动；因工程建设等确需进行的，必须采取相应的安全保护措施，并报经港口行政管理部门批准。港口行政管理部门应当将审批情况及时通报海事管理机构，海事管理机构不再依照有关水上交通安全的法律、行政法规的规定进行审批。

禁止向港口水域倾倒泥土、砂石以及违反有关环境保护的法律、法规的规定排放超过规定标准的有毒、有害物质。

第三十八条　建设桥梁、水底隧道、水电站等可能影响港口水文条件变化的工程项目，负责审批该项目的部门在审批前应当征求港口行政管理部门的意见。

第三十九条 依照有关水上交通安全的法律、行政法规的规定，进出港口须经引航的船舶，应当向引航机构申请引航。引航的具体办法由国务院交通主管部门规定。

第四十条 遇有旅客滞留、货物积压阻塞港口的情况，港口行政管理部门应当及时采取有效措施，进行疏港；港口所在地的市、县人民政府认为必要时，可以直接采取措施，进行疏港。

第四十一条 港口行政管理部门应当组织制定所管理的港口的章程，并向社会公布。

港口章程的内容应当包括对港口的地理位置、航道条件、港池水深、机械设施和装卸能力等情况的说明，以及本港口贯彻执行有关港口管理的法律、法规和国务院交通主管部门有关规定的具体措施。

第四十二条 港口行政管理部门依据职责对本法执行情况实施监督检查。

港口行政管理部门的监督检查人员依法实施监督检查时，有权向被检查单位和有关人员了解有关情况，并可查阅、复制有关资料。

监督检查人员对检查中知悉的商业秘密，应当保密。

监督检查人员实施监督检查时，应当出示执法证件。

第四十三条 监督检查人员应当将监督检查的时间、地点、内容、发现的问题及处理情况作出书面记录，并由监督检查人员和被检查单位的负责人签字；被检查单位的负责人拒绝签字的，监督检查人员应当将情况记录在案，并向港口行政管理部门报告。

第四十四条 被检查单位和有关人员应当接受港口行政管理部门依法实施的监督检查，如实提供有关情况和资料，不得拒绝检查或者隐匿、谎报有关情况和资料。

第五章 法律责任

第四十五条 港口经营人、港口理货业务经营人有本法规定的违法行为的，依照有关法律、行政法规的规定纳入信用记录，并予以公示。

第四十六条 有下列行为之一的，由县级以上地方人民政府或者港口行政管理部门责令限期改正；逾期不改正的，由作出限期改正决定的机关申请人民法院强制拆除违法建设的设施；可以处五万元以下罚款：

（一）违反港口规划建设港口、码头或者其他港口设施的；

（二）未经依法批准，建设港口设施使用港口岸线的。

建设项目的审批部门对违反港口规划的建设项目予以批准的，对其直接负责的主管人员和其他直接责任人员，依法给予行政处分。

第四十七条 在港口建设的危险货物作业场所、实施卫生除害处理的专用场所与人口密集区或者港口客运设施的距离不符合国务院有关部门的规定的，由港口行政管理部门责令停止建设或者使用，限期改正，可以处五万元以下罚款。

第四十八条　码头或者港口装卸设施、客运设施未经验收合格，擅自投入使用的，由港口行政管理部门责令停止使用，限期改正，可以处五万元以下罚款。

第四十九条　未依法取得港口经营许可证从事港口经营，或者港口理货业务经营人兼营货物装卸经营业务、仓储经营业务的，由港口行政管理部门责令停止违法经营，没收违法所得；违法所得十万元以上的，并处违法所得二倍以上五倍以下罚款；违法所得不足十万元的，处五万元以上二十万元以下罚款。

第五十条　港口经营人不优先安排抢险物资、救灾物资、国防建设急需物资的作业的，由港口行政管理部门责令改正；造成严重后果的，吊销港口经营许可证。

第五十一条　港口经营人违反有关法律、行政法规的规定，在经营活动中实施垄断行为或者不正当竞争行为的，依照有关法律、行政法规的规定承担法律责任。

第五十二条　港口经营人违反本法第三十二条关于安全生产的规定的，由港口行政管理部门或者其他依法负有安全生产监督管理职责的部门依法给予处罚；情节严重的，由港口行政管理部门吊销港口经营许可证，并对其主要负责人依法给予处分；构成犯罪的，依法追究刑事责任。

第五十三条　船舶进出港口，未依照本法第三十四条的规定向海事管理机构报告的，由海事管理机构依照有关水上交通安全的法律、行政法规的规定处罚。

第五十四条　未依法向港口行政管理部门报告并经其同意，在港口内进行危险货物的装卸、过驳作业的，由港口行政管理部门责令停止作业，处五千元以上五万元以下罚款。

第五十五条　在港口水域内从事养殖、种植活动的，由海事管理机构责令限期改正；逾期不改正的，强制拆除养殖、种植设施，拆除费用由违法行为人承担；可以处一万元以下罚款。

第五十六条　未经依法批准在港口进行可能危及港口安全的采掘、爆破等活动的，向港口水域倾倒泥土、砂石的，由港口行政管理部门责令停止违法行为，限期消除因此造成的安全隐患；逾期不消除的，强制消除，因此发生的费用由违法行为人承担；处五千元以上五万元以下罚款；依照有关水上交通安全的法律、行政法规的规定由海事管理机构处罚的，依照其规定；构成犯罪的，依法追究刑事责任。

第五十七条　交通主管部门、港口行政管理部门、海事管理机构等不依法履行职责，有下列行为之一的，对直接负责的主管人员和其他直接责任人员依法给予行政处分；构成犯罪的，依法追究刑事责任：

（一）违法批准建设港口设施使用港口岸线，或者违法批准船舶载运危险货物进出港口、违法批准在港口内进行危险货物的装卸、过驳作业的；

（二）对不符合法定条件的申请人给予港口经营许可的；

（三）发现取得经营许可的港口经营人不再具备法定许可条件而不及时吊销许可证的；

（四）不依法履行监督检查职责，对违反港口规划建设港口、码头或者其他港口设施的行为，未经依法许可从事港口经营业务的行为，不遵守安全生产管理规定的行为，危及港口作业安全的行为，以及其他违反本法规定的行为，不依法予以查处的。

第五十八条 行政机关违法干预港口经营人的经营自主权的，由其上级行政机关或者监察机关责令改正；向港口经营人摊派财物或者违法收取费用的，责令退回；情节严重的，对直接负责的主管人员和其他直接责任人员依法给予行政处分。

第六章 附 则

第五十九条 对航行国际航线的船舶开放的港口，由有关省、自治区、直辖市人民政府按照国家有关规定商国务院有关部门和有关军事机关同意后，报国务院批准。

第六十条 渔业港口的管理工作由县级以上人民政府渔业行政主管部门负责。具体管理办法由国务院规定。

前款所称渔业港口，是指专门为渔业生产服务、供渔业船舶停泊、避风、装卸渔获物、补充渔需物资的人工港口或者自然港湾，包括综合性港口中渔业专用的码头、渔业专用的水域和渔船专用的锚地。

第六十一条 军事港口的建设和管理办法由国务院、中央军事委员会规定。

第六十二条 本法自 2004 年 1 月 1 日起施行。

中华人民共和国产品质量法

（1993 年 2 月 22 日第七届全国人民代表大会常务委员会第三十次会议通过　根据 2000 年 7 月 8 日第九届全国人民代表大会常务委员会第十六次会议《关于修改〈中华人民共和国产品质量法〉的决定》第一次修正　根据 2009 年 8 月 27 日第十一届全国人民代表大会常务委员会第十次会议《关于修改部分法律的决定》第二次修正　根据 2018 年 12 月 29 日第十三届全国人民代表大会常务委员会第七次会议《关于修改〈中华人民共和国产品质量法〉等五部法律的决定》第三次修正）

第一章　总　则

第一条　为了加强对产品质量的监督管理，提高产品质量水平，明确产品质量责任，保护消费者的合法权益，维护社会经济秩序，制定本法。

第二条　在中华人民共和国境内从事产品生产、销售活动，必须遵守本法。本法所称产品是指经过加工、制作，用于销售的产品。建设工程不适用本法规定；但是，建设工程使用的建筑材料、建筑构配件和设备，属于前款规定的产品范围的，适用本法规定。

第三条　生产者、销售者应当建立健全内部产品质量管理制度，严格实施岗位质量规范、质量责任以及相应的考核办法。

第四条　生产者、销售者依照本法规定承担产品质量责任。

第五条　禁止伪造或者冒用认证标志等质量标志；禁止伪造产品的产地，伪造或者冒用他人的厂名、厂址；禁止在生产、销售的产品中掺杂、掺假，以假充真，以次充好。

第六条　国家鼓励推行科学的质量管理方法，采用先进的科学技术，鼓励企业产品质量达到并且超过行业标准、国家标准和国际标准。对产品质量管理先进和产品质量达到国际先进水平、成绩显著的单位和个人，给予奖励。

第七条　各级人民政府应当把提高产品质量纳入国民经济和社会发展规划，加强对产品质量工作的统筹规划和组织领导，引导、督促生产者、销售者加强产品质量管理，提高产品质量，组织各有关部门依法采取措施，制止产品生产、销售中违反本法规定的行为，保障本法的施行。

第八条　国务院市场监督管理部门主管全国产品质量监督工作。国务院有关部门在各自的职责范围内负责产品质量监督工作。县级以上地方市场监督管理部门主管本行政区域内的产品质量监督工作。县级以上地方人民政府有关部门在各自的职责范围内负责产品质量监督工作。法律对产品质量的监督部门另有规定的，依照有关法律的规定执行。

第九条 各级人民政府工作人员和其他国家机关工作人员不得滥用职权、玩忽职守或者徇私舞弊，包庇、放纵本地区、本系统发生的产品生产、销售中违反本法规定的行为，或者阻挠、干预依法对产品生产、销售中违反本法规定的行为进行查处。各级地方人民政府和其他国家机关有包庇、放纵产品生产、销售中违反本法规定的行为的，依法追究其主要负责人的法律责任。

第十条 任何单位和个人有权对违反本法规定的行为，向市场监督管理部门或者其他有关部门检举。市场监督管理部门和有关部门应当为检举人保密，并按照省、自治区、直辖市人民政府的规定给予奖励。

第十一条 任何单位和个人不得排斥非本地区或者非本系统企业生产的质量合格产品进入本地区、本系统。

第二章 产品质量的监督

第十二条 产品质量应当检验合格，不得以不合格产品冒充合格产品。

第十三条 可能危及人体健康和人身、财产安全的工业产品，必须符合保障人体健康和人身、财产安全的国家标准、行业标准；未制定国家标准、行业标准的，必须符合保障人体健康和人身、财产安全的要求。

禁止生产、销售不符合保障人体健康和人身、财产安全的标准和要求的工业产品。具体管理办法由国务院规定。

第十四条 国家根据国际通用的质量管理标准，推行企业质量体系认证制度。企业根据自愿原则可以向国务院市场监督管理部门认可的或者国务院市场监督管理部门授权的部门认可的认证机构申请企业质量体系认证。经认证合格的，由认证机构颁发企业质量体系认证证书。

国家参照国际先进的产品标准和技术要求，推行产品质量认证制度。企业根据自愿原则可以向国务院市场监督管理部门认可的或者国务院市场监督管理部门授权的部门认可的认证机构申请产品质量认证。经认证合格的，由认证机构颁发产品质量认证证书，准许企业在产品或者其包装上使用产品质量认证标志。

第十五条 国家对产品质量实行以抽查为主要方式的监督检查制度，对可能危及人体健康和人身、财产安全的产品，影响国计民生的重要工业产品以及消费者、有关组织反映有质量问题的产品进行抽查。抽查的样品应当在市场上或者企业成品仓库内的待销产品中随机抽取。监督抽查工作由国务院市场监督管理部门规划和组织。县级以上地方市场监督管理部门在本行政区域内也可以组织监督抽查。法律对产品质量的监督检查另有规定的，依照有关法律的规定执行。

国家监督抽查的产品，地方不得另行重复抽查；上级监督抽查的产品，下级不得另行重复抽查。

根据监督抽查的需要，可以对产品进行检验。检验抽取样品的数量不得超过检验的合理需要，并不得向被检查人收取检验费用。监督抽查所需检验费用按照国务院规定列支。

生产者、销售者对抽查检验的结果有异议的，可以自收到检验结果之日起十五日内向实施监督抽查的市场监督管理部门或者其上级市场监督管理部门申请复检，由受理复检的市场监督管理部门作出复检结论。

第十六条　对依法进行的产品质量监督检查，生产者、销售者不得拒绝。

第十七条　依照本法规定进行监督抽查的产品质量不合格的，由实施监督抽查的市场监督管理部门责令其生产者、销售者限期改正。逾期不改正的，由省级以上人民政府市场监督管理部门予以公告；公告后经复查仍不合格的，责令停业，限期整顿；整顿期满后经复查产品质量仍不合格的，吊销营业执照。

监督抽查的产品有严重质量问题的，依照本法第五章的有关规定处罚。

第十八条　县级以上市场监督管理部门根据已经取得的违法嫌疑证据或者举报，对涉嫌违反本法规定的行为进行查处时，可以行使下列职权：

（一）对当事人涉嫌从事违反本法的生产、销售活动的场所实施现场检查；

（二）向当事人的法定代表人、主要负责人和其他有关人员调查、了解与涉嫌从事违反本法的生产、销售活动有关的情况；

（三）查阅、复制当事人有关的合同、发票、账簿以及其他有关资料；

（四）对有根据认为不符合保障人体健康和人身、财产安全的国家标准、行业标准的产品或者有其他严重质量问题的产品，以及直接用于生产、销售该项产品的原辅材料、包装物、生产工具，予以查封或者扣押。

第十九条　产品质量检验机构必须具备相应的检测条件和能力，经省级以上人民政府市场监督管理部门或者其授权的部门考核合格后，方可承担产品质量检验工作。法律、行政法规对产品质量检验机构另有规定的，依照有关法律、行政法规的规定执行。

第二十条　从事产品质量检验、认证的社会中介机构必须依法设立，不得与行政机关和其他国家机关存在隶属关系或者其他利益关系。

第二十一条　产品质量检验机构、认证机构必须依法按照有关标准，客观、公正地出具检验结果或者认证证明。产品质量认证机构应当依照国家规定对准许使用认证标志的产品进行认证后的跟踪检查；对不符合认证标准而使用认证标志的，要求其改正；情节严重的，取消其使用认证标志的资格。

第二十二条　消费者有权就产品质量问题，向产品的生产者、销售者查询；向市场监督管理部门及有关部门申诉，接受申诉的部门应当负责处理。

第二十三条　保护消费者权益的社会组织可以就消费者反映的产品质量问题建议有

关部门负责处理，支持消费者对因产品质量造成的损害向人民法院起诉。

第二十四条 国务院和省、自治区、直辖市人民政府的市场监督管理部门应当定期发布其监督抽查的产品的质量状况公告。

第二十五条 市场监督管理部门或者其他国家机关以及产品质量检验机构不得向社会推荐生产者的产品；不得以对产品进行监制、监销等方式参与产品经营活动。

第三章 生产者、销售者的产品质量责任和义务

第一节 生产者的产品质量责任和义务

第二十六条 生产者应当对其生产的产品质量负责。产品质量应当符合下列要求：

（一）不存在危及人身、财产安全的不合理的危险，有保障人体健康和人身、财产安全的国家标准、行业标准的，应当符合该标准；

（二）具备产品应当具备的使用性能，但是，对产品存在使用性能的瑕疵作出说明的除外；

（三）符合在产品或者其包装上注明采用的产品标准，符合以产品说明、实物样品等方式表明的质量状况。

第二十七条 产品或者其包装上的标识必须真实，并符合下列要求：

（一）有产品质量检验合格证明；

（二）有中文标明的产品名称、生产厂厂名和厂址；

（三）根据产品的特点和使用要求，需要标明产品规格、等级、所含主要成分的名称和含量的，用中文相应予以标明；需要事先让消费者知晓的，应当在外包装上标明，或者预先向消费者提供有关资料；

（四）限期使用的产品，应当在显著位置清晰地标明生产日期和安全使用期或者失效日期；

（五）使用不当，容易造成产品本身损坏或者可能危及人身、财产安全的产品，应当有警示标志或者中文警示说明。

裸装的食品和其他根据产品的特点难以附加标识的裸装产品，可以不附加产品标识。

第二十八条 易碎、易燃、易爆、有毒、有腐蚀性、有放射性等危险物品以及储运中不能倒置和其他有特殊要求的产品，其包装质量必须符合相应要求，依照国家有关规定作出警示标志或者中文警示说明，标明储运注意事项。

第二十九条 生产者不得生产国家明令淘汰的产品。

第三十条 生产者不得伪造产地，不得伪造或者冒用他人的厂名、厂址。

第三十一条 生产者不得伪造或者冒用认证标志等质量标志。

第三十二条 生产者生产产品，不得掺杂、掺假，不得以假充真、以次充好，不得以

不合格产品冒充合格产品。

第二节　销售者的产品质量责任和义务

第三十三条　销售者应当建立并执行进货检查验收制度，验明产品合格证明和其他标识。

第三十四条　销售者应当采取措施，保持销售产品的质量。

第三十五条　销售者不得销售国家明令淘汰并停止销售的产品和失效、变质的产品。

第三十六条　销售者销售的产品的标识应当符合本法第二十七条的规定。

第三十七条　销售者不得伪造产地，不得伪造或者冒用他人的厂名、厂址。

第三十八条　销售者不得伪造或者冒用认证标志等质量标志。

第三十九条　销售者销售产品，不得掺杂、掺假，不得以假充真、以次充好，不得以不合格产品冒充合格产品。

第四章　损害赔偿

第四十条　售出的产品有下列情形之一的，销售者应当负责修理、更换、退货；给购买产品的消费者造成损失的，销售者应当赔偿损失：

（一）不具备产品应当具备的使用性能而事先未作说明的；

（二）不符合在产品或者其包装上注明采用的产品标准的；

（三）不符合以产品说明、实物样品等方式表明的质量状况的。

销售者依照前款规定负责修理、更换、退货、赔偿损失后，属于生产者的责任或者属于向销售者提供产品的其他销售者（以下简称供货者）的责任的，销售者有权向生产者、供货者追偿。

销售者未按照第一款规定给予修理、更换、退货或者赔偿损失的，由市场监督管理部门责令改正。

生产者之间，销售者之间，生产者与销售者之间订立的买卖合同、承揽合同有不同约定的，合同当事人按照合同约定执行。

第四十一条　因产品存在缺陷造成人身、缺陷产品以外的其他财产（以下简称他人财产）损害的，生产者应当承担赔偿责任。

生产者能够证明有下列情形之一的，不承担赔偿责任：

（一）未将产品投入流通的；

（二）产品投入流通时，引起损害的缺陷尚不存在的；

（三）将产品投入流通时的科学技术水平尚不能发现缺陷的存在的。

第四十二条　由于销售者的过错使产品存在缺陷，造成人身、他人财产损害的，销售者应当承担赔偿责任。

销售者不能指明缺陷产品的生产者也不能指明缺陷产品的供货者的，销售者应当承担赔偿责任。

第四十三条 因产品存在缺陷造成人身、他人财产损害的，受害人可以向产品的生产者要求赔偿，也可以向产品的销售者要求赔偿。属于产品的生产者的责任，产品的销售者赔偿的，产品的销售者有权向产品的生产者追偿。属于产品的销售者的责任，产品的生产者赔偿的，产品的生产者有权向产品的销售者追偿。

第四十四条 因产品存在缺陷造成受害人人身伤害的，侵害人应当赔偿医疗费、治疗期间的护理费、因误工减少的收入等费用；造成残疾的，还应当支付残疾者生活自助费、生活补助费、残疾赔偿金以及由其扶养的人所必需的生活费等费用；造成受害人死亡的，并应当支付丧葬费、死亡赔偿金以及由死者生前扶养的人所必需的生活费等费用。

因产品存在缺陷造成受害人财产损失的，侵害人应当恢复原状或者折价赔偿。受害人因此遭受其他重大损失的，侵害人应当赔偿损失。

第四十五条 因产品存在缺陷造成损害要求赔偿的诉讼时效期间为二年，自当事人知道或者应当知道其权益受到损害时起计算。

因产品存在缺陷造成损害要求赔偿的请求权，在造成损害的缺陷产品交付最初消费者满十年丧失；但是，尚未超过明示的安全使用期的除外。

第四十六条 本法所称缺陷，是指产品存在危及人身、他人财产安全的不合理的危险；产品有保障人体健康和人身、财产安全的国家标准、行业标准的，是指不符合该标准。

第四十七条 因产品质量发生民事纠纷时，当事人可以通过协商或者调解解决。当事人不愿通过协商、调解解决或者协商、调解不成的，可以根据当事人各方的协议向仲裁机构申请仲裁；当事人各方没有达成仲裁协议或者仲裁协议无效的，可以直接向人民法院起诉。

第四十八条 仲裁机构或者人民法院可以委托本法第十九条规定的产品质量检验机构，对有关产品质量进行检验。

第五章 罚 则

第四十九条 生产、销售不符合保障人体健康和人身、财产安全的国家标准、行业标准的产品的，责令停止生产、销售，没收违法生产、销售的产品，并处违法生产、销售产品（包括已售出和未售出的产品，下同）货值金额等值以上三倍以下的罚款；有违法所得的，并处没收违法所得；情节严重的，吊销营业执照；构成犯罪的，依法追究刑事责任。

第五十条 在产品中掺杂、掺假，以假充真，以次充好，或者以不合格产品冒充合格产品的，责令停止生产、销售，没收违法生产、销售的产品，并处违法生产、销售产品货值金额百分之五十以上三倍以下的罚款；有违法所得的，并处没收违法所得；情节严重的，吊销营业执照；构成犯罪的，依法追究刑事责任。

第五十一条　生产国家明令淘汰的产品的，销售国家明令淘汰并停止销售的产品的，责令停止生产、销售，没收违法生产、销售的产品，并处违法生产、销售产品货值金额等值以下的罚款；有违法所得的，并处没收违法所得；情节严重的，吊销营业执照。

第五十二条　销售失效、变质的产品的，责令停止销售，没收违法销售的产品，并处违法销售产品货值金额两倍以下的罚款；有违法所得的，并处没收违法所得；情节严重的，吊销营业执照；构成犯罪的，依法追究刑事责任。

第五十三条　伪造产品产地的，伪造或者冒用他人厂名、厂址的，伪造或者冒用认证标志等质量标志的，责令改正，没收违法生产、销售的产品，并处违法生产、销售产品货值金额等值以下的罚款；有违法所得的，并处没收违法所得；情节严重的，吊销营业执照。

第五十四条　产品标识不符合本法第二十七条规定的，责令改正；有包装的产品标识不符合本法第二十七条第（四）项、第（五）项规定，情节严重的，责令停止生产、销售，并处违法生产、销售产品货值金额百分之三十以下的罚款；有违法所得的，并处没收违法所得。

第五十五条　销售者销售本法第四十九条至第五十三条规定禁止销售的产品，有充分证据证明其不知道该产品为禁止销售的产品并如实说明其进货来源的，可以从轻或者减轻处罚。

第五十六条　拒绝接受依法进行的产品质量监督检查的，给予警告，责令改正；拒不改正的，责令停业整顿；情节特别严重的，吊销营业执照。

第五十七条　产品质量检验机构、认证机构伪造检验结果或者出具虚假证明的，责令改正，对单位处五万元以上十万元以下的罚款，对直接负责的主管人员和其他直接责任人员处一万元以上五万元以下的罚款；有违法所得的，并处没收违法所得；情节严重的，取消其检验资格、认证资格；构成犯罪的，依法追究刑事责任。

产品质量检验机构、认证机构出具的检验结果或者证明不实，造成损失的，应当承担相应的赔偿责任；造成重大损失的，撤销其检验资格、认证资格。

产品质量认证机构违反本法第二十一条第二款的规定，对不符合认证标准而使用认证标志的产品，未依法要求其改正或者取消其使用认证标志资格的，对因产品不符合认证标准给消费者造成的损失，与产品的生产者、销售者承担连带责任；情节严重的，撤销其认证资格。

第五十八条　社会团体、社会中介机构对产品质量作出承诺、保证，而该产品又不符合其承诺、保证的质量要求，给消费者造成损失的，与产品的生产者、销售者承担连带责任。

第五十九条　在广告中对产品质量作虚假宣传，欺骗和误导消费者的，依照《中华人民共和国广告法》的规定追究法律责任。

第六十条　对生产者专门用于生产本法第四十九条、第五十一条所列的产品或者以假充真的产品的原辅材料、包装物、生产工具，应当予以没收。

第六十一条 知道或者应当知道属于本法规定禁止生产、销售的产品而为其提供运输、保管、仓储等便利条件的，或者为以假充真的产品提供制假生产技术的，没收全部运输、保管、仓储或者提供制假生产技术的收入，并处违法收入百分之五十以上三倍以下的罚款；构成犯罪的，依法追究刑事责任。

第六十二条 服务业的经营者将本法第四十九条至第五十二条规定禁止销售的产品用于经营性服务的，责令停止使用；对知道或者应当知道所使用的产品属于本法规定禁止销售的产品的，按照违法使用的产品（包括已使用和尚未使用的产品）的货值金额，依照本法对销售者的处罚规定处罚。

第六十三条 隐匿、转移、变卖、损毁被市场监督管理部门查封、扣押的物品的，处被隐匿、转移、变卖、损毁物品货值金额等值以上三倍以下的罚款；有违法所得的，并处没收违法所得。

第六十四条 违反本法规定，应当承担民事赔偿责任和缴纳罚款、罚金，其财产不足以同时支付时，先承担民事赔偿责任。

第六十五条 各级人民政府工作人员和其他国家机关工作人员有下列情形之一的，依法给予行政处分；构成犯罪的，依法追究刑事责任：

（一）包庇、放纵产品生产、销售中违反本法规定行为的；

（二）向从事违反本法规定的生产、销售活动的当事人通风报信，帮助其逃避查处的；

（三）阻挠、干预市场监督管理部门依法对产品生产、销售中违反本法规定的行为进行查处，造成严重后果的。

第六十六条 市场监督管理部门在产品质量监督抽查中超过规定的数量索取样品或者向被检查人收取检验费用的，由上级市场监督管理部门或者监察机关责令退还；情节严重的，对直接负责的主管人员和其他直接责任人员依法给予行政处分。

第六十七条 市场监督管理部门或者其他国家机关违反本法第二十五条的规定，向社会推荐生产者的产品或者以监制、监销等方式参与产品经营活动的，由其上级机关或者监察机关责令改正，消除影响，有违法收入的予以没收；情节严重的，对直接负责的主管人员和其他直接责任人员依法给予行政处分。

产品质量检验机构有前款所列违法行为的，由市场监督管理部门责令改正，消除影响，有违法收入的予以没收，可以并处违法收入一倍以下的罚款；情节严重的，撤销其质量检验资格。

第六十八条 市场监督管理部门的工作人员滥用职权、玩忽职守、徇私舞弊，构成犯罪的，依法追究刑事责任；尚不构成犯罪的，依法给予行政处分。

第六十九条 以暴力、威胁方法阻碍市场监督管理部门的工作人员依法执行职务的，依法追究刑事责任；拒绝、阻碍未使用暴力、威胁方法的，由公安机关依照治安管理处罚法的规定处罚。

第七十条　本法第四十九条至第五十七条、第六十条至第六十三条规定的行政处罚由市场监督管理部门决定。法律、行政法规对行使行政处罚权的机关另有规定的，依照有关法律、行政法规的规定执行。

第七十一条　对依照本法规定没收的产品，依照国家有关规定进行销毁或者采取其他方式处理。

第七十二条　本法第四十九条至第五十四条、第六十二条、第六十三条所规定的货值金额以违法生产、销售产品的标价计算；没有标价的，按照同类产品的市场价格计算。

第六章　附　则

第七十三条　军工产品质量监督管理办法，由国务院、中央军事委员会另行制定。

因核设施、核产品造成损害的赔偿责任，法律、行政法规另有规定的，依照其规定。

第七十四条　本法自 1993 年 9 月 1 日起施行。

中华人民共和国行政许可法

（2003 年 8 月 27 日第十届全国人民代表大会常务委员会第四次会议通过　根据 2019 年 4 月 23 日第十三届全国人民代表大会常务委员会第十次会议《关于修改〈中华人民共和国建筑法〉等八部法律的决定》修正）

第一章　总　则

第一条　为了规范行政许可的设定和实施，保护公民、法人和其他组织的合法权益，维护公共利益和社会秩序，保障和监督行政机关有效实施行政管理，根据宪法，制定本法。

第二条　本法所称行政许可，是指行政机关根据公民、法人或者其他组织的申请，经依法审查，准予其从事特定活动的行为。

第三条　行政许可的设定和实施，适用本法。

有关行政机关对其他机关或者对其直接管理的事业单位的人事、财务、外事等事项的审批，不适用本法。

第四条　设定和实施行政许可，应当依照法定的权限、范围、条件和程序。

第五条　设定和实施行政许可，应当遵循公开、公平、公正、非歧视的原则。

有关行政许可的规定应当公布；未经公布的，不得作为实施行政许可的依据。行政许可的实施和结果，除涉及国家秘密、商业秘密或者个人隐私的外，应当公开。未经申请人同意，行政机关及其工作人员、参与专家评审等的人员不得披露申请人提交的商业秘密、未披露信息或者保密商务信息，法律另有规定或者涉及国家安全、重大社会公共利益的除外；行政机关依法公开申请人前述信息的，允许申请人在合理期限内提出异议。

符合法定条件、标准的，申请人有依法取得行政许可的平等权利，行政机关不得歧视任何人。

第六条　实施行政许可，应当遵循便民的原则，提高办事效率，提供优质服务。

第七条　公民、法人或者其他组织对行政机关实施行政许可，享有陈述权、申辩权；有权依法申请行政复议或者提起行政诉讼；其合法权益因行政机关违法实施行政许可受到损害的，有权依法要求赔偿。

第八条　公民、法人或者其他组织依法取得的行政许可受法律保护，行政机关不得擅自改变已经生效的行政许可。

行政许可所依据的法律、法规、规章修改或者废止，或者准予行政许可所依据的客观情况发生重大变化的，为了公共利益的需要，行政机关可以依法变更或者撤回已经生效的行政许可。由此给公民、法人或者其他组织造成财产损失的，行政机关应当依法给予补偿。

第九条　依法取得的行政许可，除法律、法规规定依照法定条件和程序可以转让的外，不得转让。

第十条　县级以上人民政府应当建立健全对行政机关实施行政许可的监督制度，加强对行政机关实施行政许可的监督检查。

行政机关应当对公民、法人或者其他组织从事行政许可事项的活动实施有效监督。

第二章　行政许可的设定

第十一条　设定行政许可，应当遵循经济和社会发展规律，有利于发挥公民、法人或者其他组织的积极性、主动性，维护公共利益和社会秩序，促进经济、社会和生态环境协调发展。

第十二条　下列事项可以设定行政许可：

（一）直接涉及国家安全、公共安全、经济宏观调控、生态环境保护以及直接关系人身健康、生命财产安全等特定活动，需要按照法定条件予以批准的事项；

（二）有限自然资源开发利用、公共资源配置以及直接关系公共利益的特定行业的市场准入等，需要赋予特定权利的事项；

（三）提供公众服务并且直接关系公共利益的职业、行业，需要确定具备特殊信誉、特殊条件或者特殊技能等资格、资质的事项；

（四）直接关系公共安全、人身健康、生命财产安全的重要设备、设施、产品、物品，需要按照技术标准、技术规范，通过检验、检测、检疫等方式进行审定的事项；

（五）企业或者其他组织的设立等，需要确定主体资格的事项；

（六）法律、行政法规规定可以设定行政许可的其他事项。

第十三条　本法第十二条所列事项，通过下列方式能够予以规范的，可以不设行政许可：

（一）公民、法人或者其他组织能够自主决定的；

（二）市场竞争机制能够有效调节的；

（三）行业组织或者中介机构能够自律管理的；

（四）行政机关采用事后监督等其他行政管理方式能够解决的。

第十四条　本法第十二条所列事项，法律可以设定行政许可。尚未制定法律的，行政法规可以设定行政许可。

必要时，国务院可以采用发布决定的方式设定行政许可。实施后，除临时性行政许可事项外，国务院应当及时提请全国人民代表大会及其常务委员会制定法律，或者自行制定行政法规。

第十五条 本法第十二条所列事项，尚未制定法律、行政法规的，地方性法规可以设定行政许可；尚未制定法律、行政法规和地方性法规的，因行政管理的需要，确需立即实施行政许可的，省、自治区、直辖市人民政府规章可以设定临时性的行政许可。临时性的行政许可实施满一年需要继续实施的，应当提请本级人民代表大会及其常务委员会制定地方性法规。

地方性法规和省、自治区、直辖市人民政府规章，不得设定应当由国家统一确定的公民、法人或者其他组织的资格、资质的行政许可；不得设定企业或者其他组织的设立登记及其前置性行政许可。其设定的行政许可，不得限制其他地区的个人或者企业到本地区从事生产经营和提供服务，不得限制其他地区的商品进入本地区市场。

第十六条 行政法规可以在法律设定的行政许可事项范围内，对实施该行政许可作出具体规定。

地方性法规可以在法律、行政法规设定的行政许可事项范围内，对实施该行政许可作出具体规定。

规章可以在上位法设定的行政许可事项范围内，对实施该行政许可作出具体规定。

法规、规章对实施上位法设定的行政许可作出的具体规定，不得增设行政许可；对行政许可条件作出的具体规定，不得增设违反上位法的其他条件。

第十七条 除本法第十四条、第十五条规定的外，其他规范性文件一律不得设定行政许可。

第十八条 设定行政许可，应当规定行政许可的实施机关、条件、程序、期限。

第十九条 起草法律草案、法规草案和省、自治区、直辖市人民政府规章草案，拟设定行政许可的，起草单位应当采取听证会、论证会等形式听取意见，并向制定机关说明设定该行政许可的必要性、对经济和社会可能产生的影响以及听取和采纳意见的情况。

第二十条 行政许可的设定机关应当定期对其设定的行政许可进行评价；对已设定的行政许可，认为通过本法第十三条所列方式能够解决的，应当对设定该行政许可的规定及时予以修改或者废止。

行政许可的实施机关可以对已设定的行政许可的实施情况及存在的必要性适时进行评价，并将意见报告该行政许可的设定机关。

公民、法人或者其他组织可以向行政许可的设定机关和实施机关就行政许可的设定和实施提出意见和建议。

第二十一条 省、自治区、直辖市人民政府对行政法规设定的有关经济事务的行政许可，根据本行政区域经济和社会发展情况，认为通过本法第十三条所列方式能够解决的，报国务院批准后，可以在本行政区域内停止实施该行政许可。

第三章　行政许可的实施机关

第二十二条　行政许可由具有行政许可权的行政机关在其法定职权范围内实施。

第二十三条　法律、法规授权的具有管理公共事务职能的组织，在法定授权范围内，以自己的名义实施行政许可。被授权的组织适用本法有关行政机关的规定。

第二十四条　行政机关在其法定职权范围内，依照法律、法规、规章的规定，可以委托其他行政机关实施行政许可。委托机关应当将受委托行政机关和受委托实施行政许可的内容予以公告。

委托行政机关对受委托行政机关实施行政许可的行为应当负责监督，并对该行为的后果承担法律责任。

受委托行政机关在委托范围内，以委托行政机关名义实施行政许可；不得再委托其他组织或者个人实施行政许可。

第二十五条　经国务院批准，省、自治区、直辖市人民政府根据精简、统一、效能的原则，可以决定一个行政机关行使有关行政机关的行政许可权。

第二十六条　行政许可需要行政机关内设的多个机构办理的，该行政机关应当确定一个机构统一受理行政许可申请，统一送达行政许可决定。

行政许可依法由地方人民政府两个以上部门分别实施的，本级人民政府可以确定一个部门受理行政许可申请并转告有关部门分别提出意见后统一办理，或者组织有关部门联合办理、集中办理。

第二十七条　行政机关实施行政许可，不得向申请人提出购买指定商品、接受有偿服务等不正当要求。

行政机关工作人员办理行政许可，不得索取或者收受申请人的财物，不得谋取其他利益。

第二十八条　对直接关系公共安全、人身健康、生命财产安全的设备、设施、产品、物品的检验、检测、检疫，除法律、行政法规规定由行政机关实施的外，应当逐步由符合法定条件的专业技术组织实施。专业技术组织及其有关人员对所实施的检验、检测、检疫结论承担法律责任。

第四章　行政许可的实施程序

第一节　申请与受理

第二十九条　公民、法人或者其他组织从事特定活动，依法需要取得行政许可的，应当向行政机关提出申请。申请书需要采用格式文本的，行政机关应当向申请人提供行政许可申请书格式文本。申请书格式文本中不得包含与申请行政许可事项没有直接关系的内容。

申请人可以委托代理人提出行政许可申请。但是，依法应当由申请人到行政机关办公场所提出行政许可申请的除外。

行政许可申请可以通过信函、电报、电传、传真、电子数据交换和电子邮件等方式提出。

第三十条 行政机关应当将法律、法规、规章规定的有关行政许可的事项、依据、条件、数量、程序、期限以及需要提交的全部材料的目录和申请书示范文本等在办公场所公示。

申请人要求行政机关对公示内容予以说明、解释的，行政机关应当说明、解释，提供准确、可靠的信息。

第三十一条 申请人申请行政许可，应当如实向行政机关提交有关材料和反映真实情况，并对其申请材料实质内容的真实性负责。行政机关不得要求申请人提交与其申请的行政许可事项无关的技术资料和其他材料。

行政机关及其工作人员不得以转让技术作为取得行政许可的条件；不得在实施行政许可的过程中，直接或者间接地要求转让技术。

第三十二条 行政机关对申请人提出的行政许可申请，应当根据下列情况分别作出处理：

（一）申请事项依法不需要取得行政许可的，应当即时告知申请人不受理；

（二）申请事项依法不属于本行政机关职权范围的，应当即时作出不予受理的决定，并告知申请人向有关行政机关申请；

（三）申请材料存在可以当场更正的错误的，应当允许申请人当场更正；

（四）申请材料不齐全或者不符合法定形式的，应当当场或者在五日内一次告知申请人需要补正的全部内容，逾期不告知的，自收到申请材料之日起即为受理；

（五）申请事项属于本行政机关职权范围，申请材料齐全、符合法定形式，或者申请人按照本行政机关的要求提交全部补正申请材料的，应当受理行政许可申请。

行政机关受理或者不予受理行政许可申请，应当出具加盖本行政机关专用印章和注明日期的书面凭证。

第三十三条 行政机关应当建立和完善有关制度，推行电子政务，在行政机关的网站上公布行政许可事项，方便申请人采取数据电文等方式提出行政许可申请；应当与其他行政机关共享有关行政许可信息，提高办事效率。

第二节 审查与决定

第三十四条 行政机关应当对申请人提交的申请材料进行审查。

申请人提交的申请材料齐全、符合法定形式，行政机关能够当场作出决定的，应当当场作出书面的行政许可决定。

根据法定条件和程序，需要对申请材料的实质内容进行核实的，行政机关应当指派两名以上工作人员进行核查。

第三十五条 依法应当先经下级行政机关审查后报上级行政机关决定的行政许可，下级行政机关应当在法定期限内将初步审查意见和全部申请材料直接报送上级行政机关。上级行政机关不得要求申请人重复提供申请材料。

第三十六条 行政机关对行政许可申请进行审查时，发现行政许可事项直接关系他人重大利益的，应当告知该利害关系人。申请人、利害关系人有权进行陈述和申辩。行政机关应当听取申请人、利害关系人的意见。

第三十七条 行政机关对行政许可申请进行审查后，除当场作出行政许可决定的外，应当在法定期限内按照规定程序作出行政许可决定。

第三十八条 申请人的申请符合法定条件、标准的，行政机关应当依法作出准予行政许可的书面决定。

行政机关依法作出不予行政许可的书面决定的，应当说明理由，并告知申请人享有依法申请行政复议或者提起行政诉讼的权利。

第三十九条 行政机关作出准予行政许可的决定，需要颁发行政许可证件的，应当向申请人颁发加盖本行政机关印章的下列行政许可证件：

（一）许可证、执照或者其他许可证书；

（二）资格证、资质证或者其他合格证书；

（三）行政机关的批准文件或者证明文件；

（四）法律、法规规定的其他行政许可证件。

行政机关实施检验、检测、检疫的，可以在检验、检测、检疫合格的设备、设施、产品、物品上加贴标签或者加盖检验、检测、检疫印章。

第四十条 行政机关作出的准予行政许可决定，应当予以公开，公众有权查阅。

第四十一条 法律、行政法规设定的行政许可，其适用范围没有地域限制的，申请人取得的行政许可在全国范围内有效。

第三节 期 限

第四十二条 除可以当场作出行政许可决定的外，行政机关应当自受理行政许可申请之日起二十日内作出行政许可决定。二十日内不能作出决定的，经本行政机关负责人批准，可以延长十日，并应当将延长期限的理由告知申请人。但是，法律、法规另有规定的，依照其规定。

依照本法第二十六条的规定，行政许可采取统一办理或者联合办理、集中办理的，办理的时间不得超过四十五日；四十五日内不能办结的，经本级人民政府负责人批准，可以延长十五日，并应当将延长期限的理由告知申请人。

第四十三条 依法应当先经下级行政机关审查后报上级行政机关决定的行政许可，下级行政机关应当自其受理行政许可申请之日起二十日内审查完毕。但是，法律、法规另有规定的，依照其规定。

第四十四条 行政机关作出准予行政许可的决定，应当自作出决定之日起十日内向申请人颁发、送达行政许可证件，或者加贴标签、加盖检验、检测、检疫印章。

第四十五条 行政机关作出行政许可决定，依法需要听证、招标、拍卖、检验、检测、检疫、鉴定和专家评审的，所需时间不计算在本节规定的期限内。行政机关应当将所需时间书面告知申请人。

第四节 听 证

第四十六条 法律、法规、规章规定实施行政许可应当听证的事项，或者行政机关认为需要听证的其他涉及公共利益的重大行政许可事项，行政机关应当向社会公告，并举行听证。

第四十七条 行政许可直接涉及申请人与他人之间重大利益关系的，行政机关在作出行政许可决定前，应当告知申请人、利害关系人享有要求听证的权利；申请人、利害关系人在被告知听证权利之日起五日内提出听证申请的，行政机关应当在二十日内组织听证。

申请人、利害关系人不承担行政机关组织听证的费用。

第四十八条 听证按照下列程序进行：

（一）行政机关应当于举行听证的七日前将举行听证的时间、地点通知申请人、利害关系人，必要时予以公告；

（二）听证应当公开举行；

（三）行政机关应当指定审查该行政许可申请的工作人员以外的人员为听证主持人，申请人、利害关系人认为主持人与该行政许可事项有直接利害关系的，有权申请回避；

（四）举行听证时，审查该行政许可申请的工作人员应当提供审查意见的证据、理由，申请人、利害关系人可以提出证据，并进行申辩和质证；

（五）听证应当制作笔录，听证笔录应当交听证参加人确认无误后签字或者盖章。

行政机关应当根据听证笔录，作出行政许可决定。

第五节 变更与延续

第四十九条 被许可人要求变更行政许可事项的，应当向作出行政许可决定的行政机关提出申请；符合法定条件、标准的，行政机关应当依法办理变更手续。

第五十条 被许可人需要延续依法取得的行政许可的有效期的，应当在该行政许可有效期届满三十日前向作出行政许可决定的行政机关提出申请。但是，法律、法规、规章另有规定的，依照其规定。

行政机关应当根据被许可人的申请，在该行政许可有效期届满前作出是否准予延续的决定；逾期未作决定的，视为准予延续。

第六节　特别规定

第五十一条　实施行政许可的程序，本节有规定的，适用本节规定；本节没有规定的，适用本章其他有关规定。

第五十二条　国务院实施行政许可的程序，适用有关法律、行政法规的规定。

第五十三条　实施本法第十二条第二项所列事项的行政许可的，行政机关应当通过招标、拍卖等公平竞争的方式作出决定。但是，法律、行政法规另有规定的，依照其规定。

行政机关通过招标、拍卖等方式作出行政许可决定的具体程序，依照有关法律、行政法规的规定。

行政机关按照招标、拍卖程序确定中标人、买受人后，应当作出准予行政许可的决定，并依法向中标人、买受人颁发行政许可证件。

行政机关违反本条规定，不采用招标、拍卖方式，或者违反招标、拍卖程序，损害申请人合法权益的，申请人可以依法申请行政复议或者提起行政诉讼。

第五十四条　实施本法第十二条第三项所列事项的行政许可，赋予公民特定资格，依法应当举行国家考试的，行政机关根据考试成绩和其他法定条件作出行政许可决定；赋予法人或者其他组织特定的资格、资质的，行政机关根据申请人的专业人员构成、技术条件、经营业绩和管理水平等的考核结果作出行政许可决定。但是，法律、行政法规另有规定的，依照其规定。

公民特定资格的考试依法由行政机关或者行业组织实施，公开举行。行政机关或者行业组织应当事先公布资格考试的报名条件、报考办法、考试科目以及考试大纲。但是，不得组织强制性的资格考试的考前培训，不得指定教材或者其他助考材料。

第五十五条　实施本法第十二条第四项所列事项的行政许可的，应当按照技术标准、技术规范依法进行检验、检测、检疫，行政机关根据检验、检测、检疫的结果作出行政许可决定。

行政机关实施检验、检测、检疫，应当自受理申请之日起五日内指派两名以上工作人员按照技术标准、技术规范进行检验、检测、检疫。不需要对检验、检测、检疫结果做进一步技术分析即可认定设备、设施、产品、物品是否符合技术标准、技术规范的，行政机关应当当场作出行政许可决定。

行政机关根据检验、检测、检疫结果，作出不予行政许可决定的，应当书面说明不予行政许可所依据的技术标准、技术规范。

第五十六条　实施本法第十二条第五项所列事项的行政许可，申请人提交的申请材料齐全、符合法定形式的，行政机关应当当场予以登记。需要对申请材料的实质内容进行核实的，行政机关依照本法第三十四条第三款的规定办理。

第五十七条 有数量限制的行政许可，两个或者两个以上申请人的申请均符合法定条件、标准的，行政机关应当根据受理行政许可申请的先后顺序作出准予行政许可的决定。但是，法律、行政法规另有规定的，依照其规定。

第五章 行政许可的费用

第五十八条 行政机关实施行政许可和对行政许可事项进行监督检查，不得收取任何费用。但是，法律、行政法规另有规定的，依照其规定。

行政机关提供行政许可申请书格式文本，不得收费。

行政机关实施行政许可所需经费应当列入本行政机关的预算，由本级财政予以保障，按照批准的预算予以核拨。

第五十九条 行政机关实施行政许可，依照法律、行政法规收取费用的，应当按照公布的法定项目和标准收费；所收取的费用必须全部上缴国库，任何机关或者个人不得以任何形式截留、挪用、私分或者变相私分。财政部门不得以任何形式向行政机关返还或者变相返还实施行政许可所收取的费用。

第六章 监督检查

第六十条 上级行政机关应当加强对下级行政机关实施行政许可的监督检查，及时纠正行政许可实施中的违法行为。

第六十一条 行政机关应当建立健全监督制度，通过核查反映被许可人从事行政许可事项活动情况的有关材料，履行监督责任。

行政机关依法对被许可人从事行政许可事项的活动进行监督检查时，应当将监督检查的情况和处理结果予以记录，由监督检查人员签字后归档。公众有权查阅行政机关监督检查记录。

行政机关应当创造条件，实现与被许可人、其他有关行政机关的计算机档案系统互联，核查被许可人从事行政许可事项活动情况。

第六十二条 行政机关可以对被许可人生产经营的产品依法进行抽样检查、检验、检测，对其生产经营场所依法进行实地检查。检查时，行政机关可以依法查阅或者要求被许可人报送有关材料；被许可人应当如实提供有关情况和材料。

行政机关根据法律、行政法规的规定，对直接关系公共安全、人身健康、生命财产安全的重要设备、设施进行定期检验。对检验合格的，行政机关应当发给相应的证明文件。

第六十三条 行政机关实施监督检查，不得妨碍被许可人正常的生产经营活动，不得索取或者收受被许可人的财物，不得谋取其他利益。

第六十四条　被许可人在作出行政许可决定的行政机关管辖区域外违法从事行政许可事项活动的，违法行为发生地的行政机关应当依法将被许可人的违法事实、处理结果抄告作出行政许可决定的行政机关。

第六十五条　个人和组织发现违法从事行政许可事项的活动，有权向行政机关举报，行政机关应当及时核实、处理。

第六十六条　被许可人未依法履行开发利用自然资源义务或者未依法履行利用公共资源义务的，行政机关应当责令限期改正；被许可人在规定期限内不改正的，行政机关应当依照有关法律、行政法规的规定予以处理。

第六十七条　取得直接关系公共利益的特定行业的市场准入行政许可的被许可人，应当按照国家规定的服务标准、资费标准和行政机关依法规定的条件，向用户提供安全、方便、稳定和价格合理的服务，并履行普遍服务的义务；未经作出行政许可决定的行政机关批准，不得擅自停业、歇业。

被许可人不履行前款规定的义务的，行政机关应当责令限期改正，或者依法采取有效措施督促其履行义务。

第六十八条　对直接关系公共安全、人身健康、生命财产安全的重要设备、设施，行政机关应当督促设计、建造、安装和使用单位建立相应的自检制度。

行政机关在监督检查时，发现直接关系公共安全、人身健康、生命财产安全的重要设备、设施存在安全隐患的，应当责令停止建造、安装和使用，并责令设计、建造、安装和使用单位立即改正。

第六十九条　有下列情形之一的，作出行政许可决定的行政机关或者其上级行政机关，根据利害关系人的请求或者依据职权，可以撤销行政许可：

（一）行政机关工作人员滥用职权、玩忽职守作出准予行政许可决定的；

（二）超越法定职权作出准予行政许可决定的；

（三）违反法定程序作出准予行政许可决定的；

（四）对不具备申请资格或者不符合法定条件的申请人准予行政许可的；

（五）依法可以撤销行政许可的其他情形。

被许可人以欺骗、贿赂等不正当手段取得行政许可的，应当予以撤销。

依照前两款的规定撤销行政许可，可能对公共利益造成重大损害的，不予撤销。

依照本条第一款的规定撤销行政许可，被许可人的合法权益受到损害的，行政机关应当依法给予赔偿。依照本条第二款的规定撤销行政许可的，被许可人基于行政许可取得的利益不受保护。

第七十条　有下列情形之一的，行政机关应当依法办理有关行政许可的注销手续：

（一）行政许可有效期届满未延续的；

（二）赋予公民特定资格的行政许可，该公民死亡或者丧失行为能力的；

（三）法人或者其他组织依法终止的；

（四）行政许可依法被撤销、撤回，或者行政许可证件依法被吊销的；

（五）因不可抗力导致行政许可事项无法实施的；

（六）法律、法规规定的应当注销行政许可的其他情形。

第七章 法律责任

第七十一条 违反本法第十七条规定设定的行政许可，有关机关应当责令设定该行政许可的机关改正，或者依法予以撤销。

第七十二条 行政机关及其工作人员违反本法的规定，有下列情形之一的，由其上级行政机关或者监察机关责令改正；情节严重的，对直接负责的主管人员和其他直接责任人员依法给予行政处分：

（一）对符合法定条件的行政许可申请不予受理的；

（二）不在办公场所公示依法应当公示的材料的；

（三）在受理、审查、决定行政许可过程中，未向申请人、利害关系人履行法定告知义务的；

（四）申请人提交的申请材料不齐全、不符合法定形式，不一次告知申请人必须补正的全部内容的；

（五）违法披露申请人提交的商业秘密、未披露信息或者保密商务信息的；

（六）以转让技术作为取得行政许可的条件，或者在实施行政许可的过程中直接或者间接地要求转让技术的；

（七）未依法说明不受理行政许可申请或者不予行政许可的理由的；

（八）依法应当举行听证而不举行听证的。

第七十三条 行政机关工作人员办理行政许可、实施监督检查，索取或者收受他人财物或者谋取其他利益，构成犯罪的，依法追究刑事责任；尚不构成犯罪的，依法给予行政处分。

第七十四条 行政机关实施行政许可，有下列情形之一的，由其上级行政机关或者监察机关责令改正，对直接负责的主管人员和其他直接责任人员依法给予行政处分；构成犯罪的，依法追究刑事责任：

（一）对不符合法定条件的申请人准予行政许可或者超越法定职权作出准予行政许可决定的；

（二）对符合法定条件的申请人不予行政许可或者不在法定期限内作出准予行政许可决定的；

（三）依法应当根据招标、拍卖结果或者考试成绩择优作出准予行政许可决定，未经招标、拍卖或者考试，或者不根据招标、拍卖结果或者考试成绩择优作出准予行政许可决定的。

第七十五条　行政机关实施行政许可，擅自收费或者不按照法定项目和标准收费的，由其上级行政机关或者监察机关责令退还非法收取的费用；对直接负责的主管人员和其他直接责任人员依法给予行政处分。

截留、挪用、私分或者变相私分实施行政许可依法收取的费用的，予以追缴；对直接负责的主管人员和其他直接责任人员依法给予行政处分；构成犯罪的，依法追究刑事责任。

第七十六条　行政机关违法实施行政许可，给当事人的合法权益造成损害的，应当依照国家赔偿法的规定给予赔偿。

第七十七条　行政机关不依法履行监督职责或者监督不力，造成严重后果的，由其上级行政机关或者监察机关责令改正，对直接负责的主管人员和其他直接责任人员依法给予行政处分；构成犯罪的，依法追究刑事责任。

第七十八条　行政许可申请人隐瞒有关情况或者提供虚假材料申请行政许可的，行政机关不予受理或者不予行政许可，并给予警告；行政许可申请属于直接关系公共安全、人身健康、生命财产安全事项的，申请人在一年内不得再次申请该行政许可。

第七十九条　被许可人以欺骗、贿赂等不正当手段取得行政许可的，行政机关应当依法给予行政处罚；取得的行政许可属于直接关系公共安全、人身健康、生命财产安全事项的，申请人在三年内不得再次申请该行政许可；构成犯罪的，依法追究刑事责任。

第八十条　被许可人有下列行为之一的，行政机关应当依法给予行政处罚；构成犯罪的，依法追究刑事责任：

（一）涂改、倒卖、出租、出借行政许可证件，或者以其他形式非法转让行政许可的；

（二）超越行政许可范围进行活动的；

（三）向负责监督检查的行政机关隐瞒有关情况、提供虚假材料或者拒绝提供反映其活动情况的真实材料的；

（四）法律、法规、规章规定的其他违法行为。

第八十一条　公民、法人或者其他组织未经行政许可，擅自从事依法应当取得行政许可的活动的，行政机关应当依法采取措施予以制止，并依法给予行政处罚；构成犯罪的，依法追究刑事责任。

第八章　附　则

第八十二条　本法规定的行政机关实施行政许可的期限以工作日计算，不含法定节假日。

第八十三条　本法自 2004 年 7 月 1 日起施行。

本法施行前有关行政许可的规定，制定机关应当依照本法规定予以清理；不符合本法规定的，自本法施行之日起停止执行。

中华人民共和国行政处罚法

（1996 年 3 月 17 日第八届全国人民代表大会第四次会议通过　根据 2009 年 8 月 27 日第十一届全国人民代表大会常务委员会第十次会议《关于修改部分法律的决定》第一次修正　根据 2017 年 9 月 1 日第十二届全国人民代表大会常务委员会第二十九次会议《关于修改〈中华人民共和国法官法〉等八部法律的决定》第二次修正）

第一章　总　则

第一条　为了规范行政处罚的设定和实施，保障和监督行政机关有效实施行政管理，维护公共利益和社会秩序，保护公民、法人或者其他组织的合法权益，根据宪法，制定本法。

第二条　行政处罚的设定和实施，适用本法。

第三条　公民、法人或者其他组织违反行政管理秩序的行为，应当给予行政处罚的，依照本法由法律、法规或者规章规定，并由行政机关依照本法规定的程序实施。

没有法定依据或者不遵守法定程序的，行政处罚无效。

第四条　行政处罚遵循公正、公开的原则。

设定和实施行政处罚必须以事实为依据，与违法行为的事实、性质、情节以及社会危害程度相当。

对违法行为给予行政处罚的规定必须公布；未经公布的，不得作为行政处罚的依据。

第五条　实施行政处罚，纠正违法行为，应当坚持处罚与教育相结合，教育公民、法人或者其他组织自觉守法。

第六条　公民、法人或者其他组织对行政机关所给予的行政处罚，享有陈述权、申辩权；对行政处罚不服的，有权依法申请行政复议或者提起行政诉讼。

公民、法人或者其他组织因行政机关违法给予行政处罚受到损害的，有权依法提出赔偿要求。

第七条　公民、法人或者其他组织因违法受到行政处罚，其违法行为对他人造成损害的，应当依法承担民事责任。

违法行为构成犯罪，应当依法追究刑事责任，不得以行政处罚代替刑事处罚。

第二章 行政处罚的种类和设定

第八条 行政处罚的种类：

（一）警告；

（二）罚款；

（三）没收违法所得、没收非法财物；

（四）责令停产停业；

（五）暂扣或者吊销许可证、暂扣或者吊销执照；

（六）行政拘留；

（七）法律、行政法规规定的其他行政处罚。

第九条 法律可以设定各种行政处罚。

限制人身自由的行政处罚，只能由法律设定。

第十条 行政法规可以设定除限制人身自由以外的行政处罚。

法律对违法行为已经作出行政处罚规定，行政法规需要作出具体规定的，必须在法律规定的给予行政处罚的行为、种类和幅度的范围内规定。

第十一条 地方性法规可以设定除限制人身自由、吊销企业营业执照以外的行政处罚。

法律、行政法规对违法行为已经作出行政处罚规定，地方性法规需要作出具体规定的，必须在法律、行政法规规定的给予行政处罚的行为、种类和幅度的范围内规定。

第十二条 国务院部、委员会制定的规章可以在法律、行政法规规定的给予行政处罚的行为、种类和幅度的范围内作出具体规定。

尚未制定法律、行政法规的，前款规定的国务院部、委员会制定的规章对违反行政管理秩序的行为，可以设定警告或者一定数量罚款的行政处罚。罚款的限额由国务院规定。

国务院可以授权具有行政处罚权的直属机构依照本条第一款、第二款的规定，规定行政处罚。

第十三条 省、自治区、直辖市人民政府和省、自治区人民政府所在地的市人民政府以及经国务院批准的较大的市人民政府制定的规章可以在法律、法规规定的给予行政处罚的行为、种类和幅度的范围内作出具体规定。

尚未制定法律、法规的，前款规定的人民政府制定的规章对违反行政管理秩序的行为，可以设定警告或者一定数量罚款的行政处罚。罚款的限额由省、自治区、直辖市人民代表大会常务委员会规定。

第十四条 除本法第九条、第十条、第十一条、第十二条以及第十三条的规定外，其他规范性文件不得设定行政处罚。

第三章　行政处罚的实施机关

第十五条　行政处罚由具有行政处罚权的行政机关在法定职权范围内实施。

第十六条　国务院或者经国务院授权的省、自治区、直辖市人民政府可以决定一个行政机关行使有关行政机关的行政处罚权，但限制人身自由的行政处罚权只能由公安机关行使。

第十七条　法律、法规授权的具有管理公共事务职能的组织可以在法定授权范围内实施行政处罚。

第十八条　行政机关依照法律、法规或者规章的规定，可以在其法定权限内委托符合本法第十九条规定条件的组织实施行政处罚。行政机关不得委托其他组织或者个人实施行政处罚。

委托行政机关对受委托的组织实施行政处罚的行为应当负责监督，并对该行为的后果承担法律责任。

受委托组织在委托范围内，以委托行政机关名义实施行政处罚；不得再委托其他任何组织或者个人实施行政处罚。

第十九条　受委托组织必须符合以下条件：

（一）依法成立的管理公共事务的事业组织；

（二）具有熟悉有关法律、法规、规章和业务的工作人员；

（三）对违法行为需要进行技术检查或者技术鉴定的，应当有条件组织进行相应的技术检查或者技术鉴定。

第四章　行政处罚的管辖和适用

第二十条　行政处罚由违法行为发生地的县级以上地方人民政府具有行政处罚权的行政机关管辖。法律、行政法规另有规定的除外。

第二十一条　对管辖发生争议的，报请共同的上一级行政机关指定管辖。

第二十二条　违法行为构成犯罪的，行政机关必须将案件移送司法机关，依法追究刑事责任。

第二十三条　行政机关实施行政处罚时，应当责令当事人改正或者限期改正违法行为。

第二十四条　对当事人的同一个违法行为，不得给予两次以上罚款的行政处罚。

第二十五条　不满十四周岁的人有违法行为的，不予行政处罚，责令监护人加以管教；已满十四周岁不满十八周岁的人有违法行为的，从轻或者减轻行政处罚。

第二十六条　精神病人在不能辨认或者不能控制自己行为时有违法行为的，不予行政处罚，但应当责令其监护人严加看管和治疗。间歇性精神病人在精神正常时有违法行为的，应当给予行政处罚。

第二十七条　当事人有下列情形之一的，应当依法从轻或者减轻行政处罚：

（一）主动消除或者减轻违法行为危害后果的；

（二）受他人胁迫有违法行为的；

（三）配合行政机关查处违法行为有立功表现的；

（四）其他依法从轻或者减轻行政处罚的。

违法行为轻微并及时纠正，没有造成危害后果的，不予行政处罚。

第二十八条　违法行为构成犯罪，人民法院判处拘役或者有期徒刑时，行政机关已经给予当事人行政拘留的，应当依法折抵相应刑期。

违法行为构成犯罪，人民法院判处罚金时，行政机关已经给予当事人罚款的，应当折抵相应罚金。

第二十九条　违法行为在二年内未被发现的，不再给予行政处罚。法律另有规定的除外。

前款规定的期限，从违法行为发生之日起计算；违法行为有连续或者继续状态的，从行为终了之日起计算。

第五章　行政处罚的决定

第三十条　公民、法人或者其他组织违反行政管理秩序的行为，依法应当给予行政处罚的，行政机关必须查明事实；违法事实不清的，不得给予行政处罚。

第三十一条　行政机关在作出行政处罚决定之前，应当告知当事人作出行政处罚决定的事实、理由及依据，并告知当事人依法享有的权利。

第三十二条　当事人有权进行陈述和申辩。行政机关必须充分听取当事人的意见，对当事人提出的事实、理由和证据，应当进行复核；当事人提出的事实、理由或者证据成立的，行政机关应当采纳。

行政机关不得因当事人申辩而加重处罚。

第一节　简易程序

第三十三条　违法事实确凿并有法定依据，对公民处以五十元以下、对法人或者其他组织处以一千元以下罚款或者警告的行政处罚的，可以当场作出行政处罚决定。当事人应当依照本法第四十六条、第四十七条、第四十八条的规定履行行政处罚决定。

第三十四条　执法人员当场作出行政处罚决定的，应当向当事人出示执法身份证件，填写预定格式、编有号码的行政处罚决定书。行政处罚决定书应当当场交付当事人。

前款规定的行政处罚决定书应当载明当事人的违法行为、行政处罚依据、罚款数额、时间、地点以及行政机关名称，并由执法人员签名或者盖章。

执法人员当场作出的行政处罚决定，必须报所属行政机关备案。

第三十五条 当事人对当场作出的行政处罚决定不服的，可以依法申请行政复议或者提起行政诉讼。

第二节 一般程序

第三十六条 除本法第三十三条规定的可以当场作出的行政处罚外，行政机关发现公民、法人或者其他组织有依法应当给予行政处罚的行为的，必须全面、客观、公正地调查，收集有关证据；必要时，依照法律、法规的规定，可以进行检查。

第三十七条 行政机关在调查或者进行检查时，执法人员不得少于两人，并应当向当事人或者有关人员出示证件。当事人或者有关人员应当如实回答询问，并协助调查或者检查，不得阻挠。询问或者检查应当制作笔录。

行政机关在收集证据时，可以采取抽样取证的方法；在证据可能灭失或者以后难以取得的情况下，经行政机关负责人批准，可以先行登记保存，并应当在七日内及时作出处理决定，在此期间，当事人或者有关人员不得销毁或者转移证据。

执法人员与当事人有直接利害关系的，应当回避。

第三十八条 调查终结，行政机关负责人应当对调查结果进行审查，根据不同情况，分别作出如下决定：

（一）确有应受行政处罚的违法行为的，根据情节轻重及具体情况，作出行政处罚决定；

（二）违法行为轻微，依法可以不予行政处罚的，不予行政处罚；

（三）违法事实不能成立的，不得给予行政处罚；

（四）违法行为已构成犯罪的，移送司法机关。

对情节复杂或者重大违法行为给予较重的行政处罚，行政机关的负责人应当集体讨论决定。

在行政机关负责人作出决定之前，应当由从事行政处罚决定审核的人员进行审核。行政机关中初次从事行政处罚决定审核的人员，应当通过国家统一法律职业资格考试取得法律职业资格。

第三十九条 行政机关依照本法第三十八条的规定给予行政处罚，应当制作行政处罚决定书。行政处罚决定书应当载明下列事项：

（一）当事人的姓名或者名称、地址；

（二）违反法律、法规或者规章的事实和证据；

（三）行政处罚的种类和依据；

（四）行政处罚的履行方式和期限；

（五）不服行政处罚决定，申请行政复议或者提起行政诉讼的途径和期限；

（六）作出行政处罚决定的行政机关名称和作出决定的日期。

行政处罚决定书必须盖有作出行政处罚决定的行政机关的印章。

第四十条　行政处罚决定书应当在宣告后当场交付当事人；当事人不在场的，行政机关应当在七日内依照民事诉讼法的有关规定，将行政处罚决定书送达当事人。

第四十一条　行政机关及其执法人员在作出行政处罚决定之前，不依照本法第三十一条、第三十二条的规定向当事人告知给予行政处罚的事实、理由和依据，或者拒绝听取当事人的陈述、申辩，行政处罚决定不能成立；当事人放弃陈述或者申辩权利的除外。

第三节　听证程序

第四十二条　行政机关作出责令停产停业、吊销许可证或者执照、较大数额罚款等行政处罚决定之前，应当告知当事人有要求举行听证的权利；当事人要求听证的，行政机关应当组织听证。当事人不承担行政机关组织听证的费用。听证依照以下程序组织：

（一）当事人要求听证的，应当在行政机关告知后三日内提出；

（二）行政机关应当在听证的七日前，通知当事人举行听证的时间、地点；

（三）除涉及国家秘密、商业秘密或者个人隐私外，听证公开举行；

（四）听证由行政机关指定的非本案调查人员主持；当事人认为主持人与本案有直接利害关系的，有权申请回避；

（五）当事人可以亲自参加听证，也可以委托一至二人代理；

（六）举行听证时，调查人员提出当事人违法的事实、证据和行政处罚建议；当事人进行申辩和质证；

（七）听证应当制作笔录；笔录应当交当事人审核无误后签字或者盖章。

当事人对限制人身自由的行政处罚有异议的，依照治安管理处罚法有关规定执行。

第四十三条　听证结束后，行政机关依照本法第三十八条的规定，作出决定。

第六章　行政处罚的执行

第四十四条　行政处罚决定依法作出后，当事人应当在行政处罚决定的期限内，予以履行。

第四十五条　当事人对行政处罚决定不服申请行政复议或者提起行政诉讼的，行政处罚不停止执行，法律另有规定的除外。

第四十六条　作出罚款决定的行政机关应当与收缴罚款的机构分离。

除依照本法第四十七条、第四十八条的规定当场收缴的罚款外，作出行政处罚决定的行政机关及其执法人员不得自行收缴罚款。

当事人应当自收到行政处罚决定书之日起十五日内，到指定的银行缴纳罚款。银行应当收受罚款，并将罚款直接上缴国库。

第四十七条　依照本法第三十三条的规定当场作出行政处罚决定，有下列情形之一的，执法人员可以当场收缴罚款：

（一）依法给予二十元以下的罚款的；

（二）不当场收缴事后难以执行的。

第四十八条 在边远、水上、交通不便地区，行政机关及其执法人员依照本法第三十三条、第三十八条的规定作出罚款决定后，当事人向指定的银行缴纳罚款确有困难，经当事人提出，行政机关及其执法人员可以当场收缴罚款。

第四十九条 行政机关及其执法人员当场收缴罚款的，必须向当事人出具省、自治区、直辖市财政部门统一制发的罚款收据；不出具财政部门统一制发的罚款收据的，当事人有权拒绝缴纳罚款。

第五十条 执法人员当场收缴的罚款，应当自收缴罚款之日起二日内，交至行政机关；在水上当场收缴的罚款，应当自抵岸之日起二日内交至行政机关；行政机关应当在二日内将罚款缴付指定的银行。

第五十一条 当事人逾期不履行行政处罚决定的，作出行政处罚决定的行政机关可以采取下列措施：

（一）到期不缴纳罚款的，每日按罚款数额的百分之三加处罚款；

（二）根据法律规定，将查封、扣押的财物拍卖或者将冻结的存款划拨抵缴罚款；

（三）申请人民法院强制执行。

第五十二条 当事人确有经济困难，需要延期或者分期缴纳罚款的，经当事人申请和行政机关批准，可以暂缓或者分期缴纳。

第五十三条 除依法应当予以销毁的物品外，依法没收的非法财物必须按照国家规定公开拍卖或者按照国家有关规定处理。

罚款、没收违法所得或者没收非法财物拍卖的款项，必须全部上缴国库，任何行政机关或者个人不得以任何形式截留、私分或者变相私分；财政部门不得以任何形式向作出行政处罚决定的行政机关返还罚款、没收的违法所得或者返还没收非法财物的拍卖款项。

第五十四条 行政机关应当建立健全对行政处罚的监督制度。县级以上人民政府应当加强对行政处罚的监督检查。

公民、法人或者其他组织对行政机关作出的行政处罚，有权申诉或者检举；行政机关应当认真审查，发现行政处罚有错误的，应当主动改正。

第七章　法律责任

第五十五条 行政机关实施行政处罚，有下列情形之一的，由上级行政机关或者有关部门责令改正，可以对直接负责的主管人员和其他直接责任人员依法给予行政处分：

（一）没有法定的行政处罚依据的；

（二）擅自改变行政处罚种类、幅度的；

（三）违反法定的行政处罚程序的；

（四）违反本法第十八条关于委托处罚的规定的。

第五十六条　行政机关对当事人进行处罚不使用罚款、没收财物单据或者使用非法定部门制发的罚款、没收财物单据的，当事人有权拒绝处罚，并有权予以检举。上级行政机关或者有关部门对使用的非法单据予以收缴销毁，对直接负责的主管人员和其他直接责任人员依法给予行政处分。

第五十七条　行政机关违反本法第四十六条的规定自行收缴罚款的，财政部门违反本法第五十三条的规定向行政机关返还罚款或者拍卖款项的，由上级行政机关或者有关部门责令改正，对直接负责的主管人员和其他直接责任人员依法给予行政处分。

第五十八条　行政机关将罚款、没收的违法所得或者财物截留、私分或者变相私分的，由财政部门或者有关部门予以追缴，对直接负责的主管人员和其他直接责任人员依法给予行政处分；情节严重构成犯罪的，依法追究刑事责任。

执法人员利用职务上的便利，索取或者收受他人财物、收缴罚款据为己有，构成犯罪的，依法追究刑事责任；情节轻微不构成犯罪的，依法给予行政处分。

第五十九条　行政机关使用或者损毁扣押的财物，对当事人造成损失的，应当依法予以赔偿，对直接负责的主管人员和其他直接责任人员依法给予行政处分。

第六十条　行政机关违法实行检查措施或者执行措施，给公民人身或者财产造成损害、给法人或者其他组织造成损失的，应当依法予以赔偿，对直接负责的主管人员和其他直接责任人员依法给予行政处分；情节严重构成犯罪的，依法追究刑事责任。

第六十一条　行政机关为牟取本单位私利，对应当依法移交司法机关追究刑事责任的不移交，以行政处罚代替刑罚，由上级行政机关或者有关部门责令纠正；拒不纠正的，对直接负责的主管人员给予行政处分；徇私舞弊、包庇纵容违法行为的，依照刑法有关规定追究刑事责任。

第六十二条　执法人员玩忽职守，对应当予以制止和处罚的违法行为不予制止、处罚，致使公民、法人或者其他组织的合法权益、公共利益和社会秩序遭受损害的，对直接负责的主管人员和其他直接责任人员依法给予行政处分；情节严重构成犯罪的，依法追究刑事责任。

第八章　附　则

第六十三条　本法第四十六条罚款决定与罚款收缴分离的规定，由国务院制定具体实施办法。

第六十四条　本法自 1996 年 10 月 1 日起施行。

本法公布前制定的法规和规章关于行政处罚的规定与本法不符合的，应当自本法公布之日起，依照本法规定予以修订，在 1997 年 12 月 31 日前修订完毕。

中华人民共和国认证认可条例

（2003 年 8 月 20 日国务院第 18 次常务会议通过　2003 年 9 月 3 日中华人民共和国国务院令第 390 号公布施行　根据 2016 年 2 月 6 日《国务院关于修改部分行政法规的决定》第一次修正）

第一章　总　则

第一条　为了规范认证认可活动，提高产品、服务的质量和管理水平，促进经济和社会的发展，制定本条例。

第二条　本条例所称认证，是指由认证机构证明产品、服务、管理体系符合相关技术规范、相关技术规范的强制性要求或者标准的合格评定活动。

本条例所称认可，是指由认可机构对认证机构、检查机构、实验室以及从事评审、审核等认证活动人员的能力和执业资格，予以承认的合格评定活动。

第三条　在中华人民共和国境内从事认证认可活动，应当遵守本条例。

第四条　国家实行统一的认证认可监督管理制度。

国家对认证认可工作实行在国务院认证认可监督管理部门统一管理、监督和综合协调下，各有关方面共同实施的工作机制。

第五条　国务院认证认可监督管理部门应当依法对认证培训机构、认证咨询机构的活动加强监督管理。

第六条　认证认可活动应当遵循客观独立、公开公正、诚实信用的原则。

第七条　国家鼓励平等互利地开展认证认可国际互认活动。认证认可国际互认活动不得损害国家安全和社会公共利益。

第八条　从事认证认可活动的机构及其人员，对其所知悉的国家秘密和商业秘密负有保密义务。

第二章　认证机构

第九条　取得认证机构资质，应当经国务院认证认可监督管理部门批准，并在批准范围内从事认证活动。

未经批准，任何单位和个人不得从事认证活动。

第十条 取得认证机构资质，应当符合下列条件：

（一）取得法人资格；

（二）有固定的场所和必要的设施；

（三）有符合认证认可要求的管理制度；

（四）注册资本不得少于人民币 300 万元；

（五）有 10 名以上相应领域的专职认证人员。

从事产品认证活动的认证机构，还应当具备与从事相关产品认证活动相适应的检测、检查等技术能力。

第十一条 外商投资企业取得认证机构资质，除应当符合本条例第十条规定的条件外，还应当符合下列条件：

（一）外方投资者取得其所在国家或者地区认可机构的认可；

（二）外方投资者具有 3 年以上从事认证活动的业务经历。

外商投资企业取得认证机构资质的申请、批准和登记，还应当符合有关外商投资法律、行政法规和国家有关规定。

第十二条 认证机构资质的申请和批准程序：

（一）认证机构资质的申请人，应当向国务院认证认可监督管理部门提出书面申请，并提交符合本条例第十条规定条件的证明文件；

（二）国务院认证认可监督管理部门自受理认证机构资质申请之日起 45 日内，应当作出是否批准的决定。涉及国务院有关部门职责的，应当征求国务院有关部门的意见。决定批准的，向申请人出具批准文件，决定不予批准的，应当书面通知申请人，并说明理由。

国务院认证认可监督管理部门应当公布依法取得认证机构资质的企业名录。

第十三条 境外认证机构在中华人民共和国境内设立代表机构，须向工商行政管理部门依法办理登记手续后，方可从事与所从属机构的业务范围相关的推广活动，但不得从事认证活动。

境外认证机构在中华人民共和国境内设立代表机构的登记，按照有关外商投资法律、行政法规和国家有关规定办理。

第十四条 认证机构不得与行政机关存在利益关系。

认证机构不得接受任何可能对认证活动的客观公正产生影响的资助；不得从事任何可能对认证活动的客观公正产生影响的产品开发、营销等活动。

认证机构不得与认证委托人存在资产、管理方面的利益关系。

第十五条 认证人员从事认证活动，应当在一个认证机构执业，不得同时在两个以上认证机构执业。

第十六条 向社会出具具有证明作用的数据和结果的检查机构、实验室，应当具备有关法律、行政法规规定的基本条件和能力，并依法经认定后，方可从事相应活动，认定结果由国务院认证认可监督管理部门公布。

第三章　认　证

第十七条　国家根据经济和社会发展的需要，推行产品、服务、管理体系认证。

第十八条　认证机构应当按照认证基本规范、认证规则从事认证活动。认证基本规范、认证规则由国务院认证认可监督管理部门制定；涉及国务院有关部门职责的，国务院认证认可监督管理部门应当会同国务院有关部门制定。

属于认证新领域，前款规定的部门尚未制定认证规则的，认证机构可以自行制定认证规则，并报国务院认证认可监督管理部门备案。

第十九条　任何法人、组织和个人可以自愿委托依法设立的认证机构进行产品、服务、管理体系认证。

第二十条　认证机构不得以委托人未参加认证咨询或者认证培训等为理由，拒绝提供本认证机构业务范围内的认证服务，也不得向委托人提出与认证活动无关的要求或者限制条件。

第二十一条　认证机构应当公开认证基本规范、认证规则、收费标准等信息。

第二十二条　认证机构以及与认证有关的检查机构、实验室从事认证以及与认证有关的检查、检测活动，应当完成认证基本规范、认证规则规定的程序，确保认证、检查、检测的完整、客观、真实，不得增加、减少、遗漏程序。

认证机构以及与认证有关的检查机构、实验室应当对认证、检查、检测过程作出完整记录，归档留存。

第二十三条　认证机构及其认证人员应当及时作出认证结论，并保证认证结论的客观、真实。认证结论经认证人员签字后，由认证机构负责人签署。

认证机构及其认证人员对认证结果负责。

第二十四条　认证结论为产品、服务、管理体系符合认证要求的，认证机构应当及时向委托人出具认证证书。

第二十五条　获得认证证书的，应当在认证范围内使用认证证书和认证标志，不得利用产品、服务认证证书、认证标志和相关文字、符号，误导公众认为其管理体系已通过认证，也不得利用管理体系认证证书、认证标志和相关文字、符号，误导公众认为其产品、服务已通过认证。

第二十六条　认证机构可以自行制定认证标志。认证机构自行制定的认证标志的式样、文字和名称，不得违反法律、行政法规的规定，不得与国家推行的认证标志相同或者近似，不得妨碍社会管理，不得有损社会道德风尚。

第二十七条　认证机构应当对其认证的产品、服务、管理体系实施有效的跟踪调查，认证的产品、服务、管理体系不能持续符合认证要求的，认证机构应当暂停其使用直至撤销认证证书，并予公布。

第二十八条　为了保护国家安全、防止欺诈行为、保护人体健康或者安全、保护动植物生命或者健康、保护环境，国家规定相关产品必须经过认证的，应当经过认证并标注认证标志后，方可出厂、销售、进口或者在其他经营活动中使用。

第二十九条　国家对必须经过认证的产品，统一产品目录，统一技术规范的强制性要求、标准和合格评定程序，统一标志，统一收费标准。

统一的产品目录（以下简称目录）由国务院认证认可监督管理部门会同国务院有关部门制定、调整，由国务院认证认可监督管理部门发布，并会同有关方面共同实施。

第三十条　列入目录的产品，必须经国务院认证认可监督管理部门指定的认证机构进行认证。

列入目录产品的认证标志，由国务院认证认可监督管理部门统一规定。

第三十一条　列入目录的产品，涉及进出口商品检验目录的，应当在进出口商品检验时简化检验手续。

第三十二条　国务院认证认可监督管理部门指定的从事列入目录产品认证活动的认证机构以及与认证有关的检查机构、实验室（以下简称指定的认证机构、检查机构、实验室），应当是长期从事相关业务、无不良记录，且已经依照本条例的规定取得认可、具备从事相关认证活动能力的机构。国务院认证认可监督管理部门指定从事列入目录产品认证活动的认证机构，应当确保在每一列入目录产品领域至少指定两家符合本条例规定条件的机构。

国务院认证认可监督管理部门指定前款规定的认证机构、检查机构、实验室，应当事先公布有关信息，并组织在相关领域公认的专家组成专家评审委员会，对符合前款规定要求的认证机构、检查机构、实验室进行评审；经评审并征求国务院有关部门意见后，按照资源合理利用、公平竞争和便利、有效的原则，在公布的时间内作出决定。

第三十三条　国务院认证认可监督管理部门应当公布指定的认证机构、检查机构、实验室名录及指定的业务范围。

未经指定，任何机构不得从事列入目录产品的认证以及与认证有关的检查、检测活动。

第三十四条　列入目录产品的生产者或者销售者、进口商，均可自行委托指定的认证机构进行认证。

第三十五条　指定的认证机构、检查机构、实验室应当在指定业务范围内，为委托人提供方便、及时的认证、检查、检测服务，不得拖延，不得歧视、刁难委托人，不得牟取不当利益。

指定的认证机构不得向其他机构转让指定的认证业务。

第三十六条　指定的认证机构、检查机构、实验室开展国际互认活动，应当在国务院认证认可监督管理部门或者经授权的国务院有关部门对外签署的国际互认协议框架内进行。

第四章 认 可

第三十七条 国务院认证认可监督管理部门确定的认可机构（以下简称认可机构），独立开展认可活动。

除国务院认证认可监督管理部门确定的认可机构外，其他任何单位不得直接或者变相从事认可活动。其他单位直接或者变相从事认可活动的，其认可结果无效。

第三十八条 认证机构、检查机构、实验室可以通过认可机构的认可，以保证其认证、检查、检测能力持续、稳定地符合认可条件。

第三十九条 从事评审、审核等认证活动的人员，应当经认可机构注册后，方可从事相应的认证活动。

第四十条 认可机构应当具有与其认可范围相适应的质量体系，并建立内部审核制度，保证质量体系的有效实施。

第四十一条 认可机构根据认可的需要，可以选聘从事认可评审活动的人员。从事认可评审活动的人员应当是相关领域公认的专家，熟悉有关法律、行政法规以及认可规则和程序，具有评审所需要的良好品德、专业知识和业务能力。

第四十二条 认可机构委托他人完成与认可有关的具体评审业务的，由认可机构对评审结论负责。

第四十三条 认可机构应当公开认可条件、认可程序、收费标准等信息。

认可机构受理认可申请，不得向申请人提出与认可活动无关的要求或者限制条件。

第四十四条 认可机构应当在公布的时间内，按照国家标准和国务院认证认可监督管理部门的规定，完成对认证机构、检查机构、实验室的评审，作出是否给予认可的决定，并对认可过程作出完整记录，归档留存。认可机构应当确保认可的客观公正和完整有效，并对认可结论负责。

认可机构应当向取得认可的认证机构、检查机构、实验室颁发认可证书，并公布取得认可的认证机构、检查机构、实验室名录。

第四十五条 认可机构应当按照国家标准和国务院认证认可监督管理部门的规定，对从事评审、审核等认证活动的人员进行考核，考核合格的，予以注册。

第四十六条 认可证书应当包括认可范围、认可标准、认可领域和有效期限。

第四十七条 取得认可的机构应当在取得认可的范围内使用认可证书和认可标志。取得认可的机构不当使用认可证书和认可标志的，认可机构应当暂停其使用直至撤销认可证书，并予公布。

第四十八条 认可机构应当对取得认可的机构和人员实施有效的跟踪监督，定期对取得认可的机构进行复评审，以验证其是否持续符合认可条件。取得认可的机构和人员不再符合认可条件的，认可机构应当撤销认可证书，并予公布。

取得认可的机构的从业人员和主要负责人、设施、自行制定的认证规则等与认可条件相关的情况发生变化的，应当及时告知认可机构。

第四十九条　认可机构不得接受任何可能对认可活动的客观公正产生影响的资助。

第五十条　境内的认证机构、检查机构、实验室取得境外认可机构认可的，应当向国务院认证认可监督管理部门备案。

第五章　监督管理

第五十一条　国务院认证认可监督管理部门可以采取组织同行评议，向被认证企业征求意见，对认证活动和认证结果进行抽查，要求认证机构以及与认证有关的检查机构、实验室报告业务活动情况的方式，对其遵守本条例的情况进行监督。发现有违反本条例行为的，应当及时查处，涉及国务院有关部门职责的，应当及时通报有关部门。

第五十二条　国务院认证认可监督管理部门应当重点对指定的认证机构、检查机构、实验室进行监督，对其认证、检查、检测活动进行定期或者不定期的检查。指定的认证机构、检查机构、实验室，应当定期向国务院认证认可监督管理部门提交报告，并对报告的真实性负责；报告应当对从事列入目录产品认证、检查、检测活动的情况作出说明。

第五十三条　认可机构应当定期向国务院认证认可监督管理部门提交报告，并对报告的真实性负责；报告应当对认可机构执行认可制度的情况、从事认可活动的情况、从业人员的工作情况作出说明。

国务院认证认可监督管理部门应当对认可机构的报告作出评价，并采取查阅认可活动档案资料、向有关人员了解情况等方式，对认可机构实施监督。

第五十四条　国务院认证认可监督管理部门可以根据认证认可监督管理的需要，就有关事项询问认可机构、认证机构、检查机构、实验室的主要负责人，调查了解情况，给予告诫，有关人员应当积极配合。

第五十五条　县级以上地方人民政府质量技术监督部门和国务院质量监督检验检疫部门设在地方的出入境检验检疫机构，在国务院认证认可监督管理部门的授权范围内，依照本条例的规定对认证活动实施监督管理。

国务院认证认可监督管理部门授权的县级以上地方人民政府质量技术监督部门和国务院质量监督检验检疫部门设在地方的出入境检验检疫机构，统称地方认证监督管理部门。

第五十六条　任何单位和个人对认证认可违法行为，有权向国务院认证认可监督管理部门和地方认证监督管理部门举报。国务院认证认可监督管理部门和地方认证监督管理部门应当及时调查处理，并为举报人保密。

第六章　法律责任

第五十七条　未经批准擅自从事认证活动的，予以取缔，处10万元以上50万元以下的罚款，有违法所得的，没收违法所得。

第五十八条 境外认证机构未经登记在中华人民共和国境内设立代表机构的，予以取缔，处5万元以上20万元以下的罚款。

经登记设立的境外认证机构代表机构在中华人民共和国境内从事认证活动的，责令改正，处10万元以上50万元以下的罚款，有违法所得的，没收违法所得；情节严重的，撤销批准文件，并予公布。

第五十九条 认证机构接受可能对认证活动的客观公正产生影响的资助，或者从事可能对认证活动的客观公正产生影响的产品开发、营销等活动，或者与认证委托人存在资产、管理方面的利益关系的，责令停业整顿；情节严重的，撤销批准文件，并予公布；有违法所得的，没收违法所得；构成犯罪的，依法追究刑事责任。

第六十条 认证机构有下列情形之一的，责令改正，处5万元以上20万元以下的罚款，有违法所得的，没收违法所得；情节严重的，责令停业整顿，直至撤销批准文件，并予公布：

（一）超出批准范围从事认证活动的；

（二）增加、减少、遗漏认证基本规范、认证规则规定的程序的；

（三）未对其认证的产品、服务、管理体系实施有效的跟踪调查，或者发现其认证的产品、服务、管理体系不能持续符合认证要求，不及时暂停其使用或者撤销认证证书并予公布的；

（四）聘用未经认可机构注册的人员从事认证活动的。

与认证有关的检查机构、实验室增加、减少、遗漏认证基本规范、认证规则规定的程序的，依照前款规定处罚。

第六十一条 认证机构有下列情形之一的，责令限期改正；逾期未改正的，处2万元以上10万元以下的罚款：

（一）以委托人未参加认证咨询或者认证培训等为理由，拒绝提供本认证机构业务范围内的认证服务，或者向委托人提出与认证活动无关的要求或者限制条件的；

（二）自行制定的认证标志的式样、文字和名称，与国家推行的认证标志相同或者近似，或者妨碍社会管理，或者有损社会道德风尚的；

（三）未公开认证基本规范、认证规则、收费标准等信息的；

（四）未对认证过程作出完整记录，归档留存的；

（五）未及时向其认证的委托人出具认证证书的。

与认证有关的检查机构、实验室未对与认证有关的检查、检测过程作出完整记录，归档留存的，依照前款规定处罚。

第六十二条 认证机构出具虚假的认证结论，或者出具的认证结论严重失实的，撤销批准文件，并予公布；对直接负责的主管人员和负有直接责任的认证人员，撤销其执业资格；构成犯罪的，依法追究刑事责任；造成损害的，认证机构应当承担相应的赔偿责任。

指定的认证机构有前款规定的违法行为的，同时撤销指定。

第六十三条　认证人员从事认证活动，不在认证机构执业或者同时在两个以上认证机构执业的，责令改正，给予停止执业 6 个月以上 2 年以下的处罚，仍不改正的，撤销其执业资格。

第六十四条　认证机构以及与认证有关的检查机构、实验室未经指定擅自从事列入目录产品的认证以及与认证有关的检查、检测活动的，责令改正，处 10 万元以上 50 万元以下的罚款，有违法所得的，没收违法所得。

认证机构未经指定擅自从事列入目录产品的认证活动的，撤销批准文件，并予公布。

第六十五条　指定的认证机构、检查机构、实验室超出指定的业务范围从事列入目录产品的认证以及与认证有关的检查、检测活动的，责令改正，处 10 万元以上 50 万元以下的罚款，有违法所得的，没收违法所得；情节严重的，撤销指定直至撤销批准文件，并予公布。

指定的认证机构转让指定的认证业务的，依照前款规定处罚。

第六十六条　认证机构、检查机构、实验室取得境外认可机构认可，未向国务院认证认可监督管理部门备案的，给予警告，并予公布。

第六十七条　列入目录的产品未经认证，擅自出厂、销售、进口或者在其他经营活动中使用的，责令改正，处 5 万元以上 20 万元以下的罚款，有违法所得的，没收违法所得。

第六十八条　认可机构有下列情形之一的，责令改正；情节严重的，对主要负责人和负有责任的人员撤职或者解聘：

（一）对不符合认可条件的机构和人员予以认可的；

（二）发现取得认可的机构和人员不符合认可条件，不及时撤销认可证书，并予公布的；

（三）接受可能对认可活动的客观公正产生影响的资助的。

被撤职或者解聘的认可机构主要负责人和负有责任的人员，自被撤职或者解聘之日起 5 年内不得从事认可活动。

第六十九条　认可机构有下列情形之一的，责令改正；对主要负责人和负有责任的人员给予警告：

（一）受理认可申请，向申请人提出与认可活动无关的要求或者限制条件的；

（二）未在公布的时间内完成认可活动，或者未公开认可条件、认可程序、收费标准等信息的；

（三）发现取得认可的机构不当使用认可证书和认可标志，不及时暂停其使用或者撤销认可证书并予公布的；

（四）未对认可过程作出完整记录，归档留存的。

第七十条　国务院认证认可监督管理部门和地方认证监督管理部门及其工作人员，滥用职权、徇私舞弊、玩忽职守，有下列行为之一的，对直接负责的主管人员和其他直接责任人员，依法给予降级或者撤职的行政处分；构成犯罪的，依法追究刑事责任：

（一）不按照本条例规定的条件和程序，实施批准和指定的；

（二）发现认证机构不再符合本条例规定的批准或者指定条件，不撤销批准文件或者指定的；

（三）发现指定的检查机构、实验室不再符合本条例规定的指定条件，不撤销指定的；

（四）发现认证机构以及与认证有关的检查机构、实验室出具虚假的认证以及与认证有关的检查、检测结论或者出具的认证以及与认证有关的检查、检测结论严重失实，不予查处的；

（五）发现本条例规定的其他认证认可违法行为，不予查处的。

第七十一条 伪造、冒用、买卖认证标志或者认证证书的，依照《中华人民共和国产品质量法》等法律的规定查处。

第七十二条 本条例规定的行政处罚，由国务院认证认可监督管理部门或者其授权的地方认证监督管理部门按照各自职责实施。法律、其他行政法规另有规定的，依照法律、其他行政法规的规定执行。

第七十三条 认证人员自被撤销执业资格之日起5年内，认可机构不再受理其注册申请。

第七十四条 认证机构未对其认证的产品实施有效的跟踪调查，或者发现其认证的产品不能持续符合认证要求，不及时暂停或者撤销认证证书和要求其停止使用认证标志给消费者造成损失的，与生产者、销售者承担连带责任。

第七章 附 则

第七十五条 药品生产、经营企业质量管理规范认证，实验动物质量合格认证，军工产品的认证，以及从事军工产品校准、检测的实验室及其人员的认可，不适用本条例。

依照本条例经批准的认证机构从事矿山、危险化学品、烟花爆竹生产经营单位管理体系认证，由国务院安全生产监督管理部门结合安全生产的特殊要求组织；从事矿山、危险化学品、烟花爆竹生产经营单位安全生产综合评价的认证机构，经国务院安全生产监督管理部门推荐，方可取得认可机构的认可。

第七十六条 认证认可收费，应当符合国家有关价格法律、行政法规的规定。

第七十七条 认证培训机构、认证咨询机构的管理办法由国务院认证认可监督管理部门制定。

第七十八条 本条例自2003年11月1日起施行。1991年5月7日国务院发布的《中华人民共和国产品质量认证管理条例》同时废止。

第二部分

规划、计划文件

中共中央　国务院关于全面加强生态环境保护坚决打好污染防治攻坚战的意见（节选）

（中发〔2018〕17号）

良好生态环境是实现中华民族永续发展的内在要求，是增进民生福祉的优先领域。为深入学习贯彻习近平新时代中国特色社会主义思想和党的十九大精神，决胜全面建成小康社会，全面加强生态环境保护，打好污染防治攻坚战，提升生态文明，建设美丽中国，现提出如下意见。

一、深刻认识生态环境保护面临的形势（略）

二、深入贯彻习近平生态文明思想（略）

三、全面加强党对生态环境保护的领导（略）

四、总体目标和基本原则

（一）总体目标。到2020年，生态环境质量总体改善，主要污染物排放总量大幅减少，环境风险得到有效管控，生态环境保护水平同全面建成小康社会目标相适应。

具体指标：全国细颗粒物（$PM_{2.5}$）未达标地级及以上城市浓度比2015年下降18%以上，地级及以上城市空气质量优良天数比率达到80%以上；全国地表水Ⅰ～Ⅲ类水体比例达到70%以上，劣Ⅴ类水体比例控制在5%以内；近岸海域水质优良（一、二类）比例达到70%左右；二氧化硫、氮氧化物排放量比2015年减少15%以上，化学需氧量、氨氮排放量减少10%以上；受污染耕地安全利用率达到90%左右，污染地块安全利用率达到90%以上；生态保护红线面积占比达到25%左右；森林覆盖率达到23.04%以上。

通过加快构建生态文明体系，确保到2035年节约资源和保护生态环境的空间格局、产业结构、生产方式、生活方式总体形成，生态环境质量实现根本好转，美丽中国目标基本实现。到本世纪中叶，生态文明全面提升，实现生态环境领域国家治理体系和治理能力现代化。

（二）基本原则

——坚持保护优先。落实生态保护红线、环境质量底线、资源利用上线硬约束，深化供给侧结构性改革，推动形成绿色发展方式和生活方式，坚定不移走生产发展、生活富裕、生态良好的文明发展道路。

——强化问题导向。以改善生态环境质量为核心，针对流域、区域、行业特点，聚焦问题、分类施策、精准发力，不断取得新成效，让人民群众有更多获得感。

——突出改革创新。深化生态环境保护体制机制改革，统筹兼顾、系统谋划，强化协调、整合力量，区域协作、条块结合，严格环境标准，完善经济政策，增强科技支撑和能力保障，提升生态环境治理的系统性、整体性、协同性。

——注重依法监管。完善生态环境保护法律法规体系，健全生态环境保护行政执法和刑事司法衔接机制，依法严惩重罚生态环境违法犯罪行为。

——推进全民共治。政府、企业、公众各尽其责、共同发力，政府积极发挥主导作用，企业主动承担环境治理主体责任，公众自觉践行绿色生活。

五、推动形成绿色发展方式和生活方式

坚持节约优先，加强源头管控，转变发展方式，培育壮大新兴产业，推动传统产业智能化、清洁化改造，加快发展节能环保产业，全面节约能源资源，协同推动经济高质量发展和生态环境高水平保护。

（一）促进经济绿色低碳循环发展。（略）

（二）推进能源资源全面节约。（略）

（三）引导公众绿色生活。加强生态文明宣传教育，倡导简约适度、绿色低碳的生活方式，反对奢侈浪费和不合理消费。开展创建绿色家庭、绿色学校、绿色社区、绿色商场、绿色餐馆等行动。推行绿色消费，出台快递业、共享经济等新业态的规范标准，推广环境标志产品、有机产品等绿色产品。提倡绿色居住，节约用水用电，合理控制夏季空调和冬季取暖室内温度。大力发展公共交通，鼓励自行车、步行等绿色出行。

六、坚决打赢蓝天保卫战

编制实施打赢蓝天保卫战三年作战计划，以京津冀及周边、长三角、汾渭平原等重点区域为主战场，调整优化产业结构、能源结构、运输结构、用地结构，强化区域联防联控和重污染天气应对，进一步明显降低 $PM_{2.5}$ 浓度，明显减少重污染天数，明显改善大气环境质量，明显增强人民的蓝天幸福感。

（一）加强工业企业大气污染综合治理。（略）

（二）大力推进散煤治理和煤炭消费减量替代。（略）

（三）打好柴油货车污染治理攻坚战。以开展柴油货车超标排放专项整治为抓手，统筹开展油、路、车治理和机动车船污染防治。严厉打击生产销售不达标车辆、排放检验机构检测弄虚作假等违法行为。加快淘汰老旧车，鼓励清洁能源车辆、船舶的推广使用。建设“天地车人”一体化的机动车排放监控系统，完善机动车遥感监测网络。推进钢铁、电力、电解铝、焦化等重点工业企业和工业园区货物由公路运输转向铁路运输。显著提高重点区域大宗货物铁路水路货运比例，提高沿海港口集装箱铁路集疏港比例。重点区域提前实施机动车国六排放标准，严格实施船舶和非道路移动机械大气排放标准。鼓励淘汰老旧船舶、工程机械和农业机械。落实珠三角、长三角、环渤海京津冀水域船舶排放控制区管理政策，全国主要港口和排放控制区内港口靠港船舶率先使用岸电。到 2020 年，长江干线、西江航运干线、京杭运河水上服务区和待闸锚地基本具备船舶岸电供应能力。2019 年 1 月 1 日起，全国供应符合国六标准的车用汽油和车用柴油，力争重点区域提前供应。尽快实现车用柴油、普通柴油和部分船舶用油标准并轨。内河和江海直达船舶必须使用硫含量不大于 10 毫克/千克的柴油。严厉打击生产、销售和使用非标车（船）用燃料行为，彻底清除黑加油站点。

（四）强化国土绿化和扬尘管控。（略）

（五）有效应对重污染天气。（略）

七、着力打好碧水保卫战

深入实施水污染防治行动计划，扎实推进河长制湖长制，坚持污染减排和生态扩容两手发力，加快工业、农业、生活污染源和水生态系统整治，保障饮用水安全，消除城市黑臭水体，减少污染严重水体和不达标水体。

（一）打好水源地保护攻坚战。（略）

（二）打好城市黑臭水体治理攻坚战。（略）

（三）打好长江保护修复攻坚战。……强化船舶和港口污染防治，现有船舶到 2020 年全部完成达标改造，港口、船舶修造厂环卫设施、污水处理设施纳入城市设施建设规划。……

（四）打好渤海综合治理攻坚战。（略）

（五）打好农业农村污染治理攻坚战。（略）

八、扎实推进净土保卫战（略）

九、加快生态保护与修复（略）

十、改革完善生态环境治理体系（略）

2018 年 6 月 16 日

中共中央　国务院印发《交通强国建设纲要》

新华社北京 9 月 19 日电　近日，中共中央、国务院印发了《交通强国建设纲要》，并发出通知，要求各地区各部门结合实际认真贯彻落实。

《交通强国建设纲要》全文如下。

建设交通强国是以习近平同志为核心的党中央立足国情、着眼全局、面向未来作出的重大战略决策，是建设现代化经济体系的先行领域，是全面建成社会主义现代化强国的重要支撑，是新时代做好交通工作的总抓手。为统筹推进交通强国建设，制定本纲要。

一、总体要求

（一）指导思想

以习近平新时代中国特色社会主义思想为指导，深入贯彻党的十九大精神，紧紧围绕统筹推进“五位一体”总体布局和协调推进“四个全面”战略布局，坚持稳中求进工作总基调，坚持新发展理念，坚持推动高质量发展，坚持以供给侧结构性改革为主线，坚持以人民为中心的发展思想，牢牢把握交通“先行官”定位，适度超前，进一步解放思想、开拓进取，推动交通发展由追求速度规模向更加注重质量效益转变，由各种交通方式相对独立发展向更加注重一体化融合发展转变，由依靠传统要素驱动向更加注重创新驱动转变，构建安全、便捷、高效、绿色、经济的现代化综合交通体系，打造一流设施、一流技术、一流管理、一流服务，建成人民满意、保障有力、世界前列的交通强国，为全面建成社会主义现代化强国、实现中华民族伟大复兴中国梦提供坚强支撑。

（二）发展目标

到 2020 年，完成决胜全面建成小康社会交通建设任务和“十三五”现代综合交通运输体系发展规划各项任务，为交通强国建设奠定坚实基础。

从 2021 年到本世纪中叶，分两个阶段推进交通强国建设。

到 2035 年，基本建成交通强国。现代化综合交通体系基本形成，人民满意度明显提高，支撑国家现代化建设能力显著增强；拥有发达的快速网、完善的干线网、广泛的基础网，城乡区域交通协调发展达到新高度；基本形成“全国 123 出行交通圈”（都市区 1 小时通勤、城市群 2 小时通达、全国主要城市 3 小时覆盖）和“全球 123 快货物流圈”（国内 1 天送达、周边国家 2 天送达、全球主要城市 3 天送达），旅客联程运输便捷顺畅，货物多式联运高效经济；智能、平安、绿色、共享交通发展水平明显提高，城市交通拥堵基本缓解，无障碍出行服务体系基本完善；交通科技创新体系基本建成，交通关键装备先进安全，人才队伍精良，市场环境优良；基本实现交通治理体系和治理能力现代化；交通国际竞争力和影响力显著提升。

到本世纪中叶，全面建成人民满意、保障有力、世界前列的交通强国。基础设施规模质量、技术装备、科技创新能力、智能化与绿色化水平位居世界前列，交通安全水平、治理能力、文明程度、国际竞争力及影响力达到国际先进水平，全面服务和保障社会主义现代化强国建设，人民享有美好交通服务。

二、基础设施布局完善、立体互联

（一）建设现代化高质量综合立体交通网络

以国家发展规划为依据，发挥国土空间规划的指导和约束作用，统筹铁路、公路、水运、民航、管道、邮政等基础设施规划建设，以多中心、网络化为主形态，完善多层次网络布局，优化存量资源配置，扩大优质增量供给，实现立体互联，增强系统弹性。强化西部地区补短板，推进东北地区提质改造，推动中部地区大通道大枢纽建设，加速东部地区优化升级，形成区域交通协调发展新格局。

（二）构建便捷顺畅的城市（群）交通网

建设城市群一体化交通网，推进干线铁路、城际铁路、市域（郊）铁路、城市轨道交通融合发展，完善城市群快速公路网络，加强公路与城市道路衔接。尊重城市发展规律，立足促进城市的整体性、系统性、生长性，统筹安排城市功能和用地布局，科学制定和实施城市综合交通体系规划。推进城市公共交通设施建设，强化城市轨道交通与其他交通方式衔接，完善快速路、主次干路、支路级配和结构合理的城市道路网，打通道路微循环，提高道路通达性，完善城市步行和非机动车交通系统，提升步行、自行车等出行品质，完善无障碍设施。科学规划建设城市停车设施，加强充电、加氢、加气和公交站点等设施建设。全面提升城市交通基础设施智能化水平。

（三）形成广覆盖的农村交通基础设施网

全面推进“四好农村路”建设，加快实施通村组硬化路建设，建立规范化可持续管护机制。促进交通建设与农村地区资源开发、产业发展有机融合，加强特色农产品优势区与旅游资源富集区交通建设。大力推进革命老区、民族地区、边疆地区、贫困地区、垦区林区交通发展，实现以交通便利带动脱贫减贫，深度贫困地区交通建设项目尽量向进村入户倾斜。推动资源丰富和人口相对密集贫困地区开发性铁路建设，在有条件的地区推进具备旅游、农业作业、应急救援等功能的通用机场建设，加强农村邮政等基础设施建设。

（四）构筑多层级、一体化的综合交通枢纽体系

依托京津冀、长三角、粤港澳大湾区等世界级城市群，打造具有全球竞争力的国际海港枢纽、航空枢纽和邮政快递核心枢纽，建设一批全国性、区域性交通枢纽，推进综合交通枢纽一体化规划建设，提高换乘换装水平，完善集疏运体系。大力发展枢纽经济。

三、交通装备先进适用、完备可控

（一）加强新型载运工具研发

实现 3 万吨级重载列车、时速 250 千米级高速轮轨货运列车等方面的重大突破。加强智能网联汽车（智能汽车、自动驾驶、车路协同）研发，形成自主可控完整的产业链。强化大中型邮轮、大型液化天然气船、极地航行船舶、智能船舶、新能源船舶等自主设计建造能力。完善民用飞机产品谱系，在大型民用飞机、重型直升机、通用航空器等方面取得显著进展。

（二）加强特种装备研发

推进隧道工程、整跨吊运安装设备等工程机械装备研发。研发水下机器人、深潜水装备、大型溢油回收船、大型深远海多功能救助船等新型装备。

（三）推进装备技术升级

推广新能源、清洁能源、智能化、数字化、轻量化、环保型交通装备及成套技术装备。广泛应用智能高铁、智能道路、智能航运、自动化码头、数字管网、智能仓储和分拣系统等新型装备设施，开发新一代智能交通管理系统。提升国产飞机和发动机技术水平，加强民用航空器、发动机研发制造和适航审定体系建设。推广应用交通装备的智能检测监测和运维技术。加速淘汰落后技术和高耗低效交通装备。

四、运输服务便捷舒适、经济高效

（一）推进出行服务快速化、便捷化

构筑以高铁、航空为主体的大容量、高效率区际快速客运服务，提升主要通道旅客运输能力。完善航空服务网络，逐步加密机场网建设，大力发展支线航空，推进干支有效衔接，提高航空服务能力和品质。提高城市群内轨道交通通勤化水平，推广城际道路客运公交化运行模式，打造旅客联程运输系统。加强城市交通拥堵综合治理，优先发展城市公共交通，鼓励引导绿色公交出行，合理引导个体机动化出行。推进城乡客运服务一体化，提升公共服务均等化水平，保障城乡居民行有所乘。

（二）打造绿色高效的现代物流系统

优化运输结构，加快推进港口集疏运铁路、物流园区及大型工矿企业铁路专用线等“公转铁”重点项目建设，推进大宗货物及中长距离货物运输向铁路和水运有序转移。推动铁水、公铁、公水、空陆等联运发展，推广跨方式快速换装转运标准化设施设备，形成统一的多式联运标准和规则。发挥公路货运“门到门”优势。完善航空物流网络，提升航空货运效率。推进电商物流、冷链物流、大件运输、危险品物流等专业化物流发展，促进城际干线运输和城市末端配送有机衔接，鼓励发展集约化配送模式。综合利用多种资源，完善农村配送网络，促进城乡双向流通。落实减税降费政策，优化物流组织模式，提高物流效率，降低物流成本。

（三）加速新业态新模式发展

深化交通运输与旅游融合发展，推动旅游专列、旅游风景道、旅游航道、自驾车房车营地、游艇旅游、低空飞行旅游等发展，完善客运枢纽、高速公路服务区等交通设施旅游服务功能。大力发展共享交通，打造基于移动智能终端技术的服务系统，实现出行即服务。发展“互联网+”高效物流，创新智慧物流营运模式。培育充满活力的通用航空及市域（郊）铁路市场，完善政府购买服务政策，稳步扩大短途运输、公益服务、航空消费等市场规模。建立通达全球的寄递服务体系，推动邮政普遍服务升级换代。加快快递扩容增效和数字化转型，壮大供应链服务、冷链快递、即时直递等新业态新模式，推进智能收投终端和末端公共服务平台建设。积极发展无人机（车）物流递送、城市地下物流配送等。

五、科技创新富有活力、智慧引领

（一）强化前沿关键科技研发

瞄准新一代信息技术、人工智能、智能制造、新材料、新能源等世界科技前沿，加强对可能引发交通产业变革的前瞻性、颠覆性技术研究。强化汽车、民用飞行器、船舶等装备动力传动系统研发，突破高效率、大推力/大功率发动机装备设备关键技术。加强区域综合交通网络协调运营与服务技术、城市综合交通协同管控技术、基于船岸协同的内河航运安全管控与应急搜救技术等研发。合理统筹安排时速 600 千米级高速磁悬浮系统、时速 400 千米级高速轮轨（含可变轨距）客运列车系统、低真空管（隧）道高速列车等技术储备研发。

（二）大力发展智慧交通

推动大数据、互联网、人工智能、区块链、超级计算等新技术与交通行业深度融合。推进数据资源赋能交通发展，加速交通基础设施网、运输服务网、能源网与信息网络融合发展，构建泛在先进的交通信息基础设施。构建综合交通大数据中心体系，深化交通公共服务和电子政务发展。推进北斗卫星导航系统应用。

（三）完善科技创新机制

建立以企业为主体、产学研用深度融合的技术创新机制，鼓励交通行业各类创新主体建立创新联盟，建立关键核心技术攻关机制。建设一批具有国际影响力的实验室、试验基地、技术创新中心等创新平台，加大资源开放共享力度，优化科研资金投入机制。构建适应交通高质量发展的标准体系，加强重点领域标准有效供给。

六、安全保障完善可靠、反应快速

（一）提升本质安全水平

完善交通基础设施安全技术标准规范，持续加大基础设施安全防护投入，提升关键基础设施安全防护能力。构建现代化工程建设质量管理体系，推进精品建造和精细管理。强化交通基础设施养护，加强基础设施运行监测检测，提高养护专业化、信息化水平，增强设施耐久性和可靠性。强化载运工具质量治理，保障运输装备安全。

（二）完善交通安全生产体系

完善依法治理体系，健全交通安全生产法规制度和标准规范。完善安全责任体系，强化企业主体责任，明确部门监管责任。完善预防控制体系，有效防控系统性风险，建立交通装备、工程第三方认证制度。强化安全生产事故调查评估。完善网络安全保障体系，增强科技兴安能力，加强交通信息基础设施安全保护。完善支撑保障体系，加强安全设施建设。建立自然灾害交通防治体系，提高交通防灾抗灾能力。加强交通安全综合治理，切实提高交通安全水平。

（三）强化交通应急救援能力

建立健全综合交通应急管理体制机制、法规制度和预案体系，加强应急救援专业装备、设施、队伍建设，积极参与国际应急救援合作。强化应急救援社会协同能力，完善征用补偿机制。

七、绿色发展节约集约、低碳环保

（一）促进资源节约集约利用

加强土地、海域、无居民海岛、岸线、空域等资源节约集约利用，提升用地用海用岛效率。加强老旧设施更新利用，推广施工材料、废旧材料再生和综合利用，推进邮件快件包装绿色化、减量化，提高资源再利用和循环利用水平，推进交通资源循环利用产业发展。

（二）强化节能减排和污染防治

优化交通能源结构，推进新能源、清洁能源应用，促进公路货运节能减排，推动城市公共交通工具和城市物流配送车辆全部实现电动化、新能源化和清洁化。打好柴油货车污染治理攻坚战，统筹油、路、车治理，有效防治公路运输大气污染。严格执行国家和地方污染物控制标准及船舶排放区要求，推进船舶、港口污染防治。降低交通沿线噪声、振动，妥善处理好大型机场噪声影响。开展绿色出行行动，倡导绿色低碳出行理念。

（三）强化交通生态环境保护修复

严守生态保护红线，严格落实生态保护和水土保持措施，严格实施生态修复、地质环境治理恢复与土地复垦，将生态环保理念贯穿交通基础设施规划、建设、运营和养护全过程。推进生态选线选址，强化生态环保设计，避让耕地、林地、湿地等具有重要生态功能的国土空间。建设绿色交通廊道。

八、开放合作面向全球、互利共赢

（一）构建互联互通、面向全球的交通网络

以丝绸之路经济带六大国际经济合作走廊为主体，推进与周边国家铁路、公路、航道、油气管道等基础设施互联互通。提高海运、民航的全球连接度，建设世界一流的国际航运中心，推进 21 世纪海上丝绸之路建设。拓展国际航运物流，发展铁路国际班列，推进跨境道路运输便利化，大力发展航空物流枢纽，构建国际寄递物流供应链体系，打造陆海新通道。维护国际海运重要通道安全与畅通。

（二）加大对外开放力度

吸引外资进入交通领域，全面落实准入前国民待遇加负面清单管理制度。协同推进自由贸易试验区、中国特色自由贸易港建设。鼓励国内交通企业积极参与“一带一路”沿线交通基础设施建设和国际运输市场合作，打造世界一流交通企业。

（三）深化交通国际合作

提升国际合作深度与广度，形成国家、社会、企业多层次合作渠道。拓展国际合作平台，积极打造交通新平台，吸引重要交通国际组织来华落驻。积极推动全球交通治理体系建设与变革，促进交通运输政策、规则、制度、技术、标准“引进来”和“走出去”，积极参与交通国际组织事务框架下规则、标准制定修订。提升交通国际话语权和影响力。

九、人才队伍精良专业、创新奉献

（一）培育高水平交通科技人才

坚持高精尖缺导向，培养一批具有国际水平的战略科技人才、科技领军人才、青年科技人才和创新团队，培养交通一线创新人才，支持各领域各学科人才进入交通相关产业行业。推进交通高端智库建设，完善专家工作体系。

（二）打造素质优良的交通劳动者大军

弘扬劳模精神和工匠精神，造就一支素质优良的知识型、技能型、创新型劳动者大军。大力培养支撑中国制造、中国创造的交通技术技能人才队伍，构建适应交通发展需要的现代职业教育体系。

（三）建设高素质专业化交通干部队伍

落实建设高素质专业化干部队伍要求，打造一支忠诚干净担当的高素质干部队伍。注重专业能力培养，增强干部队伍适应现代综合交通运输发展要求的能力。加强优秀年轻干部队伍建设，加强国际交通组织人才培养。

十、完善治理体系，提升治理能力

（一）深化行业改革

坚持法治引领，完善综合交通法规体系，推动重点领域法律法规制定修订。不断深化铁路、公路、航道、空域管理体制改革，建立健全适应综合交通一体化发展的体制机制。推动国家铁路企业股份制改造、邮政企业混合所有制改革，支持民营企业健康发展。统筹制定交通发展战略、规划和政策，加快建设现代化综合交通体系。强化规划协同，实现“多规合一”“多规融合”。

（二）优化营商环境

健全市场治理规则，深入推进简政放权，破除区域壁垒，防止市场垄断，完善运输价格形成机制，构建统一开放、竞争有序的现代交通市场体系。全面实施市场准入负面清单制度，构建以信用为基础的新型监管机制。

（三）扩大社会参与

健全公共决策机制，实行依法决策、民主决策。鼓励交通行业组织积极参与行业治理，引导社会组织依法自治、规范自律，拓宽公众参与交通治理渠道。推动政府信息公开，建立健全公共监督机制。

（四）培育交通文明

推进优秀交通文化传承创新，加强重要交通遗迹遗存、现代交通重大工程的保护利用和精神挖掘，讲好中国交通故事。弘扬以“两路”精神、青藏铁路精神、民航英雄机组等为代表的交通精神，增强行业凝聚力和战斗力。全方位提升交通参与者文明素养，引导文明出行，营造文明交通环境，推动全社会交通文明程度大幅提升。

十一、保障措施

（一）加强党的领导

坚持党的全面领导，充分发挥党总揽全局、协调各方的作用。建立统筹协调的交通强国建设实施工作机制，强化部门协同、上下联动、军地互动，整体有序推进交通强国建设工作。

（二）加强资金保障

深化交通投融资改革，增强可持续发展能力，完善政府主导、分级负责、多元筹资、风险可控的资金保障和运行管理体制。建立健全中央和地方各级财政投入保障制度，鼓励采用多元化市场融资方式拓宽融资渠道，积极引导社会资本参与交通强国建设，强化风险防控机制建设。

（三）加强实施管理

各地区各部门要提高对交通强国建设重大意义的认识，科学制定配套政策和配置公共资源，促进自然资源、环保、财税、金融、投资、产业、贸易等政策与交通强国建设相关政策协同，部署若干重大工程、重大项目，合理规划交通强国建设进程。鼓励有条件的地方和企业在交通强国建设中先行先试。交通运输部要会同有关部门加强跟踪分析和督促指导，建立交通强国评价指标体系，重大事项及时向党中央、国务院报告。

中共中央办公厅　国务院办公厅关于印发《中央和国家机关有关部门生态环境保护责任清单》的通知

各省、自治区、直辖市党委和人民政府，中央和国家机关有关部委，中央军委机关有关部门：

《中央和国家机关有关部门生态环境保护责任清单》已经中央领导同志同意，现印发给你们，请结合实际认真贯彻落实。

中共中央办公厅
国务院办公厅
2020年3月4日

中央和国家机关有关部门生态环境保护责任清单

为全面贯彻习近平新时代中国特色社会主义思想和党的十九大精神，深入贯彻习近平生态文明思想，推动落实党政同责、一岗双责，坚决打好污染防治攻坚战，推进生态文明，建设美丽中国，按照《中共中央、国务院关于全面加强生态环境保护坚决打好污染防治攻坚战的意见》及其任务分工方案、生态环境保护法律法规、七大标志性战役行动计划和方案等有关规定，现制定中央和国家机关有关部门生态环境保护责任清单。

一、中央有关部门生态环境保护指导监督责任

（一）中央纪委国家监委机关

1．加强对习近平生态文明思想和党中央关于全面加强生态环境保护、坚决打好污染防治攻坚战等重大决策部署贯彻落实情况的监督检查，加强生态环境保护领域监督执纪问

责和监督调查处置。

2．加强对负有生态环境监管职责工作部门履职情况的监督。

3．按照干部管理权限，对中央生态环境保护督察及相关部门按程序移交的生态环境保护领域党政领导干部和其他公职人员失职失责问题线索进行核查问责，对涉嫌职务违法和职务犯罪进行调查处置。

4．加强对地方纪检监察机关开展生态环境保护领域监督执纪问责和监督调查处置工作的指导。

（二）中央办公厅

1．推动各地区各部门贯彻落实习近平生态文明思想，对习近平总书记关于生态文明建设和生态环境保护重要指示批示精神落实情况进行督查督办。

2．负责生态文明建设和生态环境保护重大工作任务的组织协调、督促落实。

3．做好生态文明建设和生态环境保护领域党内法规的审核和备案审查。

4．加强对中央生态环境保护督察工作的指导。

（三）中央组织部

1．负责对党政领导班子和领导干部生态环境保护工作实绩考核结果的运用，将生态环境保护目标任务考核情况、中央生态环境保护督察结果、领导干部自然资源资产离任审计结果作为领导班子和领导干部综合考核评价、选拔任用、管理监督的重要依据。

2．会同中央纪委国家监委机关、生态环境部或其他负有生态环境保护职责的部门，组织落实党政领导干部生态环境损害责任追究等规定，加强责任追究。

3．加强生态环境部门领导班子和干部队伍建设。

4．负责将生态文明建设和生态环境保护法律法规等纳入党政领导干部和公务员教育培训内容。

（四）中央宣传部

1．组织宣传习近平生态文明思想和党中央关于加强生态文明建设和生态环境保护的方针政策和重大决策部署，会同生态环境部等有关部门指导、统筹、协调、部署生态环境宣传教育工作，营造有利于生态环境保护的社会氛围。

2．组织主流媒体、网络媒体加强对生态文明建设和生态环境保护的宣传，统筹协调重大活动的宣传报道，发挥舆论监督作用，科学合理引导社会舆论。协调做好重特大突发生态环境事件的信息发布和舆论引导。

3．将生态文明建设和生态环境保护作为群众性精神文明创建活动的重要内容，严格测评。

（五）中央政法委

会同生态环境保护职责部门，统筹协调生态环境领域影响社会稳定的重大事项、重大事件，预防、化解影响稳定的生态环境风险。

（六）中央财办

做好中央财经委员会交办的生态文明建设重大原则、重大方针和政策、重大战略和规划、重大建设项目等重大事项的研究工作，加强相关工作的顶层设计、统筹协调。

（七）中央编办

按照深化党和国家机构改革的要求，进一步完善生态环境保护行政管理体制。

二、全国人大有关部门生态环境保护立法和监督责任

（八）全国人大常委会法工委

负责研究、拟订生态环境领域有关法律草案。对涉及生态环境保护的行政法规、地方性法规、司法解释开展备案审查。督促有关方面做好生态环境保护法规、司法解释和规范性文件的全面清理工作。

（九）全国人大环资委

1. 负责研究、审议、拟订生态文明建设和生态环境保护有关议案。开展生态文明建设和生态环境保护调查研究，提出推进落实的措施建议。

2. 负责对涉及生态文明建设和生态环境保护的有关法规开展备案审查。组织对生态文明建设和生态环境保护的有关法律或者法律中有关规定进行立法后评估。

3. 按照全国人大常委会要求，组织开展生态环境保护有关法律实施情况的监督检查。

三、国务院有关部门生态环境保护主体责任

（十）国务院办公厅

1. 推动各地区各部门贯彻落实习近平生态文明思想，对党中央、国务院领导同志关于生态文明建设和生态环境保护重要指示批示精神落实情况进行督查督办。

2. 加强对生态文明建设和生态环境保护的组织协调、督促落实。

3．加强对中央生态环境保护督察工作的指导。

（十一）生态环境部

1．负责建立健全生态环境基本制度。会同有关部门拟订国家生态环境政策、规划并组织实施，起草法律法规草案，制定部门规章。会同有关部门编制并监督实施重点区域、流域、海域、饮用水水源地生态环境规划和水功能区划，组织拟订生态环境标准，制定生态环境基准和技术规范。会同住房城乡建设部制定社会生活噪声、餐饮服务业油烟、城市焚烧沥青塑料垃圾等烟尘和恶臭等方面的污染防治政策标准。

2．承担中央生态环境保护督察具体组织实施工作。建立健全生态环境保护督察制度，组织协调中央生态环境保护督察工作，对省级党委和政府、国务院有关部门以及有关中央企业等组织开展生态环境保护督察，并依规移交有关部门和单位问责。指导地方开展生态环境保护督察工作。

3．负责重大生态环境问题的统筹协调和监督管理。牵头协调重特大环境污染事故和生态破坏事件的调查处理，指导协调地方政府对重特大突发生态环境事件的应急、预警工作，牵头指导实施生态环境损害赔偿制度，协调解决有关跨区域环境污染纠纷，统筹协调国家重点区域、流域、海域生态环境保护工作。

4．负责监督管理国家减排目标的落实。组织制定陆地和海洋各类污染物排放总量控制、排污许可证制度并监督实施，确定大气、水、海洋等纳污能力，提出实施总量控制的污染物名称和控制指标，监督检查各地污染物减排任务完成情况，实施生态环境保护目标责任制。

5．负责提出生态环境领域固定资产投资规模和方向、国家财政性资金安排的意见，按国务院规定权限审批、核准国家规划内和年度计划规模内固定资产投资项目，配合有关部门做好组织实施和监督工作。参与指导推动循环经济和生态环保产业发展。

6．负责环境污染防治的监督管理。制定大气、水、海洋、土壤、噪声、光、恶臭、固体废物、化学品、机动车等污染防治管理制度并监督实施。会同有关部门监督管理饮用水水源地生态环境保护工作，组织指导城乡生态环境综合整治工作，指导协调和监督农村生态环境保护，监督指导农业面源污染治理工作。监督指导区域大气环境保护工作，组织实施区域大气污染联防联控协作机制。

7．指导协调和监督生态保护修复工作。组织编制生态保护规划，监督对生态环境有影响的自然资源开发利用活动、重要生态环境建设和生态破坏恢复工作。组织制定各类自然保护地生态环境监管制度并监督执法。监督野生动植物保护、湿地生态环境保护、荒漠化防治等工作。按职责监督人类活动引起的环境改变对野生动物的危害并依法调查处理。监督生物技术环境安全，牵头生物物种（含遗传资源）工作，组织协调生物多样性保护工作，参与生态保护补偿工作。

8．负责核与辐射安全的监督管理。拟订有关政策、规划、标准，牵头负责核安全工作协调机制有关工作，参与核事故应急处理，负责辐射环境事故应急处理工作。监督管理核设施和放射源安全，监督管理核设施、核技术应用、电磁辐射、伴有放射性矿产资源开发利用中的污染防治。对核材料管制和民用核安全设备设计、制造、安装及无损检验活动实施监督管理。

9．负责生态环境准入的监督管理。受国务院委托对重大经济和技术政策、发展规划以及重大经济开发计划进行环境影响评价。按国家规定审批或审查重大开发建设区域、规划、项目环境影响评价文件。拟订并组织实施生态环境准入清单。

10．负责生态环境监测工作。制定生态环境监测制度和规范、拟订相关标准并监督实施。会同有关部门统一规划生态环境质量监测站点设置，组织实施生态环境质量监测、污染源监督性监测、温室气体减排监测、应急监测。组织对生态环境质量状况进行调查评价、预警预测，组织建设和管理国家生态环境监测网和全国生态环境信息网。建立和实行生态环境质量公告制度，统一发布国家生态环境综合性报告和重大生态环境信息。

11．负责应对气候变化工作。组织拟订应对气候变化及温室气体减排重大战略、规划和政策。与有关部门共同牵头组织参加气候变化国际谈判。负责国家履行联合国气候变化框架公约相关工作。

12．统一负责生态环境监督执法。组织开展全国生态环境保护执法检查活动。查处重大生态环境违法问题。指导全国生态环境保护综合执法队伍建设和业务工作。

13．牵头协调疫情防控期间生态环境保护支持保障工作，指导环境监测尤其是疫情地区饮用水水源地、空气环境应急监测，按职责指导做好医疗废物、医疗污水收集、转运、处理、处置过程中的环境污染防治工作。

14．组织指导和协调生态环境宣传教育工作，制定并组织实施生态环境保护宣传教育纲要，推动社会组织和公众参与生态环境保护。开展生态环境科技工作，组织生态环境重大科学研究和技术工程示范，推动生态环境技术管理体系建设。

15．开展生态环境国际合作交流，研究提出国际生态环境合作中有关问题的建议，组织协调有关生态环境国际条约的履约工作，参与处理涉外生态环境事务，参与全球陆地和海洋生态环境治理相关工作。

（十二）国家发展改革委

1．负责优化重大生产力布局，化解钢铁、煤炭行业过剩产能，培育壮大新动能。

2．负责调整能源结构，推进天然气产供储销体系建设，增加清洁能源使用。

3．负责组织拟订和实施有利于资源节约与综合利用和生态环境保护的产业政策，修订产业结构调整指导目录，明确鼓励、限制和淘汰的生产能力、工艺和产品。

4．负责指导实施能源消费总量和强度双控行动，指导推进煤炭消费减量替代。

5．负责组织拟订循环经济、资源节约和综合利用规划、政策并协调实施。

6．负责深化资源环境价格改革，完善体现生态价值和环境损害成本的资源环境价格机制。

7．负责推动构建市场导向的绿色技术创新体系，发展壮大节能环保产业。

8．负责会同生态环境部组织开展环保信用评价，建立守信联合激励和失信联合惩戒机制，并将相关企业环境信用信息纳入全国信用信息共享平台。

9．负责提出健全生态保护补偿机制的政策措施。

10．负责统筹平衡行业管理部门提出的生态环保领域使用中央财政性建设资金项目的规模、方向和资金安排的意见。

11．按职责分工，推广、规范政府和社会资本合作模式，引导社会资本参与生态环境治理。

（十三）教育部

1．负责将生态文明建设和生态环境保护教育纳入中小学和高等教育教学内容，普及生态环境保护知识，加强生态环境保护教育和社会实践。

2．负责统筹开展创建绿色学校行动。

（十四）科技部

1．负责在水体污染控制与治理、大气污染成因与治理、土壤污染防治、固体废物污染防治、化学品环境与健康风险评估和防控、生态修复技术攻关、气候变化、重点海域综合治理、海洋生态环境监测、生物安全与生物多样性保护、噪声污染防治、核与辐射安全等方面通过国家科技计划予以重点支持，实施京津冀环境综合治理重大项目，推动绿色技术创新。

2．负责促进生态环境保护产学研结合，支持国家重点实验室等开展重大生态环境保护科技攻关，推动生态环境保护重大科技成果转化和示范应用。

3．负责推动国家高新技术产业开发区绿色发展。

（十五）工业和信息化部

1．负责拟订并组织实施工业、通信业的节能、节水和资源综合利用促进政策、规划、标准，参与拟订工业污染控制政策。

2．负责构建绿色制造体系，推动产业优化升级。

3．负责指导和督促化解过剩产能工作，严控高污染高耗能行业产能。

4．负责组织推广应用节能和新能源汽车。

5．负责指导、推进城市建成区、重点流域危险化学品企业搬迁改造。

6．负责发展环保装备制造业。

（十六）公安部

1．负责组织指导依法侦查涉嫌生态环境犯罪案件，依法查处涉嫌生态环境违法适用行政拘留处罚案件，以及阻碍生态环境领域依法执行职务的违法犯罪行为，严厉打击海关监管区外洋垃圾走私犯罪。

2．负责指导、监督对无定期排放检验合格报告的机动车不予核发安全技术检验合格标志。

3．负责指导、监督严格查处逾期未检验或达到报废标准的机动车上道路行驶的违法行为。

4．负责指导、监督优化交通管控措施，减少道路拥堵导致的机动车污染排放，会同交通运输部监督落实重型柴油车辆绕行限行等措施。

5．负责依法打击猎捕、交易、运输野生动物等犯罪行为。

（十七）司法部

1．负责指导、督促开展生态文明建设和生态环境保护法律法规普法活动及依法治理工作。

2．负责组织审核登记、监督、管理生态环境损害类司法鉴定人和司法鉴定机构。

3．负责开展生态环境保护法律服务工作，对因生态环境损害导致合法权益受到侵害的符合法律援助条件的公民提供法律援助，会同有关部门指导建立健全生态环境保护纠纷专业性、行业性调解组织。

4．负责审查各部门报送国务院的生态文明建设和生态环境保护方面的法律法规草案，以及需要由国务院批准的生态文明建设和生态环境保护方面的部门联合规章。

5．负责对涉及生态环境保护的地方性法规、规章开展备案审查。

（十八）财政部

1．坚持资金投入同攻坚任务相匹配，负责建立常态化、稳定的财政资金投入机制。制定有利于生态环境保护的财税政策。

2．负责完善生态环境补偿制度，加大对重点生态功能区、生态保护红线区域等生态功能重要地区的转移支付力度。

3．负责设立国家绿色发展基金。

4．负责健全政府绿色采购制度并组织实施。

5．按职责分工，推广、规范政府和社会资本合作模式，引导社会资本参与生态环境治理。

（十九）人力资源社会保障部

1．负责指导生态环境保护专业人才队伍建设。

2．负责对全国生态环境保护和节能工作表现突出的集体和个人，按照党和国家有关规定予以表彰。

（二十）自然资源部

1．负责自然资源调查监测评价、统一确权登记、开发利用和保护，指导节约集约利用，建立源头保护和全过程修复治理相结合的工作机制。

2．负责全民所有自然资源资产核算，编制全民所有自然资源资产负债表。

3．负责建立国土空间规划体系并监督实施。推进主体功能区战略和制度，组织编制并监督实施国土空间规划。组织划定生态保护红线、永久基本农田、城镇开发边界等控制线，构建节约资源和保护环境的生产、生活、生态空间布局。

4．负责牵头组织编制国土空间生态修复规划并实施有关生态修复重大工程。负责国土空间综合整治、土地整理复垦、矿山地质环境恢复治理、海域海岸线和海岛修复等工作。牵头建立和实施生态保护补偿制度，制定合理利用社会资金进行生态修复的政策措施。

5．负责建立健全耕地保护、修复、治理和补偿机制。

6．负责基于土壤污染状况合理确定土地用途；将建设用地土壤环境管理要求纳入城市规划和供地管理，严格用地准入。

7．负责海洋开发利用和保护的监督管理工作。负责海域使用和海岛保护利用管理，会同有关部门负责海岛及周边海域生态系统保护与管理。

8．监督、指导矿产资源合理利用和保护。

（二十一）住房城乡建设部

1．指导监督城镇生活污水收集处理工作，与生态环境部会同有关部门指导监督地级及以上城市建成区黑臭水体整治。

2．指导城镇生活垃圾分类、清扫、收集运输和处置，推进城镇建筑垃圾和餐厨垃圾处置，会同生态环境部开展非正规生活垃圾堆放点整治。

3．负责拟订城管执法的政策法规，指导全国城管执法工作，开展城管执法行为监督。与生态环境部会同有关部门指导监督地方政府已确定由地方城管负责的社会生活噪声污染、建筑施工噪声污染、建筑施工扬尘污染、餐饮服务业油烟污染、露天烧烤污染、城市焚烧沥青塑料垃圾等烟尘和恶臭污染、城市露天焚烧秸秆落叶等烟尘污染、燃放烟花爆竹污染等行政处罚工作。地方政府已确定的职责分工可以不再调整。

4．指导绿色社区建设、城市节水、建筑节能和绿色建筑工作，发展装配式建筑，指导北方采暖地区城镇清洁取暖工作。

5．指导做好疫情期间城镇生活污水处理工作、城镇生活垃圾收集运输和处理工作。

（二十二）交通运输部

1．负责指导公路、水路行业生态环境保护和节能减排工作。

2．负责指导优化各地公路网建设，推广高速公路不停车快捷收费，提升公路通行效率，减少道路移动源污染排放。

3．负责组织实施公交优先发展战略，提升城市公共交通智能化发展水平，倡导推动绿色出行。

4．负责组织开展防治船舶及其有关作业活动污染监督管理，划定船舶大气污染物排放控制区，指导船舶及交通干线污染防治，推进港口岸电设施建设和船舶污染物接收设施建设，推动集疏港铁路水路运输，加强船舶使用燃油达标监管。牵头组织、协调、指挥重大海上溢油应急处置。

5．按职责负责指导危险化学品道路运输、水路运输的许可以及运输工具的安全管理，对危险化学品水路运输安全实施监督。负责中央管理水域船舶及相关水上设施污染事故的应急处置。

6．指导做好医疗废物、医疗污水运输保障工作。依法指导运输经营者，禁止为非法野生动物交易提供运输服务。

（二十三）水利部

1．负责组织编制并实施水资源保护规划，统筹生态环境用水，指导河湖生态流量水量管理、地下水资源管理保护。

2．负责指导重要江河湖泊的保护、水域及其岸线的管理保护、河湖水生态保护与修复，组织指导地下水超采区综合治理。

3．负责指导建设项目水土保持监督管理，组织实施水土保持监测并公告，组织编制水土保持规划，指导国家水土保持重点工程实施。

（二十四）农业农村部

1．牵头组织改善农村人居环境。

2．负责农业植物新品种保护，牵头管理外来物种，指导农业生物物种资源的保护与管理。

3．负责动物防疫以及与动物有关的实验室及其实验活动的生物安全监督等工作。

4．负责耕地及永久基本农田质量保护。指导农产品产地环境管理，组织落实农用地土壤环境分类管理制度，对优先保护类、安全利用类和严格管控类耕地采取分类管理措施。

5．负责指导农业清洁生产，推进农药、化肥合理使用和农作物秸秆、废弃农膜资源化利用，会同生态环境部组织开展农药包装废弃物回收处理。

6．负责指导生态循环农业、节水农业发展以及农村可再生能源综合开发利用、农业生物质产业发展。

7．负责指导畜禽粪污资源化利用和病死畜禽无害化处理。

8．负责指导渔业水域生态环境及水生野生动植物保护。

9．负责指导农业机械报废更新工作，加快淘汰老旧农业机械。

（二十五）商务部

1．按照有关规定对报废机动车回收拆解、成品油流通进行监督管理。

2．负责促进商品零售场所、电子商务平台和外卖行业绿色发展，推进再生资源回收工作。

3．负责在多双边层面推动实施有利于生态环境保护的国际贸易政策并积极参与相关多边规则讨论与制定。

（二十六）文化和旅游部

1．按职责推动将旅游发展规划与生态保护红线相关规划、生态环境保护规划进行衔接，科学合理利用旅游资源，防止环境污染和生态破坏。

2．按职责指导做好各类旅游景区景点、旅游住宿业的生态环境保护和生态旅游基础设施建设。强化旅游经营者生态环境保护意识。

（二十七）国家卫生健康委

1．负责指导和监督医疗废物在医疗机构内的分类、收集、运送、暂存、交接。指导和监督医疗机构污水收集、处理和消毒。加强医用辐射设施设备管理。

2．负责与人体健康有关的实验室及其实验活动的生物安全监督工作。

3．负责饮用水卫生监督管理，指导饮用水水质调查、卫生学评价和标准研究。指导地方定期发布饮用水水龙头水质信息。

4．负责制定环境污染对人群健康影响评价指南，在职责范围内推动环境与健康工作。

5．负责环境与健康宣传教育，普及科学健康和防护知识。

（二十八）应急管理部

1．负责安全生产综合监督管理和工矿商贸行业安全生产监督管理工作。负责危险化学品安全监督管理综合工作。

2．按职责分工组织指导协调安全生产类、自然灾害类等突发事件应急救援，指导协调森林和草原火灾、水旱灾害、地震和地质灾害等防治工作。

3．会同国家粮食和储备局等部门建立健全应急物资信息平台和调拨制度，在救灾时统一调度。

（二十九）中国人民银行

1．按职责完善绿色金融体系，制定正向激励绿色金融的有效措施。

2．加强信贷政策指导，引导银行等金融机构完善绿色信贷管理制度、大力发展绿色信贷业务。

3．按职责负责绿色债券市场发展，建立完善发债企业信息披露制度，负责绿色金融债券存续期信息披露与监督管理工作，统一绿色债券发行标准，制定绿色债券信用评级标准，支持金融机构服务绿色发展。推动非金融企业绿色债务融资工具市场创新发展，加大银行间债券市场对绿色发展的支持力度。

4．负责会同相关部门开展绿色信用评价，纳入金融信用信息基础数据库，促进绿色信贷业务和绿色债券市场发展。

（三十）审计署

1．负责开展领导干部自然资源资产离任审计，对领导干部履行自然资源资产管理和生态环境保护责任情况进行审计。

2．负责开展生态环境保护法律法规、政策措施、重大规划、重大资金和项目、支撑保障等落实情况跟踪审计。

（三十一）国务院国资委

1．负责督促中央企业强化生态环境保护责任，贯彻落实国家生态环境保护相关法律法规、政策和标准，开展大气、水、土壤、固体废物污染防治、生态环境保护与修复工作。

2．负责督促中央企业建立健全生态环境保护组织管理、统计监测、考核奖惩体系，将生态环境保护纳入中央企业负责人经营业绩考核体系。

3．负责组织开展对中央企业生态环境保护工作的宣传、培训与交流。

（三十二）海关总署

1．按职责承担固体废物、有毒化学品、消耗臭氧层物质等入境监管工作。

2．负责出入境转基因生物及其产品、生物物种资源的检验检疫工作。

3．负责进出境野生动物的检疫审批和检疫监督工作。

4．负责在进出境口岸开展货物、运输工具、物品等放射性超标物质的辐射监测工作。

5．按职责负责打击洋垃圾走私工作。

（三十三）税务总局

负责落实涉及生态环境保护、节能减排、资源利用的税收政策。

（三十四）市场监管总局

1．负责打击生产、销售不合格油品、车用尿素和假冒铅蓄电池等行为。按职责组织开展清除无证无照经营的黑加油站点工作。加强机动车强制性产品认证环保标准落实，严把市场准入关。

2．负责生态环境监测质量管理体系认证、检验检测机构资质认定，完善相关管理制度。

3．负责健全节能、低碳、节水、节地、节材、节矿标准体系，推动制定化肥农药、燃煤、生物质燃料、涂料等含挥发性有机物的产品、烟花爆竹以及锅炉等产品的质量标准。会同有关部门制定固体废物综合利用标准。

4．负责开展高耗能特种设备节能审查和监管，对锅炉生产、进口、销售环节执行环境保护标准或要求的情况进行监督检查。

5．负责打击为野生动物非法交易提供商品交易市场、网络交易平台以及发布广告的行为。

（三十五）国家统计局

1．负责指导、监督自然资源资产负债表编制。

2．负责将绿色发展和生态环境保护有关指标纳入经济社会发展统计指标体系，依法加强对生态环境保护相关经济社会发展数据的统计。

3．负责开展公众生态环境满意度调查。

（三十六）国管局

负责推进、指导、协调、监督全国公共机构能源资源节约工作，推行绿色办公，创建节约型机关。推动政府绿色采购。

（三十七）中国气象局

1．负责生态环境气象条件探测观测、预报、分析，做好重特大突发生态环境事件气象服务保障工作。

2．配合建立重污染天气预测预警体系。

3．负责调查研究典型重大气象灾害对生态环境的影响，指导和推进气象灾害防治。

（三十八）中国银保监会

1．按职责推进绿色信贷发展，督促银行业金融机构按照风险可控、商业可持续原则，创新金融产品和服务，积极支持企业加强生态环境治理。

2．负责加强授信管理，督促银行业金融机构健全环境风险管理，严格管控生态环境违法企业信贷。

3．负责指导银行业自律组织建立绿色银行评价标准，推进绿色银行评价工作。

4．参与完善环境污染强制责任保险法律基础，参与制定相关制度，指导保险机构开展相关业务。

（三十九）中国证监会

负责加强上市公司监管，督促上市公司依法依规披露环境信息。

（四十）国家能源局

1．负责组织实施煤炭清洁高效利用。淘汰落后煤炭产能和落后燃煤机组，实施燃煤机组超低排放和节能改造。

2．负责天然气、电等清洁能源供应保障。会同有关部门推进北方地区冬季清洁取暖工作。

3．承担发展清洁能源责任，积极发展风能、太阳能、生物质能、地热能，有序发展水能等可再生能源，清洁高效高质量发展火电，安全高效发展核电。

4．负责加快重点输电通道建设，提高重点区域接受外输电比例。

（四十一）国家国防科工局

1．负责在制定和实施国防科技工业发展规划中，注重生态环境保护。

2．负责在武器装备科研生产中引导和支持军工单位采用先进工艺和设备。在航天、核工业行业管理中落实生态环境保护法律法规制度和标准规范。

3．负责加快在弹药、火炸药、推进剂等行业领域推行清洁生产方式，支持进行环境保护改造。

4．牵头负责国家核事故应急管理工作，负责军工核安全监管工作。

（四十二）国家林草局

1．负责林业和草原及其生态保护修复的监督管理。

2．组织林业和草原生态保护修复和造林绿化工作。

3．负责森林、草原、湿地资源的监督管理。

4. 负责荒漠化防治工作的监督管理。

5. 负责陆生野生动植物资源的监督管理。负责对非食用性利用野生动物活动实行严格审批，指导监督野生动物猎捕、人工繁育和经营利用。

6. 负责各类自然保护地的监督管理。

7. 负责推进林业和草原改革相关工作。

8. 组织实施林业和草原生态补偿工作。

（四十三）国家铁路局

负责协调推动铁路货运重点项目建设，大幅提升铁路货运比例。督促加强铁路沿线保护区环境污染治理。

（四十四）中国民航局

1. 负责加强民航业节能减排政策标准体系建设，提升行业能源资源利用水平。

2. 负责优化航线网络布局，引导企业完善运力配备，推动航空公司完善飞行与维修程序，提升燃油效率，控制航油消耗与排放。

3. 负责民用机场的生态环境保护。加强民用机场污染治理，推进机场设施“油改电”建设和改造。加强机场周边区域民用航空器噪声监测和污染治理。

（四十五）国家邮政局

1. 负责组织和推动快递行业使用符合标准的包装物，推进快递包装减量化，促进快递包装废弃物回收和综合利用。

2. 负责监督邮政业，禁止为野生动物非法交易提供寄递服务。

四、最高人民法院、最高人民检察院生态环境保护司法责任

（四十六）最高人民法院

1. 负责审理环境资源保护案件，指导下级法院环境资源案件审判工作。

2. 负责推进环境资源类刑事、民事、行政案件三合一归口审理，推进环境资源案件在跨行政区划法院审理的专门管辖机制。

3. 负责加强环境公益诉讼案件审判指导，充分发挥环境公益诉讼在保护国家利益和社会公共利益方面的积极作用。

4. 负责做好生态环境损害赔偿案件审判指导工作，及时出台司法解释或者规范性文件，推进生态环境损害赔偿制度改革全面试行工作有序开展，维护国家自然资源所有者

权益。

（四十七）最高人民检察院

1．负责对生态环境刑事案件依法审查批准逮捕、提起公诉。

2．负责对生态环境保护领域刑事、民事、行政诉讼活动依法进行法律监督。

3．负责对生态环境保护诉讼监督中发现的司法工作人员利用职权实施的侵犯公民权利、损害司法公正的犯罪案件依法立案侦查。

4．负责办理生态环境保护检察公益诉讼案件。

五、中央军委有关部门生态环境保护海上执法责任

（四十八）中国海警局

负责海洋工程建设项目、海洋倾倒废弃物对海洋污染损害的执法检查和处罚，按规定权限参与和支持海洋环境污染事故应急处置和调查处理。

各有关部门要坚决扛起生态环境保护的政治责任，积极主动抓好主要职能领域的生态环境保护，严格按照责任清单及其他相关规定履行责任。对现有法律法规、部门职能配置规定中有明确规定的，党中央、国务院文件中有明确任务分工要求的，继续抓好落实。各地应结合实际情况、污染防治攻坚战和生态环境保护需要，进一步明确有关部门工作责任。

中共中央办公厅　国务院办公厅
印发《中央生态环境保护督察工作规定》

新华社北京 6 月 17 日电　近日，中共中央办公厅、国务院办公厅印发了《中央生态环境保护督察工作规定》，并发出通知，要求各地区各部门认真遵照执行。

《中央生态环境保护督察工作规定》全文如下。

第一章　总　则

第一条　为了规范生态环境保护督察工作，压实生态环境保护责任，推进生态文明建设，建设美丽中国，根据《中共中央、国务院关于全面加强生态环境保护坚决打好污染防治攻坚战的意见》《中华人民共和国环境保护法》等要求，制定本规定。

第二条　中央实行生态环境保护督察制度，设立专职督察机构，对省、自治区、直辖市党委和政府、国务院有关部门以及有关中央企业等组织开展生态环境保护督察。

第三条　中央生态环境保护督察工作以习近平新时代中国特色社会主义思想为指导，深入贯彻落实习近平生态文明思想，增强“四个意识”、坚定“四个自信”、做到“两个维护”，认真贯彻落实党中央、国务院决策部署，坚持以人民为中心，以解决突出生态环境问题、改善生态环境质量、推动高质量发展为重点，夯实生态文明建设和生态环境保护政治责任，强化督察问责、形成警示震慑、推进工作落实、实现标本兼治，不断满足人民日益增长的美好生活需要。

第四条　中央生态环境保护督察坚持和加强党的全面领导，提高政治站位；坚持问题导向，动真碰硬，倒逼责任落实；坚持依规依法，严谨规范，做到客观公正；坚持群众路线，信息公开，注重综合效能；坚持求真务实，真抓实干，反对形式主义、官僚主义。

第五条　中央生态环境保护督察包括例行督察、专项督察和“回头看”等。

原则上在每届党的中央委员会任期内，应当对各省、自治区、直辖市党委和政府，国务院有关部门以及有关中央企业开展例行督察，并根据需要对督察整改情况实施“回头看”；针对突出生态环境问题，视情组织开展专项督察。

第六条　中央生态环境保护督察实施规划计划管理。五年工作规划经党中央、国务院批准后实施。年度工作计划应当明确当年督察工作具体安排，以保障五年规划任务落实到位。

第二章　组织机构和人员

第七条　成立中央生态环境保护督察工作领导小组，负责组织协调推动中央生态环境保护督察工作。领导小组组长、副组长由党中央、国务院研究确定，组成部门包括中央办公厅、中央组织部、中央宣传部、国务院办公厅、司法部、生态环境部、审计署和最高人民检察院等。

中央生态环境保护督察办公室设在生态环境部，负责中央生态环境保护督察工作领导小组的日常工作，承担中央生态环境保护督察的具体组织实施工作。

第八条　中央生态环境保护督察工作领导小组的职责是：

（一）学习贯彻落实习近平生态文明思想，研究在实施中央生态环境保护督察工作中的具体贯彻落实措施；

（二）贯彻落实党中央、国务院关于生态环境保护督察的决策部署；

（三）向党中央、国务院报告中央生态环境保护督察工作有关情况；

（四）审议中央生态环境保护督察制度规范、督察报告；

（五）听取中央生态环境保护督察办公室有关工作情况的汇报；

（六）审议中央生态环境保护督察其他重要事项。

第九条　中央生态环境保护督察办公室的职责是：

（一）向中央生态环境保护督察工作领导小组报告工作情况，组织落实领导小组确定的工作任务；

（二）负责拟订中央生态环境保护督察法规制度、规划计划、实施方案，并组织实施；

（三）承担中央生态环境保护督察组的组织协调工作；

（四）承担督察报告审核、汇总、上报，以及督察反馈、移交移送的组织协调和督察整改的调度督促等工作；

（五）指导省、自治区、直辖市开展省级生态环境保护督察工作；

（六）承担领导小组交办的其他事项。

第十条　根据中央生态环境保护督察工作安排，经党中央、国务院批准，组建中央生态环境保护督察组，承担具体生态环境保护督察任务。

中央生态环境保护督察组设组长、副组长。督察组实行组长负责制，副组长协助组长开展工作。组长由现职或者近期退出领导岗位的省部级领导同志担任，副组长由生态环境部现职部领导担任。

建立组长人选库，由中央组织部商生态环境部管理。组长、副组长人选由中央组织部履行审核程序。

组长、副组长根据每次中央生态环境保护督察任务确定并授权。

第十一条　中央生态环境保护督察组成员以生态环境部各督察局人员为主体，并根据任务需要抽调有关专家和其他人员参加。中央生态环境保护督察组成人员应当具备下列条件：

（一）理想信念坚定，对党忠诚，在思想上政治上行动上同以习近平同志为核心的党中央保持高度一致；

（二）坚持原则，敢于担当，依法办事，公道正派，清正廉洁；

（三）遵守纪律，严守秘密；

（四）熟悉中央生态环境保护督察工作或者相关政策法规，具有较强的业务能力；

（五）身体健康，能够胜任工作要求。

第十二条 加强中央生态环境保护督察队伍建设，选配中央生态环境保护督察组成员应当严格标准条件，对不适合从事督察工作的人员应当及时予以调整。

第十三条 中央生态环境保护督察组成员实行任职回避、地域回避、公务回避，并根据任务需要进行轮岗交流。

第三章 督察对象和内容

第十四条 中央生态环境保护例行督察的督察对象包括：

（一）省、自治区、直辖市党委和政府及其有关部门，并可以下沉至有关地市级党委和政府及其有关部门；

（二）承担重要生态环境保护职责的国务院有关部门；

（三）从事的生产经营活动对生态环境影响较大的有关中央企业；

（四）其他中央要求督察的单位。

第十五条 中央生态环境保护例行督察的内容包括：

（一）学习贯彻落实习近平生态文明思想以及贯彻落实新发展理念、推动高质量发展情况；

（二）贯彻落实党中央、国务院生态文明建设和生态环境保护决策部署情况；

（三）国家生态环境保护法律法规、政策制度、标准规范、规划计划的贯彻落实情况；

（四）生态环境保护党政同责、一岗双责推进落实情况和长效机制建设情况；

（五）突出生态环境问题以及处理情况；

（六）生态环境质量呈现恶化趋势的区域流域以及整治情况；

（七）对人民群众反映的生态环境问题立行立改情况；

（八）生态环境问题立案、查处、移交、审判、执行等环节非法干预，以及不予配合等情况；

（九）其他需要督察的生态环境保护事项。

第十六条 中央生态环境保护督察“回头看”主要对例行督察整改工作开展情况、重点整改任务完成情况和生态环境保护长效机制建设情况等，特别是整改过程中的形式主义、官僚主义问题进行督察。

第十七条　中央生态环境保护专项督察直奔问题、强化震慑、严肃问责，督察事项主要包括：

（一）党中央、国务院明确要求督察的事项；

（二）重点区域、重点领域、重点行业突出生态环境问题；

（三）中央生态环境保护督察整改不力的典型案件；

（四）其他需要开展专项督察的事项。

第十八条　中央生态环境保护例行督察、“回头看”的有关工作安排应当报党中央、国务院批准。

中央生态环境保护专项督察的组织形式、督察对象和督察内容应当根据具体督察事项和要求确定。重要专项督察的有关工作安排应当报党中央、国务院批准。

第四章　督察程序和权限

第十九条　中央生态环境保护督察一般包括督察准备、督察进驻、督察报告、督察反馈、移交移送、整改落实和立卷归档等程序环节。

第二十条　督察准备工作主要包括以下事项：

（一）向党中央、国务院有关部门和单位了解被督察对象有关情况以及问题线索；

（二）组织开展必要的摸底排查；

（三）确定组长、副组长人选，组成中央生态环境保护督察组，开展动员培训；

（四）制定督察工作方案；

（五）印发督察进驻通知，落实督察进驻各项准备工作。

第二十一条　中央生态环境保护督察进驻时间应当根据具体督察对象和督察任务确定。督察进驻主要采取以下方式开展工作：

（一）听取被督察对象工作汇报和有关专题汇报；

（二）与被督察对象党政主要负责人和其他有关负责人进行个别谈话；

（三）受理人民群众生态环境保护方面的信访举报；

（四）调阅、复制有关文件、档案、会议记录等资料；

（五）对有关地方、部门、单位以及个人开展走访问询；

（六）针对问题线索开展调查取证，并可以责成有关地方、部门、单位以及个人就有关问题做出书面说明；

（七）召开座谈会，列席被督察对象有关会议；

（八）到被督察对象下属地方、部门或者单位开展下沉督察；

（九）针对督察发现的突出问题，可以视情对有关党政领导干部实施约见或者约谈；

（十）提请有关地方、部门、单位以及个人予以协助；

（十一）其他必要的督察工作方式。

第二十二条 督察进驻结束后，中央生态环境保护督察组应当在规定时限内形成督察报告，如实报告督察发现的重要情况和问题，并提出意见和建议。

督察报告应当以适当方式与被督察对象交换意见，经中央生态环境保护督察工作领导小组审议后，报党中央、国务院。

第二十三条 督察报告经党中央、国务院批准后，由中央生态环境保护督察组向被督察对象反馈，指出督察发现的问题，明确督察整改工作要求。

第二十四条 督察结果作为对被督察对象领导班子和领导干部综合考核评价、奖惩任免的重要依据，按照干部管理权限送有关组织（人事）部门。

对督察发现的重要生态环境问题及其失职失责情况，督察组应当形成生态环境损害责任追究问题清单和案卷，按照有关权限、程序和要求移交中央纪委国家监委、中央组织部、国务院国资委党委或者被督察对象。

对督察发现需要开展生态环境损害赔偿工作的，移送省、自治区、直辖市政府依照有关规定索赔追偿；需要提起公益诉讼的，移送检察机关等有权机关依法处理。

对督察发现涉嫌犯罪的，按照有关规定移送监察机关或者司法机关依法处理。

第二十五条 被督察对象应当按照督察报告制定督察整改方案，在规定时限内报党中央、国务院。

被督察对象应当按照督察整改方案要求抓好整改落实工作，并在规定时限内向党中央、国务院报送督察整改落实情况。

中央生态环境保护督察办公室应当对督察整改落实情况开展调度督办，并组织抽查核实。对整改不力的，视情采取函告、通报、约谈、专项督察等措施，压实责任，推动整改。

第二十六条 中央生态环境保护督察过程中产生的有关文件、资料应当按照要求整理保存，需要归档的，按照有关规定办理。

第二十七条 加强边督边改工作。对督察进驻过程中人民群众举报的生态环境问题，以及督察组交办的其他问题，被督察对象应当立行立改，坚决整改，确保有关问题查处到位、整改到位。

第二十八条 加强督察问责工作。对不履行或者不正确履行职责而造成生态环境损害的地方和单位党政领导干部，应当依纪依法严肃、精准、有效问责；对该问责而不问责的，应当追究相关人员责任。

第二十九条 加强信息公开工作。中央生态环境保护督察的具体工作安排、边督边改情况、有关突出问题和案例、督察报告主要内容、督察整改方案、督察整改落实情况，以及督察问责有关情况等，应当按照有关要求对外公开，回应社会关切，接受群众监督。

第五章　督察纪律和责任

第三十条　中央生态环境保护督察应当严明政治纪律和政治规矩，严格执行中央八项规定及其实施细则精神，严格落实各项廉政规定。

中央生态环境保护督察组督察进驻期间应当按照有关规定建立临时党支部，落实全面从严治党要求，加强督察组成员教育、监督和管理。

第三十一条　中央生态环境保护督察组应当严格执行请示报告制度。督察中发现的重要情况和重大问题，应当向中央生态环境保护督察工作领导小组或者中央生态环境保护督察办公室请示报告，督察组成员不得擅自表态和处置。

第三十二条　中央生态环境保护督察组应当严格落实各项保密规定。督察组成员应当严格保守中央生态环境保护督察工作秘密，未经批准不得对外发布或者泄露中央生态环境保护督察有关情况。

第三十三条　中央生态环境保护督察组不得干预被督察对象正常工作，不处理被督察对象的具体问题。

第三十四条　中央生态环境保护督察组应当严格遵守中央生态环境保护督察纪律、程序和规范，正确履行职责。督察组成员有下列情形之一，视情节轻重，依纪依法给予批评教育、组织处理或者党纪处分、政务处分；涉嫌犯罪的，按照有关规定移送监察机关或者司法机关依法处理：

（一）不按照工作要求开展督察，导致应当发现的重要生态环境问题没有发现的；

（二）不如实报告督察情况，隐瞒、歪曲、捏造事实的；

（三）工作中超越权限，或者不按照规定程序开展督察工作，造成不良后果的；

（四）利用督察工作的便利谋取私利或者为他人谋取不正当利益的；

（五）泄露督察工作秘密的；

（六）有违反督察工作纪律的其他行为的。

第三十五条　生态环境部以及中央生态环境保护督察办公室应当加强对生态环境保护督察工作的组织协调。对生态环境保护督察工作组织协调不力，造成不良后果的，依照有关规定追究相关人员责任。

第三十六条　有关部门和单位应当支持协助中央生态环境保护督察。对违反规定推诿、拖延、拒绝支持协助中央生态环境保护督察，造成不良后果的，依照有关规定追究相关人员责任。

第三十七条　被督察对象应当自觉接受中央生态环境保护督察，积极配合中央生态环境保护督察组开展工作，如实向督察组反映情况和问题。被督察对象及其工作人员有下列情形之一，视情节轻重，对其党政领导班子主要负责人或者其他有关责任人，依纪依法给予批评教育、组织处理或者党纪处分、政务处分；涉嫌犯罪的，按照有关规定移送监察机关或者司法机关依法处理：

（一）故意提供虚假情况，隐瞒、歪曲、捏造事实的；

（二）拒绝、故意拖延或者不按照要求提供相关资料的；

（三）指使、强令有关单位或者人员干扰、阻挠督察工作的；

（四）拒不配合现场检查或者调查取证的；

（五）无正当理由拒不纠正存在的问题，或者不按照要求推进整改落实的；

（六）对反映情况的干部群众进行打击、报复、陷害的；

（七）采取集中停工停产停业等“一刀切”方式应对督察的；

（八）其他干扰、抵制中央生态环境保护督察工作的情形。

第三十八条 被督察对象地方、部门和单位的干部群众发现中央生态环境保护督察组成员有本规定第三十四条所列行为的，应当向有关机关反映。

第六章 附 则

第三十九条 生态环境保护督察实行中央和省、自治区、直辖市两级督察体制。各省、自治区、直辖市生态环境保护督察，作为中央生态环境保护督察的延伸和补充，形成督察合力。省、自治区、直辖市生态环境保护督察可以采取例行督察、专项督察、派驻监察等方式开展工作，严格程序，明确权限，严肃纪律，规范行为。

地市级及以下地方党委和政府应当依规依法加强对下级党委和政府及其有关部门生态环境保护工作的监督。

第四十条 省、自治区、直辖市生态环境保护督察工作参照本规定执行。

第四十一条 本规定由生态环境部负责解释。

第四十二条 本规定自 2019 年 6 月 6 日起施行。

国务院关于印发打赢蓝天保卫战三年行动计划的通知

（国发〔2018〕22 号）

各省、自治区、直辖市人民政府，国务院各部委、各直属机构：

现将《打赢蓝天保卫战三年行动计划》印发给你们，请认真贯彻执行。

国务院

2018 年 6 月 27 日

打赢蓝天保卫战三年行动计划（节选）

打赢蓝天保卫战，是党的十九大作出的重大决策部署，事关满足人民日益增长的美好生活需要，事关全面建成小康社会，事关经济高质量发展和美丽中国建设。为加快改善环境空气质量，打赢蓝天保卫战，制定本行动计划。

一、总体要求

（一）指导思想。以习近平新时代中国特色社会主义思想为指导，全面贯彻党的十九大和十九届二中、三中全会精神，认真落实党中央、国务院决策部署和全国生态环境保护大会要求，坚持新发展理念，坚持全民共治、源头防治、标本兼治，以京津冀及周边地区、长三角地区、汾渭平原等区域（以下称重点区域）为重点，持续开展大气污染防治行动，综合运用经济、法律、技术和必要的行政手段，大力调整优化产业结构、能源结构、运输结构和用地结构，强化区域联防联控，狠抓秋冬季污染治理，统筹兼顾、系统谋划、精准施策，坚决打赢蓝天保卫战，实现环境效益、经济效益和社会效益多赢。

（二）目标指标。经过 3 年努力，大幅减少主要大气污染物排放总量，协同减少温室气体排放，进一步明显降低细颗粒物（$PM_{2.5}$）浓度，明显减少重污染天数，明显改善环境空气质量，明显增强人民的蓝天幸福感。

到 2020 年，二氧化硫、氮氧化物排放总量分别比 2015 年下降 15%以上；$PM_{2.5}$ 未达标地级及以上城市浓度比 2015 年下降 18%以上，地级及以上城市空气质量优良天数比率达到 80%，重度及以上污染天数比率比 2015 年下降 25%以上；提前完成“十三五”目标任务的省份，要保持和巩固改善成果；尚未完成的，要确保全面实现“十三五”约束性目标；北京市环境空气质量改善目标应在“十三五”目标基础上进一步提高。

（三）重点区域范围。京津冀及周边地区，包含北京市，天津市，河北省石家庄、唐山、邯郸、邢台、保定、沧州、廊坊、衡水市以及雄安新区，山西省太原、阳泉、长治、晋城市，山东省济南、淄博、济宁、德州、聊城、滨州、菏泽市，河南省郑州、开封、安阳、鹤壁、新乡、焦作、濮阳市等；长三角地区，包含上海市、江苏省、浙江省、安徽省；汾渭平原，包含山西省晋中、运城、临汾、吕梁市，河南省洛阳、三门峡市，陕西省西安、铜川、宝鸡、咸阳、渭南市以及杨凌示范区等。

二、调整优化产业结构，推进产业绿色发展

（四）优化产业布局。（略）

（五）严控“两高”行业产能。（略）

（六）强化“散乱污”企业综合整治。（略）

（七）深化工业污染治理。（略）

（八）大力培育绿色环保产业。（略）

三、加快调整能源结构，构建清洁低碳高效能源体系

（九）有效推进北方地区清洁取暖。（略）

（十）重点区域继续实施煤炭消费总量控制。（略）

（十一）开展燃煤锅炉综合整治。（略）

（十二）提高能源利用效率。（略）

（十三）加快发展清洁能源和新能源。到 2020 年，非化石能源占能源消费总量比重达到 15%。有序发展水电，安全高效发展核电，优化风能、太阳能开发布局，因地制宜发展生物质能、地热能等。在具备资源条件的地方，鼓励发展县域生物质热电联产、生物质成型燃料锅炉及生物天然气。加大可再生能源消纳力度，基本解决弃水、弃风、弃光问题。（能源局、发展改革委、财政部负责）

四、积极调整运输结构，发展绿色交通体系

（十四）优化调整货物运输结构。大幅提升铁路货运比例。到2020年，全国铁路货运量比2017年增长30%，京津冀及周边地区增长40%、长三角地区增长10%、汾渭平原增长25%。大力推进海铁联运，全国重点港口集装箱铁水联运量年均增长10%以上。制定实施运输结构调整行动计划。（发展改革委、交通运输部、铁路局、中国铁路总公司牵头，财政部、生态环境部参与）

推动铁路货运重点项目建设。加大货运铁路建设投入，加快完成蒙华、唐曹、水曹等货运铁路建设。大力提升张唐、瓦日等铁路线煤炭运输量。在环渤海地区、山东省、长三角地区，2018年底前，沿海主要港口和唐山港、黄骅港的煤炭集港改由铁路或水路运输；2020年采暖季前，沿海主要港口和唐山港、黄骅港的矿石、焦炭等大宗货物原则上主要改由铁路或水路运输。钢铁、电解铝、电力、焦化等重点企业要加快铁路专用线建设，充分利用已有铁路专用线能力，大幅提高铁路运输比例，2020年重点区域达到50%以上。（发展改革委、交通运输部、铁路局、中国铁路总公司牵头，财政部、生态环境部参与）

大力发展多式联运。依托铁路物流基地、公路港、沿海和内河港口等，推进多式联运型和干支衔接型货运枢纽（物流园区）建设，加快推广集装箱多式联运。建设城市绿色物流体系，支持利用城市现有铁路货场物流货场转型升级为城市配送中心。鼓励发展江海联运、江海直达、滚装运输、甩挂运输等运输组织方式。降低货物运输空载率。（发展改革委、交通运输部牵头，财政部、生态环境部、铁路局、中国铁路总公司参与）

（十五）加快车船结构升级。推广使用新能源汽车。2020年新能源汽车产销量达到200万辆左右。加快推进城市建成区新增和更新的公交、环卫、邮政、出租、通勤、轻型物流配送车辆使用新能源或清洁能源汽车，重点区域使用比例达到80%；重点区域港口、机场、铁路货场等新增或更换作业车辆主要使用新能源或清洁能源汽车。2020年底前，重点区域的直辖市、省会城市、计划单列市建成区公交车全部更换为新能源汽车。在物流园、产业园、工业园、大型商业购物中心、农贸批发市场等物流集散地建设集中式充电桩和快速充电桩。为承担物流配送的新能源车辆在城市通行提供便利。（工业和信息化部、交通运输部牵头，财政部、住房城乡建设部、生态环境部、能源局、铁路局、民航局、中国铁路总公司等参与）

大力淘汰老旧车辆。重点区域采取经济补偿、限制使用、严格超标排放监管等方式，大力推进国三及以下排放标准营运柴油货车提前淘汰更新，加快淘汰采用稀薄燃烧技术和"油改气"的老旧燃气车辆。各地制定营运柴油货车和燃气车辆提前淘汰更新目标及实施计划。2020年底前，京津冀及周边地区、汾渭平原淘汰国三及以下排放标准营运中型和重型柴油货车100万辆以上。2019年7月1日起，重点区域、珠三角地区、成渝地区提前实

施国六排放标准。推广使用达到国六排放标准的燃气车辆。（交通运输部、生态环境部牵头，工业和信息化部、公安部、财政部、商务部等参与）

推进船舶更新升级。2018 年 7 月 1 日起，全面实施新生产船舶发动机第一阶段排放标准。推广使用电、天然气等新能源或清洁能源船舶。长三角地区等重点区域内河应采取禁限行等措施，限制高排放船舶使用，鼓励淘汰使用 20 年以上的内河航运船舶。（交通运输部牵头，生态环境部、工业和信息化部参与）

（十六）加快油品质量升级。2019 年 1 月 1 日起，全国全面供应符合国六标准的车用汽柴油，停止销售低于国六标准的汽柴油，实现车用柴油、普通柴油、部分船舶用油“三油并轨”，取消普通柴油标准，重点区域、珠三角地区、成渝地区等提前实施。研究销售前在车用汽柴油中加入符合环保要求的燃油清净增效剂。（能源局、财政部牵头，市场监管总局、商务部、生态环境部等参与）

（十七）强化移动源污染防治。严厉打击新生产销售机动车环保不达标等违法行为。严格新车环保装置检验，在新车销售、检验、登记等场所开展环保装置抽查，保证新车环保装置生产一致性。取消地方环保达标公告和目录审批。构建全国机动车超标排放信息数据库，追溯超标排放机动车生产和进口企业、注册登记地、排放检验机构、维修单位、运输企业等，实现全链条监管。推进老旧柴油车深度治理，具备条件的安装污染控制装置、配备实时排放监控终端，并与生态环境等有关部门联网，协同控制颗粒物和氮氧化物排放，稳定达标的可免于上线排放检验。有条件的城市定期更换出租车三元催化装置。（生态环境部、交通运输部牵头，公安部、工业和信息化部、市场监管总局等参与）

加强非道路移动机械和船舶污染防治。开展非道路移动机械摸底调查，划定非道路移动机械低排放控制区，严格管控高排放非道路移动机械，重点区域 2019 年底前完成。推进排放不达标工程机械、港作机械清洁化改造和淘汰，重点区域港口、机场新增和更换的作业机械主要采用清洁能源或新能源。2019 年底前，调整扩大船舶排放控制区范围，覆盖沿海重点港口。推动内河船舶改造，加强颗粒物排放控制，开展减少氮氧化物排放试点工作。（生态环境部、交通运输部、农业农村部负责）

推动靠港船舶和飞机使用岸电。加快港口码头和机场岸电设施建设，提高港口码头和机场岸电设施使用率。2020 年底前，沿海主要港口 50%以上专业化泊位（危险货物泊位除外）具备向船舶供应岸电的能力。新建码头同步规划、设计、建设岸电设施。重点区域沿海港口新增、更换拖船优先使用清洁能源。推广地面电源替代飞机辅助动力装置，重点区域民航机场在飞机停靠期间主要使用岸电。（交通运输部、民航局牵头，发展改革委、财政部、生态环境部、能源局等参与）

五、优化调整用地结构，推进面源污染治理（略）

六、实施重大专项行动，大幅降低污染物排放

（二十二）开展重点区域秋冬季攻坚行动。制定并实施京津冀及周边地区、长三角地区、汾渭平原秋冬季大气污染综合治理攻坚行动方案，以减少重污染天气为着力点，狠抓秋冬季大气污染防治，聚焦重点领域，将攻坚目标、任务措施分解落实到城市。各市要制定具体实施方案，督促企业制定落实措施。京津冀及周边地区要以北京为重中之重，雄安新区环境空气质量要力争达到北京市南部地区同等水平。统筹调配全国环境执法力量，实行异地交叉执法、驻地督办，确保各项措施落实到位。（生态环境部牵头，发展改革委、工业和信息化部、财政部、住房城乡建设部、交通运输部、能源局等参与）

（二十三）打好柴油货车污染治理攻坚战。制定柴油货车污染治理攻坚战行动方案，统筹油、路、车治理，实施清洁柴油车（机）、清洁运输和清洁油品行动，确保柴油货车污染排放总量明显下降。加强柴油货车生产销售、注册使用、检验维修等环节的监督管理，建立天地车人一体化的全方位监控体系，实施在用汽车排放检测与强制维护制度。各地开展多部门联合执法专项行动。（生态环境部、交通运输部、财政部、市场监管总局牵头，工业和信息化部、公安部、商务部、能源局等参与）

（二十四）开展工业炉窑治理专项行动。（略）

（二十五）实施 VOCs 专项整治方案。（略）

七、强化区域联防联控，有效应对重污染天气

（二十六）建立完善区域大气污染防治协作机制。将京津冀及周边地区大气污染防治协作小组调整为京津冀及周边地区大气污染防治领导小组；建立汾渭平原大气污染防治协作机制，纳入京津冀及周边地区大气污染防治领导小组统筹领导；继续发挥长三角区域大气污染防治协作小组作用。相关协作机制负责研究审议区域大气污染防治实施方案、年度计划、目标、重大措施，以及区域重点产业发展规划、重大项目建设等事关大气污染防治工作的重要事项，部署区域重污染天气联合应对工作。（生态环境部负责）

（二十七）加强重污染天气应急联动。强化区域环境空气质量预测预报中心能力建设，2019 年底前实现 7～10 天预报能力，省级预报中心实现以城市为单位的 7 天预报能力。开展环境空气质量中长期趋势预测工作。完善预警分级标准体系，区分不同区域不同季节应急响应标准，同一区域内要统一应急预警标准。当预测到区域将出现大范围重污染天气时，

统一发布预警信息，各相关城市按级别启动应急响应措施，实施区域应急联动。（生态环境部牵头，气象局等参与）

（二十八）夯实应急减排措施。制定完善重污染天气应急预案。提高应急预案中污染物减排比例，黄色、橙色、红色级别减排比例原则上分别不低于 10%、20%、30%。细化应急减排措施，落实到企业各工艺环节，实施“一厂一策”清单化管理。在黄色及以上重污染天气预警期间，对钢铁、建材、焦化、有色、化工、矿山等涉及大宗物料运输的重点用车企业，实施应急运输响应。（生态环境部牵头，交通运输部、工业和信息化部参与）

重点区域实施秋冬季重点行业错峰生产。加大秋冬季工业企业生产调控力度，各地针对钢铁、建材、焦化、铸造、有色、化工等高排放行业，制定错峰生产方案，实施差别化管理。要将错峰生产方案细化到企业生产线、工序和设备，载入排污许可证。企业未按期完成治理改造任务的，一并纳入当地错峰生产方案，实施停产。属于《产业结构调整指导目录》限制类的，要提高错峰限产比例或实施停产。（工业和信息化部、生态环境部负责）

八、健全法律法规体系，完善环境经济政策

（二十九）完善法律法规标准体系。研究将 VOCs 纳入环境保护税征收范围。制定排污许可管理条例、京津冀及周边地区大气污染防治条例。……研究制定内河大型船舶用燃料油标准和更加严格的汽柴油质量标准，降低烯烃、芳烃和多环芳烃含量。制定更严格的机动车、非道路移动机械和船舶大气污染物排放标准。制定机动车排放检测与强制维修管理办法，修订《报废汽车回收管理办法》。（生态环境部、财政部、工业和信息化部、交通运输部、商务部、市场监管总局牵头，司法部、税务总局等参与）

（三十）拓宽投融资渠道。（略）

（三十一）加大经济政策支持力度。建立中央大气污染防治专项资金安排与地方环境空气质量改善绩效联动机制，调动地方政府治理大气污染积极性。……大力支持港口和机场岸基供电，降低岸电运营商用电成本。支持车船和作业机械使用清洁能源。……（发展改革委、财政部牵头，能源局、生态环境部、交通运输部、农业农村部、铁路局、中国铁路总公司等参与）

……对符合条件的新能源汽车免征车辆购置税，继续落实并完善对节能、新能源车船减免车船税的政策。（财政部、税务总局牵头，交通运输部、生态环境部、工业和信息化部、交通运输部等参与）

九、加强基础能力建设，严格环境执法督察

（三十二）完善环境监测监控网络。……

加强移动源排放监管能力建设。建设完善遥感监测网络、定期排放检验机构国家—省—市三级联网，构建重型柴油车车载诊断系统远程监控系统，强化现场路检路查和停放地监督抽测。2018 年底前，重点区域建成三级联网的遥感监测系统平台，其他区域 2019 年底前建成。推进工程机械安装实时定位和排放监控装置，建设排放监控平台，重点区域 2020 年底前基本完成。研究成立国家机动车污染防治中心，建设区域性国家机动车排放检测实验室。（生态环境部牵头，公安部、交通运输部、科技部等参与）

……

（三十三）强化科技基础支撑。汇聚跨部门科研资源，组织优秀科研团队，开展重点区域及成渝地区等其他区域大气重污染成因、重污染积累与天气过程双向反馈机制、重点行业与污染物排放管控技术、居民健康防护等科技攻坚。大气污染成因与控制技术研究、大气重污染成因与治理攻关等重点项目，要紧密围绕打赢蓝天保卫战需求，以目标和问题为导向，边研究、边产出、边应用。加强区域性臭氧形成机理与控制路径研究，深化 VOCs 全过程控制及监管技术研发。开展钢铁等行业超低排放改造、污染排放源头控制、货物运输多式联运、内燃机及锅炉清洁燃烧等技术研究。常态化开展重点区域和城市源排放清单编制、源解析等工作，形成污染动态溯源的基础能力。开展氨排放与控制技术研究。（科技部、生态环境部牵头，卫生健康委、气象局、市场监管总局等参与）

（三十四）加大环境执法力度。……

严厉打击生产销售排放不合格机动车和违反信息公开要求的行为，撤销相关企业车辆产品公告、油耗公告和强制性产品认证。开展在用车超标排放联合执法，建立完善环境部门检测、公安交管部门处罚、交通运输部门监督维修的联合监管机制。严厉打击机动车排放检验机构尾气检测弄虚作假、屏蔽和修改车辆环保监控参数等违法行为。加强对油品制售企业的质量监督管理，严厉打击生产、销售、使用不合格油品和车用尿素行为，禁止以化工原料名义出售调和油组分，禁止以化工原料勾兑调和油，严禁运输企业储存使用非标油，坚决取缔黑加油站点。（生态环境部、公安部、交通运输部、工业和信息化部牵头，商务部、市场监管总局等参与）

（三十五）深入开展环境保护督察。（略）

十、明确落实各方责任，动员全社会广泛参与（略）

国务院办公厅关于印发《推进运输结构调整三年行动计划（2018—2020年）》的通知

（国办发〔2018〕91号）

各省、自治区、直辖市人民政府，国务院各部委、各直属机构：

《推进运输结构调整三年行动计划（2018—2020年）》已经国务院同意，现印发给你们，请结合实际，认真组织实施。

国务院办公厅

2018年9月17日

推进运输结构调整三年行动计划（2018—2020年）

为贯彻落实党中央、国务院关于推进运输结构调整的决策部署，打赢蓝天保卫战、打好污染防治攻坚战，提高综合运输效率、降低物流成本，制定本行动计划。

一、总体要求

（一）指导思想。以习近平新时代中国特色社会主义思想为指导，全面贯彻党的十九大和十九届二中、三中全会精神，牢固树立和贯彻落实新发展理念，按照高质量发展要求，标本兼治、综合施策，政策引导、市场驱动，重点突破、系统推进，以深化交通运输供给侧结构性改革为主线，以京津冀及周边地区、长三角地区、汾渭平原等区域（以下称重点区域）为主战场，以推进大宗货物运输“公转铁、公转水”为主攻方向，不断完善综合运输网络，切实提高运输组织水平，减少公路运输量，增加铁路运输量，加快建设现代综合交通运输体系，有力支撑打赢蓝天保卫战、打好污染防治攻坚战，更好服务建设交通强国和决胜全面建成小康社会。

（二）工作目标。到2020年，全国货物运输结构明显优化，铁路、水路承担的大宗货物运输量显著提高，港口铁路集疏运量和集装箱多式联运量大幅增长，重点区域运输结构调整取得突破性进展，将京津冀及周边地区打造成为全国运输结构调整示范区。与2017年相比，全国铁路货运量增加11亿吨、增长30%，其中京津冀及周边地区增长40%、长三角地区增长10%、汾渭平原增长25%；全国水路货运量增加5亿吨、增长7.5%；沿海港口大宗货物公路运输量减少4.4亿吨。全国多式联运货运量年均增长20%，重点港口集装箱铁水联运量年均增长10%以上。

（三）重点区域范围。京津冀及周边地区包括北京、天津、河北、河南、山东、山西、辽宁、内蒙古8省（区、市），长三角地区包括上海、江苏、浙江、安徽4省（市），汾渭平原包括山西、河南、陕西3省。

二、铁路运能提升行动

（四）提升主要物流通道干线铁路运输能力。加快实施《“十三五”现代综合交通运输体系发展规划》《铁路“十三五”发展规划》和《中长期铁路网规划》，加快重点干线铁路项目建设进度，加快蒙华、京原、黄大等连接西部与华中、华北地区干线铁路建设和改造，提升瓦日、邯黄等既有铁路综合利用效率，实施铁路干线主要编组站设备设施改造扩能，缓解部分区段货运能力紧张，提升路网运输能力。（中国铁路总公司牵头，发展改革委、交通运输部、财政部、铁路局参与，地方各级人民政府负责落实。以下均需地方各级人民政府落实，不再列出）

（五）加快大型工矿企业和物流园区铁路专用线建设。支持煤炭、钢铁、电解铝、电力、焦化、汽车制造等大型工矿企业以及大型物流园区新建或改扩建铁路专用线。简化铁路专用线接轨审核程序，压缩接轨协议办理时间，完善铁路专用线共建共用机制，创新投融资模式，吸引社会资本投入。合理确定新建及改扩建铁路专用线建设等级和技术标准，鼓励新建货运干线铁路同步规划、设计、建设、开通配套铁路专用线。到2020年，全国大宗货物年货运量150万吨以上的大型工矿企业和新建物流园区，铁路专用线接入比例达到80%以上；重点区域具有铁路专用线的大型工矿企业和新建物流园区，大宗货物铁路运输比例达到80%以上。（交通运输部、发展改革委、自然资源部、生态环境部、铁路局、中国铁路总公司按职责分工负责）

（六）优化铁路运输组织模式。优先保障煤炭、焦炭、矿石、粮食等大宗货物运力供给。优化列车运行图，丰富列车编组形式，加强铁路系统内跨局组织协调，开发当日达、次日达等多种运输产品，实现车船班期稳定衔接。在运输总量达到一定规模的通道，开发铁路货运班列、点到点货运列车、大宗货物直达列车等多频次多样化班列产品，构建快捷货运班列网络。研究推进铁路双层集装箱、驮背运输产品开发，提升通道配套设施设备能力。充分发挥高铁运能，在有条件的通道实现客货分线运输。（中国铁路总公司牵头，交通运输部、发展改革委参与）

（七）提升铁路货运服务水平。深化铁路运输价格市场化改革，建立健全灵活的运价调整机制，发挥市场配置资源的决定性作用。完善短距离大宗货物运价浮动机制。规范铁路专用线代维收费行为，推动降低专用线共用收费水平。减少和取消铁路两端短驳环节，规范短驳服务收费行为，降低短驳成本。推动铁路运输企业与煤炭、矿石、钢铁等大客户签订运量运能互保协议，实现互惠共赢。推动铁路运输企业与港口、物流园区、大型工矿企业、物流企业等开展合作，构建门到门接取送达网络，提供全程物流服务。（中国铁路总公司牵头，发展改革委、市场监管总局、交通运输部、铁路局参与）

三、水运系统升级行动

（八）完善内河水运网络。统筹优化沿海和内河集装箱、煤炭、矿石、原油、液化天然气、商品汽车等专业运输系统布局，提升水运设施专业化水平。坚持生态优先、绿色发展理念，以流域生态系统性保护为前提，增强长江干线航运能力，推进西江干线和京杭运河山东段、江苏段、浙江段航道扩能改造，加快推进长三角高等级航道整治工程。加强长江、西江、京杭运河、淮河重要支流航道建设。加快推进三峡水运新通道等重大水运基础设施工程前期论证工作。（交通运输部牵头，发展改革委、生态环境部、水利部参与）

（九）推进集疏港铁路建设。加快实施《"十三五"港口集疏运系统建设方案》《"十三五"长江经济带港口多式联运建设实施方案》《推动长江干线港口铁水联运设施联通的行动计划》，着力推进集疏港铁路建设。加强港区集疏港铁路与干线铁路和码头堆场的衔接，优化铁路港前站布局，鼓励集疏港铁路向堆场、码头前沿延伸，加快港区铁路装卸场站及配套设施建设，打通铁路进港最后一公里。2020 年全国沿海重要港区铁路进港率大幅提高，长江干线主要港口全面接入集疏港铁路。（交通运输部、发展改革委、自然资源部、财政部、生态环境部、铁路局、中国铁路总公司按职责分工负责）

（十）推动大宗货物集疏港运输向铁路和水路转移。进一步规范港口经营服务性收费，对实行政府定价的，严格执行规定的收费标准；对实行市场调节价的，督促落实价格法律法规和相关规定，不得违规加收任何价外费用。进一步加强煤炭集港运输管理，2018 年底前，环渤海地区、山东省、长三角地区沿海主要港口和唐山港、黄骅港的煤炭集港改由铁路或水路运输；2020 年采暖季前，沿海主要港口和唐山港、黄骅港的矿石、焦炭等大宗货物原则上主要改由铁路或水路运输。（交通运输部、中国铁路总公司、发展改革委牵头，生态环境部、市场监管总局、铁路局参与）

（十一）大力发展江海直达和江海联运。积极推动宁波舟山港、上海港、深圳港、广州港、连云港以及长江干线港口等江海直达和江海联运配套码头、锚地等设施技术改造。统筹江海直达和江海联运发展，积极推进干散货、集装箱江海直达运输，实现集装箱直达运输班轮化发展。制定完善以江船出海为主的江海直达船舶规范，重点推进江海直达散货船和集装箱船等船型研发及应用。（交通运输部牵头，工业和信息化部参与）

四、公路货运治理行动

（十二）强化公路货运车辆超限超载治理。健全货运车辆非法改装联合监管工作机制，杜绝非法改装货运车辆出厂上路。加大货物装载源头监管力度，重点加强矿山、水泥厂、港口、物流园区等重点源头单位货车出场（站）装载情况检查，禁止超限超载车辆出场（站）上路行驶。严格落实治理车辆超限超载联合执法常态化制度化工作要求，统一公路货运车辆超限超载认定标准，加大对大宗货物运输车辆超限超载的执法力度。进一步优化完善公路治超网络，推广高速公路收费站入口称重检测，优化国省干线公路超限检测站点布局，完善农村公路限宽限高保护设施。加强科技治超，利用信息化手段加强车辆超限超载检测，实现跨区域、跨部门治超信息资源交换共享，落实“一超四罚”。继续加强信用治超，严格落实公路治超“黑名单”制度，对严重违法超限超载运输当事人实施联合惩戒。到2020年底，全国高速公路全面实施收费站入口称重检测，各省（区、市）高速公路货运车辆平均违法超限超载率不超过0.5%，普通公路货运车辆超限超载得到有效遏制。（交通运输部牵头，工业和信息化部、公安部、市场监管总局参与）

（十三）大力推进货运车型标准化。巩固车辆运输车治理工作成果，稳步开展危险货物运输罐车、超长平板半挂车、超长集装箱半挂车治理工作。做好既有营运车辆情况排查，建立不合规车辆数据库，制定车辆退出计划，按照标准引导、疏堵结合、更新替代、循序渐进的原则强化执法监管，引导督促行业、企业加快更新淘汰不合规车辆，促进标准化车型更新替代。开展中置轴汽车列车示范运行，加快轻量化挂车推广应用。（交通运输部牵头，工业和信息化部、公安部、市场监管总局参与）

（十四）推动道路货运行业集约高效发展。促进“互联网+货运物流”新业态、新模式发展，深入推进无车承运人试点工作，健全完善无车承运人法规制度，推动货运物流平台健康有序发展。到2020年，重点培育50家左右创新能力强、运营管理规范、资源综合利用效率高的无车承运人品牌企业。支持引导货运大车队、挂车共享租赁、甩挂运输、企业联盟、品牌连锁等集约高效的运输组织模式发展，发挥规模化、网络化运营优势，降低运输成本，有效整合分散经营的中小货运企业和个体运输业户。支持大型道路货运企业以资产为纽带，通过兼并、重组、收购、控股、加盟连锁等方式，拓展服务网络，延伸服务链条，实现资源高效配置，加快向现代物流企业转型升级。（交通运输部负责）

五、多式联运提速行动

（十五）加快联运枢纽建设和装备升级。推进具有多式联运功能的物流园区建设，加快铁路物流基地、铁路集装箱办理站、港口物流枢纽、航空转运中心、快递物流园区等规划建设和升级改造，加强不同运输方式间的有效衔接。进一步拓展高铁站场货运服务功能，完善货运配套设施。有序推进货运机场建设，拓展完善机场货运服务功能。大力推广集装化运输，支持企业加快多式联运运载单元、快速转运设备、专用载运机具等升级改造，完善内陆集装箱配套技术标准，推广应用45英尺*集装箱和35吨敞顶集装箱，促进集装化、厢式化、标准化装备应用。（交通运输部、发展改革委、铁路局、民航局、邮政局、中国铁路总公司按职责分工负责）

（十六）加快发展集装箱铁水联运。鼓励铁路、港口、航运等企业加强合作，促进海运集装箱通过铁路集疏港。在环渤海、长三角、珠三角、北部湾和海峡西岸经济区等重点沿海区域和长江干线，打造“长途重点货类精品班列+短途城际小运转班列”铁水联运产品体系。鼓励铁路运输企业增加铁路集装箱和集装箱平车保有量，提高集装箱共享共用和流转交换能力，利用物联网等技术手段提升集装箱箱管和综合信息服务水平。（交通运输部、中国铁路总公司牵头，发展改革委、铁路局参与）

（十七）深入实施多式联运示范工程。加大对多式联运示范工程项目建设的支持力度，加强示范工程运行监测，推动运输组织模式创新。深入推进天津至华北、西北地区等六条集装箱铁水联运示范线路建设。鼓励骨干龙头企业在运输装备研发、多式联运单证统一、数据信息交换共享等方面先行先试，充分发挥引领示范作用。支持各地开展集装箱运输、商品车滚装运输、全程冷链运输、电商快递班列等多式联运试点示范创建。（交通运输部、发展改革委牵头，铁路局、民航局、邮政局、中国铁路总公司参与）

六、城市绿色配送行动

（十八）推进城市绿色货运配送示范工程。引导特大城市群和区域中心城市规划建设绿色货运配送网络，完善干支衔接型物流园区（货运枢纽）和城市配送网络节点及配送车辆停靠装卸配套设施建设。鼓励邮政快递企业、城市配送企业创新统一配送、集中配送、共同配送、夜间配送等集约化运输组织模式。到2020年，在全国建成100个左右的城市绿色货运配送示范项目。加大对示范项目物流园区（货运枢纽）建设、新能源车辆推广应用、绿色物流智慧服务平台建设等支持力度。（交通运输部牵头，公安部、商务部、财政部参与）

---

* 1英尺=0.3048米。

（十九）加大新能源城市配送车辆推广应用力度。加快新能源和清洁能源车辆推广应用，到 2020 年，城市建成区新增和更新轻型物流配送车辆中，新能源车辆和达到国六排放标准清洁能源车辆的比例超过 50%，重点区域达到 80%。各地将公共充电桩建设纳入城市基础设施规划建设范围，加大用地、资金等支持力度，在物流园区、工业园区、大型商业购物中心、农贸批发市场等货流密集区域，集中规划建设专用充电站和快速充电桩。结合城市配送需求，制定新能源城市配送车辆便利通行政策，改善车辆通行条件。在有条件的地区建立新能源城市配送车辆运营补贴机制，降低使用成本。在重点物流园区、铁路物流中心、机场、港口等推广使用电动化、清洁化作业车辆。（交通运输部、工业和信息化部牵头，公安部、财政部、自然资源部、生态环境部、铁路局、民航局参与）

（二十）推进城市生产生活物资公铁联运。充分发挥铁路既有站场资源优势，完善干支衔接的基础设施网络，创新运营组织模式，打造“轨道+仓储配送”的铁路城市物流配送新模式，提高城市生产生活物资运输中公铁联运的比例。在北京等大型城市组织开展城市生产生活物资公铁接驳配送试点，加快城市周边地区铁路外围集结转运中心和市内铁路站场设施改造，构建“外集内配、绿色联运”的公铁联运城市配送新体系，及时总结经验并推广应用。（中国铁路总公司、交通运输部按职责分工负责）

七、信息资源整合行动

（二十一）加强多式联运公共信息交换共享。加快建设多式联运公共信息平台，实现部门之间、运输方式之间信息交换共享。加强交通运输、海关、市场监管等部门间信息开放共享，为企业提供资质资格、认证认可、检验检疫、通关查验、违法违章、信用评价、政策动态等一站式综合信息服务。加快完善铁水联运信息交换接口标准体系，推进业务单证电子化，促进铁路、港口信息共享，实现铁路现车、装卸车、货物在途、到达预确报以及港口装卸、货物堆存、船舶进出港、船期舱位预订等铁水联运信息互联共享。到 2019 年底，沿海及长江干线主要港口实现铁水联运信息交换共享。到 2020 年底，基本建成全国多式联运公共信息平台。（交通运输部、发展改革委、中国铁路总公司牵头，海关总署、市场监管总局、铁路局、民航局、邮政局参与）

（二十二）提升物流信息服务水平。升级国家交通运输物流公共信息平台，促进铁路、港口、航运和第三方物流等龙头企业加强合作，强化货物在途状态查询、运输价格查询、车货动态匹配、集装箱定位跟踪等综合信息服务，提高物流服务智能化、透明化水平。（交通运输部、发展改革委牵头，铁路局、民航局、邮政局、中国铁路总公司参与）

（二十三）加强运输结构调整信息报送和监测分析。研究建立运输结构调整指标体系，探索相关分析方法。建立货物运输“公转铁、公转水”运行动态、多式联运发展状态、新能源车辆推广应用等信息运行监测和报送机制。（交通运输部牵头，工业和信息化部、生

态环境部、铁路局、中国铁路总公司参与）

八、加大政策保障力度

（二十四）积极落实财政等支持政策。利用车购税资金、中央基建投资等现有资金，统筹推进公铁联运、海铁联运等多式联运发展，提升港口集疏运能力，加强物流园区、工矿企业等铁路专用线建设，为煤炭、矿石等大宗货物运输方式调整创造有利环境。鼓励社会资本设立多式联运产业基金，拓宽投融资渠道，加快运输结构调整和多式联运发展。鼓励各地对运输结构调整工作成效显著的工矿企业，在分解错峰生产任务时适当减少限产比例。贯彻落实《国务院关于印发打赢蓝天保卫战三年行动计划的通知》（国发〔2018〕22号）有关要求，对大力淘汰老旧车辆、推广应用新能源汽车的有关企业和人员依照有关政策及时给予经济补偿。（财政部、发展改革委、交通运输部、生态环境部牵头，铁路局、中国铁路总公司参与）

（二十五）完善用地用海支持政策。加大铁路专用线用地支持力度，将本行动计划支持的铁路专用线项目（不含物流园区），纳入占用永久基本农田的重大建设项目用地预审受理范围，按照相关规定办理用地手续。各省（区、市）要在国土空间规划指导下组织编制港口集疏运铁路、物流园区和工矿企业铁路专用线建设方案，保障用地指标。对急需开工的铁路专用线控制性工程，属于国家重点建设项目的，按照相关规定向自然资源部申请办理先行用地。加大对“公转水”码头及配建工程的用海支持力度，对纳入港口总体规划和运输结构调整计划的铁水联运、水水中转码头及配建的防波堤、航道、锚地等项目，列入国家重大战略的，在符合海域管理法律法规及围填海管理政策的情况下，重点保障用海需求。（自然资源部、交通运输部牵头，发展改革委、铁路局、中国铁路总公司参与）

九、加大督导考核力度

（二十六）加强组织领导。地方各级政府要切实加强组织领导，按照“一市一策、一港一策、一企一策”要求，组织编制本地区运输结构调整工作实施方案，细化分解目标任务，制定责任清单，健全责任体系，科学安排工作进度，出台配套政策，确保按时保质完成各项任务。交通运输部、发展改革委要加强统筹协调和组织调度，完善运输结构调整工作协调机制，及时研究解决运输结构调整中的重大问题。（交通运输部、发展改革委牵头，各有关部门参与）

（二十七）强化督导考评。加强对地方政府和有关部门运输结构调整工作推进落实情况的督查考核，结果向社会公布。地方各级政府要建立健全动态评估机制，加强对铁路、港口、工矿等企业的督导考核，确保责任落实到位。（交通运输部、发展改革委牵头，各

有关部门参与）

十、营造良好发展环境

（二十八）保障行业健康稳定发展。加强部门协同联动，强化货运市场和重点企业监测，及时掌握行业动态，加大政策支持力度，完善从业人员社会保障、职业培训等服务，积极培育拓展新兴市场，推动货运行业创新稳定发展和转型升级。（交通运输部牵头，各有关部门参与）

（二十九）做好政策宣传和舆论引导。加大对运输结构调整工作的宣传报道力度，加强正面引导，及时回应社会关切，为运输结构调整工作营造良好舆论氛围。（交通运输部、发展改革委牵头，各有关部门参与）

国务院办公厅转发交通运输部等部门关于加快道路货运行业转型升级促进高质量发展意见的通知

（国办发〔2019〕16 号）

各省、自治区、直辖市人民政府，国务院各部委、各直属机构：

交通运输部、发展改革委、教育部、工业和信息化部、公安部、财政部、人力资源社会保障部、生态环境部、住房城乡建设部、应急部、税务总局、市场监管总局、全国总工会《关于加快道路货运行业转型升级促进高质量发展的意见》已经国务院同意，现转发给你们，请认真贯彻执行。

国务院办公厅

2019 年 4 月 21 日

关于加快道路货运行业转型升级促进高质量发展的意见（节选）

交通运输部　发展改革委　教育部　工业和信息化部

公安部　财政部　人力资源社会保障部　生态环境部

住房城乡建设部　应急部　税务总局

市场监管总局　全国总工会

为深入贯彻落实党中央、国务院决策部署，加快道路货运行业转型升级，切实改善市场环境，促进行业健康稳定发展，现提出以下意见：

一、总体要求

以习近平新时代中国特色社会主义思想为指导，全面贯彻党的十九大和十九届二中、三中全会精神，牢固树立和贯彻落实新发展理念，以供给侧结构性改革为主线，坚持远近结合、标本兼治、改革引领、创新驱动、综合治理，加快建设安全稳定、经济高效、绿色低碳的道路货运服务体系，促进道路货运行业高质量发展。

二、深化货运领域"放管服"改革

（一）持续推进货运领域简政放权。进一步推动普通货车跨省异地安全技术检验、尾气排放检验和综合性能检测有关要求严格落实。2019年实现普通货运车辆年度审验网上办理。（交通运输部、公安部、市场监管总局、生态环境部负责）……

（二）改革危险货物道路运输管理制度。加快制定危险货物道路运输安全管理办法，研究改革完善危险货物道路运输押运员管理制度。加快修订常压液体危险货物运输罐车罐体相关国家标准，明确罐体介质兼容要求。（交通运输部、公安部、工业和信息化部、生态环境部、应急部、市场监管总局负责）

（三）便利货运车辆通行。进一步完善城市交通运输部门配送运力需求管理与公安交通管理部门车辆通行管控的联动机制，优化车辆通行管控，对符合标准的新能源城市配送车辆给予通行便利，除特殊区域外，对纯电动轻型货车原则上不得限行。（各省级人民政府、交通运输部、公安部负责）鼓励货运车辆电子道路运输证和ETC卡"两卡合一"，加快推广货车不停车收费。（交通运输部负责）

三、推动新旧动能接续转换

（四）加快运输组织模式创新。深入推进多式联运示范工程、城乡交通运输一体化示范工程、城市绿色货运配送示范工程，推广应用先进运输组织模式。指导行业协会、企业联盟研究推广挂车互换标准协议，创新普通货车租赁、挂车共享、长途接驳甩挂、集装单元化等新模式。（交通运输部、发展改革委负责）

（五）推进规模化、集约化发展。（略）

（六）鼓励规范"互联网+"新业态发展。（略）

四、加快车辆装备升级改造

（七）积极稳妥淘汰老旧柴油货车。开展常压液体危险货物运输罐车专项治理。鼓励各地制定营运柴油货车和燃气车辆提前淘汰更新目标及实施计划，对提前淘汰中重型柴油货车、高耗低效非标准汽车列车及罐车等老旧柴油货车的，给予适当补助。研究对重点区域提前淘汰老旧柴油货车给予支持。（交通运输部、公安部、生态环境部、工业和信息化部、财政部、应急部、市场监管总局、各省级人民政府负责）

（八）推广应用先进货运车型。全面推广高速公路差异化收费，鼓励发展符合国家标准的中置轴汽车列车、厢式半挂车。积极推进货运车型标准化，加快推动城市建成区轻型物流配送车辆使用新能源或清洁能源汽车，鼓励物流园区、产业园、配送中心等地集中规划建设专用充电设施。（交通运输部、公安部、工业和信息化部、住房城乡建设部负责）

（九）加强货车超限超载治理。严格执行全国统一的超限超载认定标准和超限检测站联合执法工作流程，杜绝重复罚款、只罚款不卸载等行为，明确并公布各区域超限检测站点的联合执法模式，严格落实“一超四罚”。在普通公路超限检测站全面安装电子抓拍系统。建立健全依法打击冲关闯卡违法行为长效机制和应急管控措施，加快推进车辆信息、执法信息共享。将规范治超执法纳入地方政府年度考核目标，加强执法监督考核，拓宽投诉举报渠道。（交通运输部、公安部、工业和信息化部、各省级人民政府负责）

五、改善货运市场从业环境（略）

六、提升货运市场治理能力（略）

报废机动车回收管理办法

（中华人民共和国国务院令　第715号）

现公布《报废机动车回收管理办法》，自2019年6月1日起施行。

总　理　李克强

2019年4月22日

第一条　为了规范报废机动车回收活动，保护环境，促进循环经济发展，保障道路交通安全，制定本办法。

第二条　本办法所称报废机动车，是指根据《中华人民共和国道路交通安全法》的规定应当报废的机动车。

不属于《中华人民共和国道路交通安全法》规定的应当报废的机动车，机动车所有人自愿作报废处理的，依照本办法的规定执行。

第三条　国家鼓励特定领域的老旧机动车提前报废更新，具体办法由国务院有关部门另行制定。

第四条　国务院负责报废机动车回收管理的部门主管全国报废机动车回收（含拆解，下同）监督管理工作，国务院公安、生态环境、工业和信息化、交通运输、市场监督管理等部门在各自的职责范围内负责报废机动车回收有关的监督管理工作。

县级以上地方人民政府负责报废机动车回收管理的部门对本行政区域内报废机动车回收活动实施监督管理。县级以上地方人民政府公安、生态环境、工业和信息化、交通运输、市场监督管理等部门在各自的职责范围内对本行政区域内报废机动车回收活动实施有关的监督管理。

第五条　国家对报废机动车回收企业实行资质认定制度。未经资质认定，任何单位或者个人不得从事报废机动车回收活动。

国家鼓励机动车生产企业从事报废机动车回收活动。机动车生产企业按照国家有关规定承担生产者责任。

第六条　取得报废机动车回收资质认定，应当具备下列条件：

（一）具有企业法人资格；

（二）具有符合环境保护等有关法律、法规和强制性标准要求的存储、拆解场地，拆解设备、设施以及拆解操作规范；

（三）具有与报废机动车拆解活动相适应的专业技术人员。

第七条 拟从事报废机动车回收活动的，应当向省、自治区、直辖市人民政府负责报废机动车回收管理的部门提出申请。省、自治区、直辖市人民政府负责报废机动车回收管理的部门应当依法进行审查，对符合条件的，颁发资质认定书；对不符合条件的，不予资质认定并书面说明理由。

省、自治区、直辖市人民政府负责报废机动车回收管理的部门应当充分利用计算机网络等先进技术手段，推行网上申请、网上受理等方式，为申请人提供便利条件。申请人可以在网上提出申请。

省、自治区、直辖市人民政府负责报废机动车回收管理的部门应当将本行政区域内取得资质认定的报废机动车回收企业名单及时向社会公布。

第八条 任何单位或者个人不得要求机动车所有人将报废机动车交售给指定的报废机动车回收企业。

第九条 报废机动车回收企业对回收的报废机动车，应当向机动车所有人出具《报废机动车回收证明》，收回机动车登记证书、号牌、行驶证，并按照国家有关规定及时向公安机关交通管理部门办理注销登记，将注销证明转交机动车所有人。

《报废机动车回收证明》样式由国务院负责报废机动车回收管理的部门规定。任何单位或者个人不得买卖或者伪造、变造《报废机动车回收证明》。

第十条 报废机动车回收企业对回收的报废机动车，应当逐车登记机动车的型号、号牌号码、发动机号码、车辆识别代号等信息；发现回收的报废机动车疑似赃物或者用于盗窃、抢劫等犯罪活动的犯罪工具的，应当及时向公安机关报告。

报废机动车回收企业不得拆解、改装、拼装、倒卖疑似赃物或者犯罪工具的机动车或者其发动机、方向机、变速器、前后桥、车架（以下统称“五大总成”）和其他零部件。

第十一条 回收的报废机动车必须按照有关规定予以拆解；其中，回收的报废大型客车、货车等营运车辆和校车，应当在公安机关的监督下解体。

第十二条 拆解的报废机动车“五大总成”具备再制造条件的，可以按照国家有关规定出售给具有再制造能力的企业经过再制造予以循环利用；不具备再制造条件的，应当作为废金属，交售给钢铁企业作为冶炼原料。

拆解的报废机动车“五大总成”以外的零部件符合保障人身和财产安全等强制性国家标准，能够继续使用的，可以出售，但应当标明“报废机动车回用件”。

第十三条 国务院负责报废机动车回收管理的部门应当建立报废机动车回收信息系统。报废机动车回收企业应当如实记录本企业回收的报废机动车“五大总成”等主要部件的数量、型号、流向等信息，并上传至报废机动车回收信息系统。

负责报废机动车回收管理的部门、公安机关应当通过政务信息系统实现信息共享。

第十四条　拆解报废机动车，应当遵守环境保护法律、法规和强制性标准，采取有效措施保护环境，不得造成环境污染。

第十五条　禁止任何单位或者个人利用报废机动车“五大总成”和其他零部件拼装机动车，禁止拼装的机动车交易。

除机动车所有人将报废机动车依法交售给报废机动车回收企业外，禁止报废机动车整车交易。

第十六条　县级以上地方人民政府负责报废机动车回收管理的部门应当加强对报废机动车回收企业的监督检查，建立和完善以随机抽查为重点的日常监督检查制度，公布抽查事项目录，明确抽查的依据、频次、方式、内容和程序，随机抽取被检查企业，随机选派检查人员。抽查情况和查处结果应当及时向社会公布。

在监督检查中发现报废机动车回收企业不具备本办法规定的资质认定条件的，应当责令限期改正；拒不改正或者逾期未改正的，由原发证部门吊销资质认定书。

第十七条　县级以上地方人民政府负责报废机动车回收管理的部门应当向社会公布本部门的联系方式，方便公众举报违法行为。

县级以上地方人民政府负责报废机动车回收管理的部门接到举报的，应当及时依法调查处理，并为举报人保密；对实名举报的，负责报废机动车回收管理的部门应当将处理结果告知举报人。

第十八条　负责报废机动车回收管理的部门在监督管理工作中发现不属于本部门处理权限的违法行为的，应当及时移交有权处理的部门；有权处理的部门应当及时依法调查处理，并将处理结果告知负责报废机动车回收管理的部门。

第十九条　未取得资质认定，擅自从事报废机动车回收活动的，由负责报废机动车回收管理的部门没收非法回收的报废机动车、报废机动车“五大总成”和其他零部件，没收违法所得；违法所得在 5 万元以上的，并处违法所得 2 倍以上 5 倍以下的罚款；违法所得不足 5 万元或者没有违法所得的，并处 5 万元以上 10 万元以下的罚款。对负责报废机动车回收管理的部门没收非法回收的报废机动车、报废机动车“五大总成”和其他零部件，必要时有关主管部门应当予以配合。

第二十条　有下列情形之一的，由公安机关依法给予治安管理处罚：

（一）买卖或者伪造、变造《报废机动车回收证明》；

（二）报废机动车回收企业明知或者应当知道回收的机动车为赃物或者用于盗窃、抢劫等犯罪活动的犯罪工具，未向公安机关报告，擅自拆解、改装、拼装、倒卖该机动车。

报废机动车回收企业有前款规定情形，情节严重的，由原发证部门吊销资质认定书。

第二十一条　报废机动车回收企业有下列情形之一的，由负责报废机动车回收管理的部门责令改正，没收报废机动车“五大总成”和其他零部件，没收违法所得；违法所得在

5 万元以上的，并处违法所得 2 倍以上 5 倍以下的罚款；违法所得不足 5 万元或者没有违法所得的，并处 5 万元以上 10 万元以下的罚款；情节严重的，责令停业整顿直至由原发证部门吊销资质认定书：

（一）出售不具备再制造条件的报废机动车“五大总成”；

（二）出售不能继续使用的报废机动车“五大总成”以外的零部件；

（三）出售的报废机动车“五大总成”以外的零部件未标明“报废机动车回用件”。

第二十二条 报废机动车回收企业对回收的报废机动车，未按照国家有关规定及时向公安机关交通管理部门办理注销登记并将注销证明转交机动车所有人的，由负责报废机动车回收管理的部门责令改正，可以处 1 万元以上 5 万元以下的罚款。

利用报废机动车“五大总成”和其他零部件拼装机动车或者出售报废机动车整车、拼装的机动车的，依照《中华人民共和国道路交通安全法》的规定予以处罚。

第二十三条 报废机动车回收企业未如实记录本企业回收的报废机动车“五大总成”等主要部件的数量、型号、流向等信息并上传至报废机动车回收信息系统的，由负责报废机动车回收管理的部门责令改正，并处 1 万元以上 5 万元以下的罚款；情节严重的，责令停业整顿。

第二十四条 报废机动车回收企业违反环境保护法律、法规和强制性标准，污染环境的，由生态环境主管部门责令限期改正，并依法予以处罚；拒不改正或者逾期未改正的，由原发证部门吊销资质认定书。

第二十五条 负责报废机动车回收管理的部门和其他有关部门的工作人员在监督管理工作中滥用职权、玩忽职守、徇私舞弊的，依法给予处分。

第二十六条 违反本办法规定，构成犯罪的，依法追究刑事责任。

第二十七条 报废新能源机动车回收的特殊事项，另行制定管理规定。

军队报废机动车的回收管理，依照国家和军队有关规定执行。

第二十八条 本办法自 2019 年 6 月 1 日起施行。2001 年 6 月 16 日国务院公布的《报废汽车回收管理办法》同时废止。

国务院关于印发“十三五”生态环境保护规划的通知

（国发〔2016〕65号）

各省、自治区、直辖市人民政府，国务院各部委、各直属机构：

现将《“十三五”生态环境保护规划》印发给你们，请认真贯彻实施。

国务院

2016年11月24日

“十三五”生态环境保护规划（节选）

第一章　全国生态环境保护形势（略）

第二章　指导思想、基本原则与主要目标

第一节　指导思想

全面贯彻党的十八大和十八届三中、四中、五中、六中全会精神，以邓小平理论、“三个代表”重要思想、科学发展观为指导，深入贯彻习近平总书记系列重要讲话精神和治国理政新理念新思想新战略，统筹推进“五位一体”总体布局和协调推进“四个全面”战略布局，牢固树立和贯彻落实创新、协调、绿色、开放、共享的发展理念，按照党中央、国务院决策部署，以提高环境质量为核心，实施最严格的环境保护制度，打好大气、水、土壤污染防治三大战役，加强生态保护与修复，严密防控生态环境风险，加快推进生态环境领域国家治理体系和治理能力现代化，不断提高生态环境管理系统化、科学化、法治化、精细化、信息化水平，为人民提供更多优质生态产品，为实现“两个一百年”奋斗目标和中华民族伟大复兴的中国梦作出贡献。

第二节 基本原则

坚持绿色发展、标本兼治。绿色富国、绿色惠民，处理好发展和保护的关系，协同推进新型工业化、城镇化、信息化、农业现代化与绿色化。坚持立足当前与着眼长远相结合，加强生态环境保护与稳增长、调结构、惠民生、防风险相结合，强化源头防控，推进供给侧结构性改革，优化空间布局，推动形成绿色生产和绿色生活方式，从源头预防生态破坏和环境污染，加大生态环境治理力度，促进人与自然和谐发展。

坚持质量核心、系统施治。以解决生态环境突出问题为导向，分区域、分流域、分阶段明确生态环境质量改善目标任务。统筹运用结构优化、污染治理、污染减排、达标排放、生态保护等多种手段，实施一批重大工程，开展多污染物协同防治，系统推进生态修复与环境治理，确保生态环境质量稳步提升，提高优质生态产品供给能力。

坚持空间管控、分类防治。生态优先，统筹生产、生活、生态空间管理，划定并严守生态保护红线，维护国家生态安全。建立系统完整、责权清晰、监管有效的管理格局，实施差异化管理，分区分类管控，分级分项施策，提升精细化管理水平。

坚持改革创新、强化法治。以改革创新推进生态环境保护，转变环境治理理念和方式，改革生态环境治理基础制度，建立覆盖所有固定污染源的企业排放许可制，实行省以下环保机构监测监察执法垂直管理制度，加快形成系统完整的生态文明制度体系。加强环境立法、环境司法、环境执法，从硬从严，重拳出击，促进全社会遵纪守法。依靠法律和制度加强生态环境保护，实现源头严防、过程严管、后果严惩。

坚持履职尽责、社会共治。建立严格的生态环境保护责任制度，合理划分中央和地方环境保护事权和支出责任，落实生态环境保护“党政同责”、“一岗双责”。落实企业环境治理主体责任，动员全社会积极参与生态环境保护，激励与约束并举，政府与市场“两手发力”，形成政府、企业、公众共治的环境治理体系。

第三节 主要目标

到 2020 年，生态环境质量总体改善。生产和生活方式绿色、低碳水平上升，主要污染物排放总量大幅减少，环境风险得到有效控制，生物多样性下降势头得到基本控制，生态系统稳定性明显增强，生态安全屏障基本形成，生态环境领域国家治理体系和治理能力现代化取得重大进展，生态文明建设水平与全面建成小康社会目标相适应。

专栏 1 “十三五”生态环境保护主要指标

指 标		2015 年	2020 年	〔累计〕[1]	属性
生态环境质量					
1. 空气质量	地级及以上城市[2]空气质量优良天数比率/%	76.7	＞80	—	约束性
	细颗粒物未达标地级及以上城市浓度下降/%	—	—	〔18〕	约束性
	地级及以上城市重度及以上污染天数比例下降/%	—	—	〔25〕	预期性
2. 水环境质量	地表水质量[3]达到或好于III类水体比例/%	66	＞70	—	约束性
	地表水质量劣V类水体比例/%	9.7	＜5	—	约束性
	重要江河湖泊水功能区水质达标率/%	70.8	＞80		预期性
	地下水质量极差比例/%	15.7[4]	15 左右	—	预期性
	近岸海域水质优良（一、二类）比例/%	70.5	70 左右	—	预期性
3. 土壤环境质量	受污染耕地安全利用率/%	70.6	90 左右	—	约束性
	污染地块安全利用率/%	—	90 以上	—	约束性
4. 生态状况	森林覆盖率/%	21.66	23.04	〔1.38〕	约束性
	森林蓄积量/亿 m^3	151	165	〔14〕	约束性
	湿地保有量/亿亩	—	≥8	—	预期性
	草原综合植被盖度/%	54	56		预期性
	重点生态功能区所属县域生态环境状况指数	60.4	＞60.4	—	预期性
污染物排放总量					
5. 主要污染物排放总量减少/%	化学需氧量	—	—	〔10〕	约束性
	氨氮	—	—	〔10〕	
	二氧化硫	—	—	〔15〕	
	氮氧化物	—	—	〔15〕	
6. 区域性污染物排放总量减少/%	重点地区重点行业挥发性有机物[5]	—	—	〔10〕	预期性
	重点地区总氮[6]	—	—	〔10〕	预期性
	重点地区总磷[7]	—	—	〔10〕	
生态保护修复					
7. 国家重点保护野生动植物保护率/%		—	＞95	—	预期性
8. 全国自然岸线保有率/%		—	≥35	—	预期性
9. 新增沙化土地治理面积/万 km^2		—	—	〔10〕	预期性
10. 新增水土流失治理面积/万 km^2		—	—	〔27〕	预期性

注：[1] 〔〕内为五年累计数。

[2] 空气质量评价覆盖全国 338 个城市（含地、州、盟所在地及部分省辖县级市，不含三沙和儋州）。

[3] 水环境质量评价覆盖全国地表水国控断面，断面数量由“十二五”期间的 972 个增加到 1 940 个。

[4] 为 2013 年数据。

[5] 在重点地区、重点行业推进挥发性有机物总量控制，全国排放总量下降 10%以上。

[6] 对沿海 56 个城市及 29 个富营养化湖库实施总氮总量控制。

[7] 总磷超标的控制单元以及上游相关地区实施总磷总量控制。

第三章　强化源头防控，夯实绿色发展基础

绿色发展是从源头破解我国资源环境约束瓶颈、提高发展质量的关键。要创新调控方式，强化源头管理，以生态空间管控引导构建绿色发展格局，以生态环境保护推进供给侧结构性改革，以绿色科技创新引领生态环境治理，促进重点区域绿色、协调发展，加快形成节约资源和保护环境的空间布局、产业结构和生产生活方式，从源头保护生态环境。

第一节　强化生态空间管控（略）

第二节　推进供给侧结构性改革

强化环境硬约束推动淘汰落后和过剩产能。（略）

严格环保能耗要求促进企业加快升级改造。实施能耗总量和强度“双控”行动，全面推进工业、建筑、交通运输、公共机构等重点领域节能。（以下略）

促进绿色制造和绿色产品生产供给。（略）

推动循环发展。（略）

推进节能环保产业发展。（略）

第三节　强化绿色科技创新引领

推进绿色化与创新驱动深度融合。（略）

加强生态环保科技创新体系建设。（略）

建设生态环保科技创新平台。（略）

实施重点生态环保科技专项。（略）

完善环境标准和技术政策体系。……加快机动车和非道路移动源污染物排放标准、燃油产品质量标准的制修订和实施。发布实施船舶发动机排气污染物排放限值及测量方法（中国第一、二阶段）、轻型汽车和重型汽车污染物排放限值及测量方法（中国第六阶段）、摩托车和轻便摩托车污染物排放限值及测量方法（中国第四阶段）、畜禽养殖污染物排放标准。修订在用机动车排放标准，力争实施非道路移动机械国Ⅳ排放标准。完善环境保护技术政策，建立生态保护红线监管技术规范。健全钢铁、水泥、化工等重点行业清洁生产评价指标体系。加快制定完善电力、冶金、有色金属等重点行业以及城乡垃圾处理、机动车船和非道路移动机械污染防治、农业面源污染防治等重点领域技术政策。建立危险废物利用处置无害化管理标准和技术体系。

第四节　推动区域绿色协调发展（略）

第四章　深化质量管理，大力实施三大行动计划

以提高环境质量为核心，推进联防联控和流域共治，制定大气、水、土壤三大污染防

治行动计划的施工图。根据区域、流域和类型差异分区施策，实施多污染物协同控制，提高治理措施的针对性和有效性。实行环境质量底线管理，努力实现分阶段达到环境质量标准、治理责任清单式落地，解决群众身边的突出环境问题。

第一节 分区施策改善大气环境质量

实施大气环境质量目标管理和限期达标规划。（略）

加强重污染天气应对。（略）

深化区域大气污染联防联控。全面深化京津冀及周边地区、长三角、珠三角等区域大气污染联防联控，建立常态化区域协作机制，区域内统一规划、统一标准、统一监测、统一防治。对重点行业、领域制定实施统一的环保标准、排污收费政策、能源消费政策，统一老旧车辆淘汰和在用车辆管理标准。……通过市场化方式促进老旧车辆、船舶加速淘汰以及防污设施设备改造，强化新生产机动车、非道路移动机械环保达标监管。开展清洁柴油机行动，加强高排放工程机械、重型柴油车、农业机械等管理，重点区域开展柴油车注册登记环保查验，对货运车、客运车、公交车等开展入户环保检查。提高公共车辆中新能源汽车占比，具备条件的城市在 2017 年底前基本实现公交新能源化。落实珠三角、长三角、环渤海京津冀水域船舶排放控制区管理政策，靠港船舶优先使用岸电，建设船舶大气污染物排放遥感监测和油品质量监测网点，开展船舶排放控制区内船舶排放监测和联合监管，构建机动车船和油品环保达标监管体系。加快非道路移动源油品升级。……

显著削减京津冀及周边地区颗粒物浓度。以北京市、保定市、廊坊市为重点，突出抓好冬季散煤治理、重点行业综合治理、机动车监管、重污染天气应对，强化高架源的治理和监管，改善区域空气质量。……加快区域内机动车排污监控平台建设，重点治理重型柴油车和高排放车辆。到 2020 年，区域细颗粒物污染形势显著好转，臭氧浓度基本稳定。

明显降低长三角区域细颗粒物浓度。（略）

大力推动珠三角区域率先实现大气环境质量基本达标。（略）

第二节 精准发力提升水环境质量（略）

第三节 分类防治土壤环境污染（略）

第五章 实施专项治理，全面推进达标排放与污染减排

以污染源达标排放为底线，以骨干性工程推进为抓手，改革完善总量控制制度，推动行业多污染物协同治污减排，加强城乡统筹治理，严格控制增量，大幅度削减污染物存量，降低生态环境压力。

第一节 实施工业污染源全面达标排放计划（略）

第二节　深入推进重点污染物减排

改革完善总量控制制度。（略）

推动治污减排工程建设。（略）

控制重点地区重点行业挥发性有机物排放。全面加强石化、有机化工、表面涂装、包装印刷等重点行业挥发性有机物控制。细颗粒物和臭氧污染严重省份实施行业挥发性有机污染物总量控制，制定挥发性有机污染物总量控制目标和实施方案。强化挥发性有机物与氮氧化物的协同减排，建立固定源、移动源、面源排放清单，对芳香烃、烯烃、炔烃、醛类、酮类等挥发性有机物实施重点减排。开展石化行业“泄漏检测与修复”专项行动，对无组织排放开展治理。各地要明确时限，完成加油站、储油库、油罐车油气回收治理，油气回收率提高到90%以上，并加快推进原油成品油码头油气回收治理。……

总磷、总氮超标水域实施流域、区域性总量控制。（略）

专栏4　区域性、流域性总量控制地区（略）

第三节　加强基础设施建设

加快完善城镇污水处理系统。（略）

实现城镇垃圾处理全覆盖和处置设施稳定达标运行。（略）

推进海绵城市建设。（略）

增加清洁能源供给和使用。……加快城市新能源汽车充电设施建设，政府机关、大中型企事业单位带头配套建设，继续实施新能源汽车推广。

大力推进煤炭清洁化利用。（略）

第四节　加快农业农村环境综合治理（略）

第六章　实行全程管控，有效防范和降低环境风险（略）

第七章　加大保护力度，强化生态修复（略）

第八章　加快制度创新，积极推进治理体系和治理能力现代化

统筹推进生态环境治理体系建设，以环保督察巡视、编制自然资源资产负债表、领导干部自然资源资产离任审计、生态环境损害责任追究等落实地方环境保护责任，以环境司法、排污许可、损害赔偿等落实企业主体责任，加强信息公开，推进公益诉讼，强化绿色

金融等市场激励机制，形成政府、企业、公众共治的治理体系。

第一节　健全法治体系（略）

第二节　完善市场机制（略）

第三节　落实地方责任（略）

第四节　加强企业监管（略）

第五节　实施全民行动

提高全社会生态环境保护意识。（略）

推动绿色消费。……鼓励绿色出行，改善步行、自行车出行条件，完善城市公共交通服务体系。到 2020 年，城区常住人口 300 万以上城市建成区公共交通占机动化出行比例达到 60%。

强化信息公开。（略）

加强社会监督。（略）

第六节　提升治理能力（略）

第九章　实施一批国家生态环境保护重大工程（略）

第十章　健全规划实施保障措施（略）

国务院关于印发《“十三五”节能减排综合工作方案》的通知

（国发〔2016〕74 号）

各省、自治区、直辖市人民政府，国务院各部委、各直属机构：

现将《“十三五”节能减排综合工作方案》印发给你们，请结合本地区、本部门实际，认真贯彻执行。

一、“十二五”节能减排工作取得显著成效。各地区、各部门认真贯彻落实党中央、国务院决策部署，把节能减排作为优化经济结构、推动绿色循环低碳发展、加快生态文明建设的重要抓手和突破口，各项工作积极有序推进。“十二五”时期，全国单位国内生产总值能耗降低 18.4%，化学需氧量、二氧化硫、氨氮、氮氧化物等主要污染物排放总量分别减少 12.9%、18%、13%和 18.6%，超额完成节能减排预定目标任务，为经济结构调整、环境改善、应对全球气候变化作出了重要贡献。

二、充分认识做好“十三五”节能减排工作的重要性和紧迫性。当前，我国经济发展进入新常态，产业结构优化明显加快，能源消费增速放缓，资源性、高耗能、高排放产业发展逐渐衰减。但必须清醒认识到，随着工业化、城镇化进程加快和消费结构持续升级，我国能源需求刚性增长，资源环境问题仍是制约我国经济社会发展的瓶颈之一，节能减排依然形势严峻、任务艰巨。各地区、各部门不能有丝毫放松和懈怠，要进一步把思想和行动统一到党中央、国务院决策部署上来，下更大决心，用更大气力，采取更有效的政策措施，切实将节能减排工作推向深入。

三、坚持政府主导、企业主体、市场驱动、社会参与的工作格局。要切实发挥政府主导作用，综合运用经济、法律、技术和必要的行政手段，着力健全激励约束机制，落实地方各级人民政府对本行政区域节能减排负总责、政府主要领导是第一责任人的工作要求。要进一步明确企业主体责任，严格执行节能环保法律法规和标准，细化和完善管理措施，落实节能减排目标任务。要充分发挥市场机制作用，加大市场化机制推广力度，真正把节能减排转化为企业和各类社会主体的内在要求。要努力增强全体公民的资源节约和环境保护意识，实施全民节能行动，形成全社会共同参与、共同促进节能减排的良好氛围。

四、加强对节能减排工作的组织领导。要严格落实目标责任，国务院每年组织开展省级人民政府节能减排目标责任评价考核，将考核结果作为领导班子和领导干部年度考核、目标责任考核、绩效考核、任职考察、换届考察的重要内容。发挥国家应对气候变化及节能减排工作领导小组的统筹协调作用，国家发展改革委负责承担领导小组的具体工作，切实加强节能减排工作的综合协调，组织推动节能降耗工作；环境保护部主要承担污染减排方面的工作；国务院国资委要切实加强对国有企业节能减排的监督考核工作；国家统计局负责加强能源统计和监测工作；其他各有关部门要切实履行职责，密切协调配合。各省级人民政府要立即部署本地区“十三五”节能减排工作，进一步明确相关部门责任、分工和进度要求。

各地区、各部门和中央企业要按照本通知的要求，结合实际抓紧制定具体实施方案，明确目标责任，狠抓贯彻落实，强化考核问责，确保实现“十三五”节能减排目标。

国务院

2016 年 12 月 20 日

“十三五”节能减排综合工作方案

一、总体要求和目标

（一）总体要求。全面贯彻党的十八大和十八届三中、四中、五中、六中全会精神，深入贯彻习近平总书记系列重要讲话精神，认真落实党中央、国务院决策部署，紧紧围绕“五位一体”总体布局和“四个全面”战略布局，牢固树立创新、协调、绿色、开放、共享的发展理念，落实节约资源和保护环境基本国策，以提高能源利用效率和改善生态环境质量为目标，以推进供给侧结构性改革和实施创新驱动发展战略为动力，坚持政府主导、企业主体、市场驱动、社会参与，加快建设资源节约型、环境友好型社会，确保完成“十三五”节能减排约束性目标，保障人民群众健康和经济社会可持续发展，促进经济转型升级，实现经济发展与环境改善双赢，为建设生态文明提供有力支撑。

（二）主要目标。到 2020 年，全国万元国内生产总值能耗比 2015 年下降 15%，能源消费总量控制在 50 亿吨标准煤以内。全国化学需氧量、氨氮、二氧化硫、氮氧化物排放总量分别控制在 2001 万吨、207 万吨、1 580 万吨、1 574 万吨以内，比 2015 年分别下降 10%、10%、15%和 15%。全国挥发性有机物排放总量比 2015 年下降 10%以上。

二、优化产业和能源结构（略）

三、加强重点领域节能

（六）加强工业节能。（略）

（七）强化建筑节能。（略）

（八）促进交通运输节能。加快推进综合交通运输体系建设，发挥不同运输方式的比较优势和组合效率，推广甩挂运输等先进组织模式，提高多式联运比重。大力发展公共交通，推进“公交都市”创建活动，到2020年大城市公共交通分担率达到30%。促进交通用能清洁化，大力推广节能环保汽车、新能源汽车、天然气（CNG/LNG）清洁能源汽车、液化天然气动力船舶等，并支持相关配套设施建设。提高交通运输工具能效水平，到2020年新增乘用车平均燃料消耗量降至5.0升/百千米。推进飞机辅助动力装置（APU）替代、机场地面车辆“油改电”、新能源应用等绿色民航项目实施。推动铁路编组站制冷/供暖系统的节能和燃煤替代改造。推动交通运输智能化，建立公众出行和物流平台信息服务系统，引导培育“共享型”交通运输模式。（牵头单位：交通运输部、国家发展改革委、国家能源局，参加单位：科技部、工业和信息化部、环境保护部、国管局、中国民航局、中直管理局、中国铁路总公司等）

（九）推动商贸流通领域节能。（略）

（十）推进农业农村节能。（略）

（十一）加强公共机构节能。……公共机构率先淘汰老旧车，率先采购使用节能和新能源汽车，中央国家机关、新能源汽车推广应用城市的政府部门及公共机构购买新能源汽车占当年配备更新车辆总量的比例提高到50%以上，新建和既有停车场要配备电动汽车充电设施或预留充电设施安装条件。……（牵头单位：国管局、国家发展改革委，参加单位：工业和信息化部、环境保护部、住房城乡建设部、交通运输部、国家能源局、中直管理局等）

（十二）强化重点用能单位节能管理。（略）

（十三）强化重点用能设备节能管理。（略）

四、强化主要污染物减排

（十四）控制重点区域流域排放。（略）

（十五）推进工业污染物减排。（略）

（十六）促进移动源污染物减排。实施清洁柴油机行动，全面推进移动源排放控制。提高新机动车船和非道路移动机械环保标准，发布实施机动车国Ⅵ排放标准。加速淘汰黄标车、老旧机动车、船舶以及高排放工程机械、农业机械。逐步淘汰高油耗、高排放民航特种车辆与设备。2016年淘汰黄标车及老旧车380万辆，2017年基本淘汰全国范围内黄标车。加快船舶和港口污染物减排，在珠三角、长三角、环渤海京津冀水域设立船舶排放控制区，主要港口90%的港作船舶、公务船舶靠港使用岸电，50%的集装箱、客滚和邮轮专业化码头具备向船舶供应岸电的能力；主要港口大型煤炭、矿石码头堆场全面建设防风抑尘设施或实现煤炭、矿石封闭储存。加快油品质量升级，2017年1月1日起全国全面供应国Ⅴ标准的车用汽油、柴油；2018年1月1日起全国全面供应与国Ⅴ标准柴油相同硫含量的普通柴油；抓紧发布实施第六阶段汽、柴油国家（国Ⅵ）标准，2020 年实现车用柴油、普通柴油和部分船舶用油并轨，柴油车、非道路移动机械、内河和江海直达船舶均统一使用相同标准的柴油。车用汽柴油应加入符合要求的清净剂。修订《储油库大气污染物排放标准》《加油站大气污染物排放标准》，推进储油储气库、加油加气站、原油成品油码头、原油成品油运输船舶和油罐车、气罐车等油气回收治理工作。加强机动车、非道路移动机械环保达标和油品质量监督执法，严厉打击违法行为。（牵头单位：环境保护部、公安部、交通运输部、农业部、质检总局、国家能源局，参加单位：国家发展改革委、财政部、工商总局等）

（十七）强化生活源污染综合整治。（略）

（十八）重视农业污染排放治理。（略）

五、大力发展循环经济（略）

六、实施节能减排工程（略）

七、强化节能减排技术支撑和服务体系建设（略）

八、完善节能减排支持政策（略）

九、建立和完善节能减排市场化机制（略）

十、落实节能减排目标责任（略）

十一、强化节能减排监督检查（略）

十二、动员全社会参与节能减排（略）

附件：

1.“十三五”各地区能耗总量和强度“双控”目标（略）
2.“十三五”主要行业和部门节能指标
3.“十三五”各地区化学需氧量排放总量控制计划（略）
4.“十三五”各地区氨氮排放总量控制计划（略）
5.“十三五”各地区二氧化硫排放总量控制计划（略）
6.“十三五”各地区氮氧化物排放总量控制计划
7.“十三五”重点地区挥发性有机物排放总量控制计划（略）

附件 2：

“十三五”主要行业和部门节能指标

指标	单位	2015 年实际值	2020 年	
			目标值	变化幅度/变化率
工业：（略）				
交通运输：				
铁路单位运输工作量综合能耗	吨标准煤/百万换算吨公里	4.71	4.47	[−5%]
营运车辆单位运输周转量能耗下降率				[−6.5%]
营运船舶单位运输周转量能耗下降率				[−6%]
民航业单位运输周转量能耗	千克标准煤/吨公里	0.433	<0.415	>[−4%]
新生产乘用车平均油耗	升/百公里	6.9	5	−1.9
公共机构：（略）				

注：[ ] 内为变化率。

附件 6：

“十三五”各地区氮氧化物排放总量控制计划

地区	2015 年排放量/万吨	2020 年减排比例/%	2020 年重点工程减排量/万吨
北京	13.8	25	0.7
天津	24.7	25	3.5
河北	135.1	28	19.9
山西	93.1	20	16.3
内蒙古	113.9	11	12.5
辽宁	82.8	20	14.9
吉林	50.2	18	9.0
黑龙江	64.5	11	7.1
上海	30.1	20	5.2
江苏	106.8	20	18.7
浙江	60.7	17	10.3
安徽	72.1	16	9.0
福建	37.9	—	4.6
江西	49.3	12	5.9

地区	2015 年排放量/万吨	2020 年减排比例/%	2020 年重点工程减排量/万吨
山东	142.4	27	31.0
河南	126.2	28	15.8
湖北	51.5	20	5.9
湖南	49.7	15	6.3
广东	99.7	3	3.0
广西	37.3	13	3.3
海南	9.0	—	1.2
重庆	32.1	18	2.8
四川	53.4	16	3.7
贵州	41.9	7	2.9
云南	44.9	1	0.4
西藏	5.3	—	—
陕西	62.7	15	9.4
甘肃	38.7	8	3.1
青海	11.8	6	0.7
宁夏	36.8	12	4.4
新疆	63.7	3	1.9
新疆生产建设兵团	9.9	13	1.3

注：2020 年减排比例根据各地区空气质量改善任务确定，重点工程减排量根据“十三五”规划纲要、《大气污染防治行动计划》及相关规划提出的环境治理保护重点工程确定。

国务院关于印发《“十三五”现代综合交通运输体系发展规划》的通知

各省、自治区、直辖市人民政府，国务院各部委、各直属机构：

现将《“十三五”现代综合交通运输体系发展规划》印发给你们，请认真贯彻执行。

国务院

2017 年 2 月 3 日

“十三五”现代综合交通运输体系发展规划（节选）

交通运输是国民经济中基础性、先导性、战略性产业，是重要的服务性行业。构建现代综合交通运输体系，是适应把握引领经济发展新常态，推进供给侧结构性改革，推动国家重大战略实施，支撑全面建成小康社会的客观要求。根据《中华人民共和国国民经济和社会发展第十三个五年规划纲要》，并与“一带一路”建设、京津冀协同发展、长江经济带发展等规划相衔接，制定本规划。

一、总体要求

（一）发展环境。

“十二五”时期，我国各种交通运输方式快速发展，综合交通运输体系不断完善，较好完成规划目标任务，总体适应经济社会发展要求。交通运输基础设施累计完成投资 13.4 万亿元，是“十一五”时期的 1.6 倍，高速铁路营业里程、高速公路通车里程、城市轨道交通运营里程、沿海港口万吨级及以上泊位数量均位居世界第一，天然气管网加快发展，交通运输基础设施网络初步形成。铁路、民航客运量年均增长率超过 10%，铁路客运动车组列车运量比重达到 46%，全球集装箱吞吐量排名前十位的港口我国占 7 席，快递业务量年均增长 50%以上，城际、城市和农村交通服务能力不断增强，现代化综合交通枢纽场站一体化衔接水平不断提升。高速铁路装备制造科技创新取得重大突破，电动汽车、特种船舶、国产大型客机、中低速磁悬浮轨道交通等领域技术研发和应用取得进展，技术装备水平大幅提高，交通重大工程施工技术世界领先，走出去步伐不断加快。高速公路电子不停车收费系统（ETC）实现全国联网，新能源运输装备加快推广，交通运输安全应急保障能力进一步提高。铁路管理体制改革顺利实施，大部门管理体制初步建立，交通行政审批改革不断深化，运价改革、投融资改革扎实推进。

专栏1　"十二五"末交通基础设施完成情况

指标	单位	2010年	2015年	2015年规划目标
铁路营业里程	万km	9.1	12.1	12
其中：高速铁路	万km	0.51	1.9	—
铁路复线率	%	41	53	50
铁路电气化率	%	47	61	60
公路通车里程	万km	400.8	458	450
其中：国家高速公路	万km	5.8	8.0	8.3
普通国道二级及以上比重	%	60	69.4	70
乡镇通沥青（水泥）路率	%	96.6	98.6	98
建制村通沥青（水泥）路率	%	81.7	94.5	90
内河高等级航道里程	万km	1.02	1.36	1.3
油气管网里程	万km	7.9	11.2	15
城市轨道交通运营里程	km	1 400	3 300	3 000
沿海港口万吨级及以上泊位数	个	1 774	2 207	2 214
民用运输机场数	个	175	207	230

注：国家高速公路里程统计口径为原"7918"国家高速公路网。

"十三五"时期，交通运输发展面临的国内外环境错综复杂。从国际看，全球经济在深度调整中曲折复苏，新的增长动力尚未形成，新一轮科技革命和产业变革正在兴起，区域合作格局深度调整，能源格局深刻变化。从国内看，"十三五"时期是全面建成小康社会决胜阶段，经济发展进入新常态，生产力布局、产业结构、消费及流通格局将加速变化调整。与"十三五"经济社会发展要求相比，综合交通运输发展水平仍然存在一定差距，主要是：网络布局不完善，跨区域通道、国际通道连通不足，中西部地区、贫困地区和城市群交通发展短板明显；综合交通枢纽建设相对滞后，城市内外交通衔接不畅，信息开放共享水平不高，一体化运输服务水平亟待提升，交通运输安全形势依然严峻；适应现代综合交通运输体系发展的体制机制尚不健全，铁路市场化、空域管理、油气管网运营体制、交通投融资等方面改革仍需深化。

综合判断，"十三五"时期，我国交通运输发展正处于支撑全面建成小康社会的攻坚期、优化网络布局的关键期、提质增效升级的转型期，将进入现代化建设新阶段。站在新的发展起点上，交通运输要准确把握经济发展新常态下的新形势、新要求，切实转变发展思路、方式和路径，优化结构、转换动能、补齐短板、提质增效，更好满足多元、舒适、便捷等客运需求和经济、可靠、高效等货运需求；要突出对“一带一路”建设、京津冀协同发展、长江经济带发展三大战略和新型城镇化、脱贫攻坚的支撑保障，着力消除瓶颈制约，提升运输服务的协同性和均等化水平；要更加注重提高交通安全和应急保障能力，提升绿色、低碳、集约发展水平；要适应国际发展新环境，提高国际通道保障能力和互联互通水平，有效支撑全方位对外开放。

（二）指导思想。

全面贯彻党的十八大和十八届二中、三中、四中、五中、六中全会精神，深入贯彻习近平总书记系列重要讲话精神和治国理政新理念新思想新战略，认真落实党中央、国务院决策部署，统筹推进“五位一体”总体布局和协调推进“四个全面”战略布局，牢固树立和贯彻落实新发展理念，以提高发展质量和效益为中心，深化供给侧结构性改革，坚持交通运输服务人民，着力完善基础设施网络、加强运输服务一体衔接、提高运营管理智能水平、推行绿色安全发展模式，加快完善现代综合交通运输体系，更好地发挥交通运输的支撑引领作用，为全面建成小康社会奠定坚实基础。

（三）基本原则。

*衔接协调、便捷高效。*充分发挥各种运输方式的比较优势和组合效率，提升网络效应和规模效益。加强区域城乡交通运输一体化发展，增强交通公共服务能力，积极引导新生产消费流通方式和新业态新模式发展，扩大交通多样化有效供给，全面提升服务质量效率，实现人畅其行、货畅其流。

*适度超前、开放融合。*有序推进交通基础设施建设，完善功能布局，强化薄弱环节，确保运输能力适度超前，更好发挥交通先行官作用。坚持建设、运营、维护并重，推进交通与产业融合。积极推进与周边国家互联互通，构建国际大通道，为更高水平、更深层次的开放型经济发展提供支撑。

*创新驱动、安全绿色。*全面推广应用现代信息技术，以智能化带动交通运输现代化。深化体制机制改革，完善市场监管体系，提高综合治理能力。牢固树立安全第一理念，全面提高交通运输的安全性和可靠性。将生态保护红线意识贯穿到交通发展各环节，建立绿色发展长效机制，建设美丽交通走廊。

（四）主要目标。

到 2020 年，基本建成安全、便捷、高效、绿色的现代综合交通运输体系，部分地区和领域率先基本实现交通运输现代化。

*网络覆盖加密拓展。*高速铁路覆盖 80%以上的城区常住人口 100 万以上的城市，铁路、高速公路、民航运输机场基本覆盖城区常住人口 20 万以上的城市，内河高等级航道网基本建成，沿海港口万吨级及以上泊位数稳步增加，具备条件的建制村通硬化路，城市轨道交通运营里程比 2015 年增长近一倍，油气主干管网快速发展，综合交通网总里程达到 540

万千米左右。

综合衔接一体高效。各种运输方式衔接更加紧密，重要城市群核心城市间、核心城市与周边节点城市间实现 1～2 小时通达。打造一批现代化、立体式综合客运枢纽，旅客换乘更加便捷。交通物流枢纽集疏运系统更加完善，货物换装转运效率显著提高，交邮协同发展水平进一步提升。

专栏 2 “十三五”综合交通运输发展主要指标

指标名称		2015 年	2020 年	属性
基础设施	铁路营业里程/万 km	12.1	15	预期性
	高速铁路营业里程/万 km	1.9	3.0	预期性
	铁路复线率/%	53	60	预期性
	铁路电气化率/%	61	70	预期性
	公路通车里程/万 km	458	500	预期性
	高速公路建成里程/万 km	12.4	15	预期性
	内河高等级航道里程/万 km	1.36	1.71	预期性
	沿海港口万吨级及以上泊位数/个	2207	2527	预期性
	民用运输机场数/个	207	260	预期性
	通用机场数/个	300	500	预期性
	建制村通硬化路率/%	94.5	99	约束性
	城市轨道交通运营里程/km	3300	6000	预期性
	油气管网里程/万 km	11.2	16.5	预期性
运输服务	动车组列车承担铁路客运量比重/%	46	60	预期性
	民航航班正常率/%	67	80	预期性
	建制村通客车率/%	94	99	约束性
	公路货运车型标准化率/%	50	80	预期性
	集装箱铁水联运量年均增长率/%	10		预期性
	城区常住人口 100 万以上城市建成区公交站点 500 m 覆盖率/%	90	100	约束性
智能交通	交通基本要素信息数字化率/%	90	100	预期性
	铁路客运网上售票率/%	60	70	预期性
	公路客车 ETC 使用率/%	30	50	预期性
绿色安全	交通运输 CO_2 排放强度下降率/%	7*		预期性
	道路运输较大以上等级行车事故死亡人数下降率/%	20*		约束性

注：①硬化路一般指沥青（水泥）路，对于西部部分建设条件特别困难、高海拔高寒和交通需求小的地区，可扩展到石质、砼预制块、砖铺、砂石等路面的公路。

②通用机场统计含起降点。

③排放强度指按单位运输周转量计算的 CO_2 排放。

* 与“十二五”末相比。

运输服务提质升级。全国铁路客运动车服务比重进一步提升，民航航班正常率逐步提高，公路交通保障能力显著增强，公路货运车型标准化水平大幅提高、货车空驶率大幅下降，集装箱铁水联运比重明显提升，全社会运输效率明显提高。公共服务水平显著提升，实现村村直接通邮、具备条件的建制村通客车，城市公共交通出行比例不断提高。

智能技术广泛应用。交通基础设施、运载装备、经营业户和从业人员等基本要素信息全面实现数字化，各种交通方式信息交换取得突破。全国交通枢纽站点无线接入网络广泛覆盖。铁路信息化水平大幅提升，货运业务实现网上办理，客运网上售票比例明显提高。基本实现重点城市群内交通一卡通互通，车辆安装使用 ETC 比例大幅提升。交通运输行业北斗卫星导航系统前装率和使用率显著提高。

绿色安全水平提升。城市公共交通、出租车和城市配送领域新能源汽车快速发展。资源节约集约利用和节能减排成效显著，交通运输主要污染物排放强度持续下降。交通运输安全监管和应急保障能力显著提高，重特大事故得到有效遏制，安全水平明显提升。

二、完善基础设施网络化布局

（一）建设多向连通的综合运输通道。

构建横贯东西、纵贯南北、内畅外通的“十纵十横”综合运输大通道，加快实施重点通道连通工程和延伸工程，强化中西部和东北地区通道建设。贯通上海至瑞丽等运输通道，向东向西延伸西北北部等运输通道，将沿江运输通道由成都西延至日喀则。推进北京至昆明、北京至港澳台、烟台至重庆、二连浩特至湛江、额济纳至广州等纵向新通道建设，沟通华北、西北至西南、华南等地区；推进福州至银川、厦门至喀什、汕头至昆明、绥芬河至满洲里等横向新通道建设，沟通西北、西南至华东地区，强化进出疆、出入藏通道建设。做好国内综合运输通道对外衔接。规划建设环绕我国陆域的沿边通道。

专栏 3 综合运输通道布局（略）

（二）构建高品质的快速交通网。

以高速铁路、高速公路、民用航空等为主体，构建服务品质高、运行速度快的综合交通骨干网络。

推进高速铁路建设。加快高速铁路网建设，贯通京哈—京港澳、陆桥、沪昆、广昆等高速铁路通道，建设京港（台）、呼南、京昆、包（银）海、青银、兰（西）广、京兰、厦渝等高速铁路通道，拓展区域连接线，扩大高速铁路覆盖范围。

完善高速公路网络。加快推进由 7 条首都放射线、11 条北南纵线、18 条东西横线，以及地区环线、并行线、联络线等组成的国家高速公路网建设，尽快打通国家高速公路主线待贯通路段，推进建设年代较早、交通繁忙的国家高速公路扩容改造和分流路线建设。有序发展地方高速公路。加强高速公路与口岸的衔接。

完善运输机场功能布局。打造国际枢纽机场，建设京津冀、长三角、珠三角世界级机场群，加快建设哈尔滨、深圳、昆明、成都、重庆、西安、乌鲁木齐等国际航空枢纽，增强区域枢纽机场功能，实施部分繁忙干线机场新建、迁建和扩能改造工程。科学安排支线机场新建和改扩建，增加中西部地区机场数量，扩大航空运输服务覆盖面。推进以货运功能为主的机场建设。优化完善航线网络，推进国内国际、客运货运、干线支线、运输通用协调发展。加快空管基础设施建设，优化空域资源配置，推进军民航空管融合发展，提高空管服务保障水平。

专栏4　快速交通网重点工程（略）

（三）强化高效率的普通干线网。

以普速铁路、普通国道、港口、航道、油气管道等为主体，构建运行效率高、服务能力强的综合交通普通干线网络。

完善普速铁路网。加快中西部干线铁路建设，完善东部干线铁路网络，加快推进东北地区铁路提速改造，增强区际铁路运输能力，扩大路网覆盖面。实施既有铁路复线和电气化改造，提升路网质量。拓展对外通道，推进边境铁路建设，加强铁路与口岸的连通，加快实现与境外通道的有效衔接。

推进普通国道提质改造。加快普通国道提质改造，基本消除无铺装路面，全面提升保障能力和服务水平，重点加强西部地区、集中连片特困地区、老少边穷地区低等级普通国道升级改造和未贯通路段建设。推进口岸公路建设。加强普通国道日常养护，科学实施养护工程，强化大中修养护管理。推进普通国道服务区建设，提高服务水平。

完善水路运输网络。优化港口布局，推动资源整合，促进结构调整。强化航运中心功能，稳步推进集装箱码头项目，合理把握煤炭、矿石、原油码头建设节奏，有序推进液化天然气、商品汽车等码头建设。提升沿海和内河水运设施专业化水平，加快内河高等级航道建设，统筹航道整治与河道治理，增强长江干线航运能力，推进西江航运干线和京杭运河高等级航道扩能升级改造。

强化油气管网互联互通。巩固和完善西北、东北、西南和海上四大油气进口通道。新建和改扩建一批原油管道，对接西北、东北、西南原油进口管道和海上原油码头。结合油源供应、炼化基地布局，完善成品油管网，逐步提高成品油管输比例。大力推动天然气主干管网、区域管网和互联互通管网建设，加快石油、成品油储备项目和天然气调峰设施建设。

专栏 5　普通干线网重点工程（略）

（四）拓展广覆盖的基础服务网。

以普通省道、农村公路、支线铁路、支线航道等为主体，通用航空为补充，构建覆盖空间大、通达程度深、惠及面广的综合交通基础服务网络。

合理引导普通省道发展。积极推进普通省道提级、城镇过境段改造和城市群城际路段等扩容工程，加强与城市干道衔接，提高拥挤路段通行能力。强化普通省道与口岸、支线机场以及重要资源地、农牧林区和兵团团场等有效衔接。

全面加快农村公路建设。除少数不具备条件的乡镇、建制村外，全面完成通硬化路任务，有序推进较大人口规模的撤并建制村和自然村通硬化路建设，加强县乡村公路改造，进一步完善农村公路网络。加强农村公路养护，完善安全防护设施，保障农村地区基本出行条件。积极支持国有林场林区道路建设，将国有林场林区道路按属性纳入各级政府相关公路网规划。

积极推进支线铁路建设。推进地方开发性铁路、支线铁路和沿边铁路建设。强化与矿区、产业园区、物流园区、口岸等有效衔接，增强对干线铁路网的支撑作用。

加强内河支线航道建设。推进澜沧江等国际国境河流航道建设。加强长江、西江、京杭运河、淮河重要支流航道建设。推进金沙江、黄河中上游等中西部地区库湖区航运设施建设。

加快推进通用机场建设。以偏远地区、地面交通不便地区、自然灾害多发地区、农产品主产区、主要林区和旅游景区等为重点，推进 200 个以上通用机场建设，鼓励有条件的运输机场兼顾通用航空服务。

完善港口集疏运网络。加强沿海、长江干线主要港口集疏运铁路、公路建设。

专栏 6　基础服务网重点工程（略）

三、强化战略支撑作用

（一）打造“一带一路”互联互通开放通道。

着力打造丝绸之路经济带国际运输走廊。以新疆为核心区，以乌鲁木齐、喀什为支点，发挥陕西、甘肃、宁夏、青海的区位优势，连接陆桥和西北北部运输通道，逐步构建经中亚、西亚分别至欧洲、北非的西北国际运输走廊。发挥广西、云南开发开放优势，建设云南面向南亚东南亚辐射中心，构建广西面向东盟国际大通道，以昆明、南宁为支点，连接上海至瑞丽、临河至磨憨、济南至昆明等运输通道，推进西藏与尼泊尔等国交通合作，逐步构建衔接东南亚、南亚的西南国际运输走廊。发挥内蒙古联通蒙俄的区位优势，加强黑龙江、吉林、辽宁与俄远东地区陆海联运合作，连接绥芬河至满洲里、珲春至二连浩特、黑河至港澳、沿海等运输通道，构建至俄罗斯远东、蒙古、朝鲜半岛的东北国际运输走廊。积极推进与周边国家和地区铁路、公路、水运、管道连通项目建设，发挥民航网络灵活性优势，率先实现与周边国家和地区互联互通。

加快推进21世纪海上丝绸之路国际通道建设。以福建为核心区，利用沿海地区开放程度高、经济实力强、辐射带动作用大的优势，提升沿海港口服务能力，加强港口与综合运输大通道衔接，拓展航空国际支撑功能，完善海外战略支点布局，构建连通内陆、辐射全球的21世纪海上丝绸之路国际运输通道。

加强“一带一路”通道与港澳台地区的交通衔接。强化内地与港澳台的交通联系，开展全方位的交通合作，提升互联互通水平。支持港澳积极参与和助力“一带一路”建设，并为台湾地区参与“一带一路”建设作出妥善安排。

（二）构建区域协调发展交通新格局。

强化区域发展总体战略交通支撑。按照区域发展总体战略要求，西部地区着力补足交通短板，强化内外联通通道建设，改善落后偏远地区通行条件；东北地区提高进出关通道运输能力，提升综合交通网质量；中部地区提高贯通南北、连接东西的通道能力，提升综合交通枢纽功能；东部地区着力优化运输结构，率先建成现代综合交通运输体系。

构建京津冀协同发展的一体化网络。建设以首都为核心的世界级城市群交通体系，形成以“四纵四横一环”运输通道为主骨架、多节点、网格状的区域交通新格局。重点加强城际铁路建设，强化干线铁路与城际铁路、城市轨道交通的高效衔接，加快构建内外疏密有别、高效便捷的轨道交通网络，打造“轨道上的京津冀”。加快推进国家高速公路待贯通路段建设，提升普通国省干线技术等级，强化省际衔接路段建设。加快推进天津北方国际航运核心区建设，加强港口规划与建设的协调，构建现代化的津冀港口群。加快构建以枢纽机场为龙头、分工合作、优势互补、协调发展的世界级航空机场群。完善区域油气储运基础设施。

建设长江经济带高质量综合立体交通走廊。坚持生态优先、绿色发展，提升长江黄金水道功能。统筹推进干线航道系统化治理和支线航道建设，研究建设三峡枢纽水运新通道。优化长江岸线利用与港口布局，积极推进专业化、规模化、现代化港区建设，强化集疏运配套，促进区域港口一体化发展。发展现代航运服务，建设武汉、重庆长江中上游航运中心及南京区域性航运物流中心和舟山江海联运服务中心，实施长江船型标准化。加快铁路建设步伐，建设沿江高速铁路。统筹推进高速公路建设，加快高等级公路建设。完善航空

枢纽布局与功能，拓展航空运输网络。建设沿江油气主干管道，推动管网互联互通。

（三）发挥交通扶贫脱贫攻坚基础支撑作用。

强化贫困地区骨干通道建设。以革命老区、民族地区、边疆地区、集中连片特殊困难地区为重点，加强贫困地区对外运输通道建设。加强贫困地区市（地、州、盟）之间、县（市、区、旗）与市（地、州、盟）之间高等级公路建设，实施具有对外连接功能的重要干线公路提质升级工程。加快资源丰富和人口相对密集贫困地区开发性铁路建设。在具备水资源开发条件的农村地区，统筹内河航电枢纽建设和航运发展。

夯实贫困地区交通基础。实施交通扶贫脱贫“双百”工程，加快推动既有县乡公路提级改造，增强县乡城镇中心的辐射带动能力。加快通乡连村公路建设，鼓励有需求的相邻县、相邻乡镇、相邻建制村之间建设公路。改善特色小镇、农村旅游景点景区、产业园区和特色农业基地等交通运输条件。

（四）发展引领新型城镇化的城际城市交通。

推进城际交通发展。加快建设京津冀、长三角、珠三角三大城市群城际铁路网，推进山东半岛、海峡西岸、中原、长江中游、成渝、关中平原、北部湾、哈长、辽中南、山西中部、呼包鄂榆、黔中、滇中、兰州—西宁、宁夏沿黄、天山北坡等城市群城际铁路建设，形成以轨道交通、高速公路为骨干，普通公路为基础，水路为补充，民航有效衔接的多层次、便捷化城际交通网络。

加强城市交通建设。完善优化超大、特大城市轨道交通网络，推进城区常住人口 300 万以上的城市轨道交通成网。加快建设大城市市域（郊）铁路，有效衔接大中小城市、新城新区和城镇。优化城市内外交通，完善城市交通路网结构，提高路网密度，形成城市快速路、主次干路和支路相互配合的道路网络，打通微循环。推进城市慢行交通设施和公共停车场建设。

四、加快运输服务一体化进程

（一）优化综合交通枢纽布局。

完善综合交通枢纽空间布局。结合全国城镇体系布局，着力打造北京、上海、广州等国际性综合交通枢纽，加快建设全国性综合交通枢纽，积极建设区域性综合交通枢纽，优化完善综合交通枢纽布局，完善集疏运条件，提升枢纽一体化服务功能。

专栏 7　综合交通枢纽布局（略）

提升综合客运枢纽站场一体化服务水平。按照零距离换乘要求，在全国重点打造 150

个开放式、立体化综合客运枢纽。科学规划设计城市综合客运枢纽，推进多种运输方式统一设计、同步建设、协同管理，推动中转换乘信息互联共享和交通导向标识连续、一致、明晰，积极引导立体换乘、同台换乘。

促进货运枢纽站场集约化发展。按照无缝衔接要求，优化货运枢纽布局，推进多式联运型和干支衔接型货运枢纽（物流园区）建设，加快推进一批铁路物流基地、港口物流枢纽、航空转运中心、快递物流园区等规划建设和设施改造，提升口岸枢纽货运服务功能，鼓励发展内陆港。

促进枢纽站场之间有效衔接。强化城市内外交通衔接，推进城市主要站场枢纽之间直接连接，有序推进重要港区、物流园区等直通铁路，实施重要客运枢纽的轨道交通引入工程，基本实现利用城市轨道交通等骨干公交方式连接大中型高铁车站以及年吞吐量超过1 000万人次的机场。

（二）提升客运服务安全便捷水平。

推进旅客联程运输发展。促进不同运输方式运力、班次和信息对接，鼓励开展空铁、公铁等联程运输服务。推广普及电子客票、联网售票，健全身份查验制度，加快完善旅客联程、往返、异地等出行票务服务系统，完善铁路客运线上服务功能。推行跨运输方式异地候机候车、行李联程托运等配套服务。鼓励第三方服务平台发展“一票制”客运服务。

完善区际城际客运服务。优化航班运行链条，着力提升航班正常率，提高航空服务能力和品质。拓展铁路服务网络，扩大高铁服务范围，提升动车服务品质，改善普通旅客列车服务水平。发展大站快车、站站停等多样化城际铁路服务，提升中心城区与郊区之间的通勤化客运水平。按照定线、定时、定点要求，推进城际客运班车公交化运行。探索创新长途客运班线运输服务模式。

发展多层次城市客运服务。大力发展公共交通，推进公交都市建设，进一步提高公交出行分担率。强化城际铁路、城市轨道交通、地面公交等运输服务有机衔接，支持发展个性化、定制化运输服务，因地制宜建设多样化城市客运服务体系。

推进城乡客运服务一体化。推动城市公共交通线路向城市周边延伸，推进有条件的地区实施农村客运班线公交化改造。鼓励发展镇村公交，推广农村客运片区经营模式，实现具备条件的建制村全部通客车，提高运营安全水平。

（三）促进货运服务集约高效发展。

推进货物多式联运发展。以提高货物运输集装化和运载单元标准化为重点，积极发展大宗货物和特种货物多式联运。完善铁路货运线上服务功能，推动公路甩挂运输联网。制定完善统一的多式联运规则和多式联运经营人管理制度，探索实施“一单制”联运服务模式，引导企业加强信息互联和联盟合作。

统筹城乡配送协调发展。加快建设城市货运配送体系，在城市周边布局建设公共货运场站，完善城市主要商业区、社区等末端配送节点设施，推动城市中心铁路货场转型升级为城市配送中心，优化车辆便利化通行管控措施。加快完善县、乡、村三级物流服务网络，统筹交通、邮政、商务、供销等农村物流资源，推广“多站合一”的物流节点建设，积极推广农村“货运班线”等服务模式。

促进邮政快递业健康发展。以邮区中心局为核心、邮政网点为支撑、村邮站为延伸，加快完善邮政普遍服务网络。推动重要枢纽的邮政和快递功能区建设，实施快递“上车、上船、上飞机”工程，鼓励利用铁路快捷运力运送快件。推进快递“向下、向西、向外”工程，推动快递网络下沉至乡村，扩大服务网络覆盖范围，基本实现乡乡设网点、村村通快递。

推进专业物流发展。加强大件运输管理，健全跨区域、跨部门联合审批机制，推进网上审批、综合协调和互联互认。加快发展冷链运输，完善全程温控相关技术标准和服务规范。加强危险货物全程监管，健全覆盖多种运输方式的法律体系和标准规范，创新跨区域联网联控技术手段和协调机制。

（四）增强国际化运输服务能力。

完善国际运输服务网络。完善跨境运输走廊，增加便利货物和人员运输协定过境站点和运输线路。有效整合中欧班列资源，统一品牌，构建“点对点”整列直达、枢纽节点零散中转的高效运输组织体系。加强港航国际联动，鼓励企业建设海外物流中心，推进国际陆海联运、国际甩挂运输等发展。拓展国际航空运输市场，建立海外运营基地和企业，提升境外落地服务水平。完善国际邮件处理中心布局，支持建设一批国际快件转运中心和海外仓，推进快递业跨境发展。

提高国际运输便利化水平。进一步完善双多边运输国际合作机制，加快形成“一站式”口岸通关模式。推动国际运输管理与服务信息系统建设，促进陆路口岸信息资源交互共享。依托区域性国际网络平台，加强与“一带一路”沿线国家和地区在技术标准、数据交换、信息安全等方面的交流合作。积极参与国际和区域运输规则制修订，全面提升话语权与影响力。

鼓励交通运输走出去。推动企业全方位开展对外合作，通过投资、租赁、技术合作等方式参与海外交通基础设施的规划、设计、建设和运营。积极开展轨道交通一揽子合作，提升高铁、城市轨道交通等重大装备综合竞争力，加快自主品牌汽车走向国际，推动各类型国产航空装备出口，开拓港口机械、液化天然气船等船舶和海洋工程装备国际市场。

（五）发展先进适用的技术装备。

推进先进技术装备自主化。提升高铁、大功率电力机车、重载货车、中低速磁悬浮轨道交通等装备技术水平，着力研制和应用中国标准动车组谱系产品，研发市域（郊）铁路列车，创新发展下一代高速列车，加快城市轨道交通装备关键技术产业化。积极发展公路专用运输车辆、大型厢式货车和城市配送车辆，鼓励发展大中型高档客车，大力发展安全、实用、经济型乡村客车。发展多式联运成套技术装备，提高集装箱、特种运输等货运装备使用比重。

继续发展大型专业化运输船舶。实施适航攻关工程，积极发展国产大飞机和通用航空器。

促进技术装备标准化发展。加快推进铁路多式联运专用装备和机具技术标准体系建设。积极推动载货汽车标准化，加强车辆公告、生产、检测、注册登记、营运使用等环节的标准衔接。加快推进内河运输船舶标准化，大力发展江海直达船舶。推广应用集装化和单元化装载技术。建立共享服务平台标准化网络接口和单证自动转换标准格式。

专栏 8　提升综合运输服务行动计划（略）

五、提升交通发展智能化水平

（一）促进交通产业智能化变革。

实施“互联网+”便捷交通、高效物流行动计划。将信息化智能化发展贯穿于交通建设、运行、服务、监管等全链条各环节，推动云计算、大数据、物联网、移动互联网、智能控制等技术与交通运输深度融合，实现基础设施和载运工具数字化、网络化，运营运行智能化。利用信息平台集聚要素，驱动生产组织和管理方式转变，全面提升运输效率和服务品质。

培育壮大智能交通产业。以创新驱动发展为导向，针对发展短板，着眼市场需求，大力推动智能交通等新兴前沿领域创新和产业化。鼓励交通运输科技创新和新技术应用，加快建立技术、市场和资本共同推动的智能交通产业发展模式。

（二）推动智能化运输服务升级。

推行信息服务“畅行中国”。推进交通空间移动互联网化，建设形成旅客出行与公务商务、购物消费、休闲娱乐相互渗透的“交通移动空间”。支持互联网企业与交通运输企业、行业协会等整合完善各类交通信息平台，提供综合出行信息服务。完善危险路段与事故区域的实时状态感知和信息告警推送服务。推进交通一卡通跨区（市）域、跨运输方式互通。

发展“一站式”、“一单制”运输组织。推动运营管理系统信息化改造，推进智能协同调度。研究铁路客票系统开放接入条件，与其他运输方式形成面向全国的“一站式”票务系统，加快移动支付在交通运输领域应用。推动使用货运电子运单，建立包含基本信息的电子标签，形成唯一赋码与电子身份，推动全流程互认和可追溯，加快发展多式联运“一单制”。

（三）优化交通运行和管理控制。

建立高效运转的管理控制系统。建设综合交通运输运行协调与应急调度指挥中心，推进部门间、运输方式间的交通管理联网联控在线协同和应急联动。全面提升铁路全路网列车调度指挥和运输管理智能化水平。开展新一代国家交通控制网、智慧公路建设试点，推动路网管理、车路协同和出行信息服务的智能化。建设智慧港航和智慧海事，提高港口管理水平和服务效率，提升内河高等级航道运行状态在线监测能力。发展新一代空管系统，加强航空公司运行控制体系建设。推广应用城市轨道交通自主化全自动运行系统、基于无线通信的列车控制系统等，促进不同线路和设备之间相互联通。优化城市交通需求管理，提升城市交通智能化管理水平。

提升装备和载运工具智能化自动化水平。拓展铁路计算机联锁、编组站系统自动化应用，推进全自动集装箱码头系统建设，有序发展无人机自动物流配送。示范推广车路协同技术，推广应用智能车载设备，推进全自动驾驶车辆研发，研究使用汽车电子标识。建设智能路侧设施，提供网络接入、行驶引导和安全告警等服务。

（四）健全智能决策支持与监管。

完善交通决策支持系统。增强交通规划、投资、建设、价格等领域信息化综合支撑能力，建设综合交通运输统计信息资源共享平台。充分利用政府和企业的数据信息资源，挖掘分析人口迁徙、公众出行、枢纽客货流、车辆船舶行驶等特征和规律，加强对交通发展的决策支撑。

提高交通行政管理信息化水平。推动在线行政许可“一站式”服务，推进交通运输许可证件（书）数字化，促进跨区域、跨部门行政许可信息和服务监督信息互通共享。加强全国治超联网管理信息系统建设，加快推动交通运输行政执法电子化，推进非现场执法系统试点建设，实现异地交换共享和联防联控。加强交通运输信用信息、安全生产等信息系统与国家相关平台的对接。

（五）加强交通发展智能化建设。

打造泛在的交通运输物联网。推动运行监测设备与交通基础设施同步建设。强化全面覆盖交通网络基础设施风险状况、运行状态、移动装置走行情况、运行组织调度信息的数据采集系统，形成动态感知、全面覆盖、泛在互联的交通运输运行监控体系。

构建新一代交通信息基础网络。加快车联网、船联网等建设。在民航、高铁等载运工具及重要交通线路、客运枢纽站点提供高速无线接入互联网公共服务。建设铁路下一代移动通信系统，布局基于下一代互联网和专用短程通信的道路无线通信网。研究规划分配智能交通专用频谱。

推进云计算与大数据应用。增强国家交通运输物流公共信息平台服务功能。强化交通运输信息采集、挖掘和应用，促进交通各领域数据资源综合开发利用和跨部门共享共用。推动交通旅游服务等大数据应用示范。鼓励开展交通大数据产业化应用，推进交通运输电子政务云平台建设。

保障交通网络信息安全。构建行业网络安全信任体系，基本实现重要信息系统和关键基础设施的安全可控，提升抗毁性和容灾恢复能力。加强大数据环境下防攻击、防泄露、防窃取的网络安全监测预警和应急处置能力建设。加强交通运输数据保护，防止侵犯个人隐私和滥用用户信息等行为。

专栏 9　交通运输智能化发展重点工程（略）

六、促进交通运输绿色发展

（一）推动节能低碳发展。

优化交通运输结构，鼓励发展铁路、水运和城市公共交通等运输方式，优化发展航空、公路等运输方式。科学划设公交专用道，完善城市步行和自行车等慢行服务系统，积极探索合乘、拼车等共享交通发展。鼓励淘汰老旧高能耗车船，提高运输工具和港站等节能环保技术水平。加快新能源汽车充电设施建设，推进新能源运输工具规模化应用。制定发布交通运输行业重点节能低碳技术和产品推广目录，健全监督考核机制。

（二）强化生态保护和污染防治。

将生态环保理念贯穿交通基础设施规划、建设、运营和养护全过程。积极倡导生态选线、环保设计，利用生态工程技术减少交通对自然保护区、风景名胜区、珍稀濒危野生动植物天然集中分布区等生态敏感区域的影响。严格落实生态保护和水土保持措施，鼓励开展生态修复。严格大城市机动车尾气排放限值标准，实施汽车检测与维护制度，探索建立重点区域交通运输温室气体与大气污染物排放协同联控机制。落实重点水域船舶排放控制区管理政策，加强近海以及长江、西江等水域船舶溢油风险防范和污染排放控制。有效防治公路、铁路沿线噪声、振动，减缓大型机场噪声影响。

专栏 10　交通运输绿色化发展重点工程

（一）交通节能减排工程。

支持高速公路服务区充电桩、加气站，以及长江干线、西江干线、京杭运河沿岸加气站等配套设施规划与建设。推进原油、成品油码头油气回收治理，推进靠港船舶使用岸电。在京津冀、长三角、珠三角三大区域，开展船舶污染物排放治理，到 2020 年硫氧化物、氮氧化物、颗粒物年排放总量在 2015 年基础上分别下降 65%、20%、30%。

（二）交通装备绿色化工程。

加快推进天然气等清洁运输装备、装卸设施以及纯电动、混合动力汽车应用，鼓励铁路推广使用交—直—交电力机车，逐步淘汰柴油发电车。加速淘汰一批长江等内河老旧客运、危险品运输船舶。

（三）交通资源节约工程。

提高土地和岸线利用效率，提升单位长度码头岸线设计通过能力。积极推广公路服务区和港口水资源综合循环利用。建设一批资源循环利用试点工程。

（四）交通生态环保工程。

建设一批港口、装卸站、船舶修造厂和船舶含油污水、生活污水、化学品洗舱水和垃圾等污染物的接收设施，并与城市公共转运处置设施衔接。在枢纽、高速公路服务区建设一批污水治理和循环利用设施。

（三）推进资源集约节约利用。

统筹规划布局线路和枢纽设施，集约利用土地、线位、桥位、岸线等资源，采取有效措施减少耕地和基本农田占用，提高资源利用效率。在工程建设中，鼓励标准化设计及工厂预制，综合利用废旧路面、疏浚土、钢轨、轮胎和沥青等材料以及无害化处理后的工业废料、建筑垃圾，循环利用交通生产生活污水，鼓励企业加入区域资源再生综合交易系统。

七、加强安全应急保障体系建设（略）

八、拓展交通运输新领域新业态

（一）积极引导交通运输新消费。（略）

（二）培育壮大交通运输新动能。（略）

（三）打造交通物流融合新模式。

……推进公路港等枢纽新业态发展，积极发展无车承运人等互联网平台型企业，整合公路货运资源，鼓励企业开发“卡车航班”等运输服务产品。

（四）推进交通空间综合开发利用。

依据城市总体规划和交通专项规划，鼓励交通基础设施与地上、地下、周边空间综合利用，融合交通与商业、商务、会展、休闲等功能。打造依托综合交通枢纽的城市综合体和产业综合区，推动高铁、地铁等轨道交通站场、停车设施与周边空间的联动开发。重点推进地下空间分层开发，拓展地下纵深空间，统筹城市轨道交通、地下道路等交通设施与城市地下综合管廊的规划布局，研究大城市地下快速路建设。

专栏 12　交通运输新领域建设重点工程
（一）通用航空工程。（略） （二）国家公路港网络建设工程。（略） （三）邮轮游艇服务工程。（略） （四）汽车营地建设工程。（略） （五）城市交通空间开发利用工程。（略） （六）步道自行车路网建设工程。 规划建设城市步行和自行车交通体系，逐步打造国家步道系统和自行车路网，重点建设一批山地户外营地、徒步骑行服务站。

九、全面深化交通运输改革（略）

十、强化政策支持保障

（一）加强规划组织实施。

各有关部门要按照职能分工，完善相关配套政策措施，做好交通军民融合工作，为本规划实施创造有利条件；做好本规划与国土空间开发、重大产业布局、生态环境建设、信息通信发展等规划的衔接，以及铁路、公路、水运、民航、油气管网、邮政等专项规划对本规划的衔接落实；加强部际合作和沟通配合，协调推进重大项目、重大工程，加强国防交通规划建设；加强规划实施事中事后监管和动态监测分析，适时开展中期评估、环境影响跟踪评估和建设项目后评估，根据规划落实情况及时动态调整。地方各级人民政府要紧密结合发展实际，细化落实本规划确定的主要目标和重点任务，各地综合交通运输体系规划要做好对本规划的衔接落实。

（二）加大政策支持力度。

健全公益性交通设施与运输服务政策支持体系，加强土地、投资、补贴等组合政策支撑保障。切实保障交通建设用地，在用地计划、供地方式等方面给予一定政策倾斜。加大中央投资对铁路、水运等绿色集约运输方式的支持力度。充分发挥各方积极性，用好用足铁路土地综合开发、铁路发展基金等既有支持政策，尽快形成铁路公益性运输财政补贴的制度性安排，积极改善铁路企业债务结构。统筹各类交通建设资金，重点支持交通扶贫脱贫攻坚。充分落实地方政府主体责任，采用中央与地方共建等方式推动综合交通枢纽一体化建设。

（三）完善法规标准体系。

研究修订铁路法、公路法、港口法、民用航空法、收费公路管理条例、道路运输条例等，推动制定快递条例，研究制定铁路运输条例等法规。加快制定完善先进适用的高速铁路、城际铁路、市域（郊）铁路、城市轨道交通、联程联运、综合性交通枢纽、交通信息化智能化等技术标准，强化各类标准衔接，加强标准、计量、质量监督，构建综合交通运输标准体系和统计体系。完善城市轨道交通装备标准规范体系，开展城市轨道交通装备认证。依托境外交通投资项目，带动装备、技术和服务等标准走出去。

（四）强化交通科技创新。

发挥重点科研平台、产学研联合创新平台作用，加大基础性、战略性、前沿性技术攻关力度，力争在特殊重大工程建设、交通通道能力和工程品质提升、安全风险防控与应急技术装备、综合运输智能管控和协同运行、交通大气污染防控等重大关键技术上取得突破。

发挥企业的创新主体作用，鼓励企业以满足市场需求为导向开展技术、服务、组织和模式等各类创新，提高科技含量和技术水平，不断向产业链和价值链高端延伸。

（五）培育多元人才队伍。

加快综合交通运输人才队伍建设，培养急需的高层次、高技能人才，加强重点领域科技领军人才和优秀青年人才培养。加强人才使用与激励机制建设，提升行业教育培训的基础条件和软硬件环境。做好国外智力引进和国际组织人才培养推送工作，促进人才国际交流与合作。

附件：

1. 重点任务分工方案
2. 综合运输大通道和综合交通枢纽示意图（略）
3. “十三五”铁路规划建设示意图（略）
4. “十三五”国家高速公路规划建设示意图（略）
5. “十三五”民用运输机场规划建设示意图（略）
6. “十三五”内河高等级航道规划建设示意图（略）
7. “十三五”原油、成品油、天然气管道规划建设示意图（略）

附件 1：

重点任务分工方案

序号	任务	责任单位
1	建设多向连通的综合运输通道	国家发展改革委、交通运输部牵头，国家铁路局、中国民航局、中国铁路总公司等按职责分工负责
2	构建高品质的快速交通网。推进高速铁路建设，完善高速公路网络，完善运输机场功能布局	国家发展改革委、交通运输部、国家铁路局、中国民航局、中国铁路总公司等按职责分工负责
3	强化高效率的普通干线网。完善普速铁路网，推进普通国道提质改造，完善水路运输网络，强化油气管网互联互通	交通运输部、国家发展改革委牵头，国家能源局、国家铁路局、中国民航局、中国铁路总公司等按职责分工负责
4	拓展广覆盖的基础服务网。合理引导普通省道发展，全面加快农村公路建设，积极推进支线铁路建设，加强内河支线航道建设，加快推进通用机场建设，完善港口集疏运网络	交通运输部、国家发展改革委牵头，国家铁路局、中国民航局、中国铁路总公司等按职责分工负责

序号	任务	责任单位
5	打造“一带一路”互联互通开放通道。着力打造丝绸之路经济带国际运输走廊，加快推进21世纪海上丝绸之路国际通道建设，加强“一带一路”通道与港澳台地区的交通衔接	国家发展改革委牵头，交通运输部、外交部、商务部、国家铁路局、中国民航局、中国铁路总公司等按职责分工负责
6	构建京津冀协同发展的一体化网络。打造“轨道上的京津冀”，完善综合交通网络	国家发展改革委牵头，交通运输部、住房城乡建设部、国家铁路局、中国民航局、中国铁路总公司等按职责分工负责
7	建设长江经济带高质量综合立体交通走廊。打造长江黄金水道，构建立体交通走廊	国家发展改革委牵头，交通运输部、水利部、环境保护部、国家铁路局、中国民航局、中国铁路总公司等按职责分工负责
8	发挥交通扶贫脱贫攻坚基础支撑作用。强化贫困地区骨干通道建设，夯实贫困地区交通基础	交通运输部、国家发展改革委牵头，国务院扶贫办、国家铁路局、中国民航局、中国铁路总公司等按职责分工负责
9	发展引领新型城镇化的城际城市交通。推进城际交通发展，加强城市交通建设	国家发展改革委、交通运输部、住房城乡建设部牵头，国家铁路局、中国民航局、中国铁路总公司等按职责分工负责
10	优化综合交通枢纽布局。完善综合交通枢纽空间布局，提升综合客运枢纽站场一体化服务水平，促进货运枢纽站场集约化发展，促进枢纽站场之间有效衔接	交通运输部、国家发展改革委牵头，住房城乡建设部、国家铁路局、中国民航局、国家邮政局、中国铁路总公司等按职责分工负责
11	提升客运服务安全便捷水平。推进旅客联程运输发展，完善区际城际客运服务，发展多层次城市客运服务，推进城乡客运服务一体化	交通运输部牵头，国家发展改革委、国家铁路局、中国民航局、中国铁路总公司等按职责分工负责
12	促进货运服务集约高效发展。推进货物多式联运发展，统筹城乡配送协调发展，促进邮政快递业健康发展，推进专业物流发展	交通运输部牵头，国家发展改革委、商务部、质检总局、国家铁路局、中国民航局、国家邮政局、中国铁路总公司等按职责分工负责
13	增强国际化运输服务能力。完善国际运输服务网络，提高国际运输便利化水平，鼓励交通运输走出去	交通运输部牵头，国家发展改革委、商务部、海关总署、质检总局、国家铁路局、中国民航局、国家邮政局、中国铁路总公司等按职责分工负责
14	发展先进适用的技术装备。推进先进技术装备自主化，促进技术装备标准化发展	国家发展改革委、交通运输部、工业和信息化部牵头，科技部、公安部、质检总局、国家铁路局、中国民航局、国家邮政局、中国铁路总公司等按职责分工负责
15	促进交通产业智能化变革。实施“互联网+”行动计划，培育壮大智能交通产业	国家发展改革委、交通运输部牵头，工业和信息化部、科技部、国家铁路局、中国民航局、中国铁路总公司等按职责分工负责
16	推动智能化运输服务升级。推行信息服务“畅行中国”，发展“一站式”、“一单制”运输组织	交通运输部、国家发展改革委牵头，工业和信息化部、国家铁路局、中国民航局、中国铁路总公司等按职责分工负责
17	优化交通运行和管理控制。建立高效运转的管理控制系统，提升装备和载运工具智能化自动化水平	交通运输部牵头，国家发展改革委、工业和信息化部、公安部、国家铁路局、中国民航局、中国铁路总公司等按职责分工负责

序号	任务	责任单位
18	健全智能决策支持与监管。完善交通决策支持系统，提高交通行政管理信息化水平	交通运输部牵头，工业和信息化部、国家铁路局、中国民航局、中国铁路总公司等按职责分工负责
19	加强交通发展智能化建设。打造泛在的交通运输物联网，构建新一代交通信息基础网络，推进云计算与大数据应用，保障交通网络信息安全	国家发展改革委、交通运输部牵头，工业和信息化部、国家国防科工局、国家铁路局、中国民航局、中国铁路总公司等按职责分工负责
20	推动节能低碳发展。优化运输结构，推广应用节能低碳技术和产品	交通运输部、住房城乡建设部牵头，国家发展改革委、环境保护部、国家能源局、国家铁路局、中国民航局、中国铁路总公司等按职责分工负责
21	强化生态保护和污染防治。加强全过程全周期生态保护，强化大气、水、噪声污染防治	交通运输部牵头，国家发展改革委、环境保护部、国家铁路局、中国民航局、中国铁路总公司等按职责分工负责
22	推进资源集约节约利用。提高交通资源利用效率，加强资源综合循环利用	交通运输部牵头，工业和信息化部、环境保护部、国家铁路局、中国民航局、中国铁路总公司等按职责分工负责
23	加强交通运输安全生产管理	交通运输部牵头，公安部、安全监管总局、国家铁路局、中国民航局、中国铁路总公司等按职责分工负责
24	加快交通安全监管体系建设	交通运输部牵头，公安部、安全监管总局、国家铁路局、中国民航局、国家邮政局、中国铁路总公司等按职责分工负责
25	推进交通运输应急体系建设	交通运输部牵头，公安部、安全监管总局、国家铁路局、中国民航局、中国铁路总公司等按职责分工负责
26	积极引导交通运输新消费	国家发展改革委、交通运输部牵头，工业和信息化部、住房城乡建设部、国家旅游局、中国民航局、国家邮政局、中国铁路总公司等按职责分工负责
27	培育壮大交通运输新动能	国家发展改革委、交通运输部牵头，商务部、海关总署、国家旅游局、体育总局、中国铁路总公司等按职责分工负责
28	打造交通物流融合新模式	国家发展改革委、交通运输部牵头，商务部、工业和信息化部、海关总署、中国铁路总公司等按职责分工负责
29	推进交通空间综合开发利用	国家发展改革委、交通运输部、住房城乡建设部牵头，国土资源部等按职责分工负责
30	深化交通管理体制改革	国家发展改革委、交通运输部牵头，工商总局、国家铁路局、中国民航局、中国铁路总公司等按职责分工负责
31	推进交通市场化改革	国家发展改革委、交通运输部牵头，工商总局、国家铁路局、中国民航局、中国铁路总公司等按职责分工负责

序号	任务	责任单位
32	加快交通投融资改革	国家发展改革委、财政部、交通运输部牵头，国土资源部、人民银行、银监会、证监会、保监会、国家铁路局、中国民航局、中国铁路总公司等按职责分工负责
33	完善法规体系	交通运输部牵头，国务院法制办、国家铁路局、中国民航局、国家邮政局、国家交通战备办公室、中国铁路总公司等按职责分工负责
34	强化标准支撑	质检总局、交通运输部牵头，工业和信息化部、科技部、住房城乡建设部、国家铁路局、中国民航局、国家邮政局、中国铁路总公司等按职责分工负责

国务院关于印发《“十三五”控制温室气体排放工作方案》的通知

（国发〔2016〕61 号）

各省、自治区、直辖市人民政府，国务院各部委、各直属机构：

现将《“十三五”控制温室气体排放工作方案》印发给你们，请认真贯彻执行。

国务院

2016 年 10 月 27 日

“十三五”控制温室气体排放工作方案

为加快推进绿色低碳发展，确保完成“十三五”规划纲要确定的低碳发展目标任务，推动我国二氧化碳排放 2030 年左右达到峰值并争取尽早达峰，特制订本工作方案。

一、总体要求

（一）指导思想。全面贯彻党的十八大和十八届三中、四中、五中、六中全会精神，紧紧围绕统筹推进“五位一体”总体布局和协调推进“四个全面”战略布局，牢固树立创新、协调、绿色、开放、共享的发展理念，按照党中央、国务院决策部署，统筹国内国际两个大局，顺应绿色低碳发展国际潮流，把低碳发展作为我国经济社会发展的重大战略和生态文明建设的重要途径，采取积极措施，有效控制温室气体排放。加快科技创新和制度创新，健全激励和约束机制，发挥市场配置资源的决定性作用和更好发挥政府作用，加强碳排放和大气污染物排放协同控制，强化低碳引领，推动能源革命和产业革命，推动供给侧结构性改革和消费端转型，推动区域协调发展，深度参与全球气候治理，为促进我国经济社会可持续发展和维护全球生态安全作出新贡献。

（二）主要目标。到 2020 年，单位国内生产总值二氧化碳排放比 2015 年下降 18%，碳排放总量得到有效控制。氢氟碳化物、甲烷、氧化亚氮、全氟化碳、六氟化硫等非二氧化碳温室气体控排力度进一步加大。碳汇能力显著增强。支持优化开发区域碳排放率先达到峰值，力争部分重化工业 2020 年左右实现率先达峰，能源体系、产业体系和消费领域低碳转型取得积极成效。全国碳排放权交易市场启动运行，应对气候变化法律法规和标准体系初步建立，统计核算、评价考核和责任追究制度得到健全，低碳试点示范不断深化，减污减碳协同作用进一步加强，公众低碳意识明显提升。

二、低碳引领能源革命

（一）加强能源碳排放指标控制。实施能源消费总量和强度双控，基本形成以低碳能源满足新增能源需求的能源发展格局。到 2020 年，能源消费总量控制在 50 亿吨标准煤以内，单位国内生产总值能源消费比 2015 年下降 15%，非化石能源比重达到 15%。大型发电集团单位供电二氧化碳排放控制在 550 克/千瓦·时以内。

（二）大力推进能源节约。坚持节约优先的能源战略，合理引导能源需求，提升能源利用效率。严格实施节能评估审查，强化节能监察。推动工业、建筑、交通、公共机构等重点领域节能降耗。实施全民节能行动计划，组织开展重点节能工程。健全节能标准体系，加强能源计量监管和服务，实施能效领跑者引领行动。推行合同能源管理，推动节能服务产业健康发展。

（三）加快发展非化石能源。积极有序推进水电开发，安全高效发展核电，稳步发展风电，加快发展太阳能发电，积极发展地热能、生物质能和海洋能。到 2020 年，力争常规水电装机达到 3.4 亿千瓦，风电装机达到 2 亿千瓦，光伏装机达到 1 亿千瓦，核电装机达到 5 800 万千瓦，在建容量达到 3 000 万千瓦以上。加强智慧能源体系建设，推行节能低碳电力调度，提升非化石能源电力消纳能力。

（四）优化利用化石能源。控制煤炭消费总量，2020 年控制在 42 亿吨左右。推动雾霾严重地区和城市在 2017 年后继续实现煤炭消费负增长。加强煤炭清洁高效利用，大幅削减散煤利用。加快推进居民采暖用煤替代工作，积极推进工业窑炉、采暖锅炉“煤改气”，大力推进天然气、电力替代交通燃油，积极发展天然气发电和分布式能源。在煤基行业和油气开采行业开展碳捕集、利用和封存的规模化产业示范，控制煤化工等行业碳排放。积极开发利用天然气、煤层气、页岩气，加强放空天然气和油田伴生气回收利用，到 2020 年天然气占能源消费总量比重提高到 10%左右。

三、打造低碳产业体系（略）

四、推动城镇化低碳发展

（一）加强城乡低碳化建设和管理。（略）

（二）建设低碳交通运输体系。推进现代综合交通运输体系建设，加快发展铁路、水运等低碳运输方式，推动航空、航海、公路运输低碳发展，发展低碳物流，到 2020 年，营运货车、营运客车、营运船舶单位运输周转量二氧化碳排放比 2015 年分别下降 8%、2.6%、7%，城市客运单位客运量二氧化碳排放比 2015 年下降 12.5%。完善公交优先的城市交通运输体系，发展城市轨道交通、智能交通和慢行交通，鼓励绿色出行。鼓励使用节能、清洁能源和新能源运输工具，完善配套基础设施建设，到 2020 年，纯电动汽车和插电式混合动力汽车生产能力达到 200 万辆、累计产销量超过 500 万辆。严格实施乘用车燃料消耗量限值标准，提高重型商用车燃料消耗量限值标准，研究新车碳排放标准。深入实施低碳交通示范工程。

（三）加强废弃物资源化利用和低碳化处置。（略）

（四）倡导低碳生活方式。……倡导“135”绿色低碳出行方式（1 千米以内步行，3 千米以内骑自行车，5 千米左右乘坐公共交通工具），鼓励购买小排量汽车、节能与新能源汽车。

五、加快区域低碳发展（略）

六、建设和运行全国碳排放权交易市场（略）

七、加强低碳科技创新（略）

八、强化基础能力支撑

（一）完善应对气候变化法律法规和标准体系。推动制订应对气候变化法，适时修订完善应对气候变化相关政策法规。研究制定重点行业、重点产品温室气体排放核算标准、建筑低碳运行标准、碳捕集利用与封存标准等，完善低碳产品标准、标识和认证制度。加强节能监察，强化能效标准实施，促进能效提升和碳减排。

（二）加强温室气体排放统计与核算。加强应对气候变化统计工作，完善应对气候变化统计指标体系和温室气体排放统计制度，强化能源、工业、农业、林业、废弃物处理等相关统计，加强统计基础工作和能力建设。加强热力、电力、煤炭等重点领域温室气体排放因子计算与监测方法研究，完善重点行业企业温室气体排放核算指南。定期编制国家和省级温室气体排放清单，实行重点企（事）业单位温室气体排放数据报告制度，建立温室气体排放数据信息系统。完善温室气体排放计量和监测体系，推动重点排放单位健全能源消费和温室气体排放台账记录。逐步建立完善省市两级行政区域能源碳排放年度核算方法和报告制度，提高数据质量。

（三）建立温室气体排放信息披露制度。定期公布我国低碳发展目标实现及政策行动进展情况，建立温室气体排放数据信息发布平台，研究建立国家应对气候变化公报制度。推动地方温室气体排放数据信息公开。推动建立企业温室气体排放信息披露制度，鼓励企业主动公开温室气体排放信息，国有企业、上市公司、纳入碳排放权交易市场的企业要率先公布温室气体排放信息和控排行动措施。

（四）完善低碳发展政策体系。（略）

（五）加强机构和人才队伍建设。（略）

九、广泛开展国际合作（略）

十、强化保障落实（略）

国务院办公厅关于促进二手车便利交易的若干意见

（国办发〔2016〕13号）

各省、自治区、直辖市人民政府，国务院各部委、各直属机构：

汽车业是国民经济重要的战略性、支柱性产业，是稳增长、扩消费的关键领域。目前，我国汽车保有量超过1.7亿辆，二手车市场潜力巨大。但二手车交易不便利、信息不透明等问题制约了二手车消费。为便利二手车交易，繁荣二手车市场，为新车消费创造更大的市场空间，同时带动汽配、维修、保险等相关服务业发展，经国务院同意，现提出以下意见：

一、营造二手车自由流通的市场环境。各地人民政府要严格执行《国务院关于禁止在市场经济活动中实行地区封锁的规定》（国务院令第303号），不得制定实施限制二手车迁入政策。符合国家在用机动车排放和安全标准，在环保定期检验有效期和年检有效期内的二手车均可办理迁入手续，国家鼓励淘汰和要求淘汰的相关车辆及国家明确的大气污染防治重点区域（京津冀：北京、天津、河北，长三角：上海、江苏、浙江，珠三角：广州、深圳、珠海、佛山、江门、肇庆、惠州、东莞、中山等9个城市）有特殊要求的除外。已经实施限制二手车迁入政策的地方，要在2016年5月底前予以取消。（各地人民政府负责）

二、进一步完善二手车交易登记管理。整合二手车交易、纳税、保险和登记等流程，开展一站式服务，对具备条件的二手车交易市场推行进场服务。简化二手车交易登记程序，不得违规增加限制办理条件。优化服务流程，推行二手车异地交易登记，便利交易方在车辆所在地直接办理交易登记手续。（商务部会同公安部、税务总局、保监会按照职责分工负责）

三、加快完善二手车流通信息平台。建立二手车流通信息工作机制，积极整合现有资源，加强互联互通和信息共享，加快建立覆盖生产、销售、登记、检验、保养、维修、保险、报废等汽车全生命周期的信息体系。非保密、非隐私性信息应向社会开放，便于查询，符合国家有关要求的信息服务可以市场化运作，已经具备条件的行业信息要进一步加大开放力度。（商务部会同工业和信息化部、公安部、环境保护部、交通运输部、保监会按照职责分工负责）

四、加强二手车市场主体信用体系建设。依法采集二手车交易市场、经销企业、拍卖企业、鉴定评估机构、维修服务企业以及其他市场主体的信用信息，建立二手车市场主体信用记录，纳入全国信用信息共享平台，并按照有关规定及时在企业信用信息公示系统以及“信用中国”网站予以公开，方便社会查询和应用。（商务部、国家发展改革委、环境保护部、交通运输部、税务总局、工商总局、保监会按照职责分工负责）

五、优化二手车交易税收政策。按照“统一税制、公平税负、促进公平竞争”原则，结合全面推开“营改增”试点，进一步优化二手车交易税收政策，同时加强对二手车交易的税收征管。（财政部、税务总局按照职责分工负责）

六、加大金融服务支持力度。加大二手车交易信贷支持力度，降低信贷门槛，简化信贷手续。支持二手车贷款业务，适当降低二手车贷款首付比例。加快开发符合二手车交易特点的专属保险产品，不断提高二手车交易保险服务水平。（银监会、保监会按照职责分工负责）

七、积极推动二手车流通模式创新。推动二手车经销企业品牌化、连锁化经营，提升整备、质保等增值服务能力和水平。积极引导二手车交易企业线上线下融合发展，鼓励发展电子商务、拍卖等交易方式。推动新车销售企业开展二手车经销业务，积极发展二手车置换业务。（商务部、交通运输部按照职责分工负责）

八、完善二手车流通制度体系建设。抓紧修订《二手车流通管理办法》，规范二手车交易行为，强化市场主体责任；加强消费者权益保护，确保消费放心、交易便捷、服务完备；明确监管职责，加强市场监管，规范交易秩序，促进二手车市场健康、有序发展。（商务部牵头负责）

各地区、各有关部门要充分认识便利二手车交易、促进二手车流通的重要意义，加强组织领导，健全工作机制，强化部门协同和上下联动，确保各项政策措施落到实处。各地区要根据本意见，结合地方实际研究制定具体实施方案，细化政策措施。商务部等有关部门要抓紧研究制定配套政策和具体措施，加强部门协作配合，共同开展好相关工作。

国务院办公厅

2016年3月14日

第三部分

部门贯彻落实文件

综合管理

生态环境部等十一部门关于印发《柴油货车污染治理攻坚战行动计划》的通知

（环大气〔2018〕179号）

各省、自治区、直辖市人民政府，新疆生产建设兵团，教育部、科技部、司法部、住房城乡建设部、农业农村部、应急部、海关总署、税务总局、民航局、邮政局：

经国务院同意，现将《柴油货车污染治理攻坚战行动计划》印发给你们，请认真贯彻落实。

生态环境部　发展改革委　工业和信息化部
公安部　财政部　交通运输部
商务部　市场监管总局　能源局
铁路局　中国铁路总公司
2018年12月30日

柴油货车污染治理攻坚战行动计划

为深入贯彻中共中央、国务院《关于全面加强生态环境保护坚决打好污染防治攻坚战的意见》和国务院印发的《打赢蓝天保卫战三年行动计划》的要求，加强柴油货车超标排放治理，加快降低机动车船污染物排放量，坚决打赢蓝天保卫战，制定本行动计划。

一、总体要求

（一）指导思想。以习近平新时代中国特色社会主义思想为指导，全面贯彻党的十九大和十九届二中、三中全会精神，认真落实党中央、国务院决策部署和全国生态环境保护大会要求，坚持统筹“油、路、车”治理，以京津冀及周边地区、长三角地区、汾渭平原相关省（市）以及内蒙古自治区中西部等区域为重点（以下简称重点区域），以货物运输结构调整为导向，以柴油和车用尿素质量达标保障为支撑，以柴油车（机）达标排放为主线，建立健全严格的机动车全防全控环境监管制度，大力实施清洁柴油车、清洁柴油机、清洁运输、清洁油品行动，全链条治理柴油车（机）超标排放，明显降低污染物排放总量，促进区域空气质量明显改善。

（二）基本原则。

坚持源头防范、综合治理。加快调整运输结构，增加铁路和水路货运量，减少公路大宗货物中长距离货运量。推广使用新能源和清洁能源汽车，壮大绿色运输车队。优化运输组织，提高运输效率，降低柴油货车空驶率。推进机动车生产制造、排放检验、维修治理和运输企业集约化发展。

坚持突出重点、联防联控。以重点区域及物流主通道作为重点监管区域，以营运柴油货车和车用油品、尿素作为重点监管对象，强化上下联动、区域协同，统一执法尺度和力度，增强监管合力。加强相关部门之间统筹协调和联合执法，建立完善信息共享机制，提高联合共治水平。

坚持全防全控、严惩重罚。从机动车设计、生产、销售、注册登记、使用、转移、检验、维修和报废等各个环节，加强全方位管控。加大监管执法力度，严厉打击生产销售不达标车辆、检验维修弄虚作假、屏蔽车载诊断系统（OBD）、生产销售使用假劣油品和车用尿素等违法行为。

坚持远近结合、标本兼治。加快完善政策、法规和标准体系，构建严格的环境监管制度，大幅提高违法成本。健全环境信用联合奖惩制度，实现“一处失信、处处受限”。完善环境经济政策，提高企业减排积极性。建立超标排放举报机制，鼓励公众监督，促进群防群控。

（三）目标指标。到2020年，柴油货车排放达标率明显提高，柴油和车用尿素质量明显改善，柴油货车氮氧化物和颗粒物排放总量明显下降，重点区域城市空气二氧化氮浓度逐步降低，机动车排放监管能力和水平大幅提升，全国铁路货运量明显增加，绿色低碳、清洁高效的交通运输体系初步形成。

——全国在用柴油车监督抽测排放合格率达到90%，重点区域达到95%以上，排气管口冒黑烟现象基本消除。

——全国柴油和车用尿素抽检合格率达到95%，重点区域达到98%以上，违法生产销售假劣油品现象基本消除。

——全国铁路货运量比2017年增长30%，初步实现中长距离大宗货物主要通过铁路或水路进行运输。

（四）重点区域范围。京津冀及周边地区、长三角地区、汾渭平原相关省（市）以及内蒙古自治区中西部等区域，包括：北京市、天津市、河北省、山西省、山东省、河南省、上海市、江苏省、浙江省、安徽省、陕西省，以及内蒙古自治区呼和浩特市、包头市、乌兰察布市、鄂尔多斯市、巴彦淖尔市、乌海市。

二、清洁柴油车行动

（五）加强新生产车辆环保达标监管。严格实施国家机动车油耗和排放标准。严格实施重型柴油车燃料消耗量限值标准，不满足标准限值要求的新车型禁止进入道路运输市场。2019 年 7 月 1 日起，重点区域、珠三角地区、成渝地区提前实施机动车国六排放标准。推广使用达到国六排放标准的燃气车辆。（生态环境部、交通运输部牵头，工业和信息化部、公安部等参与，地方各级人民政府负责落实。以下均需地方各级人民政府落实，不再列出）

强化机动车环保信息公开。机动车生产、进口企业依法依规公开排放检验、污染控制技术和汽车尾气排放相关的维修技术信息。各地生态环境部门在机动车生产、销售和注册登记等环节加强监督检查，指导监督排放检验机构严格开展柴油车注册登记前的排放检验，通过国家机动车环境监管平台逐车核实环保信息公开情况，进行污染控制装置查验、上线排放检测，确保车辆配置真实性、唯一性和一致性，2019 年基本实现全覆盖。（生态环境部、交通运输部牵头，公安部、市场监管总局等参与）

严厉打击生产、进口、销售不达标车辆违法行为。在生产、进口、销售环节加强对新生产机动车环保达标监管，抽查核验新生产销售车辆的 OBD、污染控制装置、环保信息随车清单等，抽测部分车型的道路实际排放情况。各省（区、市）对在本行政区域内生产（进口）的主要车（机）型系族的年度抽检率达到 80%，覆盖全部生产（进口）企业，重点区域抽检率进一步提高；对在本行政区域销售的主要车（机）型系族的年度抽检率达到 60%，重点区域达到 80%。严厉打击污染控制装置造假、屏蔽 OBD 功能、尾气排放不达标、不依法公开环保信息等行为，按规定撤销相关企业车辆产品公告、油耗公告和强制性产品认证，督促生产（进口）企业及时实施环境保护召回。各地生产销售柴油车型系族的抽检合格率达到 95%以上。（生态环境部、工业和信息化部、海关总署、市场监管总局牵头，交通运输部等参与）

（六）加大在用车监督执法力度。建立完善监管执法模式。推行生态环境部门检测取证、公安交管部门实施处罚、交通运输部门监督维修的联合监管执法模式。各地生态环境部门应将本地超标排放车辆信息，以信函或公告（在政府网站发布）等方式，及时告知车辆所有人及所属企业，督促限期到与交通运输和生态环境部门联网的具有相应资质能力的维修单位进行维修治理，经维修合格后再到排放检验机构进行复检，公安交管、交通运输部门应当协助联系车辆所有人和所属企业；对于登记地在外省（区、市）的超标排放车辆信息，各地应及时上传到国家机动车环境监管平台，由登记地生态环境部门负责通知和督促。未在规定期限内维修并复检合格的车辆，生态环境、交通运输部门将其列入监管黑名单并将车型、车牌、企业等信息向社会公开，同时依法予以处理或处罚。对于列入监管黑名单或一个综合性能检验周期内三次以上监督抽测超标的营运车辆，生态环境和交通运输部门将其所属单位列为重点监管对象。对于一年内超标排放车辆占其总车辆数10%以上的运输企业，交通运输和生态环境部门将其列入黑名单或重点监管对象。（生态环境部、公安部、交通运输部牵头）

加大路检路查力度。各地建立完善生态环境、公安交管、交通运输等部门联合执法常态化路检路查工作机制，严厉打击超标排放等违法行为，基本消除柴油车排气口冒黑烟现象。各地大力开展排放监督抽测，重点检查柴油货车污染控制装置、OBD、尾气排放达标情况，具备条件的要抽查柴油和车用尿素质量及使用情况。各设区城市在重点路段对柴油车开展常态化的路检路查，重点区域城市在秋冬季加大检查力度。（生态环境部、公安部、交通运输部牵头）

强化入户监督抽测。督促指导柴油车超过 20 辆的重点企业，建立完善车辆维护、燃料和车用尿素添加使用台账，并鼓励通过网络系统及时向当地设区市生态环境部门传送。对于物流园、工业园、货物集散地、公交场站等车辆停放集中的重点场所，以及物流货运、工矿企业、长途客运、环卫、邮政、旅游、维修等重点单位，按“双随机”模式开展定期和不定期监督抽测。对于日常监督抽测或定期排放检验初检超标、在异地进行定期排放检验的柴油车辆，应作为重点抽查对象。（生态环境部牵头，交通运输部等参与）

加强重污染天气期间柴油货车管控。重污染天气预警期间，各地应加大部门联合综合执法检查力度，对于超标排放等违法行为，依法严格处罚。重点区域的钢铁、建材、焦化、有色、化工、矿山等涉及大宗物料运输的重点企业以及沿海沿江港口、城市物流配送企业，应制定错峰运输方案，原则上不允许柴油货车在重污染天气预警响应期间进出厂区（保证安全生产运行、运输民生保障物资或特殊需求产品，以及为外贸货物、进出境旅客提供港口集疏运服务的国五及以上排放标准的车辆除外）。各地生态环境部门可根据重污染天气应急需要，督促指导重点企业建设管控运输车辆的门禁和视频监控系统，监控数据至少保存一年以上。（生态环境部、公安部、交通运输部牵头，工业和信息化部等参与）

加大对高排放车辆监督抽测频次。在机动车集中停放地和维修地开展入户检查，并通过路检路查和遥感监测，加强对高排放车辆的监督抽测。每年秋冬季期间监督抽测柴油车数量，重点区域城市自 2019 年起不低于当地柴油车保有量的 80%，其他区域城市不低于50%。（生态环境部、公安部、交通运输部牵头）

（七）强化在用车排放检验和维修治理。加强排放检验机构监督管理。推行除大型客车、校车和危险货物运输车以外的其他汽车跨省异地排放检验。2019 年年底前，排放检验机构应向社会公开检验过程，在企业网站或办事业务大厅显示屏通过高清视频实时公开柴油车排放检验全过程及检验结果，重点区域提前完成。采取现场随机抽检、排放检测比对、远程监控排查等方式，每年实现对排放检验机构的监管全覆盖。对于为省外登记的车辆开展排放检验比较集中、排放检验合格率异常的排放检验机构，应作为重点对象加强监管。将柴油车氮氧化物排放纳入在用汽车污染物排放标准，严格执行、加强监管。严厉打击排放检验机构伪造检验结果、出具虚假报告等违法行为，依法依规撤销资质认定（计量认证）证书，予以严格处罚并公开曝光。（生态环境部、市场监管总局牵头）

强化维修单位监督管理。交通运输、生态环境部门督促指导维修企业建立完善机动车维修治理档案制度，加强监督管理，严厉打击篡改破坏 OBD 系统、采用临时更换污染控制装置等弄虚作假方式通过排放检验的行为，依法依规对维修单位和机动车所有人予以严格处罚。（交通运输部、生态环境部牵头，市场监管总局等参与）

建立完善机动车排放检测与强制维护制度（I/M 制度）。各地生态环境、交通运输等部门建立排放检测和维修治理信息共享机制。排放检验机构（I 站）应出具排放检验结果书面报告，不合格车辆应到具有资质的维修单位（M 站）进行维修治理。经 M 站维修治理合格并上传信息后，再到同一家 I 站予以复检，经检验合格方可出具合格报告。I 站和 M 站数据应实时上传至当地生态环境和交通运输部门，实现数据共享和闭环管理。研究制定汽车排放及维修有关零部件标准，鼓励开展自愿认证。2019 年年底前，各地全面建立实施 I/M 制度，重点区域提前完成。监督抽测发现的超标排放车辆也应按要求及时维修。（交通运输部、生态环境部牵头，市场监管总局等参与）

（八）加快老旧车辆淘汰和深度治理。推进老旧车辆淘汰报废。各地制定老旧柴油货车和燃气车淘汰更新目标及实施计划，采取经济补偿、限制使用、加强监管执法等措施，促进加快淘汰国三及以下排放标准的柴油货车、采用稀薄燃烧技术或“油改气”的老旧燃气车辆。对达到强制报废标准的车辆，依法实施强制报废。对于提前淘汰并购买新能源货车的，享受中央财政现行购置补贴政策。鼓励地方研究建立与柴油货车淘汰更新相挂钩的新能源车辆运营补贴机制，制定实施便利通行政策。2020 年年底前，京津冀及周边地区、汾渭平原加快淘汰国三及以下排放标准营运柴油货车 100 万辆以上。（交通运输部、生态环境部、财政部、商务部牵头，公安部等参与）

推动高排放车辆深度治理。按照政府引导、企业负责、全程监控模式，推进高排放老旧柴油车深度治理。对于具备深度治理条件的柴油车，鼓励加装或更换符合要求的污染控制装置，协同控制颗粒物和氮氧化物排放。深度治理车辆应安装远程排放监控设备和精准定位系统，并与生态环境部门联网，实时监控油箱和尿素箱液位变化，以及氮氧化物、颗粒物排放情况。安装远程排放监控设备并与生态环境部门联网且稳定达标排放的柴油车，可在定期排放检验时免于上线检测。（生态环境部、交通运输部牵头）

（九）推进监控体系建设和应用。加快建设完善“天地车人”一体化的机动车排放监控系统。利用机动车道路遥感监测、排放检验机构联网、重型柴油车远程排放监控，以及路检路查和入户监督抽测，对柴油车开展全天候、全方位的排放监控。2018年年底前，全部机动车排放检验机构实现国家、省、市三级联网，确保排放检验数据实时、稳定传输。加快推进机动车遥感监测能力建设，各地根据工作需要在柴油车通行主要路段建设遥感监测点位，并进行国家、省、市三级联网，重点区域2018年年底前初步建成，其他区域2020年完成。推进重型柴油车远程在线监控系统建设，2018年重点区域开展试点，2019年年底前重点区域50%以上具备条件的重型柴油车安装远程在线监控并与生态环境部门联网，其他地区城市积极推进。2020年1月1日起，重点区域将未安装远程在线监控系统的营运车辆列入重点监管对象。（生态环境部牵头，交通运输部等参与）

加强排放大数据分析应用。利用"天地车人"一体化排放监控系统以及机动车监管执法工作形成的数据，构建全国互联互通、共建共享的机动车环境监管平台。各地通过信息平台每日报送定期排放检验数据和监督抽测发现的超标排放车辆信息，实现登记地与使用地对超标排放车辆的联合监管。通过大数据追溯超标排放车辆生产或进口企业、污染控制装置生产企业、登记地、排放检验机构、维修单位、加油站点、供油企业、运输企业等，实现全链条环境监管。加强对排放检验机构检测数据的监督抽查，对比分析过程数据、视频图像和检测报告，重点核查定期排放检验初检或日常监督抽测发现的超标车、外省（区、市）登记的车辆、运营5年以上的老旧柴油车等。各地对上述重点车辆排放检验数据的年度核查率要达到80%以上，重点区域再进一步提高比例。（生态环境部牵头，公安部、交通运输部、商务部、工业和信息化部、市场监管总局、海关总署等参与）

（十）推动相关行业集约化发展。促进落后产能淘汰。鼓励运用市场化手段，推进柴油货车生产企业兼并重组，促进淘汰落后产品和僵尸企业。对不能维持正常生产经营的企业进行为期两年的特别公示管理。2020年年底前，进一步提高柴油货车制造产业集中度。（工业和信息化部牵头）

推进排放检验机构和维修单位规模化发展。鼓励支持排放检验机构通过市场运作手段，开展并购重组、连锁经营，实现规模化、集团化发展。着力培育一批检验服务质量好、社会诚信度高的排放检验机构成长为地方或行业品牌。鼓励专业水平高的排放检验机构在产业集中区域、交通枢纽、沿海沿江港口、偏远地区以及消费集中区域设立分支机构，提供便捷服务。对于设立分支机构或者多场所检验检测机构的，资质认定部门简化办理手续。鼓励支持技术水平高、市场信誉好的维修企业连锁经营，严厉打击清理无照、不按规定备案经营的维修站点。（市场监管总局、生态环境部、交通运输部牵头）

三、清洁柴油机行动

（十一）严格新生产发动机和非道路移动机械、船舶管理。2020年年底前，全国实施非道路移动机械第四阶段排放标准。进口二手非道路移动机械和发动机应达到国家现行的新生产非道路移动机械排放标准要求。各地要加强对新生产销售发动机和非道路移动机械的监督检查，重点查验污染控制装置、环保信息标签等，并抽测部分机械机型排放情况。各省（区、市）对在本行政区域内生产（进口）的发动机和非道路移动机械主要系族的年度抽检率达到60%，覆盖全部生产（进口）企业，重点区域达到80%；对在本行政区域销售但非本行政区域内生产的非道路移动机械主要系族的年度抽检率达到50%，重点区域达到60%。严惩生产销售不符合排放标准要求发动机的行为，将相关企业及其产品列入黑名单。严格实施非道路移动机械环保信息公开制度，严厉处罚生产、进口、销售不达标产品行为，依法实施环境保护召回。各地生产销售发动机和非道路移动机械机型系族的抽检合格率达到95%以上。严格实施船舶发动机第一阶段国家排放标准，提前实施第二阶段排放标准。严禁新建不达标船舶进入运输市场。（生态环境部、交通运输部、海关总署、市场监管总局牵头）

（十二）加强排放控制区划定和管控。各地依法划定并公布禁止使用高排放非道路移动机械的区域，重点区域城市2019年年底前完成，其他地区城市2020年6月底前完成。各地秋冬季期间加强对进入禁止使用高排放非道路移动机械区域内作业的工程机械的监督检查，重点区域每月抽查率达到50%以上，禁止超标排放工程机械使用，消除冒黑烟现象。加强环渤海、长三角、珠三角水域船舶排放控制区管理，重点区域的内河水域应采取禁限行等措施限制高排放船舶使用。2019年年底前，调整扩大船舶排放控制区范围，覆盖沿海重点港口和部分内河区域，提高船用燃料油硫含量控制要求。研究探索在船舶排放控制区同步管控船舶硫氧化物、氮氧化物和颗粒物排放。（生态环境部、交通运输部牵头，科技部等参与）

（十三）加快治理和淘汰更新。对于具备条件的老旧工程机械，加快污染物排放治理改造。按规定通过农机购置补贴推动老旧农业机械淘汰报废。采取限制使用等措施，促进老旧燃油工程机械淘汰。推进铁路内燃机车排放控制技术进步和新型内燃机车应用，加快淘汰更新老旧机车，具备条件的加快治理改造，协同控制颗粒物和氮氧化物排放。加快推动重点区域通行的铁路内燃机车基本消除冒黑烟现象。铁路煤炭运输应采取抑尘措施，有效控制扬尘污染。加快新能源非道路移动机械的推广使用，在重点区域城市划定的禁止使用高排放非道路移动机械区域内，鼓励优先使用新能源或清洁能源非道路移动机械。重点区域港口、机场、铁路货场、物流园新增和更换的岸吊、场吊、吊车等作业机械，主要采用新能源或清洁能源机械。推动内河船舶治理改造，加强颗粒物排放控制，开展减少氮氧化物排放试点工作。推进内河船型标准化，鼓励淘汰使用20年以上的内河航运船舶，依法强制报废超过使用年限的航运船舶。加强老旧渔船管理，加快推进渔船更新改造。推广使用纯电动和天然气船舶。（农业农村部、交通运输部、铁路局、民航局、铁路总公司牵头，生态环境部、财政部、商务部、能源局等参与）

（十四）强化综合监督管理。2019年年底前，各地完成非道路移动机械摸底调查和编码登记。探索建立工程机械使用中监督抽测、超标后处罚撤场的管理制度。推进工程机械安装精准定位系统和实时排放监控装置，2020 年年底前，新生产、销售的工程机械应按标准规定进行安装。进入重点区域城市划定的禁止使用高排放非道路移动机械区域内作业的工程机械，鼓励安装精准定位系统和实时排放监控装置，并与生态环境部门联网。施工单位应依法使用排放合格的机械设备，使用超标排放设备问题突出的纳入失信企业名单。强化船舶排放控制区内船用燃料油使用监管，提高抽检率，打击船舶使用不合规燃油行为。（生态环境部牵头，工业和信息化部、农业农村部、住房城乡建设部、交通运输部等参与）

（十五）推动港口岸电建设和使用。加快港口岸电设备设施建设和船舶受电设施设备改造，提高岸电设施使用效率，相关改造项目纳入环评审批绿色通道。全国主要港口和船舶排放控制区内的港口，靠港船舶优先使用岸电。2020 年年底前，沿海和内河主要港口、船舶排放控制区内港口的 50%以上集装箱、客滚、邮轮、3 千吨级以上客运和 5 万吨级以上干散货专业化泊位具备向船舶供应岸电的能力。新建码头同步规划、设计、建设岸电设施。2019 年 7 月 1 日起，重点区域沿海港口新增、更换拖船优先使用新能源或清洁能源。2020 年年底前，长江干线、西江航运干线、京杭运河水上服务区和待闸锚地基本具备船舶岸电供应能力。研究制定三峡坝区船舶待闸期间限制使用辅机、鼓励使用岸电的措施。（交通运输部牵头，发展改革委、能源局等参与）

四、清洁运输行动

（十六）提升铁路货运量。推进中长距离大宗货物、集装箱运输从公路转向铁路。在环渤海地区、山东省、长三角地区，2018 年年底前，沿海主要港口和唐山港、黄骅港的煤炭集港改由铁路或水路运输；2020 年采暖季前，沿海主要港口和唐山港、黄骅港的矿石、焦炭等大宗货物原则上主要改由铁路或水路运输。加大货运铁路建设投入，加快完成蒙华、水曹等货运铁路建设，大力提升张唐、瓦日等铁路线煤炭运输量。加大铁路与港口连接线、工矿企业铁路专用线建设投入，加强钢铁、电解铝、电力、焦化等重点行业企业铁路专用线建设，2019 年实现已配套建成铁路专用线的企业主要由铁路运输大宗物料，未配套建设铁路专用线的要尽快完成规划，到 2020 年重点区域重点行业企业铁路运输比例达到 50%以上。（交通运输部、发展改革委、生态环境部、铁路局、铁路总公司牵头，财政部等参与）

（十七）推动发展绿色货运。加快有关交通运输规划和建设项目的环评审查进度，在确保生态环境系统有效保护的前提下，科学有序提升铁路和水路运力。符合运输结构调整方向的铁水联运、水水中转码头、货运铁路及铁路专用线等建设项目，要纳入环评审批绿色通道，优化流程、加快审批。重点区域内新、改、扩建涉及大宗物料运输的建设项目，应尽量采用铁路、水路或管道等运输方式，其他地区应优先采用。依托铁路物流基地、公路港、沿海和内河港口等，推进多式联运型和干支衔接型货运枢纽（物流园区）建设，加快推进集装箱多式联运。鼓励发展江海联运、江海直达、滚装运输、驮背运输、甩挂运输等运输组织方式。重点区域加快推进液化天然气（LNG）罐式集装箱多式联运及堆场建设。推行货运车型标准化，推广集装箱货运方式。推进干线铁路、城际铁路、市域铁路和城市轨道“四网融合”，试点开展高铁快运、地铁货运等。推进城市绿色货运配送示范工程，支持利用城市现有铁路、物流货场转型升级为城市配送中心。鼓励支持运输企业资源整合重组，规模化、集约化高质量发展。（交通运输部、发展改革委、生态环境部、铁路总公司牵头，财政部、商务部、工业和信息化部、铁路局、民航局、能源局等参与）

（十八）优化运输车队结构。推广使用新能源和清洁能源汽车。加快推进城市建成区新增和更新的公交、环卫、邮政、出租、通勤、轻型物流配送车辆采用新能源或清洁能源汽车，重点区域使用比例达到80%。积极推广应用新能源物流配送车。重点区域集疏港、天然气气源供应充足地区应加快充电站及加气站建设，优先采用新能源汽车和达到国六排放标准的天然气等清洁能源汽车。重点区域港口、机场、铁路货场等新增或更换作业车辆主要采用新能源或清洁能源汽车。在物流园、产业园、工业园、大型商业购物中心、农贸批发市场等物流集散地建设集中式充电桩和快速充电桩。鼓励各地组织开展燃料电池货车示范运营，建设一批加氢示范站。优化承担物流配送的城市新能源车辆的便利通行政策。（交通运输部、生态环境部牵头，工业和信息化部、公安部、财政部、住房城乡建设部、铁路局、民航局、邮政局、铁路总公司等参与）

五、清洁油品行动

（十九）加快提升油气质量标准。自2019年1月1日起，全面供应符合国六标准的车用汽柴油，停止销售普通柴油和低于国六标准的车用汽柴油，取消普通柴油标准，实现车用柴油、普通柴油、部分船舶用油“三油并轨”。加快制定实施内河大型船舶用燃料油标准，制修订天然气质量标准，大幅降低硫含量等环境指标限值。根据大气污染防治需要，研究制定更加严格的汽柴油质量标准，降低烯烃、芳烃和多环芳烃含量。（能源局、交通运输部、市场监管总局牵头，商务部、生态环境部等参与）

（二十）健全燃油及清净增效剂和车用尿素管理制度。开展燃油生产加工企业专项整治，依法取缔违法违规企业，对生产不合格油品的企业依法严格处罚，从源头保障油品质量。推进车用尿素和燃油清净增效剂信息公开。研究汽柴油销售前添加符合环保要求的燃油清净增效剂。推进建立车用油品、车用尿素、船用燃料油全生命周期环境监管档案，打通生产、销售、储存、使用环节。禁止以化工原料名义出售调和油组分，禁止以化工原料勾兑调和油，严禁运输企业和工矿企业储存、使用非标油。（市场监管总局、能源局、生态环境部等按职责分工负责）

（二十一）推进油气回收治理。2019年，重点区域加油站、储油库、油罐车基本完成油气回收治理工作，其他区域城市建成区在 2020 年前基本完成。重点区域年销售汽油量大于 5 000 吨的加油站，加快推进安装油气回收自动监控设备并与生态环境部门联网。重点区域开展储油库油气回收自动监控试点。开展原油和成品油码头、船舶油气回收治理，新建的原油、汽油、石脑油等装船作业码头全部安装油气回收设施。2020 年 1 月 1 日以后建造的 150 总吨以上的国内航行油船应具备码头油气回收条件。（生态环境部、交通运输部牵头，商务部、应急部、市场监管总局等参与）

（二十二）强化生产、销售、储存和使用环节监管。严厉打击生产、销售、储存和使用不合格油品、天然气和车用尿素行为，依法追究相关方面责任并向社会公开。各地在生产、销售和储存环节开展常态化监督检查，加大对炼油厂、储油库、加油（气）站和企业自备油库的抽查频次。各地组织开展清除无证无照经营的黑加油站点、流动加油罐车专项整治行动，严厉打击生产销售不合格油品行为，构成犯罪的，依法追究刑事责任。严禁在液化天然气中非法添加液氮，并采取切实措施防止死灰复燃。加强使用环节监督检查，在具备条件的情况下从柴油货车油箱、尿素箱抽取样品进行监督检查，重点区域城市加大检查频次。到 2019 年，违法生产、销售、储存和使用假劣非标油品现象基本消除。（市场监管总局、发展改革委、商务部、交通运输部、生态环境部等按职责分工负责）

六、保障措施

（二十三）加强法规标准和政策保障。完善法规标准体系。研究制定机动车和非道路移动机械环境保护召回管理办法、机动车排放检验与强制维修管理办法。各地根据监管需要，制定出台机动车污染防治地方法规，健全严惩重罚制度。制修订在用汽车和非道路移动机械排放标准、非道路移动机械第四阶段技术要求。制修订并实施铁路内燃机车排放标准，研究制定机动车排放检验技术规范、机动车遥感检测仪器校准规范、柴油车和工程机械远程在线监控及联网规范、柴油车排放治理技术指南、加油站油气回收在线监控系统技术要求等。制定实施维修站建设和联网、尾气排放维修治理技术规范等。修订《机动车强制报废标准规定》，调整营运柴油货车使用年限。加快制修订汽柴油清净剂等相关标准。加快出台实施报废机动车回收管理办法。（生态环境部、交通运输部、商务部、司法部、市场监管总局、能源局、铁路局牵头）

健全环境信用体系。机动车生产或进口企业、发动机制造企业、污染控制装置生产企业、排放检验机构、维修单位、运输企业、施工单位、汽柴油及车用尿素生产销售企业等企业的违法违规信息，企业未依法依规落实应急运输响应等重污染应急措施的信息，以及相关企业负责人信息，按规定纳入全国信用信息共享平台，实施跨部门联合惩戒。对环境信用良好的企业实施联合激励。（发展改革委牵头，生态环境部、交通运输部、工业和信息化部、商务部、海关总署、能源局等参与）

（二十四）加强税收和价格政策激励。实施税收优惠政策。对符合条件的新能源汽车免征车辆购置税，继续落实并完善对节能、新能源车船减免车船税的政策。各地研究建立柴油车加装、更换污染控制装置的激励机制。（财政部牵头，生态环境部、交通运输部、工业和信息化部、税务总局等参与）

完善价格政策。适时完善车用油品价格政策，研究在成品油质量升级价格政策中统筹考虑燃油清净增效剂成本的可行性。铁路运输企业完善货运价格市场化运作机制，规范辅助作业环节收费，积极推行铁路运费“一口价”。研究实施铁路集港运输和疏港运输差异化运价模式，降低回程铁路空载率。推动建立完善船舶、飞机使用岸电的供售电机制，降低岸电使用成本。允许码头等岸电设施经营企业按现行电价政策向船舶收取电费。港口岸基供电执行大工业电价，免收容（需）量电费，研究进一步加大对内河岸电价格政策的支持力度。各地及有关行业主管部门应加大对港口、机场岸电设施建设和经营的支持力度，鼓励码头等岸电设施经营企业实行岸电服务费优惠。（发展改革委牵头，生态环境部、交通运输部、商务部、能源局、铁路局、民航局、铁路总公司等参与）

（二十五）加强技术和能力支撑。支持管理创新和减排技术研发。鼓励地方积极探索移动源治污新模式。支持研发传统内燃机高效节能减排技术，提升发动机热效率，优化尾气处理工艺。积极发展替代燃料、混合动力、纯电动、燃料电池等机动车船技术。鼓励开发混合动力、插电式混合动力专用发动机，优化动力总成系统匹配。鼓励自主研发柴油车（机）高压共轨燃油喷射系统、高效增压中冷系统、废气再循环系统、选择性催化还原系统、柴油颗粒物捕集器等技术。研究公路运输节能减排技术新路径。推进港口、铁路、机场等特殊领域作业机械新能源动力技术研发。启动船舶国际排放控制区划定及管控技术研究。支持“多式联运、互联网+运输”等研究，健全多式联运基础设施、运载单元、信息交换接口等标准体系。（科技部牵头，生态环境部、工业和信息化部、交通运输部、铁路局、民航局、铁路总公司等参与）

加大资金支持和能力建设力度。加大中央和地方财政资金投入，重点支持机动车、工程机械及船舶的环境监控监管能力建设和运行维护，以及老旧柴油货车淘汰和尾气排放深度治理。对淘汰更新老旧柴油货车、推广使用新能源货车等大气污染治理措施成效显著的地方，中央财政在安排有关资金时予以倾斜支持。加强基层机动车污染防治工作力量建设，提高监管执法专业化水平。2019 年年底前，各地达到机动车环境管理能力建设标准要求。构建交通污染全国监测网络，在沿海沿江主要港口和重要物流通道建设空气质量监测站，重点监控评估交通运输污染情况，2020 年年底前建成。在全国扶持建设 1 000 座柴油货车排气超标维修治理站，加强培训，提高行业维修治理能力。大力支持港口和机场岸基供电，对于港口、铁路、机场等特殊领域的新能源动力作业机械，加大技术研发和改造的资金支持力度，加快推进铁路电气化改造及老旧机车更新换代，加大机场场内车辆“油改电”工作支持力度。有效提升车船用液化天然气供应保障能力，研究制定物流通道沿线液化天然气加注站建设规划。（财政部、生态环境部、交通运输部、能源局牵头，工业和信息化部、科技部、铁路局、民航局、铁路总公司等参与）

（二十六）加强奖惩并举和公众参与。建立完善奖惩并举机制。加强柴油货车污染治理攻坚战年度和终期目标任务完成情况考核，纳入打赢蓝天保卫战成效考核。建立考核激励和容错机制，及时表扬奖励工作成绩突出，以及敢于开拓创新、敢于担当的先进典型。对工作不力、监管责任不落实、问题突出的地方，由生态环境部公开约谈地方政府主要负责人。将柴油货车污染治理攻坚战中存在的不作为、乱作为等突出问题纳入中央环境保护督察和省级环境保护督察范围，对重点攻坚任务完成不到位，不作为、慢作为、不担当、不碰硬，甚至失职失责的，依法依规依纪严肃问责。加快建立完善机动车等移动源行政执法与刑事司法衔接机制，对于生产、进口、销售不合格发动机、机动车、非道路移动机械、车用燃料、车用尿素，以及排放检验弄虚作假的行为，严惩重罚，涉嫌违法犯罪的移送司法机关，依法追究相关人员刑事责任。（生态环境部牵头，中央组织部等参与）

强化公众参与和监督。创新方式方法，利用电视、广播、报纸、互联网等新闻媒体，开展多种形式的宣传普及活动，加强法律法规政策宣传解读，营造良好的社会氛围，不断提高全社会对机动车污染危害和绿色货运的认识。教育引导机动车船和机械驾驶（操作）人员树立绿色驾驶（作业）意识，提高购买使用合格油品和尿素、及时维护保养的自觉性。鼓励职业院校相关专业中增加绿色驾驶教育、排放检验与维修技术等内容，大力开展尾气排放维修治理技术培训。引导支持社会公众积极有序参与和监督，各城市建立有奖举报机制，鼓励通过微信平台（微信公众号“12369 环保举报”）举报冒黑烟车辆和非道路移动机械。（生态环境部、交通运输部、教育部牵头）

地方各级人民政府是落实本行动计划的责任主体，要因地制宜制定本地区实施方案，层层压实责任，认真监督落实。国务院各有关部门要按照职责分工，切实落实本行动计划确定的各项工作任务。生态环境部和有关部门加强统筹协调、定期调度和监督检查，重要情况及时报告国务院。

关于稳定和扩大汽车消费若干措施的通知

（发改产业〔2020〕684 号）

各省、自治区、直辖市人民政府，新疆生产建设兵团，国务院有关部门：

为稳定和扩大汽车消费，促进经济社会平稳运行，经国务院同意，现就有关事项通知如下：

一、调整国六排放标准实施有关要求。轻型汽车（总质量不超过 3.5 吨）国六排放标准颗粒物数量限值生产过渡期截止时间，由 2020 年 7 月 1 日前调整为 2021 年 1 月 1 日前；2020 年 7 月 1 日前生产、进口的国五排放标准轻型汽车，2021 年 1 月 1 日前允许在目前尚未实施国六排放标准的地区销售和注册登记。未经批准，各地不得提前实施国家确定的汽车排放标准。（生态环境部、工业和信息化部、公安部、地方各级人民政府负责）

二、完善新能源汽车购置相关财税支持政策。将新能源汽车购置补贴政策延续至 2022 年底，并平缓 2020—2022 年补贴退坡力度和节奏，加快补贴资金清算速度。加快推动新能源汽车在城市公共交通等领域推广应用。将新能源汽车免征车辆购置税的优惠政策延续至 2022 年底。（财政部牵头，工业和信息化部、科技部、发展改革委、税务总局等参与）

三、加快淘汰报废老旧柴油货车。支持京津冀及周边地区、汾渭平原等重点地区提前淘汰国三及以下排放标准的营运柴油货车，中央财政统筹车辆购置税等现有资金渠道，通过“以奖代补”方式，支持引导重点地区完成淘汰 100 万辆的目标任务。有关重点地区要认真落实《打赢蓝天保卫战三年行动计划》，尽快研究出台淘汰报废老旧柴油货车经济补偿措施。（交通运输部、生态环境部、财政部、商务部、公安部、有关省市人民政府负责）

四、畅通二手车流通交易。优化车辆交易登记等制度，落实全面取消二手车限迁政策，扩大二手车出口业务，修订出台《二手车流通管理办法》，发挥汽车维修电子档案系统作用，支撑二手车交易，加快二手车流通，带动新车消费。加强二手车行业管理，规范二手车经销企业行为，自 2020 年 5 月 1 日至 2023 年底，对二手车经销企业销售旧车，按销售额的 0.5%征收增值税。（商务部、公安部、生态环境部、财政部、交通运输部、税务总局、地方各级人民政府负责）

五、用好汽车消费金融。鼓励金融机构积极开展汽车消费信贷等金融业务，通过适当下调首付比例和贷款利率、延长还款期限等方式，加大对汽车个人消费信贷支持力度，持续释放汽车消费潜力。（人民银行、银保监会、地方各级人民政府负责）

各地区、各有关部门要切实加强组织领导，明确责任分工，积极主动履职，按照本通知要求扎实做好各项工作，积极营造有利于汽车消费的市场环境。

国家发展改革委　科技部　工业和信息化部

公安部　财政部　生态环境部

交通运输部　商务部　人民银行

税务总局　银保监会

2020 年 4 月 28 日

国家发展改革委等五部门发布关于加快推进铁路专用线建设的指导意见

（发改基础〔2019〕1445 号）

各省、自治区、直辖市及计划单列市、新疆生产建设兵团发展改革委、自然资源厅（局）、交通运输厅（委），各铁路监督管理局，各铁路局集团公司，国家能源集团，国家开发投资集团有限公司：

为优化调整运输结构、打赢蓝天保卫战，更好发挥铁路在综合交通运输体系中的骨干作用和绿色低碳优势，推进铁路进港口、大型工矿企业和物流园区，解决好铁路运输“最后一公里”问题，促进多式联运，降低物流成本，现就加快推进铁路专用线建设提出以下意见。

一、重要意义

专用线是解决铁路运输“最后一公里”问题的重要设施，对于减少短驳、发挥综合交通效率、提升经济社会效益具有重要作用。近年来，有关部门、地方和企业坚持以供给侧结构性改革为主线，按照高质量发展要求，着力提升综合交通运输服务水平和效益，积极推动以铁路为骨干的多式联运发展，大力发展铁路专用线，实施长江干线港口铁水联运设施联通行动计划，打通铁路“最后一公里”，畅通“微循环”“公转铁”、铁水联运等结构调整效果初步显现。为更好落实《国务院办公厅关于印发推进运输结构调整三年行动计划（2018—2020 年）的通知》（国办发〔2018〕91 号）有关要求，进一步增加铁路货运量，迫切需要加快铁路专用线建设进度，实现铁路干线运输与重要港口、大型工矿企业、物流园区等的高效联通和无缝衔接。

二、总体要求

（一）指导思想

以习近平新时代中国特色社会主义思想为指导，全面贯彻党的十九大和十九届二中、三中全会精神，按照党中央、国务院关于调整运输结构、打赢蓝天保卫战的重大决策部署，坚持以供给侧结构性改革为主线，坚持目标导向和问题导向，以推进大宗货物运输“公转铁”为主攻方向，坚持市场主体、企业实施、政府推动，充分利用既有铁路设施，加快铁路专用线建设，构建支撑多式联运更高效、运输结构更优化、降本增效更明显的铁路集疏运体系，打通铁路运输“最后一公里”，提高共建共享利用效率，提升服务水平，增加铁路货运量，降低物流成本，减少碳排放，提升运输绿色发展水平。

（二）发展目标

到 2020 年，一批铁路专用线开工建设，沿海主要港口、大宗货物年运量 150 万吨以上的大型工矿企业、新建物流园区铁路专用线接入比例均达到 80%，长江干线主要港口基本引入铁路专用线。到 2025 年，沿海主要港口、大宗货物年运量 150 万吨以上的大型工矿企业、新建物流园区铁路专用线力争接入比例均达到 85%，长江干线主要港口全部实现铁路进港。

三、重点任务

（三）深入对接需求

各省级发展改革委、自然资源厅（局）、交通运输厅（委）、地区铁路监督管理局和铁路企业牵头建立对接工作机制，按照运量前景可观、基础条件成熟、“公转铁”效果明显的原则，对接调查辖域内港口、企业、物流园区铁路专用线建设需求，梳理大宗货物年货运量 150 万吨以上的大型工矿企业和新建物流园区名单，研究确定铁路专用线建设总体目标，明确铁路专用线重点建设项目清单，细化明确项目推进时间节点、实施主体、资金筹措方案等。

（四）同步规划建设

规划新建客货共线、货运专线铁路时，要充分考虑沿线铁路专用线接入需求，同步做好专用线线路走向和衔接条件的论证，鼓励铁路专用线与之同步规划设计、同期建成开通。具备同步实施条件的，新建铁路要提供有利的接轨条件，按照专用线能力需要配套建设接轨站。暂不具备同步建设条件的，新建铁路应做好接轨条件预留。结合新线铁路建设和既有线扩能改造，鼓励根据需要对既有专用线实施相关改造，尽可能盘活既有专用线资源和运能，提高利用效率。主要港口新建集装箱、大宗散货作业区原则上同步规划建设进港铁路。

（五）合理确定标准

在保障运输安全顺畅的前提下，合理确定新建及改扩建铁路专用线建设等级和技术标准，经济适用配置站后设施设备。铁路专用线优先采用再用轨、再用枕，牵引供电可采用单路外部电源或单台牵引变压器等。办理煤炭等易产生扬尘污染的专用线，应配套建设绿色环保设施。不得随意采用设计上限标准和配置不相关的设施设备，从源头上降低专用线造价，切实减轻企业负担。专用线选址要符合国土空间规划，合理避让永久基本农田和生态保护红线，节约集约用地。

（六）简化接轨条件

有关企业提出铁路专用线接轨需求时，接轨站所属铁路企业应无条件受理，严禁设置门槛或拒绝受理。接轨站应按照顺畅衔接的原则进行适应性改造，原则上以接轨点为界，由铁路企业根据需要改造接轨站及相关设施设备并承担其投资。铁路专用线与繁忙干线、设计时速 200 千米客货共线铁路车站接轨时，应综合运输安全、咽喉通过能力、工程代价等因素，充分论证设置疏解线的必要性和建设时机；与其他线路车站接轨时，原则上不设置疏解线。

（七）压缩办理时限

进一步深化“放管服”改革，按照“最多跑一趟”的目标，精简手续、提高效率。铁路企业在受理专用线接轨申请后，原则上应在 20 个工作日内出具同意接轨意见，因技术原因不能接轨的需作出书面答复并提出有关建议。地方有关部门受理专用线核准申请后，应按照规定时限完成核准手续，确保专用线建设符合国家相关产业政策。省级投资主管部门负责专用线核准，并征求相关方面意见，初步设计、施工图设计等审查由企业自行决定。合理压缩铁路专用线项目前期工作周期，简化设计程序，提高审批效率，除工程地质复杂、技术难度大的项目外，原则上在可行性研究后可直接开展施工图设计。

（八）创新运维模式

专用线产权单位自主决策、按市场化原则开展运营维护，可采取自营、委托运营等方式。进一步开放专用线代运营代维护市场，允许工程施工、装备制造、社会物流企业等参与并提供相关服务，鼓励建立区域性、专业化铁路专用线运营维护机制和企业。专用线委托铁路企业运营维护的，铁路企业应积极采用车、工、电、供一体化生产组织模式，集中集约设置生产生活设施，统筹检修工装设备运用，尽可能降低运营支出，同时参照自身运营相关作业的内部成本控制定额，在平等协商基础上，合理确定收费标准。专用线由产权单位自己运营维护的，铁路企业要加强指导，确保满足国家相关标准和规定，保障运输安全。

（九）优化运输服务

铁路企业要加快转变理念，主动上门对接和服务企业，优化服务流程和运输组织，减少中间短驳，简化作业环节，规范收费行为，提高运输服务效率和品质，加强与港口、航运等企业合作，促进港口通过铁路进行大宗货物和集装箱集疏运。结合受委托专用线需求特点，制定针对性运输计划，鼓励企业签订长期协议，优先满足专用线运输需求。鼓励铁路企业与专用线产权单位、第三方客户加强合作，协商制定全程物流方案，为广大客户提供更直接、更方便、更高效的服务，推动铁路货运向现代物流转变。加快完善以铁水联运为重点的多式联运公共信息交换共享，实现铁路现车、装卸车、货物在途、到达预确报以及港口装卸、货物堆存、船舶进出港等铁水联运信息互联共享。

（十）提升综合效益

鼓励铁路企业、有关企业和地方政府加强合作，按照市场化原则推进铁路专用线共建共享共用，规范线路使用、运输服务收费项目和标准，明确清算规则，规范专用线价格行为，建立适应市场变化的运价灵活动态调整机制，增强铁路专用线运输市场竞争能力，制定铁路专用线代运营代维护收费计费办法，向社会公开。加强产运销协同，开发多层次运输服务产品，提高专用线利用效率和综合效益，更好地发挥铁路运输安全、节能、环保优势，推动运输结构调整优化。

四、措施要求

（十一）强化协同推动

省级发展改革委、自然资源厅（局）、交通运输厅（委）、地区铁路监督管理局和铁路企业要建立常态化协调机制，加强与地方及有关企业沟通协调，共同推进专用线建设，着力解决重点难点问题，每半年将有关工作推进情况报送国家发展改革委、自然资源部、交通运输部、国家铁路局和中国国家铁路集团有限公司。充分发挥铁路企业运营管理优势和企业市场主体作用，坚持市场导向，合理确定其在专用线建设的资金筹措、建设实施、资产管理、运营维护等责任。

（十二）加大支持力度

铁路企业要强化市场和服务意识，在接轨手续办理、方案审查、工程建设、运维管理、运输组织、安全保障等方面优化服务，有关情况及时向社会主动公开。地方有关部门要简化审批程序，在要件办理、项目核准、建设施工许可、用地指标保障等方面积极支持。自然资源部将加大铁路专用线用地、用海支持力度，对重点支持项目纳入占用永久基本农田用地预审受理范围，并对符合海域管理法律法规及围填海管理政策的项目保障用海需求。国家铁路局将会同有关部门和单位加快制定完善铁路专用线标准规范，加强行业质量安全监督管理，促进铁路专用线安全优质建设。

（十三）拓宽筹资渠道

全面开放铁路专用线投资建设、运营维护市场，支持各市场主体按照市场化原则，以股权合作方式共同建设铁路专用线。中国国家铁路集团有限公司将与有关企业加强平等协商和互利合作，积极参与铁路专用线建设。鼓励金融机构加大对铁路和多式联运企业金融服务的支持力度，积极引导社会资本以多种形式参与投资建设铁路专用线，研究进一步加大中央和地方财政性资金的支持力度。

（十四）加强督促指导

根据发展需求和经济社会效益情况，梳理提出了 2019—2020 年推动先行实施的一批铁路专用线重点项目。国家发展改革委、自然资源部、交通运输部、国家铁路局、中国国家铁路集团有限公司将加强跟踪指导，及时总结和协调解决铁路专用线项目建设过程中的问题和困难，对进展滞后的项目督促有关方面重点帮助协调推进。同时，完善相关政策措施，推动有关方面加快推进项目前期工作和工程建设，尽快打通铁路运输“最后一公里”。

附件：铁路专用线重点项目（2019—2020 年）（略）

国家发展改革委
自然资源部
交通运输部
国家铁路局
中国国家铁路集团有限公司
2019 年 9 月 1 日

国家发展改革委等七部门关于印发《加快成品油质量升级工作方案》的通知

（发改能源〔2015〕974号）

各省、自治区、直辖市发展改革委、能源局、财政厅、环境保护厅、商务主管部门、工商局（市场监管部门）、质监局，国家能源局各派驻机构，有关能源企业：

《加快成品油质量升级工作方案》业经第90次国务院常务会议审议通过，现印发你们，请认真贯彻执行，并将有关事项通知如下：

一、加快推进成品油质量升级是一项重要的国家专项行动，既有利于改善环境、治理雾霾、促进绿色发展、增添民生福祉，也有利于扩大投资和消费、促进产业结构调整与升级。各有关部门、地方及企业应高度重视此项工作，尽快制定专项实施计划，做好与本方案的衔接。

二、各相关部门要支持炼油企业加快办理升级改造项目审批事项，简化审批流程，提高审批效率，同时强化对项目建设和成品油市场的监管。

三、炼油企业应主动承担社会责任，加快升级改造项目实施，并可按规定申请财政贴息资金补助（具体事宜另行通知）。

四、装备制造企业应努力保障并优先满足升级改造项目的装备需求。通过各方共同努力，确保加快成品油质量升级目标按期完成。

特此通知。

附件：加快成品油质量升级工作方案

国家发展改革委 财政部
环境保护部 商务部 工商总局
质检总局 国家能源局
2015年5月5日

加快成品油质量升级工作方案

大气污染防治成品油质量升级行动计划启动以来，相关政策得以全面贯彻，各项工作有序推进。根据国务院领导最新指示精神，为调动炼油企业积极性，加快升级改造步伐，实现稳增长、调结构、促减排、惠民生，特制订本方案。

一、指导思想与目标

（一）指导思想

贯彻加快实施《大气污染防治行动计划》有关要求，以汽、柴油质量升级为着力点，按照“政府引导、市场推动、保障供应、强化监管”的思路，鼓励企业加大投资力度，加快清洁油品生产与供应，力争提前全面完成质量升级任务，履行炼油行业大气污染防治行动目标责任。

（二）主要目标

——扩大车用汽、柴油国Ⅴ标准执行范围。从原定京津冀、长三角、珠三角区域重点城市扩大到整个东部地区 11 个省市（北京、天津、河北、辽宁、上海、江苏、浙江、福建、山东、广东和海南）。2015 年 10 月 31 日前，东部地区保供企业具备生产国Ⅴ标准车用汽油（含乙醇汽油调和组分油）、车用柴油的能力。2016 年 1 月 1 日起，东部地区全面供应符合国Ⅴ标准的车用汽油（含 E10 乙醇汽油）、车用柴油（含 B5 生物柴油）。

——提前国Ⅴ标准车用汽、柴油供应时间。将全国供应国Ⅴ标准车用汽、柴油的时间由原定 2018 年 1 月 1 日提前 1 年。2016 年 10 月 31 日前，保供企业具备生产国Ⅴ标准车用汽油（含乙醇汽油调和组分油）、车用柴油的能力。2017 年 1 月 1 日起，全国全面供应符合国Ⅴ标准的车用汽油（含 E10 乙醇汽油）、车用柴油（含 B5 生物柴油），同时停止国内销售低于国Ⅴ标准车用汽、柴油。

——增加普通柴油升级内容。2016 年 1 月 1 日起，开始在东部地区重点城市供应与国Ⅳ标准车用柴油相同硫含量的普通柴油（以下简称国Ⅳ标准普通柴油）；2017 年 7 月 1 日，全国全面供应国Ⅳ标准普通柴油，同时停止国内销售低于国Ⅳ标准的普通柴油。2018 年 1 月 1 日起，全国供应与国Ⅴ标准车用柴油相同硫含量的普通柴油（以下简称国Ⅴ标准普通柴油），停止国内销售低于国Ⅴ标准普通柴油。保供企业相应同步完成普通柴油产品的质量升级。

二、重点任务

（一）推动炼油企业加快升级

优先推进汽柴油质量升级。汽油升级重点方向是催化汽油深度脱硫和增产高辛烷值组分。重点加快深度加氢脱硫、吸附脱硫、催化重整、芳烃抽提、甲基叔丁基醚脱硫等装置建设，以及烷基化、异构化、轻汽油醚化等装置。柴油升级重点方向是深度加氢脱硫和改质。重点加快柴油加氢精制、柴油加氢改质、加氢裂化、渣（蜡）油加氢等装置建设。

结合质量升级，进一步完善硫黄回收、烟气脱硫脱硝、制氢等措施，淘汰部分落后装置；积极采用节能技术及装备，提高能量利用效率；优化全厂加工流程，实现轻烃等资源高效利用。重点围绕劣质油加工、重油深加工、油品高质化和生产清洁化，大力推进劣质原油高效预处理、劣质渣油高效加氢、高选择性汽油加氢、汽柴油高效超深度脱硫、催化柴油加氢转化、新型烷基化、低成本制氢、烟气脱硫脱硝除尘等关键技术的自主研发和再创新。

（二）保障国Ⅴ油品市场供应

通过加快改造项目实施，到 2015 年底，主要保供企业具备国Ⅴ车用汽油 5 270 万吨、国Ⅴ车用柴油 6 170 万吨供应能力，加上区域内其他企业及周边地区富余供应能力，充分保障东部地区 2016 年车用汽油 6 400 万吨，车用柴油 5 310 万吨的需求。

2016 年底主要保供企业具备国Ⅴ标准车用汽油 11 090 万吨、车用柴油 15 590 万吨供应能力。与 2017 年国内车用汽油 12 900 万吨、车用柴油 12 110 万吨的需求量相比，汽柴油总量可以满足需要，其中汽油略有缺口，柴油相对过剩。通过其他企业富余产能的调剂，充分保障全国国Ⅴ汽柴油市场需求。

2018 年全国需供应国Ⅴ标准普通柴油约 5 200 万吨。在完成国Ⅴ车用汽、柴油升级基础上，加快主要炼油企业普通柴油升级改造，积极发挥其他企业的补充作用，确保国内车用和普通柴油市场供应。

（三）促进炼油产业结构优化

科学建设先进产能。重点依托条件好的大型炼油企业，积极采用先进技术实施升级改造，大幅增加加氢能力占原油一次加工能力的比例和轻油收率，显著降低新鲜水耗、能耗和二氧化硫排放强度等指标。同时，分区域明确落后产能淘汰任务，加大关停并转小型炼油企业或低效落后装置的力度。

以升级改造为契机，按照产业园区化、炼化一体化、规模大型化的要求，进一步提高产业集中度。鼓励以资产、资源、品牌和市场为纽带，通过整合、参股、并购等多种形式，推动炼油企业兼并重组，打造若干具有国际竞争力的大型企业集团。

（四）加快提升油品标准水平

参考国际先进标准并结合我国实际，加快油品标准制修订步伐，完善标准体系。2015年6月底前发布新的普通柴油强制性国家标准。尽快发布第五阶段车用乙醇汽油标准（E10）、车用乙醇汽油调和组分油及生物柴油调和燃料（B5）标准。

抓紧启动第六阶段汽、柴油国家（国Ⅵ）标准制订工作，力争2016年底颁布并于2019年实施。同时，尽快修订出台船用燃料油强制性国家标准，力争2015年底前发布。

三、主要措施

（一）加强组织领导

国家发展改革委、国家能源局、财政部、环境保护部、商务部、质检总局、工商总局、国家标准委等有关部门共同组织实施本专项方案，加强部际协调，各司其职、各负其责密切配合。

各地方省级主管部门及重点炼油企业要明确责任单位和负责人，结合加快升级改造目标新要求，将任务落到实处，重点做好国Ⅴ标准汽、柴油的生产与供应。

（二）建立工作机制

建立国家能源局、地方能源主管部门及重点炼油企业的工作协调机制，每年组织申报、审核升级改造支持项目。财政部根据审核结果，下达贴息补助资金。同时，对本方案内成品油质量升级改造项目实行动态跟踪管理，定期上报油品质量升级目标完成及有关措施落实情况，及时反映最新进展、基本经验、存在问题、改进措施与政策建议等。

（三）强化主体责任

获得国家资金支持的炼油企业，应主动承担企业社会责任，向国家能源主管部门出具承诺书，保证按期完成升级改造任务，保质保量供应清洁油品。未按要求完成升级改造任务或工作推动不力的企业，限期整改。逾期仍不能实现升级目标的，依法依规，严格问责，并采取核减、收回或者停止拨付资金等措施。有关装备制造企业应切实保障并优先满足升级改造项目的装备需求。

（四）提高审核效率

根据转变职能、简政放权的总体要求，结合升级改造目标和任务，加快审核。对纳入本方案的升级改造项目，相关部门应在环评、土地、节能、稳评、安评等配套条件方面开辟绿色通道，简化审批流程，提高审批效率，限时办结，为推进企业如期完成升级改造创造良好政策环境。

（五）加强监督检查

制定专项监管工作方案，明确落实监管责任主体和任务，对加快油品升级改造工作进行全过程监管。包括改造进度，资金使用，淘汰落后产能任务完成情况，以及汽柴油生产标准的执行情况（出厂油品数量和质量）等。必要时对本方案和有关政策开展中期评估和后评价工作，根据评估评价情况及时对相关方案和政策作出调整与修正。

（六）加大政策扶持

为调动炼油企业升级改造积极性，充分发挥财政资金的杠杆撬动作用，中央财政将对炼油企业成品油质量升级改造贷款给予贴息支持。同时，中央财政将支持国家能源局会同有关部门对全国油品质量升级情况进行监管与核查。

（七）规范市场秩序

进一步强化成品油市场监管体系建设，规范成品油市场秩序。加强部际协调，大力开展联合监管与执法。加大加油站油品质量监督检查力度，严厉打击非法销售不合格油品行为。建立完整的成品油标准体系、检测体系、质量监督检查体系，确保炼油企业生产符合国家标准要求的高品质成品油，严厉打击非法生产不合格油品行为。

国家发展改革委等八部门关于推进电能替代的指导意见

（发改能源〔2016〕1054号）

各省（自治区、直辖市）、新疆生产建设兵团发展改革委、能源局、财政厅、环保厅、住房城乡建设厅、经信委（工信委、工信厅）、交通运输厅（局、委），国家能源局各派出机构、民航各地区管理局，国家电网公司、南方电网公司：

为贯彻落实中央财经领导小组第六次会议、《国务院关于印发大气污染防治行动计划的通知》（国发〔2013〕37号）、《能源发展战略行动计划（2014—2020年）》（国办发〔2014〕31号）相关部署，现就推进电能替代提出以下意见：

一、充分认识推进电能替代的重要意义

电能替代是在终端能源消费环节，使用电能替代散烧煤、燃油的能源消费方式，如电采暖、地能热泵、工业电锅炉（窑炉）、农业电排灌、电动汽车、靠港船舶使用岸电、机场桥载设备、电蓄能调峰等。当前，我国电煤比重与电气化水平偏低，大量的散烧煤与燃油消费是造成严重雾霾的主要因素之一。电能具有清洁、安全、便捷等优势，实施电能替代对于推动能源消费革命、落实国家能源战略、促进能源清洁化发展意义重大，是提高电煤比重、控制煤炭消费总量、减少大气污染的重要举措。稳步推进电能替代，有利于构建层次更高、范围更广的新型电力消费市场，扩大电力消费，提升我国电气化水平，提高人民群众生活质量。同时，带动相关设备制造行业发展，拓展新的经济增长点。

二、总体要求

（一）指导思想

贯彻中央财经领导小组第六次会议精神，促进能源消费革命，落实能源发展战略行动计划及大气污染防治行动计划，以提高电能占终端能源消费比重、提高电煤占煤炭消费比重、提高可再生能源占电力消费比重、降低大气污染物排放为目标，根据不同电能替代方式的技术经济特点，因地制宜，分步实施，逐步扩大电能替代范围，形成清洁、安全、智能的新型能源消费方式。

（二）基本原则

坚持改革创新。结合电力体制改革，完善电力市场化交易机制，还原电力商品属性。创新电能替代技术路线，加快电能替代关键设备研发，促进技术装备能效水平显著提升，应用范围进一步扩大。

坚持规划引领。统筹能源资源开发利用、大气污染防治和经济社会可持续发展，合理规划电能替代，引导电能替代健康发展。科学制定电力发展规划，主要通过可再生能源和现有火电满足电能替代新增电量需求。

坚持市场运作。鼓励社会资本投入，探索多方共赢的市场化项目运作模式。引导社会力量积极参与电能替代技术、业态和运营等创新，发挥市场在资源配置中的决定性作用。

坚持有序推进。结合各地区生态环境达标要求、能源消费结构和用能需求特性等，因地制宜、稳步有序地推进经济性好、节能减排效益佳的电能替代示范试点项目，带动推广实施电能替代。

（三）总体目标

完善电能替代配套政策体系，建立规范有序的运营监管机制，形成节能环保、便捷高效、技术可行、广泛应用的新型电力消费市场。2016—2020 年，实现能源终端消费环节电能替代散烧煤、燃油消费总量约 1.3 亿吨标煤，带动电煤占煤炭消费比重提高约 1.9%，带动电能占终端能源消费比重提高约 1.5%，促进电能占终端能源消费比重达到约 27%。

三、重点任务

电能替代方式多样，涉及居民采暖、工业与农业生产、交通运输、电力供应与消费等众多领域，以分布式应用为主。应综合考虑地区潜力空间、节能环保效益、财政支持能力、电力体制改革和电力市场交易等因素，根据替代方式的技术经济特点，因地制宜，分类推进。

（一）居民采暖领域

在存在采暖刚性需求的北方地区和有采暖需求的长江沿线地区，重点对燃气（热力）管网覆盖范围以外的学校、商场、办公楼等热负荷不连续的公共建筑，大力推广碳晶、石墨烯发热器件、发热电缆、电热膜等分散电采暖替代燃煤采暖。

在燃气（热力）管网无法达到的老旧城区、城乡接合部或生态要求较高区域的居民住宅，推广蓄热式电锅炉、热泵、分散电采暖。

在农村地区，以京津冀及周边地区为重点，逐步推进散煤清洁化替代工作，大力推广以电代煤。

在新能源富集地区，利用低谷富余电力，实施蓄能供暖。

（二）生产制造领域

在生产工艺需要热水（蒸汽）的各类行业，逐步推进蓄热式与直热式工业电锅炉应用。

重点在上海、江苏、浙江、福建等地区的服装纺织、木材加工、水产养殖与加工等行业，试点蓄热式工业电锅炉替代集中供热管网覆盖范围以外的燃煤锅炉。

在金属加工、铸造、陶瓷、岩棉、微晶玻璃等行业，在有条件地区推广电窑炉。

在采矿、食品加工等企业生产过程中的物料运输环节，推广电驱动皮带传输。

在浙江、福建、安徽、湖南、海南等地区，推广电制茶、电烤烟、电烤槟榔等。

在黑龙江、吉林、山东、河南等农业大省，结合高标准农田建设和推广农业节水灌溉等工作，加快推进机井通电。

（三）交通运输领域

支持电动汽车充换电基础设施建设，推动电动汽车普及应用。

在沿海、沿江、沿河港口码头，推广靠港船舶使用岸电和电驱动货物装卸。

支持空港陆电等新兴项目推广，应用桥载设备，推动机场运行车辆和装备“油改电”工程。

（四）电力供应与消费领域

在可再生能源装机比重较大的电网，推广应用储能装置，提高系统调峰调频能力，更多消纳可再生能源。在城市大型商场、办公楼、酒店、机场航站楼等建筑推广应用热泵、电蓄冷空调、蓄热电锅炉等，促进电力负荷移峰填谷，提高社会用能效率。

四、保障措施

（一）加强规划指导

统筹制定规划。各地方政府应将电能替代纳入当地能源和大气污染防治工作，根据地区用电用热需求，结合热电联产、区域高效环保锅炉房、工业余热利用等多种能源供应方式，在城市总体规划、能源发展规划中充分考虑电能替代发展，保障电能替代配套电网线路走廊和站址用地规划。

加强组织领导。省级能源主管部门、经济运行主管部门、节能主管部门应加强本地区电能替代潜力分析，明确电能替代实施方向和路径，制定电能替代工作方案。明确职责分工，强化部门协作，形成有目标、有计划、有组织的工作机制。做好分区域、分年度任务分解，确保各项政策、措施和重点项目落到实处。

（二）发挥示范项目引领作用

鼓励试点示范。充分考虑地区差异，鼓励进行差别化的试点探索，实施一批“经济效益好、推广效果佳”的试点示范项目。鼓励创新引领，借力大众创新、万众创业，整合技术资金资源优势，探索一批业态融合、理念先进、具有市场潜力的项目。在电能替代项目集中地区，创建一批示范区（乡、镇、村）或示范园区。加强项目建设管理，及时跟踪、评估，确保达到示范效果。

加大宣传力度。借助多种传媒方式，大力普及电能替代常识，宣传电能替代清洁便利优点和节能减排成效，为电能替代项目实施创造良好的社会舆论环境。及时开展示范成果展示，推广复制成功经验。

（三）制定完善配套支持措施

严格节能环保措施。严格环保和能效达标准入，加大对企业燃煤锅炉、窑炉、港口船舶燃油等排放物的监督检查力度。鼓励各地方政府在国家标准的基础上，出台更加严格的分散燃煤、燃油设施的限制性、禁止性环保标准。采取有效措施，确保电能替代的散烧煤、燃油切实压减。

推进电力市场建设。加快推进电力体制改革和电力市场建设，有序放开输配以外的竞争性环节电价，逐步形成反映时间和位置的市场价格信号。支持电能替代用户参与电力市场竞争，与风电等各类发电企业开展电力直接交易，增加用户选择权，降低用电成本。创新辅助服务机制，电、热生产企业和用户投资建设蓄热式电锅炉，提供调峰服务的，应获得合理补偿收益。

优化电能替代价格机制。结合输配电价改革，将因电能替代引起的合理配电网建设改造投资纳入相应配电网企业有效资产，将合理运营成本计入输配电准许成本，并科学核定分用户类别分电压等级电能替代输配电价。完善峰谷分时电价政策，通过适当扩大峰谷电价价差、合理设定低谷时段等方式，充分发挥价格信号引导电力消费、促进移峰填谷的作用。鼓励地方研究取消城市公用事业附加费，减轻电力用户负担。

有效利用财政补贴。各地方政府根据自身实际情况，有效利用大气污染防治专项资金等资金渠道，通过奖励、补贴等方式，对符合条件的电能替代项目、电能替代技术研发予以支持。

积极探索融资渠道。鼓励电能替代项目单位结合自身情况，积极申请企业债、低息贷款，采用 PPP 模式，解决项目融资问题。

（四）加强配套电网建设改造

按照《国家发展改革委关于加快配电网建设改造的指导意见》（发改能源〔2015〕1899号）要求，配电网企业应加强电能替代配套电网建设，推进电网升级改造，加强电网安全运行管理，提高供电保障能力。对于新增电能替代项目，相应配电网企业要安排专项资金用于红线外供配电设施的投资建设。同时，建立提前介入、主动服务、高效运转的“绿色通道”，按照客户需求做好布点布线、电网接入等服务工作。各地方政府应对电能替代配套电网建设改造给予支持，简化审批程序，支持相应配电网企业做好项目征地、拆迁和电力设施保护等工作。

（五）加强科技研发与产业培育

加快关键技术和设备研发。鼓励自主创新和引进吸收相结合，加大电加热元件、储热材料、绝热节能材料等关键技术和设备的科研投入，促进设备升级换代，进一步提高产品能效，形成产业化能力。鼓励构建“产、学、研、用”相结合的体制机制，结合《中国制造 2025》推进实施，鼓励行业内优势企业跨领域组建创新中心，加快与智能电网技术、新一代大数据信息技术的深度融合，发展高端电力设备与增值服务，提升电能替代设备的智能化生产和应用水平。

完善技术标准和准入制度。制定和修订电能替代建设和运行标准。加强知识产权运用和保护，促进成果转化。制定和完善电能替代产品准入制度，提高产品质量和可靠性，加强质量监管，增强企业质量意识和履约能力，健全售后保障。

创新商业模式，优化产业结构。探索建立商业化赢利模式，鼓励以合同能源管理、设备租赁、以租代建等方式开展电能替代。引导社会资本投向安全、高效、智能化的电能替代产品和服务。结合市场需求，鼓励企业提供多样化的综合能源解决方案，促进服务型制造发展。

国家发展改革委　国家能源局　财政部
环境保护部　住房城乡建设部　工业和信息化部
交通运输部　中国民用航空局
2016 年 5 月 16 日

环境保护部等四部门和北京市等六省市人民政府关于印发《京津冀及周边地区2017年大气污染防治工作方案》的通知

（环大气〔2017〕29号）

京津冀及周边地区大气污染防治协作小组各成员单位，中国石油天然气集团公司、中国石油化工集团公司、中国海洋石油总公司、国家电网公司、中国华能集团公司、中国大唐集团公司、中国华电集团公司、中国国电集团公司、国家电力投资集团公司、神华集团有限责任公司：

为深入实施《大气污染防治行动计划》，切实加大京津冀及周边地区大气污染治理力度，确保完成《大气污染防治行动计划》确定的2017年各项目标任务，环境保护部会同京津冀及周边地区大气污染防治协作小组及有关单位制定《京津冀及周边地区2017年大气污染防治工作方案》（以下简称《工作方案》）。现印发执行，并就有关事项通知如下：

一、制定方案细化措施。北京、天津、河北、山西、山东、河南省（市）按照《工作方案》要求，组织制定本地2017年达到空气质量目标细化方案，切实落实党委政府环保“党政同责”“一岗双责”，将任务分解到乡镇、街道、社区，明确责任人和完成时限。中石油、中石化、中海油、国家电网公司要与各省（市）人民政府对接，统筹以气代煤、以电代煤工程的规划和实施工作，制定工作方案，加大气源、电源保障力度。中石油、中石化、中海油、华能、大唐、华电、国电、国电投、神华集团要梳理《工作方案》规定的治理任务和所涉及的企业名单，制定具体措施，明确完成时限。

二、加强指导落实责任。各相关部门严格按照职责分工，指导有关地方政府落实《工作方案》任务要求，加大扶持力度，完善政策措施，充分调动地方和企业积极性，同时强化监督与管理。企业是污染治理的实施主体，应主动承担社会责任，按照各地细化方案要求制定实施措施，着力降低污染排放。

三、加强调度强化考核。环境保护部建立月调度、季考核机制，每月调度各地区、各部门工作进展情况，量化各项任务进度和完成比例，会同发展改革委、财政部、国家能源局定期上报国务院。

四、请各省（市）明确一名联系人和联系方式，于2017年2月28日前报环境保护部备案，并从 2017 年 3 月起，每月 8 日前（遇节假日顺延）报送上月工作进展情况。

环境保护部　国家发展改革委　财政部　能源局
北京市人民政府　天津市人民政府　河北省人民政府
山西省人民政府　山东省人民政府　河南省人民政府
2017 年 2 月 17 日

京津冀及周边地区 2017 年大气污染防治工作方案（节选）

为确保完成《大气污染防治行动计划》确定的 2017 年各项目标任务，切实改善京津冀及周边地区环境空气质量，进一步加大京津冀大气污染传输通道治理力度，制定 2017 年工作方案。

一、实施范围

京津冀大气污染传输通道包括北京市，天津市，河北省石家庄、唐山、廊坊、保定、沧州、衡水、邢台、邯郸市，山西省太原、阳泉、长治、晋城市，山东省济南、淄博、济宁、德州、聊城、滨州、菏泽市，河南省郑州、开封、安阳、鹤壁、新乡、焦作、濮阳市（以下简称“2+26”城市）。

二、主要任务

以改善区域环境空气质量为核心，以减少重污染天气为重点，多措并举强化冬季大气污染防治，全面降低区域污染排放负荷。

（一）产业结构调整要取得实质性进展。（略）

（二）全面推进冬季清洁取暖。（略）

（三）加强工业大气污染综合治理。（略）

（四）实施工业企业采暖季错峰生产。（略）

（五）严格控制机动车排放。

12. 天津港不再接收公路运输煤炭。大幅提升区域内铁路货运比例，加快推进港铁联运煤炭。充分利用张唐等铁路运力，大幅降低柴油车辆长途运输煤炭造成的大气污染。7 月底前，天津港不再接收柴油货车运输的集港煤炭。9 月底前，天津、河北及环渤海所有集疏港煤炭主要由铁路运输，禁止环渤海港口接收柴油货车运输的集疏港煤炭。

13. 全面加强机动车排污监控能力。12 月底前，“2＋26”城市均要安装 10 台（套）左右固定垂直式遥感监测设备、2 台（套）移动式遥感监测设备，覆盖高排放车辆通行的主要道口，重点筛查柴油货车和高排放汽油车。北京市进京主要道口安装遥感监测设备。

加快推进京津冀地区电子标识试点，加快遥感监测设备国家、省、市三级联网，12 月底前完成。及时汇总分析排放情况，向社会公开超标严重的车型信息。建设国家、省、市三级机动车环境执法监管专业队伍，提高现场执法能力水平。环境保护部建立机动车污染控制实验室，提高管理政策制定的技术支撑能力。

14. 协同加强柴油车管控。实施重型柴油车在北京市六环路（含）管控措施，引导外埠过境重型柴油车绕行北京。强化对营运车辆的环保监管，积极推进柴油车辆加装颗粒物捕集器（DPF）和具备实时诊断功能的车载远程通信终端，并作为对在用营运柴油车排放检验的重要内容。环境保护部建立机动车环保违法信息平台，与公安交管、交通运输、发展改革、保监等部门共享。9 月底前，将机动车环保违法信息纳入企业征信系统，支持保险公司提高超标排放车辆保险费率，实现超标排放车辆异地处罚。查处一批篡改车载诊断系统（OBD）限扭要求、不添加车用尿素的典型违法案件，严厉处罚各类违法行为并向社会曝光。

15. 加强油品质量和车用尿素监督管理。“2+26”城市率先完成城市车用柴油和普通柴油并轨，9 月底前，全部供应符合国六标准的车用汽柴油，禁止销售普通柴油。各地借鉴河南做法开展专项行动，严厉打击生产、销售假劣油品行为，取缔黑加油站点，追究违法者责任。6 月底前，区域内高速公路、国道和省道沿线的加油站点均须销售符合产品质量要求的车用尿素。6 月底前，销售汽油的加油站全部安装油气回收设施，年销售汽油量大于 5 000 吨及其他具备条件的加油站，要加快安装油气回收在线监测设备。北京市新增出租车应全部更换为电动车，其他城市积极推进出租车更换为电动车或新能源车。各地督促在用燃油和燃气出租车定期更换三元催化器。

（六）提高城市管理水平。（略）

（七）强化重污染天气应对。（略）

三、保障措施

（一）分解落实任务。（略）

（二）完善经济政策。（略）

（三）加大气源、电源保障力度。（略）

（四）建立舆论引导工作协调机制。（略）

（五）严格考核问责。（略）

交通运输部等十二部门和单位关于印发《绿色出行行动计划（2019—2022年）》的通知

（交运发〔2019〕70号）

各省、自治区、直辖市、新疆生产建设兵团交通运输厅（局、委）、党委宣传部、发展改革委、工业和信息化主管部门、公安厅（局）、财政厅（局）、生态环境厅（局）、住房城乡建设厅（委）、市场监管局（厅、委）、机关事务管理局、总工会，中国铁路总公司所属各单位：

为深入贯彻落实党的十九大关于开展绿色出行行动等决策部署，进一步提高绿色出行水平，交通运输部等十二部门和单位联合制定了《绿色出行行动计划（2019—2022年）》。现印发给你们，请结合实际抓好贯彻实施。

交通运输部　中央宣传部　国家发展改革委
工业和信息化部　公安部　财政部
生态环境部　住房城乡建设部　国家市场监督管理总局
国家机关事务管理局　中华全国总工会　中国铁路总公司
2019年5月20日

绿色出行行动计划（2019—2022年）

为深入贯彻落实党的十九大关于开展绿色出行行动等决策部署，进一步提高绿色出行水平，制定本行动计划。

一、总体要求

以习近平新时代中国特色社会主义思想为指导，贯彻落实党中央、国务院决策部署，切实推进绿色出行发展，坚持公共交通优先发展，努力建设绿色出行友好环境、增加绿色出行方式吸引力、增强公众绿色出行意识，进一步提高城市绿色出行水平。到 2022 年，初步建成布局合理、生态友好、清洁低碳、集约高效的绿色出行服务体系，绿色出行环境明显改善，公共交通服务品质显著提高、在公众出行中的主体地位基本确立，绿色出行装备水平明显提升，人民群众对选择绿色出行的认同感、获得感和幸福感持续加强。

二、构建完善综合运输服务网络

（一）加快城际交通一体化建设。构建以铁路、高速公路为骨干，普通公路为基础，水路运输为补充，民航有效衔接的多层次、高效便捷的城际客运网络。在城市群、都市圈内利用高铁、城际铁路、市域（郊）铁路等构建大容量快速客运系统，加快退出跨省 800 千米以上的道路客运班线，优化城际客运供给方式，提升服务品质。

（二）提升现代化客运服务水平。完善客运产品体系，创新空铁联运、公铁联运等客运产品，实现各种交通方式有机衔接、优势互补。完善市内渡运、岛际客运服务网络，提升水路客运服务水平。优化进出站流程，推进铁路、长途客运旅客进站安检及身份查验流程标准化，提高进出站效率。鼓励有条件的综合客运枢纽探索建立民航转铁路、城市轨道交通，铁路转城市轨道交通换乘免安检机制。加强站车船环境建设，提升旅客在途体验。创新旅游客流组织模式，增加旅游列车开行范围和数量，有效提升旅游列车服务品质。

（三）推进实施旅客联程联运。加强和完善民航机场、铁路、道路客运、航运与城市公共交通相衔接的综合客运枢纽建设及管理。加快推进综合客运枢纽一体化规划、同步建设、协调运营、协调管理，引导推进立体换乘、同台换乘。加强城市公共交通与民航、铁路客运等运营时间的匹配衔接。鼓励企业提供旅客联程、往返等票务服务，加快实施旅客联程运输电子客票。推动中转换乘信息互联共享和交通导向标识标准化。完善旅客联程联运票价优惠政策和多人套票优惠政策，引导公众和家庭出行选择集约化运输方式。

（四）优化城市道路网络配置。树立“窄路密网”的城市道路布局理念，加强支路街巷路建设改造，打通道路微循环，建设快速路、主次干路和支路级配合理、适宜绿色出行的城市道路网络。打通各类断头路，形成完整网络。科学规范设置道路交通安全设施和交通管理设施。推进现有道路无障碍设施改造，加快改善交通基础设施无障碍出行条件，提升无障碍出行水平。不断优化公共交通、步行和自行车等绿色交通路权分配，均衡道路交通资源。

三、大力提升公共交通服务品质

（五）提高公交供给能力。全面推进和深化公交都市建设，结合实际构建多样化公共交通服务体系。加快推进通勤主导方向上的公共交通服务供给。加快推进城市公交枢纽、首末站等基础设施建设。加强公众出行规律和客流特征分析，优化调整城市公交线网和站点布局，降低乘客全程出行时间。强化城市轨道交通、公共汽电车等多种方式网络的融合衔接，提高换乘效率。鼓励有条件的城市将公交线网向郊区、全域及毗邻城市（镇）延伸，提升公共服务均等化水平。

（六）提高公交运营速度。加大公交专用道建设力度，优先在城市中心城区及交通密集区域形成连续、成网的公交专用道。加强公交专用道的使用监管，加大对违法占用公交专用道行为的执法力度。积极推行公交信号优先，全面推进公交智能化系统建设。优化地面公交站点设置，提高港湾式公交停靠站设置比例。因地制宜允许单行线道路上公交车双向通行。

（七）改善公众出行体验。进一步提高空调车辆和清洁能源车辆的比例，提高无障碍城市公交车辆更新比例。推广电子站牌、手机 APP 等信息化设施产品，为公众提供准确、可靠的公交车实时位置、预计到站时间等信息服务。全面推进城市交通一卡通互联互通，推广普及闪付、虚拟卡支付、手机支付等非现金支付方式。推进实施阶梯优惠票价、优惠换乘、累计折扣票价等多种形式的优惠政策。鼓励推出适合游客使用的周卡、日卡、计次卡等市政公共交通票务产品。鼓励运输企业积极拓展定制公交、夜间公交、社区公交等多样化公交服务。建立与出行服务质量挂钩的价格制度。

四、优化慢行交通系统服务

（八）完善慢行交通系统建设。开展人性化、精细化道路空间和交通设计，构建安全、连续和舒适的城市慢行交通体系。加大非机动车道和步行道的建设力度，保障非机动车和行人合理通行空间。加快实施机非分离，减少混合交通，降低行人、自行车和机动车相互干扰。按标准建设完善行人驻足区、安全岛等二次过街设施和人行天桥、地下通道等立体交通设施。在商业集中区、学校、医院、交通枢纽等规划建设步行连廊、过街天桥、地下通道，形成相对独立的步行系统。

（九）加强慢行系统环境治理。推进轨道交通站点周边步行道、自行车道环境整治，加强站点及周边道路机动车违法停车治理。强化互联网租赁自行车停放管理，根据城市交通承载能力等因素，合理确定互联网租赁自行车投放规模和停放区域。落实企业主体责任，督促加强对“僵尸车”“废弃车”等车辆回收，强化用户资金监管。

五、推进实施差别化交通需求管理

（十）降低小汽车使用强度。研究制定公众参与感强、富有吸引力的小汽车停驶相关政策。鼓励对自愿停驶的车主提供配套优惠措施，探索建立小汽车长时间停驶与机动车保险优惠减免相挂钩等制度。在供需失衡、交通压力大的区域或者路段，探索实施小汽车分区域、分时段、分路段通行管控措施，引导降低小汽车出行总量。加快换乘枢纽停车场建设，引导私人小客车换乘公共交通出行。

（十一）加强停车治理。加强交通出行信息引导，高密度布设交通出行动态信息板等可视化智能引导标识，建设多元化、全方位的综合交通枢纽、进出城市交通、停车、充电设施等信息引导系统。合理规划建设停车设施，推广实施分区域、分时段、分标准的差别化停车收费政策。推动“互联网+”智慧停车系统建设，探索推进共享停车建设。鼓励在高速公路收费站和公共停车场推广使用电子不停车收费系统（ETC）、手机移动支付等非现金支付手段。

（十二）实施精细化交通管理。加强对交通出行状况的监测、分析和预判，鼓励在有条件的道路设置单行道、可变车道、潮汐车道、合乘车道等设施，推进城市道路交通信号灯配时智能化，提高城市道路通行效率。完善集指挥调度、信号控制、交通监控、交通执法、车辆管理、信息发布于一体的城市智能交通管理系统。推进部门间、运输方式间的交通管理信息、出行信息等互联互通和交换共享。依托北斗卫星导航技术，在高速公路领域试点开展自由流收费应用。

（十三）促进新业态融合发展。鼓励运输企业和互联网企业线上线下资源整合，为公众提供高品质出行服务。引导巡游车通过电信、互联网等方式提供电召服务，减少车辆空驶。加快推进网约车平台公司、车辆及驾驶员合规化进程。鼓励汽车租赁业网络化、规模化发展，依托机场、车站等客运枢纽发展“落地租车”服务，促进分时租赁创新规范发展。

六、提升绿色出行装备水平

（十四）推进绿色车辆规模化应用。以实施新增和更新节能和新能源车辆为突破口，在城市公共交通、出租汽车、分时租赁、短途道路客运、旅游景区观光、机场港口摆渡、政府机关及公共机构等领域，进一步加大节能和新能源车辆推广应用力度。完善行业运营补贴政策，加速淘汰高能耗、高排放车辆和违法违规生产的电动自行车、低速电动车。

（十五）加快充电基础设施建设。加快构建便利高效、适度超前的充电网络体系建设，重点推进城市公交枢纽、停车场、首末站充电设施设备的规划与建设。鼓励高速公路服务区配合相关部门推进充电服务设施建设。加大对充电基础设施的补贴力度，将新能源汽车购置补贴资金逐步转向充电基础设施建设及运营环节。推广落实各种形式的充电优惠政策。

七、大力培育绿色出行文化

（十六）开展绿色出行宣传。每年 9 月份组织开展绿色出行宣传月和公交出行宣传周活动，结合交通运输行业节能宣传周和低碳日等，深入机关、社区、校园、企业和乡村等开展绿色出行宣传，扩大宣传覆盖面和影响力，提高公众对绿色出行方式的认知度和接受度。积极倡导公务出行优先选择绿色出行方式。推进将公共交通、绿色出行优先纳入工会会员普惠制服务。制作发布绿色出行公益广告，弘扬传播绿色出行正能量，让低碳交通成为时尚，让绿色出行成为习惯。

（十七）完善公众参与机制。积极开展文明交通绿色出行主题活动，推进公共交通乘客委员会、绿色出行志愿者队伍等建设，发挥行业协会、社会组织、志愿者团体等多元主体作用，建立公众参与、社会评价、行业监管、政府决策的民主管理机制。加大社会监督力度，畅通公众参与渠道，广泛征求公众意见建议。

八、加强绿色出行保障

（十八）加强组织领导。要积极争取当地人民政府支持，按照本行动计划，加强组织领导和统筹协调，加大对绿色出行行动的指导、协调和支持力度，明确任务分工，落实工作责任，为绿色出行行动计划的实施提供组织保障。积极探索建立城市群、都市圈范围内跨行政区域的绿色出行协调机制，强化跨部门、跨行政区域协作。

（十九）强化政策保障。要研究建立健全绿色出行支持体系，强化财政、金融、税收、土地、投资、保险等方面的政策保障。强化各级财政资金在绿色出行中的引导作用，统筹利用现有资金渠道，鼓励地方各级政府安排专项资金，加大对公交专用道、场站基础设施、新能源和清洁能源车辆购置运营、绿色出行信息化建设等方面的支持力度。吸引社会资本参与绿色出行行动，拓宽绿色出行发展融资渠道。

（二十）深化队伍建设。大力弘扬劳模精神、劳动精神和工匠精神，积极营造劳动光荣的社会风尚、精益求精的敬业风气、锐意创新的职业氛围。加大行业宣传力度，组织开展行业劳模、行业风采宣传展示和关爱司乘人员活动，营造尊重关爱交通运输职工的社会氛围。深入开展行业劳动和技能竞赛，着力提升行业职工技能水平、服务水平和安全生产水平。

（二十一）加强示范引领。研究建立绿色出行统计报表制度，建立专家评估、明察暗访、民意征询和委托第三方机构评估等动态综合评价机制。交通运输部将会同有关部门组织开展绿色出行创建行动，及时总结经验并加以推广，推动各地不断提升绿色出行水平。

交通运输部关于全面深入推进绿色交通发展的意见

（交政研发〔2017〕186号）

各省、自治区、直辖市、新疆生产建设兵团交通运输厅（局、委），部属各单位，部内各司局：

建设生态文明是中华民族永续发展的千年大计。党的十八大以来，交通运输行业深入贯彻落实以习近平同志为核心的党中央关于生态文明建设的新理念新思想新战略，全力推动交通运输的科学发展，在绿色交通方面取得了积极成效。但总体上看，交通运输发展方式相对粗放、运输结构不尽合理、绿色交通治理体系不尽完善、治理能力有待提高等问题依然存在，难以有效满足新时代人民日益增长的优美生态环境需要。为全面贯彻党的十九大精神，切实落实新发展理念，深入推进绿色交通发展，服务交通强国建设，现提出以下意见。

一、总体要求

（一）指导思想

以习近平新时代中国特色社会主义思想为指导，紧紧围绕统筹推进“五位一体”总体布局和协调推进“四个全面”战略布局，坚持人与自然和谐共生的基本方略，牢固树立社会主义生态文明观，践行“绿水青山就是金山银山”的理念，以交通强国战略为统领，以深化供给侧结构性改革为主线，着力实施交通运输结构优化、组织创新、绿色出行、资源集约、装备升级、污染防治、生态保护等七大工程，加快构建绿色发展制度标准、科技创新和监督管理等三大体系，实现绿色交通由被动适应向先行引领、由试点带动向全面推进、由政府推动向全民共治的转变，推动形成绿色发展方式和生活方式，为建设美丽中国、增进民生福祉、满足人民对美好生活的向往提供坚实支撑和有力保障。

（二）基本原则

生态优先，绿色发展。坚持尊重自然、顺应自然、保护自然，把绿色发展摆在更加突出的位置，落实最严格的生态环境保护制度，全方位、全地域、全过程推进交通运输生态文明建设，全面提升交通基础设施、运输装备和运输组织的绿色水平。

深化改革，创新驱动。坚持体制机制创新、管理创新、技术创新和方式创新，着眼于建设现代化经济体系的战略目标，着力深化交通运输供给侧结构性改革，加快推进综合交通管理体制等重点领域改革，转变交通发展方式，优化交通运输结构，推广绿色出行方式，推动形成交通运输绿色发展长效机制。

重点突破，系统推进。坚持抓重点、补短板、强弱项，针对绿色交通发展制约性强、群众反映突出的问题，在重点领域和关键环节集中发力，打好污染防治攻坚战，以点带面，示范引领，不断拓展绿色交通发展的广度和深度，形成交通运输发展与生态文明建设相互促进的良好局面。

多方参与，协同治理。坚持政府为主导、企业为主体、社会组织和公众共同参与，通过法律、经济、技术和必要的行政手段，着力构建约束和激励并举的绿色交通制度体系，努力建设政府企业公众共治的绿色交通行动体系。积极参与全球环境治理，加强交通运输应对气候变化等领域的国际合作与交流。

（三）发展目标

到 2020 年，初步建成布局科学、生态友好、清洁低碳、集约高效的绿色交通运输体系，绿色交通重点领域建设取得显著进展。

——客货运输结构持续优化。铁路和水运在大宗货物长距离运输中承担的比重进一步提高，铁路客运出行比例逐步提升。

——先进运输组织方式进一步推广。力争实现 2020 年多式联运货运量比 2015 年增长 1.5 倍，重点港口集装箱铁水联运量年均增长 10%。

——绿色出行比例显著提升。大中城市中心城区绿色出行比例达到 70%以上，建成一批公交都市示范城市。

——资源利用效率明显提高。港口岸线资源、土地资源和通道资源的利用效率明显提高，交通运输废旧材料循环利用率和利用水平稳步提升。

——清洁高效运输装备有效应用。交通运输行业新能源和清洁能源车辆数量达到 60 万辆，内河船舶船型标准化率达到 70%，公路货运车型标准化率达到 80%。内河运输船舶能源消耗中液化天然气（LNG）比例在 2015 年基础上增长 200%。铁路单位运输工作量综合能耗比 2015 年降低 5%，营运货车、营运船舶和民航业单位运输周转量能耗比 2015 年分别降低 6.8%、6%和 7%，港口生产单位吞吐量综合能耗比 2015 年降低 2%。

——污染排放得到有效控制。船舶水污染物全部接收或按规定处置，环渤海（京津冀）、长三角、珠三角水域船舶硫氧化物、氮氧化物和颗粒物排放与 2015 年相比分别下降 65%、20%和 30%。交通运输二氧化碳排放强度比 2015 年下降 7%。全国主要港口和船舶排放控制区内港口 50%以上已建的集装箱、客滚、邮轮、3 000 吨级以上客运和 5 万吨级以上干散货专业化泊位具备向船舶供应岸电的能力。

——生态保护取得积极成效。交通基础设施建设全面符合生态功能保障基线要求。建成一批绿色交通基础设施示范工程，实施一批交通基础设施生态修复项目。

到 2035 年，形成与资源环境承载力相匹配、与生产生活生态相协调的交通运输发展新格局，绿色交通发展总体适应交通强国建设要求，有效支撑国家生态环境根本好转、美丽中国目标基本实现。

二、全面推进实施绿色交通发展重大工程

（一）运输结构优化工程

统筹交通基础设施布局。在国土主体功能区和生态功能保障基线要求下，进一步优化铁路、公路、水运、民航、邮政等规划布局，扩大铁路网覆盖面，加快完善公路网，大力推进内河高等级航道建设，统筹布局综合交通枢纽，完善港口、机场等重要枢纽集疏运体系，提升综合交通运输网络的组合效率。

优化旅客运输结构。推进铁路、公路、水运、民航等客运系统有机衔接和差异化发展，提升公共客运的舒适性和可靠性，吸引中短距离城际出行更多转向公共客运。加快构建以高速铁路和城际铁路为主体的大容量快速客运系统，形成与铁路、民航、水运相衔接的道路客运集疏网络，稳步提高铁路客运比重，逐步减少 800 千米以上道路客运班线。

改善货物运输结构。按照“宜水则水、宜陆则陆、宜空则空”的原则，研究制定相关政策，调整优化货运结构，促进不同运输方式各展其长、良性竞争、整体更优。提升铁路全程物流服务水平，理顺运价形成机制，提高疏港比例，发挥铁路在大宗物资中远距离运输中的骨干作用。大力发展内河航运，充分发挥水运占地少、能耗低、运能大等比较优势。逐步减少重载柴油货车在大宗散货长距离运输中的比重。

（二）运输组织创新工程

推广高效运输组织方式。大力发展多式联运、江海直达、滚装运输、甩挂运输、驼背运输等先进运输组织方式。依托铁路物流基地、公路港、沿海和内河港口等，推进多式联运型和干支衔接型货运枢纽（物流园区）建设。统筹农村地区交通、邮政、商务、供销等资源，推广“多站合一”农村物流节点建设，推广农村“货运班线”服务方式。积极推动快递“上车上船上飞机”，鼓励发展铁路快运产品。积极推进铁水联运示范工程，将集装箱铁水联运示范项目逐步扩大到内河主要港口。

提高物流信息化水平。鼓励“互联网+”高效物流等业态创新，深入推进道路货运无车承运人试点，促进供需匹配，降低货车空驶率。推进国家交通运输物流公共信息平台建设，推动跨领域、跨运输方式、跨区域、跨国界的物流信息互联互通。

发展高效城市配送模式。加快推进城市绿色货运配送，优化城市货运和快递配送体系，在城市周边布局建设公共货运场站或快件分拨中心，完善城市主要商业区、校园、社区等末端配送节点设施，引导企业发展统一配送、集中配送、共同配送等集约化组织方式。鼓励发展智能快件箱等智能投递设施，积极协调公安等部门保障快递电动车辆依法依规通行。

（三）绿色出行促进工程

全面开展绿色出行行动。积极鼓励公众使用绿色出行方式，进一步提升公交、地铁等绿色低碳出行方式比重。加强自行车专用道和行人步道等城市慢行系统建设，改善自行车、步行出行条件。引导规范私人小客车合乘、互联网租赁自行车等健康发展。鼓励汽车租赁业网络化、规模化发展，依托机场、火车站等客运枢纽发展“落地租车”服务，促进分时租赁创新发展。

深入实施公交优先战略。在大中城市全面推进“公交都市”建设，完善公共交通管理体制机制，加快推动城市轨道交通、公交专用道、快速公交系统等公共交通基础设施建设，强化智能化手段在城市公共交通管理中的应用。推进城际、城市、城乡、农村客运四级网络有序对接，鼓励城市公交线路向郊区延伸，扩大公共交通覆盖面。

加强绿色出行宣传和科普教育。启动全国绿色交通宣教行动，深入宣贯相关理念、目标和任务。开展绿色出行宣传月活动及“无车日”活动，制作发布绿色出行公益广告，让绿色交通发展人人有责，让绿色出行成为风尚。

（四）交通运输资源集约利用工程

集约利用通道岸线资源。推动铁路、公路和市政道路统筹集约利用线位、桥位等交通通道资源，改扩建和升级改造工程充分利用既有走廊。加强港口岸线使用监管，严格控制开发利用强度，促进优化整合利用。深入推进区域港口协同发展，促进区域航道、锚地和引航等资源共享共用。

提高交通基础设施用地效率。推进交通基础设施科学选线选址，避让基本农田，禁止耕地超占，减少土地分割。积极推进取土、弃土与造地、复垦综合施措，因地制宜采用低路基、以桥代路、以隧代路等措施，严格控制互通立交规模，提高土地节约集约利用水平。

促进资源综合循环利用。积极推动废旧路面、沥青等材料再生利用，推广钢结构的循环利用，扩大煤矸石、矿渣、废旧轮胎等工业废料和疏浚土、建筑垃圾等综合利用。推进钢结构桥梁建设，提升基础设施品质和耐久性，降低全生命周期成本。推进快递包装绿色化、减量化、可循环，鼓励降低客运领域一次性制品使用强度。继续推动高速公路服务区、客运枢纽等开展水资源循环利用。

推广应用节能环保先进技术。制定发布交通运输行业重点节能环保技术和产品推广目录。继续对港口、机场、货运枢纽（物流园区）装卸机械和运输装备实施“油改电、油改气”工程，开展机场新能源综合利用示范。积极推广温拌沥青等技术应用，在桥梁、隧道等交通基础设施中全面推广节能灯具、智能通风控制等新技术与新设备。提高铁路机车牵引能效水平，推广车船节能技术改造，全面规范实施飞机辅助动力装置（APU）替代。

（五）高效清洁运输装备升级工程

推进运输装备专业化标准化。加快推进内河船型标准化，严格执行船舶强制报废制度，加快淘汰高污染、高耗能船舶、老旧运输船舶、单壳油轮和单壳化学品船。调整完善内河运输船舶标准船型指标，加快推广三峡船型、江海直达船型和节能环保船型。继续深化车辆运输车治理，全面推进货运车辆标准化、厢式化、轻量化。加快推进敞顶集装箱、厢式半挂车等标准化运载单元的推广应用。

推广应用新能源和清洁能源车船。在港口和机场服务、城市公交、出租汽车、城市物流配送、汽车租赁、邮政快递等领域优先使用新能源汽车，加大天然气等清洁燃料车船推广应用。联合环保、工信、质检、公安等部门，严格落实国家、行业有关能耗等标准限值要求，鼓励支持节能环保车辆优先使用，推动运输装备升级进档。联合公安等部门研究制定鼓励新能源汽车使用的差异化政策措施。支持高速公路服务区、交通枢纽充电加气设施的规划与建设，在京津冀、长三角、珠三角、成渝等区域公路网率先完善充电加气配套设施体系。支持内河高等级航道加气设施的规划与建设，支持在长江干线、京杭运河和西江干线等开展液化天然气加注码头建设。

（六）交通运输污染防治工程

强化船舶和港口污染防治。继续实施船舶排放控制区政策，适时研究建立排放要求更严、控制污染物种类更全、空间范围更大的排放控制区政策。大力推广靠港船舶使用岸电，推动码头、船舶、水上服务区待闸锚地等新改建岸电设施。全面推进港口油气回收系统建设，推动船舶改造加装尾气污染治理装备。全面推进大型煤炭、矿石码头堆场防风抑尘设施建设。全面推进港口船舶污染物接收设施建设，重点提升化学品洗舱水接收能力，并确保与城市公共转运、处理设施衔接。继续推进实施碧海行动计划。推动长江经济带内河船舶开展环保设施升级改造，推动建设长江经济带绿色航运发展先行示范区。

强化营运货车污染排放的源头管控。加快更新老旧和高能耗、高排放营运车辆，推广应用高效、节能、环保的车辆装备。强化运输过程的抑尘设施应用。制定实施汽车检测与维护（I/M）制度，确保在用车达到能耗和排放标准。采用多种技术手段，推进对营运车辆燃料消耗检测的监督管理。研究建立京津冀、长三角区域道路货运绿色发展综合示范区。倡导推广生态驾驶、节能操作、绿色驾培。积极推广绿色汽车维修技术，加强对废油、废水和废气的治理，提升汽车维修行业环保水平。

（七）交通基础设施生态保护工程

推进绿色基础设施创建。把生态保护理念贯穿到交通基础设施规划、设计、建设、运营和养护全过程，强力开展绿色铁路、绿色公路、绿色航道、绿色港口、绿色机场等创建活动。在铁路、公路沿线开展路域环境综合整治。积极推行生态环保设计，倡导生态选线选址，严守生态保护红线。完善生态保护工程措施，合理选用降低生态影响的工程结构、建筑材料和施工工艺，尽量少填少挖，追求取弃平衡。落实生态补偿机制，降低交通建设造成的生态影响。

实施交通廊道绿化行动。落实国土绿化行动，大力推广公路边坡植被防护，在铁路、公路、航道沿江沿线大力开展绿化美化行动，提升生态功能和景观品质，支撑生态廊道构建。联合旅游等部门健全交通服务设施旅游服务功能，打造国家旅游风景道，促进交通旅游融合发展。

开展交通基础设施生态修复。针对早期建设不能满足生态保护要求的交通基础设施，推进生态修复工程建设。重点针对高寒高海拔、水源涵养生态功能区、水土流失重点治理区等重点生态功能区，结合国省道改扩建项目推进取弃土场生态恢复、动物通道建设和湿地连通修复。针对涉及自然保护区、世界自然文化遗产、风景名胜区的国省道改扩建项目，推进路域沿线生态改善和景观升级。在环渤海、长三角、珠三角等港航产业应用滩涂湿地恢复、生境营造、增殖放流等生态修复技术。在长江经济带内河高等级航道、西江干线航道等实施生态护岸、人工鱼巢等航道生态恢复措施。

三、加快构建绿色交通发展制度保障体系

（一）绿色交通制度标准体系

加快构建绿色交通规划政策体系。研究制定绿色交通中长期发展战略，建立分层级、分类别、分方式的绿色交通规划体系。研究制定京津冀、长江经济带等重点区域绿色交通发展规划。将生态文明建设目标纳入综合交通运输规划，推动构建科学适度有序的国土空间布局体系和绿色循环低碳发展的产业体系。修订交通运输节能环保领域相关管理办法。

完善绿色交通标准体系。逐步构建基础设施、运输装备、运输组织等方面的绿色交通标准体系，配套制定绿色交通相关建设和评价标准，完善交通运输行业重点用能设备能效标准和能耗统计标准。积极参与绿色交通国际标准制定，提升国际影响力。

（二）绿色交通科技创新体系

强化绿色交通科技研发。强化科研单位、高校、企业等创新主体协同，开展以绿色交通新技术、新产品、新装备为重点的科技联合攻关，在新能源和清洁能源应用、特长隧道节能、车船尾气防治、自动驾驶、无人船、自动化码头、低噪声船舶、数字航道、公路发电等领域尽快取得一批突破性科研成果。

推动绿色交通科技成果转化与应用。完善绿色交通科技创新成果的评价与转化机制，加快先进成熟适用绿色技术的示范、推广与应用。加快推进移动互联、云计算、大数据等先进信息技术应用，大力推动“互联网+”交通运输发展，提升交通运输运行效率。借鉴国际绿色交通发展经验，加强国际间科技和成果交流合作。

（三）绿色交通监督管理体系

提升行业节能环保管理水平。健全绿色交通管理体制机制，推动各级交通运输主管部门加强绿色交通管理力量配备。严格执行国家环保“三同时”制度，深入开展交通运输规划环境影响评价工作。加强与发展改革、环保等部门及地方政府协同合作，按照大气、水污染防治协作机制分工，配合完成大气、水污染治理攻坚任务。

强化船舶污染物排放监测监管。以船舶排放控制区为重点，开展船舶大气污染物排放和水污染物排放监测监管。推动建立港口和船舶污染物排放、船舶燃油质量等方面的部门间联合监管机制。强化船舶大气污染监测和执法能力建设，严格落实内河和江海直达船舶使用合规普通柴油、船舶排放控制区低硫燃油使用的相关要求。

四、切实抓好组织落实

（一）加强组织领导

统筹推进绿色交通建设发展，强化本意见与交通运输服务决胜全面建成小康社会三年行动计划和交通强国战略纲要的衔接，在行动计划和战略纲要中充分体现各项任务要求。各级交通运输主管部门要抓紧研究制定本地区、本领域绿色交通发展的实施方案，明确责任分工和任务措施，各司其职、各负其责，确保工作落实到位。

（二）加大政策支持

积极争取各级财政性资金对绿色交通发展的支持力度，促进交通运输行业应用绿色信贷、绿色债券等创新金融工具，拓宽绿色交通发展融资渠道，鼓励支持交通运输节能环保产业发展。加强政策协调衔接，强化试点示范、典型经验的总结推广。

（三）鼓励多方参与

充分发挥企业和社会公众积极性，积极探索新举措、新模式，形成全社会广泛参与的工作机制。引导企业广泛应用节能环保技术和装备，更好承担社会责任，培育创建一批绿色交通示范企业。组织开展绿色交通专题教育培训，推广绿色交通先进技术和经验，提升行业从业人员的节能环保意识和能力。

（四）强化监督考核

加大对绿色交通建设的督查考核力度，积极探索将绿色交通发展绩效纳入部门和单位工作考核体系，研究建立奖惩机制。落实《党政领导干部生态环境损害责任追究办法（试行)》要求，坚决制止和惩处破坏生态环境行为。

交通运输部

2017 年 11 月 27 日

交通运输部关于全面加强生态环境保护坚决打好污染防治攻坚战的实施意见

（交规划发〔2018〕81 号）

为深入贯彻习近平总书记重要讲话精神和《中共中央　国务院关于全面加强生态环境保护坚决打好污染防治攻坚战的意见》（中发〔2018〕17 号），进一步推进交通运输生态文明建设，加强生态环境保护，打好污染防治攻坚战，制定本实施意见。

一、深入贯彻落实习近平生态文明思想

习近平生态文明思想是习近平新时代中国特色社会主义思想的重要组成部分，是新时代交通运输生态文明建设的根本遵循。交通运输生态文明建设要以习近平生态文明思想为指导，紧密围绕统筹推进“五位一体”总体布局和协调推进“四个全面”战略布局，牢固树立和贯彻落实新发展理念，坚持人与自然和谐共生、坚持绿水青山就是金山银山、坚持良好生态环境是最普惠的民生福祉、坚持山水林田湖草是生命共同体、坚持用最严格制度最严密法治保护生态环境、坚持共谋全球生态文明建设，推动交通运输转型升级，提质增效，加快形成节约资源和保护环境的空间格局、产业结构、生产方式、生活方式，推进交通运输生态文明建设取得新成效，更好地服务交通强国和美丽中国建设。

到 2020 年，交通运输污染防治攻坚战任务圆满完成，绿色交通制度基本健全，资源集约节约利用进一步加强，运输结构进一步优化，绿色出行比例进一步提升，污染防治和生态保护取得明显成效，交通运输生态环境保护水平与全面建成小康社会的发展要求相适应。

通过继续努力，到 2035 年，基本实现交通运输发展与自然和谐共生，交通运输生态文明治理体系更加科学完备，交通运输生态环境高水平保护与基本实现社会主义现代化的发展要求相适应。

二、建设绿色交通基础设施

坚持保护优先、自然恢复为主，优化交通基础设施布局，因地制宜推进强化生态环保

举措，加快形成节约资源和保护环境的空间格局和生产方式。

（一）统筹交通基础设施空间布局

研究编制综合交通运输发展规划，要结合空间规划“三区三线”划定，统筹铁路、公路、水运、民航、邮政等各领域融合发展，推动铁路、公路、水路、空中等通道资源集约利用。探索开展国家公路线位控制规划，提高国家公路线位资源利用效率。研究修订《港口岸线使用审批管理办法》，严格港口岸线使用审批管理与监督，提高岸线使用效率。推进区域港口一体化发展，促进港口集约化经营。（责任单位：综合规划司、水运局、公路局，国家局有关司局）

（二）全面推进绿色交通基础设施建设

将绿色发展理念贯穿于交通基础设施工可、设计、建设、运营和养护全过程，通过土地节约、材料节约及再生循环利用、生态环境保护等举措，积极推进绿色铁路、绿色机场、绿色公路、绿色航道、绿色港口建设。建设项目严格执行国家环境保护“三同时”制度。（责任单位：综合规划司、公路局、水运局，国家局有关司局）

（三）推动贫困地区交通绿色发展

充分发挥贫困地区的生态环境优势，坚持保护环境优先，以生态为基础，推动贫困地区交通旅游融合发展，因地制宜打造集绿色文明、生态景观、文化旅游等为一体的景观长廊和经济走廊，服务生态农业、生态旅游等发展。（责任单位：综合规划司、公路局、水运局，国家局有关司局）

三、推广清洁高效的交通装备

优化交通装备结构，推广应用新能源和清洁能源，完善加气供电配套设施，提高交通运输装备生产效率和整体能效水平。

（四）推进新能源和清洁能源应用

推动 LNG 动力船舶、电动船舶建造和改造，重点区域沿海港口新增、更换拖轮优先使用清洁能源。支持长江干线、京杭运河和西江干线等高等级航道加气、充（换）电设施的规划与建设。推广应用新能源和清洁能源汽车，加大新能源和清洁能源车辆在城市公交、出租汽车、城市配送、邮政快递、机场、铁路货场、重点区域港口等领域应用。配合有关部门开展高速公路服务区、机场场内充电设施建设。到 2020 年底前，城市公交、出租车及城市配送等领域新能源车保有量达到 60 万辆，重点区域的直辖市、省会城市、计划单列市建成区公交车全部更换为新能源汽车。（责任单位：运输服务司、水运局、综合规划司、海事局，国家局有关司局）

（五）推广港口岸电建设与应用

根据《港口岸电布局方案》，重点推动珠三角、长三角、环渤海（京津冀）排放控制区、沿海及内河主要港口岸电设施建设，全国主要港口和排放控制区内港口靠港船舶率先使用岸电。加大船舶受电设施建设和改造力度，完善港口岸电设施建设、检测以及船舶受电设施建造、检验相关标准规范，积极争取岸电电价扶持政策，推动船舶靠港后使用岸电，逐步提高岸电设施使用率。到 2020 年底前，长江干线、西江航运干线和京杭运河水上服务区和待闸锚地基本具备船舶岸电供应能力，沿海主要港口 50%以上专业化泊位（危险货物泊位除外）具备向船舶供应岸电的能力，新建码头同步规划、设计、建设岸电设施。（责任单位：水运局、海事局、综合规划司）

四、推进交通运输创新发展

充分发挥创新在绿色交通发展中的引领作用，依托管理创新、技术创新和模式创新，推动形成交通运输绿色发展的新业态、新模式。

（六）深化交通科技创新

开展基础设施、载运工具、运输组织等方面的科技攻关，协同推进先进轨道、大气和水污染防治、水资源高效开发利用等重点专项及高科技船舶科研项目的实施，为交通运输行业推进生态环保重点工作提供科技支撑。编制交通运输行业重点节能低碳技术目录，加快成果转化与应用。（责任单位：科技司、综合规划司、公路局、水运局、运输服务司、海事局，国家局有关司局）

（七）推进交通智能化发展

充分利用物联网、云计算、大数据等新一代信息技术，推动交通与相关产业融合发展，培育物流新动能。加快设施网、运输网、传感网、通信网、能源网的融合，推动陆上、水上、天上、网上四位一体的基础设施数字化融合发展，促进互联互通和多级联动共享。深化国家交通运输物流公共信息平台建设，加强多部门物流相关信息交换共享。推动智能航运发展。推动智慧港口、智慧物流园区、智慧客运枢纽等建设，实现港站枢纽多种运输方式顺畅衔接和协调运行。（责任单位：综合规划司、公路局、水运局、运输服务司、科技司、海事局，国家局有关司局）

（八）推动货运经营整合升级

持续推进无车承运人试点工作，完善相关法规制度及标准规范，制定出台相关配套措施，加快培育创新能力强、运营管理规范、资源综合利用率高的无车承运人品牌企业，利用移动互联网手段，实现对中小物流企业和个体运输业户的集约整合和资源高效配置。支持引导货运大车队、甩挂运输挂车共享租赁、多式联运、共同配送等集约高效的运输组织模式发展，促进运力资源的有效整合，发挥规模化、网络化运营优势，降低运输成本。支持大型龙头骨干物流企业以资产为纽带，通过兼并、重组、收购、控股、加盟连锁等方式，有效整合中小物流企业，构建跨区域的物流运输服务网络。进一步延伸运输服务链条，提供涵盖仓储管理、运输配送、流通加工、物流金融的供应链一体化服务，强化核心竞争力，培育物流企业品牌。（责任单位：运输服务司）

（九）推进快递业绿色包装

推进快递包装的绿色化、减量化、可循环，推动共享快递盒、回收纸盒的发展，推进可循环中转袋、可生物降解快递袋和封装胶带的应用。推行简约包装、减少二次包装，加大快递包装物回收利用力度。鼓励企业采用新型分拣设施、技术装备，采用节水、节电、节材等技术工艺和产品装备，支持绿色配送。到 2020 年，可降解的绿色快递包装材料应用比例达到 50%以上。（责任单位：国家邮政局有关司局）

五、打好调整运输结构攻坚战

坚持以供给侧结构性改革为主线，调整运输结构，优化运输组织，发挥各种运输方式的比较优势，提高综合交通运输体系的组合效率。

（十）调整运输结构专项行动

研究制定运输结构调整行动计划，减少公路货运量，增加铁路货运量。发挥铁路、水运在大宗物资中长距离运输中的骨干作用，加大货运铁路建设投入，加快完成蒙华、唐曹、水曹等货运铁路建设。显著提高重点区域大宗货物铁路水路货运比例，提高沿海港口集装箱铁路集疏港比例。环渤海、山东、长三角地区，2018 年底前，沿海主要港口、唐山港、黄骅港的煤炭集港改由铁路或水路运输；2020 年采暖季前，沿海主要港口、唐山港、黄骅港的矿石、焦炭等大宗货物原则上主要改由铁路或水路运输。到 2020 年，全国铁路货运量比 2017 年增长 30%，京津冀及周边地区增长 40%、长三角地区增长 10%、汾渭平原增长 25%。（责任单位：运输服务司、综合规划司、水运局，国家铁路局有关司局）

加快构建以高速铁路和城际铁路为主体的大容量快速客运体系，形成与铁路、民航、水运相衔接的道路客运集疏网络，逐步减少 800 千米以上道路客运班线。（责任单位：综合规划司、运输服务司，国家铁路局有关司局）

（十一）推进运输方式创新

加快推进多式联运、江海直达运输、甩挂运输、滚装运输、水水中转等先进运输组织方式，提高运输及物流效率。依托铁路物流基地、公路港、沿海和内河港口等，推进多式联运型和干支衔接型货运枢纽（物流园区）建设，加快推进集装箱多式联运。建设城市绿色物流体系，支持利用城市现有铁路、物流货场转型升级为城市配送中心。积极推进以港口为枢纽的铁水联运，打通海铁联运“最后一公里”，提高海铁联运比例。推动扩大集装箱、干散货江海直达船队规模。持续推进内河船型标准化工作，研究完善过闸运输船舶标准化船型主尺度，制定出台国家强制性标准，发布基于内河船舶的特定航线江海直达船舶标准规范。到 2020 年，重点港口集装箱铁水联运量年均增长 10%以上，多式联运货运量

比 2015 年增长 1.5 倍。（责任单位：运输服务司、水运局、综合规划司、海事局，国家铁路局有关司局）

六、打好柴油货车等污染防治攻坚战

强化源头管理，重点加强柴油货车、船舶、港口和交通路域等污染防治，推广应用节能环保的车船，推进交通运输节能减排和绿色循环低碳发展。

（十二）开展柴油货车污染治理专项行动

会同有关部门淘汰更新一批高排放老旧柴油货车，研究大宗商品汽车运输中重污染天气错峰运输方案。推进汽车绿色维修发展，建立在用汽车检测与维护制度（I/M 制度），强化汽车尾气排放维修治理。严格实施道路运输车辆燃料消耗量限值准入制度，大力推进国三及以下营运柴油货车提前淘汰更新，加快淘汰采用稀薄燃烧技术和“油改气”的老旧燃气车辆。2020 年底前，京津冀及周边地区、汾渭平原淘汰国三及以下营运中重型柴油货车 100 万辆以上。（责任单位：运输服务司、综合规划司）

（十三）开展船舶污染防治专项行动

全面推进珠三角、长三角、环渤海（京津冀）水域船舶排放控制区建设，研究制定拓宽船舶排放控制区实施方案。推广船舶污染物接收、转运和处置联单制度。加快淘汰高耗能、高排放的老旧运输船舶。长三角等重点区域内河应采取禁限行等措施，限制高排放船舶使用，鼓励淘汰 20 年以上的内河航运船舶。2018 年 7 月 1 日起，全面实施新生产船舶发动机第一阶段排放标准。2019 年底前，调整扩大船舶排放控制区范围，覆盖沿海重点港口，逐步拓展到长江干线主要港区。2020 年底前，长江内河现有船舶完成改造，改造后仍达不到新的环保标准要求的，限期予以淘汰。（责任单位：海事局、水运局、综合规划司）

（十四）开展港口设施污染防治专项行动

各省级交通运输主管部门要协调推动港口所在地人民政府，落实水污染防治法，加强统筹规划建设船舶污染物接收转运处置设施，推动港口船舶含油污水、化学品洗舱水、生活污水和垃圾等污染物接收设施建设。到 2020 年，具备接收能力并做好与城市公共转运、处置设施的有效衔接。（责任单位：水运局、综合规划司）

推进排放不达标港作机械清洁化改造和淘汰，重点区域港口新增和更换的作业机械主要采用清洁能源或新能源。加快推动长江干线水上洗舱站设施建设。推进原油成品油码头油气回收治理。（责任单位：水运局、综合规划司）

（十五）推进交通路域环境污染治理

加强铁路沿线保护区环境污染治理。会同有关部门和地方政府、铁路企业建立铁路线路保护区环境污染治理长效机制，针对在铁路线路安全保护区内烧荒放牧排污、生产易燃易爆放射性物品、违规采矿采石、拆盗铁路标志等违法现象，加强巡查，重点督办，加大

执法处罚力度，有效遏制危害铁路安全、污染铁路环境的行为，进一步净化铁路沿线环境。（责任单位：国家铁路局有关司局）

加强公路路域环境污染防治。推进高速公路服务区卫生环境整治，加强公路路域环境治理，严禁利用公路边沟排放污物或其他污染公路等行为。（责任单位：公路局）

推进机场污染治理。推进机场设施“油改电”建设和改造，全面规范实施飞机辅助动力装置（APU）替代，重点区域民航机场在飞机停靠期间主要使用岸电。重点区域机场新增和更换的作业机械主要采用清洁能源或新能源。（责任单位：中国民用航空局有关司局）

七、强化安全监管和应急能力建设

牢固树立底线思维和红线意识，加强安全监管和安全应急能力建设，加大隐患排查和风险管控力度，坚决遏制重特大事故发生，防范杜绝生态环境风险。

（十六）强化安全监管

加强危险货物道路、水上运输环节监管执法，严把危险货物运输审批关，加强危险货物运输动态跟踪，实现危险货物运输基础数据明细过程信息共享，监管执法规范，重大风险基本可控。做好安全监管专项行动，开展港口危险货物安全监管履职情况专项督察。2018年底前，建立环渤海重点船舶风险源专项检查制度。2019年底前，组织完成渤海海上溢油污染近岸海域风险评估。（责任单位：运输服务司、海事局、水运局、搜救中心）

（十七）强化应急能力建设

加大应急清污装备配备力度，加快推进专业应急清污队伍建设，全面提升我国水上污染应急处置能力和水平。继续在我国沿海实施“碧海行动”。加强国家船舶溢油应急设备库建设和运行管理，加强危险化学品泄漏事故应急能力建设。2020年底前，建立渤海海上溢油污染海洋环境联合应急响应机制，提升国家船舶溢油应急设备库应急物资统计、监测、调用综合信息管理能力。（责任单位：救捞局、海事局）

八、积极参与绿色交通国际合作

积极推动绿色交通国际合作，履行全球环境公约，参与全球环境治理，提高交通运输绿色发展的国际影响力。

（十八）推动绿色交通国际合作

积极利用多双边机制和平台，加强国际合作，引进国际先进绿色发展理念、经验和技术，支持我国交通运输绿色发展，提高我国交通运输生态环境保护的治理能力和水平，并不断推动我国具有比较优势的标准、技术“走出去”，提高我国国际影响力和话语权。（责任单位：综合规划司、公路局、水运局、科技司、国际合作司、搜救中心、海事局，国家

局有关司局）

（十九）积极参与交通运输全球环境治理

积极参与民航业、海运业温室气体减排全球治理事务，参加联合国气候变化框架公约、国际民航组织、国际海事组织等框架下国际谈判与合作，推动建立公平合理、合作共赢的民航、海运气候治理体系。（责任单位：国际合作司、海事局、综合规划司，中国民用航空局有关司局）

九、开展绿色交通全民行动

坚持多方参与、协同治理，着力构建政府为主导、企业为主体、社会组织和公众广泛参与的绿色交通全民行动体系，推动形成简约适度、绿色低碳的消费模式和生活方式。

（二十）开展绿色出行

研究制定绿色出行行动计划。实施公交优先发展战略，继续推进公交都市建设，鼓励城市人民政府加快推动城市轨道交通、公交专用道、快速公交等设施建设，优化运力配置和换乘环境。指导城市规划，配合推进自行车专用道和行人步道等慢行系统建设，逐步提高慢行道占城市道路的比例，推动公交、自行车、步行等绿色出行，倡导绿色出行理念。（责任单位：运输服务司、综合规划司）

（二十一）改善农村出行条件

实现具备条件的乡镇、建制村通硬化路，改善农村出行条件。有序推进通村组道路建设，充分利用本地资源，因地制宜选择路面材料。（责任单位：综合规划司、公路局）

（二十二）加强绿色交通宣传与引导

深入持久地开展生态文明宣传教育，引导全行业树立生态文明意识，提升全行业生态文明理念，形成全社会共同关心、支持和参与交通运输生态环境保护的合力。开展全行业绿色行动，增强节约意识、环保意识、生态意识，培育生态道德和行为准则，动员全行业以实际行动减少能源资源消耗和污染防治。（责任单位：综合规划司、政策研究室，国家局有关司局）

（二十三）推行绿色机关文化

各级交通运输主管部门要走在全社会前列、作出表率，带头使用节能环保产品，推行绿色办公，创建节约型机关。（责任单位：综合规划司、办公厅、机关服务中心，国家局有关司局）

十、健全生态文明治理体系

深化体制机制改革，推进制度创新，完善法规标准，强化评价引导，构建导向明确、制度完善、运行有效、保障有力的生态文明治理体系。

（二十四）深化综合交通运输体制机制改革

不断建立健全综合交通运输发展协调体制机制，完善与自然资源、住建等部门之间多规衔接的规划编制机制，加强铁路、公路、水路、民航、邮政发展的统筹规划，促进各种运输方式融合发展。（责任单位：政策研究室、综合规划司、人事教育司，国家局有关司局）

（二十五）加强法规标准建设

推动修订铁路法、民用航空法、公路法、道路运输条例等法律法规，通过健全法治，促进行业生态文明建设的稳定与发展。开展交通运输生态文明制度创新研究。开展交通运输绿色发展相关标准研究及制修订，在铁路、公路、水路、民航、邮政等标准制修订中增加绿色发展的内容。（责任单位：法制司、综合规划司、公路局、水运局、科技司，国家局有关司局）

（二十六）强化经济政策支持

积极争取财政资金支持，探索应用价格、税收等优惠机制引导绿色交通建设可持续发展，引导和鼓励社会资本进入绿色交通领域，积极争取绿色信贷、绿色债券、绿色保险等支持，拓宽绿色交通融资渠道。（责任单位：财务审计司、综合规划司，国家局有关司局）

（二十七）强化评价引导

依据国家绿色发展指标体系，研究交通运输绿色发展评价指标，对各省交通运输绿色发展情况进行评价，引导行业推进绿色交通发展。（责任单位：综合规划司，国家局有关司局）

十一、全面加强党的领导

各级交通运输主管部门要守土有责、守土尽责、分工负责、共同发力，要把学习贯彻习近平生态文明思想作为重大政治任务，增强“四个意识”，坚决维护习近平总书记权威和核心地位，坚决维护以习近平同志为核心的党中央权威和集中统一领导，按照新时代党的建设总要求，全面加强党对绿色交通发展的领导，严格落实生态环境保护责任清单任务，明确时间表、路线图和责任人。

各相关司局主要领导对本单位有关任务负总责，要做到重要工作亲自部署、重大问题亲自过问、重要环节亲自协调、重点工作亲自督办，要按照“一岗双责”的要求，制定具体的行动计划，更好地推动交通运输生态文明建设。

国家铁路局、中国民用航空局、国家邮政局要根据行业实际制定具体实施方案。

交通运输部

2018 年 6 月 26 日

交通运输部等九部门贯彻落实国务院办公厅《推进运输结构调整三年行动计划（2018—2020年）》的通知

（交运发〔2018〕142号）

各省、自治区、直辖市、新疆生产建设兵团交通运输厅（局、委）、发展改革委、工业和信息化主管部门，公安厅（局）、财政厅（局）、自然资源厅（局）、生态环境厅（局），各地区铁路监管局，中国铁路总公司所属各单位：

为深入贯彻落实《国务院办公厅关于印发推进运输结构调整三年行动计划（2018—2020年）的通知》（国办发〔2018〕91号，以下简称《行动计划》），细化任务目标，强化组织实施，确保运输结构调整取得实效，现就有关工作通知如下：

一、细化分解铁路增量运输任务

为贯彻落实《行动计划》提出的“全国铁路货运量增加11亿吨”“京津冀及周边地区增长40%、长三角地区增长10%、汾渭平原增长25%”等目标要求，综合考虑各地铁路运输现状和综合运输发展实际，按照“条块结合”的原则，现将国家铁路、国家能源投资集团铁路，以及其他铁路（含地方铁路和合资铁路）分年度铁路货运增量目标细化分解到各省（区、市），《2018—2020年全国及重点区域铁路货运增量任务分解表》（以下简称《任务分解表》）见附件1，各省份要按此执行。

二、着力打造运输结构调整示范区

为贯彻落实《行动计划》关于“将京津冀及周边地区打造成为全国运输结构调整示范区”的部署要求，将在北京、天津、河北、河南、山东、山西、辽宁、内蒙古等8省（区、市），组织实施铁路专用线建设工程、铁路货运服务提升工程、港口大宗货物“公转铁”工程、工矿企业大宗货物“公转铁”工程、集装箱铁水联运拓展工程、多式联运信息互联互通工程、货运车辆超限超载治理工程、城市配送新能源车辆推广工程、城市生产生活物资公铁联运试点工程等“九大工程”，并加快推进港口集疏运铁路以及物流园区、大型工矿企业铁路专用线项目建设。《京津冀及周边地区运输结构调整示范区建设实施方案（2018—2020年）》（以下简称《示范区实施方案》）见附件2，京津冀及周边地区8省（区、市）要按此执行，加快推进落实。

三、认真抓好组织实施

各省级交通运输、发展改革、工业和信息化、公安、财政、自然资源、生态环境主管部门，各地区铁路监管局，中国铁路总公司所属有关单位，要按照《行动计划》和《任务分解表》的部署安排和具体要求，紧密结合当地产业结构、能源结构和用地结构特点，京津冀及周边地区8省（区、市）还要一并考虑《示范区实施方案》的要求，加快组织制定本地区运输结构调整工作实施方案，实行“一市一策、一港一策、一企一策”，将本地区任务目标细化分解到各地市和重点企业，相应制定完善责任清单和配套政策措施。各地运输结构调整工作实施方案应征得当地人民政府同意后，于2018年11月30日前报交通运输部备案。

各级各有关部门要加强协同配合，加大对运输结构调整工作的政策支持力度。积极推进完善用地用海支持政策，对涉及的铁路专用线建设用地问题，要按照《自然资源部关于做好占用永久基本农田重大建设项目用地预审的通知》（自然资规〔2018〕3号）的规定，积极予以支持；对“公转水”码头、纳入港口总体规划和运输结构调整的铁水联运、水水中转码头及配建的防波堤、航道、锚地等项目，加大用海支持力度。

四、切实强化督导考评

各省级交通运输、发展改革、工业和信息化、公安、财政、自然资源、生态环境主管部门，各地区铁路监管局，中国铁路总公司所属有关单位，要建立健全运输结构调整工作动态督导考评机制，加强对辖区内各地市和铁路、港口、工矿等重点企业的督导考评，确保各项任务举措落实到位。要加强对运输结构调整工作的监测分析，按照《行动计划》《任务分解表》《示范区实施方案》明确的工作内容和任务目标，按季度总结形成运输结构调整工作情况报告，一并填写《运输结构调整工作监测分析表》（见附件3），京津冀及周边地区8省（区、市）还要针对附件2的附表所列港口集疏运铁路，物流园区、大型工矿企业铁路专用线建设项目表，逐项填写《京津冀及周边地区铁路专用线建设项目进展情况表》（见附件4）。以上材料应于每季度结束后15个工作日内报交通运输部、国家发展改革委。其中，2019年1月15日报送2018年全年情况和数据。交通运输部将会同国务院有关部门，不定期组织开展运输结构调整工作专项督导考评，并将督导考评结果向社会公布，重大情况报告国务院。

请各省级交通运输主管部门组织当地发展改革、工业和信息化、公安、财政、自然资源、生态环境主管部门，各地区铁路监管局，中国铁路总公司所属有关单位，各自确定一名具体联络人员，并将人员名单和联系方式于 2018 年 11 月 10 日前报交通运输部。联系方式：交通运输部运输服务司，010-65293269（电话兼传真）。

附件：

1. 2018—2020 年全国及重点区域铁路货运增量任务分解表（略）
2. 京津冀及周边地区运输结构调整示范区建设实施方案（2018—2020 年）（略）
3. 运输结构调整工作监测分析表（略）
4. 京津冀及周边地区铁路专用线建设项目进展情况表（略）

交通运输部　国家发展改革委　工业和信息化部

公安部　财政部　自然资源部

生态环境部　国家铁路局　中国铁路总公司

2018 年 10 月 26 日

民用航空局关于印发《民航贯彻落实〈打赢蓝天保卫战三年行动计划〉工作方案》的通知

（民航发〔2018〕95 号）

民航各地区管理局，各运输（通用）航空公司、各服务保障公司、各机场公司，直属各单位，中国航空运输协会，中国民用机场协会：

现将《民航贯彻落实〈打赢蓝天保卫战三年行动计划〉工作方案》印发给你们，请认真贯彻执行。

中国民用航空局

2018 年 9 月 14 日

民航贯彻落实《打赢蓝天保卫战三年行动计划》工作方案

坚决打好污染防治攻坚战，是党的十九大作出的重大决策部署，加快改善环境空气质量、打赢蓝天保卫战是其中一项重要任务。国务院日前印发《关于打赢蓝天保卫战三年行动计划》（国发〔2018〕22 号）（下称《三年行动计划》），明确了打赢蓝天保卫战的指导思想、目标任务和具体措施，并将京津冀及其周边、长三角、汾渭平原等地区确定为重点区域。其中，明确民航相关的重点任务是加快推进机场场内“油改电”建设和大力推广飞机岸基供电（即飞机辅助动力装置替代，下称 APU 替代）专项工作。为切实履行民航业生态环保职责，在推动民航强国建设中，系统有序推进民航绿色发展，落实《三年行动计划》相关规定，结合以往工作经验和行业发展实际，制定本工作方案。

一、总体要求

（一）指导思想。以习近平新时代中国特色社会主义思想为指导，全面贯彻落实十九大和十九届二中、三中全会精神，认真落实党中央、国务院决策部署和全国生态环境保护大会要求，坚持新发展理念，牢固树立“四个意识”，以改革创新为动力，坚持实事求是，坚守安全底线，强化规划引领，以机场场内车辆“油改电”和 APU 替代项目为抓手，不断推动行业结构性节能减排工作走向深入，坚决完成《三年行动计划》任务要求。

（二）基本原则。

———坚持底线思维，务求实效。坚守安全这一航空运输生命线，紧扣打赢蓝天保卫战任务要求，加大生态环保工作力度，汇聚资源，加大投入，协同推动民航高质量发展和生态环境高水平保护。

———坚持责任担当，狠抓落实。发挥企业主体作用，强化时间节点意识，坚持问题导向、挂图作战，着力推动管理、融资、运行等模式创新；强化政府督察与服务作用，真抓严管，加快完善相关技术与运行标准体系。

———坚持远近结合，统筹协调。兼顾眼前与长远，着重处理好打赢蓝天保卫战和生态文明建设持久战的关系，充分发挥市场与政府两只手的作用，强化民航各单位间协同联动、民航运输业与相关装备制造业融合发展，努力形成共建共享共赢的良好局面。

（三）目标指标。经过 3 年努力，机场场内运行电动化水平显著提升，协同减少机场场内噪音和排放，明显改善机场场内空气质量和工作环境。

（四）实施区域范围。“油改电”项目实施范围是：《三年行动计划》确定的京津冀及其周边、长三角和汾渭平原等重点区域内机场（下称重点区域机场，名单附后），以及非重点区域 2017 年旅客吞吐量 500 万人次以上机场（下称其他区域机场，名单附后；2018—2020 年旅客吞吐量超过 500 万人次的新增机场参照执行）。APU 替代项目实施范围是：2017 年旅客吞吐量 500 万人次以上机场（2018—2020 年旅客吞吐量超过 500 万人次以上的新增机场参照执行）。

本工作方案暂不适用未来三年有迁建计划机场以及不在上述实施范围内机场。下文所称“机场”若不做特殊限定，均指本方案适用机场。

二、加快机场场内车队结构升级

在满足民航机场设备技术标准和相关管理规定的前提下，选择适当的技术路径和产品，确保机场场内特种车辆平稳更替和不停航施工安全。

（一）推广使用新能源设备和车辆。自 2018 年 10 月 1 日起，除消防、救护、除冰雪、加油设备/车辆及无新能源产品设备/车辆外，重点区域机场新增或更新场内用设备/车辆应 100%使用新能源（鼓励选用技术进步产品），在用国三及以下排放标准汽柴油设备/车辆实现 100%尾气达标改造，不再引进汽柴油设备/车辆；其他区域机场新增或更新场内设备/车辆中，新能源设备/车辆占比不低于 50%，新增或更新场内汽柴油设备/车辆必须达到国四及以上标准，在用国三及以下排放标准汽柴油设备/车辆实现 100%尾气达标改造。

（二）完善场内充电设施服务体系建设。各机场要开展供电系统升级改造及充电设施建设工作，努力建成数量适度超前、布局合理、智能高效的充电设施服务体系，充分满足场内车辆安全、高效运行。驻场单位在机场场内自有用地建设充电设施应坚持安全集约高效原则，并商机场后实施，避免重复建设、浪费资源。

（三）创新商业运营模式。在确保机场安全运行的基础上，各机场及其驻场单位应创新项目投融资、建设和运营模式，鼓励探索引入合同能源管理、专业运营服务商、设施设备共享平台等方式促进项目高效集约式发展；机场及其驻场单位要积极争取国家及地方相关政策支持。

三、推动靠桥飞机使用 APU 替代设施

推广 400 赫兹静变电源设备（电源机组）和地面空调设备（空调机组）替代飞机 APU，飞机在机场廊桥停靠期间主要使用 APU 替代设施。

（一）提高 APU 替代设施使用率。2020 年底前，机场在用廊桥全部配备 APU 替代设施（空调、电源及计量监控系统），鼓励 2017 年旅客吞吐量 1 000 万人次以上机场根据实际运行情况开展远机位 APU 替代项目改造（2018—2020 年旅客吞吐量超过 1 000 万人次的新增机场参照执行）。2019 年 1 月 1 日起，按照“应用尽用”原则，飞机在机场廊桥停靠期间禁止使用 APU。2018 年起，设计旅客吞吐量 500 万人次以上的新建或改扩建机场应同步规划、设计、建设 APU 替代设施；设计旅客吞吐量 1 000 万人次以上的新建和改扩建机场还应同步规划、设计、建设远机位 APU 替代设施。

（二）完善运行管理程序。机场应通过航行情报、机场使用手册等途径发布和更新本机场的 APU 替代设施所在机位、设备型号、适用机型等相关信息。机场应和航空公司加强协调与合作，定期组织技能培训、考核及复训，协商确定 APU 替代设施使用操作流程。机场（特别是重点区域机场）应认真统计各航空公司 APU 替代设施使用情况，整理后每季度向所在地民航地区管理局报备。

四、建立健全协同联动机制

以打赢蓝天保卫战为契机，不断提升行业结构性节能环保工作系统性、协同性、整体性，加快建立健全相关工作机制。

（一）建立联合工作机制。机场会同驻场单位建立联合工作组，商定工作机制，明确各自权责，共同研究编制“打赢蓝天保卫战项目推进三年工作计划”（下称联合工作计划），制定可量化、可核查的总体目标与年度目标，并共同落实计划。各机场联合工作计划应于 2018 年 11 月底前由机场报送所在地民航地区管理局，民航地区管理局审核通过后，机场

及其驻场单位自行组织实施。

（二）协商确定用电收费标准。机场可向场内电动车辆及 APU 替代设备用户收取电费和充电服务费，其中电费执行国家规定的电价政策，充电服务费用于弥补相关设施运营成本。具体收费标准由机场与有关驻场单位参照国家或地方相关规定协商确定，确保电动车辆使用成本显著低于燃油汽车使用成本、APU 替代设施使用成本显著低于 APU 使用成本。各机场确定充电收费标准后需向所在地民航地区管理局报备。

（三）积极推进新技术应用。机场应会同驻场单位、科研单位开展新能源车辆及 APU 替代设施运行与能耗监控系统建设，积极稳妥开展智能化充电设施、储能设施、微电网设施等建设，不断提高现代信息技术在运营管理创新中的应用水平，加快移动互联网、物联网、大数据、人工智能等新技术应用。到 2020 年底，重点区域机场应实现场内车辆及 APU 替代设施运行情况可视化、智能化监测。

（四）加强与设备生产制造方协作。鼓励行业协会组织、机场及其驻场单位加强与设施设备生产制造方沟通协作，积极开展信息共享机制建设，强化需求导向，确保供给数量与质量满足民航安全、高效运行，努力实现民航运输业与相关装备制造业融合发展。

五、狠抓工作落实

民航业要充分认识落实《三年行动计划》相关要求的重要性和紧迫性，采取有力措施，坚决完成本方案各项任务。

（一）加大督察力度。民航局将会同民航各地区管理局建立“民航打赢蓝天保卫战专项工作组”。其中，民航局主要负责制定总体工作方案、开展总体评估、组织制定标准和规章等工作；民航各地区管理局具体负责各机场联合工作计划审核、工作指导与督察、节油数据统计分析等工作。2019 年起，民航各地区管理局需对辖区机场相关项目开展情况每季度进行一次督察，督察结果报民航局；对工作不力、责任不实的单位，由民航地区管理局公开约谈相关单位主要领导。

（二）强化组织领导。各有关机场、航空公司、服务保障单位要高度重视此项工作，各单位主要领导要亲自抓、分管领导具体抓，明确具体负责部门；要制定本单位工作目标和配套政策措施，出台可量化、可操作的绩效考核办法，确保高质量完成相关工作。

（三）加强宣传引导。通过多种形式大力宣传民航落实《三年行动计划》有关工作进展和成效，主动宣介优秀典型；及时总结成功经验，促进各单位互学互鉴、共同提高。积极宣贯相关法律法规、政策文件，引导强化全行业绿色发展责任意识和行动自觉。

附件：

1．重点区域机场名单（略）

2．其他区域机场名单（略）

公路运输与机动车管理

关于建立实施汽车排放检验与维护制度的通知

各省、自治区、直辖市、新疆生产建设兵团生态环境厅（局）、交通运输厅（局、委）、市场监督管理局（委、厅）：

为贯彻落实《中华人民共和国大气污染防治法》《打赢蓝天保卫战三年行动计划》《柴油货车污染治理攻坚战行动计划》有关要求，加快建立实施汽车排放检验与维护制度，防治在用汽车排放污染，助力打赢蓝天保卫战，现将有关事项通知如下。

一、充分认识建立汽车排放检验与维护制度的重要意义

当前，我国汽车超标排放、监管尚未形成闭环的问题依然突出，随着汽车保有量持续快速增长，汽车排放已经成为大气环境污染的重要来源之一。《打赢蓝天保卫战三年行动计划》《柴油货车污染治理攻坚战行动计划》明确要求全面建立实施汽车排放检验与维护制度。汽车排放检验与维护制度是指依法对在用汽车排放进行定期检验、监督抽测和维护修理，使汽车排放符合相关标准要求的管理制度，其事关打赢蓝天保卫战全局，事关大气环境污染治理取得实效，事关大气环境污染治理体系和治理能力的现代化。地方各级生态环境、交通运输、市场监管部门要统一思想，提高认识，强化组织协调，形成联防联控机制，推动构建汽车排放检验与维护闭环管理制度，有效推进超标排放汽车维护修理，减少汽车排气污染物排放。

二、落实汽车排放检验和汽车排放性能维护修理主体责任

地方各级生态环境、市场监管部门要督促指导汽车排放检验机构依法落实汽车排放检验主体责任。汽车排放检验机构应当依法通过资质认定（计量认证），使用经依法检定合格或校准的排放检验设备，按照相关规范进行排放检验，并与生态环境部门联网，实现检验数据实时共享。要严格实施《汽油车污染物排放限值及测量方法（双怠速法及简易工况法）》（GB 18285—2018）和《柴油车污染物排放限值及测量方法（自由加速法及加载减速法）》（GB 3847—2018）等检验标准，除无法手动切换两驱模式的全时及适时四驱车型，因适用特殊技术或存在安全隐患无法上线检测的车型，以及执法检查等特殊情况使用双怠速法和自由加速法外，要全面按标准使用简易工况法、加载减速法。汽车排放检验机构及其负责人对检验数据的真实性和准确性负责。地方各级生态环境部门要通过互联网、移动

通信端等便于公众获取的方式公布本行政区域汽车排放检验机构的信息并及时更新。汽车排放检验机构要在办事大厅、休息区醒目位置张贴本地区可维护修理单位信息，便于车主联系和送修。

地方各级交通运输部门要依法依规监督指导汽车排放维护修理工作。取得汽车维修经营备案的一、二类汽车维修企业和从事发动机维修的三类汽车维修企业，可作为汽车排放性能维护（维修）站。各级交通运输部门应当在网站公示本行政区域内汽车排放性能维护（维修）站名录和联系方式。汽车排放性能维护（维修）站应按照《机动车维修管理规定》、有关技术标准规范、汽车生产（含进口）企业公开的维修技术信息、机动车排放检验报告单及车载排放诊断系统记载信息等，对超标排放车辆进行科学诊断和合理维护修理。完成排放超标维护修理后，要按照规定向托修方交付维修结算清单，并通过汽车维修电子健康档案系统将汽车排放维护修理信息及时上传到当地交通运输部门，并注明是超标排放维护车辆。对于属于二级维护、总成修理、整车修理作业的车辆，维护修理完成并维修竣工质量检验合格的，应签发《机动车维修竣工出厂合格证》。超标排放汽车经诊断后确实无法修复的或维护修理后仍然无法达到规定排放标准的，应如实告知托修方，由托修方决定是否继续维护修理。

地方交通运输部门可以根据工作实际，按照公开公平公正的原则，遴选一定比例制度完善、技术公认、维修质量信誉考核等级在 AA 及以上、群众满意度高的汽车排放性能维护（维修）站作为汽车排放性能维护（维修）技术示范站。技术示范站应挂牌运营，发挥汽车排放污染维护修理技术示范作用，并主动接受社会监督。汽车排放性能维护（维修）站及其技术示范站均应重视和持续加强排放超标汽车诊断和维护修理能力建设，加大技术投入和人员培训，稳定提升超标排放汽车维护修理技术。

三、实施汽车排放检验、维护和违法处罚联动管理

各省级生态环境、交通运输部门应通过信息闭环管理来实现汽车排放检验与维护制度联动，以及对超标排放汽车的闭环管理。超标排放汽车的排放检验信息和维护修理信息，应分别按照生态环境部和交通运输部有关技术要求，通过汽车排放检验信息系统和汽车维修电子健康档案系统上传至各自省级系统，并通过两省级系统实现数据交互，按规定制度作出处理。具备条件的地市可以通过地市级相关系统实现闭环管理，并将数据上传至省级系统。

对超标排放汽车，汽车排放检验机构应通过书面告知（告知书式样见附件）、手机短信等方式通知汽车所有人或使用人到汽车排放性能维护（维修）站维护修理。汽车排放检验机构应积极为复检车辆提供预约服务、开辟绿色通道、实行检测费优惠等便利措施。超标排放汽车到汽车排放检验机构复检的，汽车排放检验机构应通过系统查询其维护修理记

录作为复检凭证。暂不具备信息化条件的地区，汽车排放检验信息系统和汽车维修电子健康档案系统实现联网前，可以将维修结算清单或者《机动车维修竣工出厂合格证》作为复检凭证。汽车未经检验合格或未取得检验合格标志上路行驶的，应当依法进行处罚。在用机动车排放大气污染物超过标准的，应当进行维修；经维修或者采用污染控制技术后，大气污染物排放仍不符合国家在用机动车排放标准的，应当强制报废。其所有人应当将机动车交售给报废机动车回收拆解企业，由报废机动车回收拆解企业按照国家有关规定进行登记、拆解、销毁等处理。

四、强化汽车排放检验与维护的监督管理

地方各级生态环境部门要会同交通运输、公安交管、市场监管部门完善监管执法模式。推行生态环境部门检测取证、公安交管部门实施处罚、交通运输部门监督维修、市场监管部门监督检测的联合监管执法模式。地方各级生态环境部门和市场监管部门要依法加强汽车排放检验机构的监督检查，可采取现场随机抽检、排放检测比对、远程监控排查等方式，强化对排放检验机构的监管。对于异地登记车辆排放检验比较集中、排放检验合格率异常的排放检验机构，应作为重点对象加强监管。严厉打击排放检验机构伪造检验结果、出具虚假报告、屏蔽或者修改车辆环保监控参数等违法行为；对存在此类违法行为的检验机构，一经查实，生态环境部门暂停网络联接和检验报告打印功能，依法予以严格处罚并公开曝光。同时将相关违法违规行为通报市场监管部门，由市场监管部门依法处罚，并记入信用记录。

地方各级交通运输、生态环境部门应加强汽车排放性能维护（维修）站监督检查。地方各级交通运输部门要充分发挥汽车维修电子健康档案系统作用，提升行业数字化监管能力，规范汽车排放性能维护修理经营行为。对于不具备维护修理能力、用强制或者虚假信息诱导欺骗的方式向托修方违规搭售排放维护修理项目或配件装置、有意夸大配件装置性能或维修效果、群众举报投诉多的汽车排放性能维护（维修）站，要依法依规加强监管和处罚，规范净化汽车排放超标维护修理的市场秩序。对使用假冒伪劣配件维护修理、破坏汽车车载排放诊断系统、采用临时更换汽车污染控制装置等弄虚作假方式通过排放检验等行为，依据《中华人民共和国大气污染防治法》《中华人民共和国道路运输条例》有关规定予以处罚。对有关汽车排放性能维护（维修）技术示范站存在违法违规情形的，除按照上述规定要求处罚外，还应撤销其示范站称号，并向社会公告。

交通运输部牵头组建汽车排放检验与维护专家委员会，加强对汽车排放检验与维护工作的技术支持，开展相关政策标准研究评估，进行国际学术交流，推动行业技术水平提升。各省级生态环境、交通运输部门要研究建立汽车排放检验与维护相关争议调解机制，保障各相关方合法权益。

五、工作要求

加强组织领导。各省级生态环境、交通运输、市场监管部门要落实部门职责分工，建立健全定期会商、信息通报、联合监管等联防联控工作机制，加大资金投入和人员保障，确保汽车排放检验与维护制度扎实有效落地。重要情况及时报告生态环境部、交通运输部、市场监管总局。

加强政策宣传。各省级生态环境、交通运输、市场监管部门要积极开展政策宣传，通过互联网、报纸杂志、广播电视等多种渠道，开展专家解读、专题宣传活动，大力宣传汽车排放检验与维护制度要求、汽车所有人应履行汽车排放检验合格和出现问题及时维护修理的法律责任义务、违法违规处罚等内容，保障制度顺利实施。

提升专业技能。各省级生态环境、交通运输、市场监管部门应指导汽车排放检验、汽车维修行业建立健全从业人员培训制度，积极开展有关制度和专业技能培训，持续提升从业人员的专业技能和素质。鼓励汽车排放检验机构和汽车维护企业优先聘用具备专业学历或职业技能等级证书的人员。鼓励组织开展汽车排放诊断维护修理技术比武和技能竞赛。

附件：超标排放汽车维护修理告知书（式样）（略）

生态环境部
交通运输部
市场监管总局
2020 年 6 月 19 日

环境保护部关于加强机动车污染防治工作推进大气 $PM_{2.5}$ 治理进程的指导意见

（环发〔2012〕129 号）

各省、自治区、直辖市环境保护厅（局），新疆生产建设兵团环境保护局，各机动车企业，中国石油天然气集团公司、中国石油化工集团公司、中国海洋石油总公司：

随着我国机动车保有量迅速增加，机动车尾气排放已成为城市大气污染的重要来源。一些地区频繁发生细颗粒物（$PM_{2.5}$）污染问题，与机动车尾气排放密切相关。为切实改善环境空气质量，保障群众健康，根据国务院有关文件要求，现就加强机动车污染防治、推进 $PM_{2.5}$ 治理进程提出以下意见。

一、充分认识加强机动车污染防治的重要性和紧迫性

（一）认清形势，提高认识。近年来，我国机动车污染问题日益突出。2010 年全国机动车保有量达到 1.9 亿辆，尾气排放成为我国大气污染的主要来源，是造成灰霾、光化学烟雾污染的重要原因。同时，由于机动车大多行驶在人口密集区域，尾气排放直接威胁群众健康。据测算，“十二五”期间我国还将新增机动车 1 亿辆以上，新增车用汽柴油消耗 1 亿至 1.5 亿吨，由此带来的环境压力十分巨大。

当前，国家发布新修订的《环境空气质量标准》，对 $PM_{2.5}$ 治理工作提出更高的要求，机动车污染防治成为改善环境空气质量的关键领域。《国民经济和社会发展“十二五”规划纲要》将氮氧化物排放总量削减 10%作为约束性目标，机动车排放占氮氧化物总量的 1/4 以上，在“十二五”污染减排工作中占有举足轻重的地位。各级环保部门要充分认识加强机动车污染防治工作的重要性和紧迫性，进一步加大工作力度，强化协调配合，采取更有效的措施，全面深化机动车污染减排各项工作。

二、明确指导思想、总体要求和主要目标

（二）指导思想。以科学发展观为指导，以改善空气质量为目的，实施机动车生产、

使用、淘汰等全过程环境监管。坚持源头预防，严格新车污染物排放标准，推动技术进步，促进机动车产业可持续发展；坚持综合治理，强化在用车环保定期检验，推行标志管理，提升在用车环境监管水平；坚持更新淘汰，运用法律、经济、技术和行政等多种手段，推进高排放“黄标车”加速淘汰；坚持协调发展，推动车用燃油升级，大力发展公共交通，逐步形成“车、油、路”协调发展的机动车污染减排工作格局。

（三）总体要求。以削减机动车污染物排放总量为重点，全面推进柴油车、汽油车、摩托车和低速汽车等污染防治，突出抓好新车生产、注册登记、在用车环保检验、维修治理、报废拆解、“黄标车”淘汰、车用油品升级和环保监管等关键环节，建立健全政府主导、部门协作、社会参与、环保监管的工作机制，全面实现“十二五”机动车污染减排目标任务。

（四）主要目标。到2015年，全国机动车污染物排放总量比2010年下降10%，其中氮氧化物减排任务全面完成，颗粒物排放量显著降低。严格实施国家第四阶段机动车尾气排放标准，在有条件的地区实施第五阶段排放标准；全面推行机动车环保标志管理，环保标志发放率达到80%以上；基本淘汰2005年以前注册运营的“黄标车”；积极推进车用燃油低硫化进程；显著提高机动车环保监管能力，建立健全国家、省级、地市三级机动车环保监管机构和监控平台，进一步完善机动车污染防治法规、标准和政策体系。到2020年，机动车排放控制水平显著提升，尾气排放总量大幅削减。

三、提升新生产机动车尾气排放控制水平

（五）落实机动车生产环保责任。机动车企业作为车辆产品排放控制的责任主体，应严格执行环保法律法规和标准，不得生产、进口、销售不符合排放标准的车辆。机动车企业应按标准要求进行环保型式核准申报，并切实按照环保达标车型公告要求组织生产，加强环保关键部件保证、生产过程一致性控制、产品排放自检等环保管理，建立和完善环保生产一致性保证体系。机动车企业应当确保车辆环保装置耐久性，不符合排放标准规定的耐久性要求的车辆，相关生产企业要依法承担相应治理责任并采取措施确保达标。

（六）严格实施机动车排放标准。严格实施第四阶段汽油车排放标准，积极推进第四阶段柴油汽车排放标准实施，鼓励具备清洁低硫车用燃油条件的地区实施更严格的排放标准。加快国家第五阶段轻型汽车、第四阶段摩托车、低速载货汽车和非道路移动机械等排放标准的制定及修订工作，健全机动车在低温、高原等实际工况下的排放要求。大力发展混合动力、天然气等节能环保车型，推进柴油车颗粒过滤器（DPF）、氧化性催化转化器（DOC）等先进技术的应用，引导车内空气质量保障技术发展。

（七）加大环保监督执法力度。加强机动车企业环保生产日常监管和执法检查，规范检查行为，提高抽查比例，把好新车排放源头关。继续开展机动车环保生产一致性检查专

项行动，采取企业现场检查和市场监督抽查相结合方式，严厉打击违反环保法律法规生产行为。逐步开展机动车在用符合性检查，对在正常使用条件下的机动车环保装置有效性进行监督抽检。推进新车排放检测实验室比对试验，提高检测质量和技术。

四、加强在用机动车污染防治

（八）严格地方机动车环境准入。加强新注册和转入车辆环境管理，严格执行国家和地方规定的机动车排放标准。在对已开展新注册车辆核发环保标志工作的地区，地方环保部门应依据国家环保达标车型公告开展核发工作。对达不到相应排放标准的，不予核发机动车环保标志。

（九）强化机动车环保检验与维修制度。各省（区、市）环保部门应严格按照《大气污染防治法》相关规定，全面推进机动车环保检验机构委托工作，2012 年底前力争实现环保检验机构在地级及以上城市全覆盖。推动机动车环保检验与安全技术检验同步进行，机动车环保检验机构应按照国家和地方相关规定开展机动车环保检测业务，建立数据服务器，并与当地环保部门联网，实时上传环保检测数据。地方环保部门应加强环保检验机构日常监管，定期组织开展环保监督性抽查，鼓励有条件的地区采用简易工况检测方法，到 2015 年底前环保检验率（含免检车辆）达到 80%以上。提高超标车辆的维修治理水平，协调交通运输部门建立机动车环保检验与维修信息共享机制。

（十）加强环保标志管理与监督抽检工作。根据《机动车环保检验合格标志管理规定》，对所有通过环保检验的机动车，分别核发绿色、黄色环保标志，逐步提高环保标志核发率。推进环保标志电子化、智能化管理。各地环保部门应加强机动车停放地的监督抽检，对规模化运营并且使用频率高的货运车、公交车、出租车、长途客运车等进行重点检查，杜绝车辆“冒黑烟”现象。积极推进遥感法检测汽车尾气。

五、推进“黄标车”更新淘汰

（十一）加强机动车强制报废管理。与公安、商务、交通等部门协调配合，严格执行《机动车强制报废标准规定》《关于报废汽车监督管理有关工作的通知》，着力加强对营运车辆报废的监督管理。对达到强制报废条件的汽车，不予进行机动车环保检验，并注销其环保标志，协调公安交管部门暂停未履行正常报废手续的车辆所有人办理其他车管业务。

（十二）加速淘汰“黄标车”。鼓励采取“以奖促治”、“以奖代补”等经济激励政策，引导高污染、高排放的“黄标车”提前淘汰，着重加大大型载客、重型载货行业的老旧车辆淘汰力度，确保“十二五”末全部淘汰 2005 年以前注册的营运“黄标车”。

（十三）推行“黄标车”限行措施。通过制定地方性法规规章，推行“黄标车”限行措施，促进“黄标车”淘汰工作。《重点区域大气污染防治“十二五”规划》中的重点区域应逐步扩大限行区面积，在保障城市运输需求的情况下，应加强统筹协调，逐步形成“黄标车”区域连片限行的空间格局。

（十四）加强报废机动车无害化处置。与商务等相关部门协作配合，逐步实现对报废机动车回收、拆解、废弃物处理以及拆解后废弃物（包括废铅酸电池、废电路板等）流向的环境监管。鼓励具有先进回收拆解技术的企业从事报废机动车回收拆解业务。对于违反有关法律法规、不符合环保要求或不能承担正常回收拆解业务的企业，依法进行整改或取消其业务资格。

六、提升车用燃油品质

（十五）推进车用燃油标准升级。积极协调相关部门和石油企业，提升车用燃油品质。严格落实国四车用汽油标准，确保按期供应国四汽油。加快推动国四车用柴油标准制定和实施，力争全国尽早供应国四车用柴油，重点地区供应国五车用汽柴油。严格石油冶炼行业环境准入，要求新、改、扩建千万吨级以上大型炼化项目以生产国五标准车用燃油为设计目标。颁布实施车用尿素溶液标准，推进尿素加注系统建设。严格落实储油库、加油站和油罐车油气排放标准，推动制定油气污染治理计划。

（十六）加强油品环保指标监督管理。落实《关于促进车用汽柴油产品质量提升的指导意见》，配合质检、商务、工商部门开展车用油品质量监督检查，提升车用油品质量，加强监管信息沟通和部门协作。

七、提高环保监管能力

（十七）建立环保信息管理体系。建立健全机动车环保信息数据库，及时掌握新车注册、转移及注销，在用车环保检验、环保标志核发、油品升级、维修治理、报废拆解、“黄标车”淘汰和监督管理等信息，动态分析机动车尾气排放量变化情况，定期发布机动车污染防治公报，建立机动车环保信息报送制度，为各级政府及相关部门控制机动车污染提供科学依据。

（十八）推进环保监管能力建设。制定并实施机动车环保监管能力建设方案，建设国家、省级、地市三级联网的机动车环保监管平台，切实增强机动车环境监管能力。开展城市道路两侧空气质量监测试点，加强新车检测机构和在用车检验机构的在线自动监控设施建设与运行，实现环保检测数据联网报送。2015 年前完成 1 个国家级、31 个省级和 113 个环保重点城市机动车环保监控能力建设，配置相关仪器设备及业务系统。

（十九）推进环保监管机构建设。加强机动车环境管理队伍建设，配备专门人员，鼓励各地设立专门的机动车环保监管机构。完善培训机制，加强基层环境监管人员培训。进一步发挥国家机动车环保管理专家委员会的作用，对各地进行技术指导。

八、强化组织保障

（二十）加强组织协调。进一步明确地方各级人民政府对本行政区域污染减排负总责的工作要求，推动形成各级政府主导、各部门分工协作、环保统一监管的机动车污染防治工作机制。在地方政府的统一领导下，全面落实公安、环保、商务、交通等相关部门职责，通过定期召开工作协调会、建立信息通报、联合检查等工作制度，及时协调解决工作中的难点、重点问题。

（二十一）加强宣传动员。各地区要采取多种形式，充分利用报纸、电台、网络、标语等媒介，对机动车污染减排工作进行宣传，争取群众的充分理解和支持，引导群众有序参与和监督。

环境保护部

2012 年 10 月 29 日

商务部、发展改革委、公安部、环境保护部令《机动车强制报废标准规定》

（商务部令　2012 年第 12 号）

《机动车强制报废标准规定》已经 2012 年 8 月 24 日商务部第 68 次部务会议审议通过，并经发展改革委、公安部、环境保护部同意，现予发布，自 2013 年 5 月 1 日起施行。《关于发布〈汽车报废标准〉的通知》（国经贸经〔1997〕456 号）、《关于调整轻型载货汽车报废标准的通知》（国经贸经〔1998〕407 号）、《关于调整汽车报废标准若干规定的通知》（国经贸资源〔2000〕1202 号）、《关于印发〈农用运输车报废标准〉的通知》（国经贸资源〔2001〕234 号）、《摩托车报废标准暂行规定》（国家经贸委、发展计划委、公安部、环保总局令〔2002〕第 33 号）同时废止。

商务部部长
发展改革委主任
公安部部长
环境保护部部长
2012 年 12 月 27 日

机动车强制报废标准规定

第一条　为保障道路交通安全、鼓励技术进步、加快建设资源节约型、环境友好型社会，根据《中华人民共和国道路交通安全法》及其实施条例、《中华人民共和国大气污染防治法》《中华人民共和国噪声污染防治法》，制定本规定。

第二条　根据机动车使用和安全技术、排放检验状况，国家对达到报废标准的机动车实施强制报废。

第三条　商务、公安、环境保护、发展改革等部门依据各自职责，负责报废机动车回收拆解监督管理、机动车强制报废标准执行有关工作。

第四条 已注册机动车有下列情形之一的应当强制报废，其所有人应当将机动车交售给报废机动车回收拆解企业，由报废机动车回收拆解企业按规定进行登记、拆解、销毁等处理，并将报废机动车登记证书、号牌、行驶证交公安机关交通管理部门注销：

（一）达到本规定第五条规定使用年限的；

（二）经修理和调整仍不符合机动车安全技术国家标准对在用车有关要求的；

（三）经修理和调整或者采用控制技术后，向大气排放污染物或者噪声仍不符合国家标准对在用车有关要求的；

（四）在检验有效期届满后连续 3 个机动车检验周期内未取得机动车检验合格标志的。

第五条 各类机动车使用年限分别如下：

（一）小、微型出租客运汽车使用 8 年，中型出租客运汽车使用 10 年，大型出租客运汽车使用 12 年；

（二）租赁载客汽车使用 15 年；

（三）小型教练载客汽车使用 10 年，中型教练载客汽车使用 12 年，大型教练载客汽车使用 15 年；

（四）公交客运汽车使用 13 年；

（五）其他小、微型营运载客汽车使用 10 年，大、中型营运载客汽车使用 15 年；

（六）专用校车使用 15 年；

（七）大、中型非营运载客汽车（大型轿车除外）使用 20 年；

（八）三轮汽车、装用单缸发动机的低速货车使用 9 年，装用多缸发动机的低速货车以及微型载货汽车使用 12 年，危险品运输载货汽车使用 10 年，其他载货汽车（包括半挂牵引车和全挂牵引车）使用 15 年；

（九）有载货功能的专项作业车使用 15 年，无载货功能的专项作业车使用 30 年；

（十）全挂车、危险品运输半挂车使用 10 年，集装箱半挂车 20 年，其他半挂车使用 15 年；

（十一）正三轮摩托车使用 12 年，其他摩托车使用 13 年。

对小、微型出租客运汽车（纯电动汽车除外）和摩托车，省、自治区、直辖市人民政府有关部门可结合本地实际情况，制定严于上述使用年限的规定，但小、微型出租客运汽车不得低于 6 年，正三轮摩托车不得低于 10 年，其他摩托车不得低于 11 年。

小、微型非营运载客汽车、大型非营运轿车、轮式专用机械车无使用年限限制。

机动车使用年限起始日期按照注册登记日期计算，但自出厂之日起超过 2 年未办理注册登记手续的，按照出厂日期计算。

第六条 变更使用性质或者转移登记的机动车应当按照下列有关要求确定使用年限和报废：

（一）营运载客汽车与非营运载客汽车相互转换的，按照营运载客汽车的规定报废，但小、微型非营运载客汽车和大型非营运轿车转为营运载客汽车的，应按照本规定附件 1 所列公式核算累计使用年限，且不得超过 15 年；

（二）不同类型的营运载客汽车相互转换，按照使用年限较严的规定报废；

（三）小、微型出租客运汽车和摩托车需要转出登记所属地省、自治区、直辖市范围的，按照使用年限较严的规定报废；

（四）危险品运输载货汽车、半挂车与其他载货汽车、半挂车相互转换的，按照危险品运输载货车、半挂车的规定报废。

距本规定要求使用年限 1 年以内（含 1 年）的机动车，不得变更使用性质、转移所有权或者转出登记地所属地市级行政区域。

第七条　国家对达到一定行驶里程的机动车引导报废。

达到下列行驶里程的机动车，其所有人可以将机动车交售给报废机动车回收拆解企业，由报废机动车回收拆解企业按规定进行登记、拆解、销毁等处理，并将报废的机动车登记证书、号牌、行驶证交公安机关交通管理部门注销：

（一）小、微型出租客运汽车行驶 60 万千米，中型出租客运汽车行驶 50 万千米，大型出租客运汽车行驶 60 万千米；

（二）租赁载客汽车行驶 60 万千米；

（三）小型和中型教练载客汽车行驶 50 万千米，大型教练载客汽车行驶 60 万千米；

（四）公交客运汽车行驶 40 万千米；

（五）其他小、微型营运载客汽车行驶 60 万千米，中型营运载客汽车行驶 50 万千米，大型营运载客汽车行驶 80 万千米；

（六）专用校车行驶 40 万千米；

（七）小、微型非营运载客汽车和大型非营运轿车行驶 60 万千米，中型非营运载客汽车行驶 50 万千米，大型非营运载客汽车行驶 60 万千米；

（八）微型载货汽车行驶 50 万千米，中、轻型载货汽车行驶 60 万千米，重型载货汽车（包括半挂牵引车和全挂牵引车）行驶 70 万千米，危险品运输载货汽车行驶 40 万千米，装用多缸发动机的低速货车行驶 30 万千米；

（九）专项作业车、轮式专用机械车行驶 50 万千米；

（十）正三轮摩托车行驶 10 万千米，其他摩托车行驶 12 万千米。

第八条　本规定所称机动车是指上道路行驶的汽车、挂车、摩托车和轮式专用机械车；非营运载客汽车是指个人或者单位不以获取利润为目的的自用载客汽车；危险品运输载货汽车是指专门用于运输剧毒化学品、爆炸品、放射性物品、腐蚀性物品等危险品的车辆；变更使用性质是指使用性质由营运转为非营运或者由非营运转为营运，小、微型出租、租赁、教练等不同类型的营运载客汽车之间的相互转换，以及危险品运输载货汽车转为其他载货汽车。本规定所称检验周期是指《中华人民共和国道路交通安全法实施条例》规定的机动车安全技术检验周期。

第九条 省、自治区、直辖市人民政府有关部门依据本规定第五条制定的小、微型出租客运汽车或者摩托车使用年限标准，应当及时向社会公布，并报国务院商务、公安、环境保护等部门备案。

第十条 上道路行驶拖拉机的报废标准规定另行制定。

第十一条 本规定自2013年5月1日起施行。2013年5月1日前已达到本规定所列报废标准的，应当在2014年4月30日前予以报废。《关于发布〈汽车报废标准〉的通知》（国经贸经〔1997〕456号）、《关于调整轻型载货汽车报废标准的通知》（国经贸经〔1998〕407号）、《关于调整汽车报废标准若干规定的通知》（国经贸资源〔2000〕1202号）、《关于印发〈农用运输车报废标准〉的通知》（国经贸资源〔2001〕234号）、《摩托车报废标准暂行规定》（国家经贸委、发展计划委、公安部、环保总局令〔2002〕第33号）同时废止。

附件：

1. 非营运小微型载客汽车和大型轿车变更使用性质后累计使用年限计算公式（略）
2. 机动车使用年限及行驶里程参考值汇总表（略）

环境保护部等五部门
关于全面推进黄标车淘汰工作的通知

（环发〔2015〕128号）

各省、自治区、直辖市环境保护厅（局）、公安厅（局）、财政厅（局）、交通运输厅（局）、商务厅（局）：

为落实《大气污染防治行动计划》，确保完成今年《政府工作报告》确定的营运黄标车淘汰任务，切实改善环境空气质量，现就有关工作通知如下：

一、工作内容

（一）强化执法监管。各地应严格按照《国务院办公厅关于对黄标车淘汰工作进行专项督查的通知》（国办发明电〔2015〕11号）要求，积极开展营运黄标车集中清理工作，深入运输企业开展排查，督促企业及时淘汰2005年底前注册登记的营运黄标车。要主动提请地方人民政府以城市中心区、居民生活区、医院、学校为重点，科学划定黄标车限行和禁行区域，对违规进入限行、禁行区的黄标车，严格依法依规进行处理。要集中排查达到强制报废标准的机动车，及时通知车主办理报废手续，严格查处报废车上路行驶违法行为。

（二）严格报废注销。严格执行《机动车强制报废标准规定》，对达到国家强制报废规定的，一律按规定报废。公安机关交通管理部门依据报废、灭失、出境、退车等情况依法办理注销登记。距机动车强制报废年限1年以内（含1年）的机动车，不得变更使用性质、转移所有权或者转出登记地所属地市级行政区域。对达到机动车强制报废标准的营运机动车，交通运输部门要督促运输企业及时办理报废注销手续，并注销收回或公告作废车辆道路运输证。对达到国家强制报废标准逾期不办理注销登记的机动车，公安机关交通管理部门要公告机动车登记证书、号牌、行驶证作废。

（三）加强政策引导。各地因地制宜研究出台经济激励政策措施，加大黄标车淘汰补贴力度。可通过利用盘活的财政存量资金，优先安排对提前淘汰的黄标车，尤其是大型客货车、出租车、公交车进行补贴。

（四）严格检验检测。严格安全技术检测、环保检测，加大相关检测机构的监督管理力度，对出具虚假检测报告的，依据有关法律法规从严查处。

（五）严格报废监管。各地商务、公安、环保、交通部门要加强监督管理，对报废汽车回收、存储、运输、拆解、注销等环节严格程序、堵塞漏洞，坚决杜绝回收的报废汽车及其“五大总成”（包括发动机、方向机、变速器、前后桥、车架）流向市场。加大对二手车交易市场监管力度，督促二手车交易企业严查交易车辆有关证件，防止报废汽车通过二手车交易市场流入社会。

二、工作要求

（一）加强组织领导。要对本行政区内符合淘汰要求的黄标车进行彻底调查，认真制定黄标车淘汰计划。各有关部门建立会商制度，明确任务分工，定期召开工作协调会，形成工作合力，及时解决发现的突出问题，确保黄标车淘汰工作有序开展。

（二）建立通报机制。各地环保部门要建立营运黄标车信息台账，与交通运输、公安机关交通管理部门协调建立营运黄标车信息定期通报机制。2015 年底前，各地公安机关交通管理部门、交通运输部门要向环保部门提供 2005 年底前注册登记使用性质为营运的汽车的注销登记信息和公告作废机动车牌证信息、车辆道路运输证作废信息。环保部门应根据相关通报信息，定期对免检、注销车辆的环保标志信息进行更新。

（三）强化宣传教育。充分利用各类新闻媒体、社会宣传、户外广告等多种形式，及时宣传各地机动车污染防治工作，广泛宣传黄标车高污染、高排放的危害性和治理淘汰的相关政策，争取广大车主的理解、支持和配合，有效防范和化解矛盾风险，确保社会稳定。在办理营运黄标车相关业务时，要通过印发宣传单、张贴宣传提示、发送短信等方式，提示运输企业淘汰 2005 年底前注册的营运黄标车，按规定交售、报废已达到国家报废标准的营运黄标车，提示车主尽快办理车辆报废。

环境保护部　公安部　财政部

交通运输部　商务部

2015 年 10 月 10 日

环境保护部、公安部、国家认监委关于进一步规范排放检验加强机动车环境监督管理工作的通知

（国环规大气〔2016〕2号）

各省、自治区、直辖市环境保护厅（局）、公安厅（局）、质量技术监督局（市场监督管理部门），各计划单列市、省会城市环境保护局、公安局、质量技术监督局（市场监督管理部门）：

为贯彻落实2015年8月29日全国人大常委会修订后的《大气污染防治法》（以下简称《大气法》），进一步规范机动车排放检验，推进黄标车和老旧车淘汰，加快提升机动车环境监督管理水平，现将有关要求通知如下：

一、总体要求

认真贯彻落实《大气法》，按照简政放权、放管结合、优化服务、便民惠民的要求，以降低机动车污染排放水平、改善环境质量为核心，严格实施国家机动车排放标准，全面推行机动车环保信息公开；严格规范新生产机动车和在用车排放检验，加快推进机动车排放检验信息联网；严格监管执法，加强对高排放车辆的环保达标监管，促进黄标车和老旧车淘汰，加快推进机动车环境管理的系统化、科学化、法治化、精细化和信息化。

二、有效衔接机动车排放检验和安全技术检验制度

（一）严格执行机动车排放检验制度。环境保护部门依照《大气法》建立并规范机动车排放检验制度，机动车生产企业和机动车所有人应当依法进行机动车排放检验。机动车排放检验机构应当严格落实机动车排放检验标准要求，并将排放检验数据和电子检验报告上传环保部门，出具由环保部门统一编码的排放检验报告。环保部门不再核发机动车环保检验合格标志。机动车安全技术检验机构将排放检验合格报告拍照后，通过机动车安全技术检验监管系统上传公安交管部门，对未经定期排放检验合格的机动车，不予出具安全技术检验合格证明。公安交管部门对无定期排放检验合格报告的机动车，不予核发安全技术

检验合格标志。

（二）优化机动车排放和安全技术检验流程。环境保护、认证认可监管部门要加强协作，促进机动车检验机构空间布局优化、合理有序发展。鼓励机动车排放检验机构和安全技术检验机构设在同一地点，整合优化检验流程、共享检验信息，提供一站式便民服务。检验机构要严格按照价格主管部门规定的收费标准收取检验费用，在业务大厅明显位置公示收费依据和标准，并在收费凭证上分别注明安全技术检验和排放检验收费金额。纯电动汽车免于尾气排放检验。

（三）加强排放检验信息联网核查。机动车排放检验周期应与机动车安全技术检验周期一致，免于安全检验上线检测的车辆不进行排放检验。环保部门要加快推进与机动车排放检验机构、公安交管部门信息联网，建立机动车排放检验信息核查机制。

（四）推行机动车排放异地检验。地市范围内机动车所有人可以自主选择检验机构检验，不得以城区、郊区、县市划分检验区域或者指定检验机构。推行机动车异地检验，在全省（区、市）范围内异地检验，无需办理委托手续。试行机动车跨省（区、市）异地检验，在已实现国家、省、市三级机动车排污监管平台联网的省份，允许机动车所有人在车辆所在地进行检验（黄标车除外）。

（五）大力推行便民检验服务。鼓励检验机构通过微信或短信平台、电话、网络等方式，开展预约检验业务，开设专门的预约检验通道、窗口，做到随到随检。机动车排放检验机构要完善服务指示标志、办事流程指南、大厅服务设施，设置引导指示标志，公示业务流程，增加免费导办人员，维护良好检测秩序，杜绝非法中介扰民行为。各地环保部门要通过政府网络平台向社会公布本地机动车排放检验机构名称、地址、咨询电话等相关信息，方便群众就近验车。

三、加强在用机动车环保监督管理

（六）加快淘汰黄标车和老旧车。各地环保部门要提请人民政府结合本地实际，出台鼓励、引导黄标车和老旧车提前报废更新政策措施，加大对国家鼓励淘汰和要求淘汰的黄标车和老旧车污染排放的监督管理力度，确保完成国家确定的年度淘汰工作任务，实现2017年底前基本淘汰黄标车。研究制定便民服务措施，采取提前告知、简化流程、开辟绿色通道等措施，方便车主淘汰黄标车和老旧车。

（七）强化在用机动车环保监督抽测工作。环保部门要在车辆集中停放地、维修地重点加强对货运车、公交车、出租车、长途客运车、旅游车等车辆的监督抽测工作。公安交管部门在不影响正常通行的情况下，要支持配合环保部门采用遥感监测等技术手段对在道路上行驶的机动车进行监督抽测。对监督抽测不合格的车辆，环保部门要通知车主予以改正并复检，及时公开逾期不复检车辆的车牌、车型等信息。公安交管部门要依法查处无安全技术检验合格标志机动车上道路行驶的违法行为。

（八）严格落实机动车强制报废标准规定。严格执行《机动车强制报废标准规定》，对达到国家强制报废规定的，一律按要求报废。各地公安交管部门要严格查处报废车辆上路行驶违法行为。对达到国家强制报废标准逾期不办理注销登记的机动车，公安交管部门应当及时公告机动车登记证书、号牌、行驶证作废。

四、强化机动车排放检验机构监督管理

（九）强化新生产机动车排放检验机构监督管理。环境保护部不再对新生产机动车排放污染申报检测机构进行核准。新生产机动车排放检验机构应当依法通过资质认定（计量认证），使用经依法检定合格的机动车排放检验设备，按照国家标准和规范进行排放检验，与环境保护部机动车排污监控中心联网，并在 2016 年底前实现新生产机动车排放检验信息和污染控制技术信息实时传送。

（十）推进在用车排放检验机构规范化联网。省级环保部门应按照《大气法》和国家有关规定，对在用车排放检验机构不再进行委托，对机构数量和布局不再控制。在用车排放检验机构申请与环保部门联网时，应向当地地级城市环保部门主动提交通过资质认定（计量认证）、设备依法检定合格的相关材料，地级城市环保部门对符合环境保护部机动车环保信息联网规范等要求的检验机构应予联网，并公开已联网的检验机构名单。

（十一）加强排放检验机构监督管理。环保部门可通过现场检查排放检验过程、审查原始检验记录或报告等资料、审核年度工作报告、组织检验能力比对实验、检测过程及数据联网监控等方式加强检验机构监管，推进检验机构规范化运营。认证认可监管部门应加强检验机构资质认定监督管理，重点加强技术能力有效维持以及管理体系有效性的监管，确保检验数据质量。环境保护和认证认可监管部门对排放检验机构实行“双随机、一公开”（随机抽取检查对象、随机选派执法检查人员、及时公开查处结果）的监管方式，依法严肃查处违法的排放检验机构。

（十二）强化排放检验机构主体责任。排放检验机构应按照《大气法》要求通过资质认定（计量认证），使用经依法检定或校准合格的设备，定期进行设备维护保养，按照相关规范标准进行机动车排放检验，对检验结果承担法律责任，接受社会监督和责任倒查。排放检验机构应对受检车辆的污染控制装置进行查验，重点加强营运车辆及重型柴油车环保配置查验。对伪造检验结果、出具虚假报告的检验机构，环保部门暂停网络联接和检验报告打印功能，并依照《大气法》有关条款予以处罚；违反资质认定相关规定的，认证认可监管部门依据资质认定有关规定对排放检验机构进行处罚，情节严重的撤销其资质认定证书。省市环保部门应将在用车排放检验机构守法情况纳入企业征信系统，并将有关情况向社会公开。

（十三）加强检验数据统计分析。各地环保部门应加强机动车排放检验数据分析，核查检验数据异常情况，分析查找原因。对于排放检验中发现的排放超标数量大、比例偏高的车型，地级城市环保部门应逐级上报。省级环保部门应视具体情况启动调查机制，确认该车型新生产车辆是否超标排放，依法进行处理，并报告环境保护部。

（十四）严格执行政府部门不准经办检验机构等企业的规定。要正确处理政府与市场的关系，全面推进排放检验机构社会化，严格执行党中央、国务院关于严禁党政机关和党政干部经商、办企业等规定。环保部门及其所属企事业单位、社会团体一律不得开办检验机构、参与检验机构经营。对已经开办、参与或者变相参与经营的，要立即停办、彻底脱钩或者退出投资、依法清退转让股份。

五、加快机动车环保监管能力和队伍建设

（十五）加强机动车环境监管能力建设。加快推进机动车环境管理机构标准化，提高机动车污染防治能力和水平。各省、自治区、直辖市以及大气污染防治重点城市环保部门，应按照《全国机动车环境管理能力建设标准》中关于机动车环境管理机构硬件设备标准和综合业务平台建设标准要求，逐步提高机动车污染防治监管水平。加大业务培训力度，提高监管执法人员业务技能。

（十六）加快推进全国机动车环保信息联网。各地环保部门要加快机动车环保信息联网建设工作进度，对在用车排放检验实施在线监控，实现检验数据实时传输、及时分析处理。2016 年底前，各排放检验机构应与环保部门实现数据联网，京津冀及周边地区、长三角、珠三角等重点区域要率先实现国家、省、市三级联网。2017 年底前，建成国家、省、市三级联网的机动车排污监控平台。

本通知自发布之日起实施，此前与本文件规定不符的以本文件为准。环境保护部《关于印发〈机动车环保检验管理规定〉的通知》（环发〔2013〕38 号）同时废止。

环境保护部
公安部
国家认监委
2016 年 7 月 21 日

环境保护部关于开展机动车和非道路移动机械环保信息公开工作的公告

（国环规大气〔2016〕3号）

为贯彻落实《大气污染防治法》，加快推进机动车和非道路移动机械环境管理的系统化、科学化、法治化、精细化和信息化，根据国务院关于简政放权、放管结合、优化服务、便民惠民的决策部署要求，我部决定依法开展新生产机动车和非道路移动机械环保信息公开工作。现将有关要求公告如下：

一、信息公开主体

按照《大气污染防治法》规定，机动车和非道路移动机械生产、进口企业，应当向社会公开其生产、进口机动车和非道路移动机械的环保信息，包括排放检验信息和污染控制技术信息，并对信息公开的真实性、准确性、及时性、完整性负责。

二、信息公开内容

（一）机动车和非道路移动机械生产、进口企业基本信息；

（二）机动车和非道路移动机械污染控制技术信息，具体内容详见附件1；

（三）机动车和非道路移动机械排放检验信息：型式检验、生产一致性检验、在用符合性检验和出厂检验信息，包括检测结果、检验条件、仪器设备、检测机构信息等，具体检验项目详见附件2。

三、信息公开时间和方式

（一）机动车生产、进口企业应在产品出厂或货物入境前，以随车清单的方式公开主要环保信息，具体要求见附件3。

非道路移动机械生产、进口企业应在产品出厂或货物入境前，在机身明显位置粘贴环保信息标签，公开主要环保信息，具体要求见附件 4。

（二）机动车和非道路移动机械生产、进口企业应在产品出厂或货物入境前，在本企业官方网站公开机动车和非道路移动机械环保信息，并同步上传至环境保护部机动车和非道路移动机械环保信息公开平台（网址：www.vecc-mep.org.cn），供政府有关部门、公众和企业查询使用。

暂不具备在本企业官方网站公开机动车和非道路移动机械环保信息条件的生产、进口企业，应在产品出厂或者货物入境前，在环境保护部机动车和非道路移动机械环保信息公开平台上公开环保信息。

四、实施时间

（一）自 2016 年 9 月 1 日起，环境保护部机动车和非道路移动机械环保信息公开平台开始试运行，请各有关企业积极参与调试。

（二）自 2017 年 1 月 1 日起，机动车生产、进口企业应将新生产、进口机动车的环保信息，按照本公告第三条规定的时间和方式予以公开。

（三）自 2017 年 7 月 1 日起，非道路移动机械生产、进口企业应将新生产、进口非道路移动机械的环保信息，按照本公告第三条规定的时间和方式予以公开。

五、监督管理

各省级环境保护主管部门应建立机动车和非道路移动机械检验信息核查机制，通过现场检查、抽样检查等方式，加强对机动车和非道路移动机械环保信息公开工作的监督管理，督促机动车生产企业和非道路移动机械生产、进口企业按要求进行信息公开。

鼓励社会公众对机动车和非道路移动机械生产、进口企业公开的环保信息进行监督，依法通过环保举报平台反映有关问题，各省级环境保护主管部门要及时查处举报反映的问题。

对未按照本公告要求真实、准确、及时、完整公开机动车和非道路移动机械环保信息的，各省级环境保护主管部门应依照《大气污染防治法》对相关企业予以处罚，处罚结果要及时向社会公开，并同步上传至环境保护部机动车和非道路移动机械环保信息公开平台。

我部将对各机动车和非道路移动机械生产、进口企业环保信息公开工作开展情况，以及各省级环境保护主管部门监管执法情况加大监督检查力度。

六、有关要求

（一）环境保护部机动车和非道路移动机械环保信息公开平台免费向企业提供机动车和非道路移动机械环保信息上传和查询服务，免费向社会公众和政府有关部门提供信息查询服务，任何单位和个人不得以任何理由收取任何费用。

（二）地方各级环保部门可以直接查询、使用环境保护部机动车和非道路移动机械环保信息公开平台，不得再以任何理由要求生产、进口企业通过其他途径重复报送或提供类似信息。

（三）环境保护部机动车和非道路移动机械环保信息公开平台主要为企业、公众和政府有关部门提供信息公开服务，不对机动车和非道路移动机械的排放检验和污染控制技术信息进行人工审核、修改等处理。机动车和非道路移动机械生产、进口企业对所公开环保信息的真实性、准确性、及时性和完整性负责，确需对已公开信息进行更正的，应先发布信息更正公告或通知，再及时更正环境保护部机动车和非道路移动机械环保信息公开平台相关内容，并作出说明。

（四）我部委托环境保护部机动车排污监控中心建设、运行、维护机动车和非道路移动机械环保信息公开平台。

（五）发动机和其他机动车和非道路移动机械环保关键零部件生产、进口企业可以参照本公告要求进行环保信息公开。

七、联系人及联系方式（略）

特此公告。

环境保护部

2016 年 8 月 24 日

附件：

1．污染控制技术信息要求（略）

2．各类机动车和非道路移动机械的具体检验项目（略）

3．机动车环保信息随车清单（略）

4．非道路移动机械环保信息标签要求（试行）（略）

环境保护部、商务部
关于加强二手车环保达标监管工作的通知

（环办大气函〔2016〕2373 号）

各省、自治区、直辖市环境保护厅（局），商务主管部门：

为进一步贯彻国务院关于简政放权、放管结合、优化服务、便民惠民的重要决策部署，深入落实《国务院办公厅关于促进二手车便利交易的若干意见》（国办发〔2016〕13 号，以下简称《意见》），加强二手车环保达标监管，推进改善大气环境质量，现将有关工作要求通知如下：

一、严格执行《意见》有关规定。《意见》对二手车迁入车辆要求和区域范围均作出明确规定，各地要认真贯彻落实，严格执行相关规定。

二、加强二手车环保达标监管。对于在机动车环保定期检验和安全检验有效期内，并经转入地环保检验，符合转入地在用车排放标准要求的车辆，各地不得设定其他限制措施（国家明确的大气污染防治重点区域和国家要求淘汰的车辆除外）。各级环保部门要建立二手车环保检验信息管理档案和核查机制，加强对二手车环保达标检验的监管工作，严防超标排放车辆造成污染转移。

三、加快推进二手车环保信息联网工作。各地环保部门要按照《关于进一步规范排放检验加强机动车环境监督管理工作的通知》（国环规大气〔2016〕2 号）要求，加快机动车环保信息联网建设工作进度，充分利用信息系统加强对二手车的环保达标监管。各地应督促机动车排放检验机构严格落实机动车排放检验标准要求，并将排放检验数据和电子检验报告上传环保部门，出具由环保部门统一编码的排放检验报告。各级环保部门要积极配合公安交管部门做好排放检验报告照片核查和排放检验信息核查，二手车转出地环保部门应及时将相关车辆信息移交转入地环保部门；转入地环保部门应对二手车上线排放检验实施在线监控，实现检验数据实时传输、及时分析处理。

四、加强二手车排放检验机构监督管理。环保部门应对排放检验机构实行“双随机、一公开”（随机抽取检查对象、随机选派执法检查人员、及时公开查处结果）的监管方式，重点加强对二手车转入排放检验机构的监督管理，通过现场检查排放检验过程、审查原始检验记录或报告等资料的方式强化执法监管，依法严肃查处违法排放检验机构。

五、各地商务主管部门要按照职能分工，积极配合环境保护部门做好相关工作。有条件的地方要探索推进二手车交易信息和环保信息互联互通，实现信息共享，推动信息向社会公开，便于经营者、消费者和管理部门查询、使用。

本通知自发布之日起实施，此前与本文件规定不符的以本文件为准。

环境保护部办公厅
商务部办公厅
2016 年 12 月 29 日

环境保护部
关于发布《机动车污染防治技术政策》的公告

（2017 年　第 69 号）

为贯彻《中华人民共和国环境保护法》和《中华人民共和国大气污染防治法》等法律法规，改善环境质量，完善环境技术管理体系，促进机动车污染防治技术进步，环境保护部组织修订了《机动车污染防治技术政策》。现予公布，供参照执行。以上文件内容可登录环境保护部网站（http：//www.mee.gov.cn/）查询。

自本公告发布之日起，《关于发布〈机动车排放污染防治技术政策〉的通知》（环发〔1999〕134 号）废止。

环境保护部

2017 年 12 月 11 日

机动车污染防治技术政策

一、总则

（一）为贯彻《中华人民共和国环境保护法》和《中华人民共和国大气污染防治法》等法律法规，改善环境质量，促进机动车污染防治技术进步，制定本技术政策。

（二）本技术政策为指导性文件，供各有关单位在机动车污染防治工作中参照采用。本技术政策所称的机动车是指我国境内所有新生产及进口的汽车、摩托车和车用发动机，以及在我国登记注册的所有在用汽车、摩托车。

（三）本技术政策提出了机动车在设计、生产、使用、回收等全生命周期内的大气、噪声、水、固体废物、电磁辐射等污染的防治策略和方法，涉及范围包括机动车、车用油品、检测设备等。

（四）机动车污染防治是一项系统工程，应加强“车、油、路”统筹，采取法律、行政、经济、技术等综合措施进行防治，强化信息公开，形成政府主导、部门协作、市场调节、社会监督的工作机制。以改善环境质量为核心构建机动车污染防治体系，形成区域联防联控机制，推进机动车污染防治的系统化、科学化、法治化、精细化和信息化。

（五）逐步加严新生产机动车一氧化碳（CO）、总碳氢化合物（THC）、氮氧化物（NO_x）和颗粒物（PM）等污染物排放限值。加强机动车非常规污染物控制。机动车污染防治过程应尽可能避免产生新的污染物。

（六）对于新生产机动车，由环境保护部统一制定国家排放标准。鼓励地方提前实施更严格的新生产机动车国家排放标准及油品质量标准。对于在用机动车，已经制定国家排放标准的，鼓励地方执行更严格的在用车排放限值。

（七）强化新车达标监管，重点加强重型柴油车生产、销售等环节监管。加强机动车检测与维护（I/M），重点加强高排放车辆、高使用强度车辆监管，确保上路车辆排放稳定达标。

（八）机动车应向绿色、低碳、可持续的方向发展。鼓励有条件的地方提前实施轻型车和重型车第六阶段排放标准。到 2020 年，报废机动车再生利用率达到 95%，机动车污染防治达到国际先进水平。

二、源头控制

（一）新生产及进口汽车、摩托车及其发动机

1．鼓励开展机动车轻量化、模块化、无（低）害化、循环利用等产品生态设计，综合考虑机动车生产、使用、回收等全生命周期内的资源消耗及污染排放。

2．通过改善生产工艺、加装车间空气后处理系统、使用符合标准的水性防腐涂料、胶粘剂等降低生产过程挥发性有机物（VOCs）、持久性有机污染物（POPs）、粉尘、废液、固体废物等有毒有害物质排放，加强清洁生产技术研发应用，实现绿色制造。

3．加强新生产机动车排放达标监管。机动车生产及进口企业不得生产、进口和销售不符合标准的车辆，加强产品环保生产一致性管理。加强机动车生产及进口企业产品在用符合性检查，确保机动车在正常使用条件下和正常寿命期内达到新车出厂时的标准限值要求。生产、进口企业获知机动车排放不符合规定的环境保护耐久性要求的，应依法召回。

4．强化企业产品信息公开。机动车生产及进口企业应依法向社会公开机动车的排放检验信息和污染控制技术信息，为机动车达标监管和检测维护提供技术支持。加强发动机、后处理装置等排放控制关键零部件产品信息公开。开展替代燃料汽车非常规污染物、新能

源汽车动力电池及电磁辐射（EMR）等信息公开。

5．鼓励机动车生产及进口企业通过技术升级提前达到国家排放标准要求，提高产品生产一致性和在用符合性。利用便携式排放测试系统（PEMS）、车载诊断（OBD）系统等加强机动车实际行驶排放控制。严格控制机动车颗粒物排放，控制重点应从颗粒物质量控制向颗粒物质量与数量同时控制转变。

6．加强二氧化碳（CO_2）、甲烷（CH_4）、氧化亚氮（N_2O）、氢氟碳化物（HFCs）等在内的机动车温室气体管理。对机动车大气污染物和温室气体实施协同控制，推广使用全球变暖潜值（GWP）低的车用空调制冷剂。鼓励机动车温室气体减排技术研发，加快能源清洁化、低碳化，控制机动车全生命周期内温室气体排放。

7．加强机动车加速行驶、匀速行驶等工况下车内外噪声控制。鼓励机动车噪声控制技术研发与应用。提高消声装置降噪效果及耐久性水平。

8．加强机动车燃油蒸发排放控制。加快推进车载加油油气回收（ORVR）技术应用，鼓励采用主动式燃油蒸发泄漏诊断装置。

9．汽车及零部件生产企业应通过改进汽车、零部件、原材料等的生产工艺、使用绿色环保的内饰材料等有效控制车内有毒有害物质排放，加强车内空气质量管理。

10．积极开展天然气（NG）、液化石油气（LPG）、乙醇、生物柴油等替代燃料汽车的研发和应用，鼓励资源丰富的地区发展替代燃料汽车。鼓励研发和应用天然气当量燃烧与三元催化技术。严格控制天然气汽车、乙醇汽油汽车的挥发性有机物和氮氧化物排放。替代燃料汽车应达到国家同期机动车排放标准要求。加强替代燃料汽车非常规污染物排放控制。

11．新生产柴油车应安装符合产品技术标准要求的排气后处理装置，如柴油车颗粒过滤器(DPF)、选择性催化还原装置(SCR)等，鼓励使用固体氨选择性催化还原装置(SSCR)。采用 SSCR、SCR 控制技术时，应采取控制措施防止氨逃逸引起的污染。

12．城市公交、环卫、邮政、物流等行业应优先选择新能源汽车、替代能源汽车等清洁能源汽车；用于这些用途的柴油车应安装 DPF、SSCR 或 SCR 等排气后处理装置。

（二）车用燃料、燃料清净剂、车用机油及氮氧化物还原剂

1．提升车用燃料质量，加强车用燃料有害物质控制。稳步推广使用车用替代燃料。普通柴油禁止作为车用柴油使用，并加快实现与车用柴油并轨。鼓励炼油企业开展车用燃料清洁技术研发与升级改造。

2．推进加油站、储油库、油罐车等油气回收治理，保证油气回收设备稳定运行。京津冀及周边、长三角、珠三角等重点区域内的全部加油站、储油库和油罐车应安装油气回收治理装置。

3．鼓励炼油厂或储运站在车用燃料中统一添加采用科学配比的燃料清净剂。鼓励企业及个人用户选用低硫、低磷、低硫酸盐灰分等高品质车用机油，以满足发动机后处理产

品耐久性要求。企业及个人用户应及时加注符合标准的氮氧化物还原剂，确保柴油车 SCR 正常运行。

4．根据大气污染治理需要，加快研究制定更严格的油品质量标准，继续降低车用汽柴油中烯烃、芳烃、多环芳烃、苯等有害物质的含量。

（三）绿色交通运输体系

1．综合运用经济、技术、行政等手段，优化交通运输结构，提高客货轨道运输比重。合理控制燃油机动车保有量，加快城市轨道交通、公交专用道、快速公交系统（BRT）等公共交通建设，降低机动车使用强度。

2．利用大数据、物联网、云计算等技术，提高交通智能化、信息化水平。通过采用车辆信息和通信系统（VICS）、电子收费系统（ETC）、电子标识、智能导航等技术，提高车辆行驶速度，缓解交通拥堵，减少污染物和温室气体排放。

三、污染防治及综合利用

（一）大气污染防治

1．进一步规范在用车排放检验，完善在用车排放标准。利用互联网、大数据等信息化技术加强在用车排放控制。积极推广简易工况法，对在用车检测设备、控制软件、数据联网等提出统一规范要求。

2．加强 OBD 系统监管，对在用车 OBD 系统检验提出规范性要求。加强营运车辆实际排放监管。营运重型商用车应采用 OBD 远程监控技术，对车辆排放相关部件的运行状况进行实时远程监控，对故障部件及时进行维修或更换。

3．鼓励通过遥感监测等技术手段对道路行驶机动车排放状况进行监督抽测，加强高排放车日常监管。

4．加强机动车检测与维护，对检测（包括外观检验）不合格车辆应及时进行维护（包括修理）。机动车维修企业应配备符合相关技术要求的排放检测、诊断及维修设备，确保维修后的机动车在规定的保质期内稳定达标。加强机动车检测与维护信息共享，实现机动车检测与维护闭环管理。

5．加强机动车维修及报废拆解企业大气环境管理，通过采用水性涂料、安装废气集中处理装置等措施控制维修及报废拆解过程中产生的大气污染排放。

6．对排放不达标的在用汽油车应重点检查 OBD 系统、燃油供给系统、进气系统、三元催化器、氧传感器等零部件的工作状态，对排放不达标的在用摩托车应重点检查燃油供给系统、进气系统及排放后处理装置等，并及时进行维修或更换。

7．对排放不达标的在用柴油车应重点检查 OBD 系统、燃油供给系统、进气系统、排放后处理装置、废气再循环装置（EGR）等零部件的工作状态，并及时进行维修或更换。

8．对在用汽油车、燃气车、摩托车应增加曲轴箱通风装置和燃油蒸发控制装置检查，对在用柴油车应增加 NO_x 检测。

9．鼓励对在用柴油车采用壁流式 DPF、SSCR 等技术进行改造，汽车生产企业应予支持配合。公交、环卫、邮政、物流、出租等营运车辆应定期更换高效尾气净化装置。

（二）噪声污染防治

1．加强在用车噪声污染控制，经检验存在问题的消声装置应及时进行维修或更换。禁止任何单位或个人擅自改变或拆除消声装置。

2．加强机动车维修及报废拆解企业噪声环境管理，通过采用室内作业、安装隔音降噪材料等措施控制维修及报废拆解过程中产生的噪声污染。

（三）废水、固体废物处理处置

1．加强机动车维修及报废拆解企业废水、固体废物环境管理。通过采用超声波清洗、废水循环利用等措施控制维修及报废拆解过程中产生的废水污染。通过采用废物分类收集、专业处理等措施控制维修及报废拆解过程中产生的废机油、废电池等污染。

2．根据机动车使用和安全技术、排放检验状况，对达到报废标准的机动车实施强制报废。鼓励公交、环卫、邮政、物流、出租等高使用强度车辆提前报废。加快黄标车及老旧车等高排放车辆淘汰更新。

3．实施生产者责任延伸制度，鼓励生产企业积极参与机动车报废回收。提高报废车辆回收利用率，促进产品的循环再利用。

4．加强对机动车报废电池，尤其是新能源汽车报废电池管理，实现电池规范生产、有序回收及梯级利用。加强机动车催化器贵金属循环利用。

5．推动报废机动车资源化循环利用，规范开展机动车五大总成（发动机、方向机、变速器、前后桥、车架）等主要零部件再制造，排放控制关键零部件及后处理装置除外。再制造产品的排放性能应符合国家现行相关标准的要求。

四、鼓励研发的污染防治技术

（一）排放控制技术及装置

1．鼓励自主研发汽油车缸内直接喷射系统（GDI）、可变进气、涡轮增压、EGR、怠速启停、汽油车颗粒过滤器（GPF）等技术，掌握燃烧和电控等核心技术，研发 GDI、增压器、EGR 阀、GPF、OBD 等关键零部件。

2．鼓励自主研发柴油车高压共轨（HPCR）燃油喷射系统、高效增压中冷系统、EGR、SCR、DPF 等技术，掌握燃油喷射和后处理等核心技术，研发 HPCR、增压器、SCR、SSCR、DPF、传感器等关键零部件。

3．鼓励自主研发摩托车电控燃油喷射、高效三元催化器等技术，逐步淘汰化油器等落后技术。

4．鼓励自主研发替代燃料、混合动力、纯电动、燃料电池等清洁能源汽车技术。鼓励开发混合动力、插电式混合动力专用发动机，优化动力总成系统匹配。鼓励研发动力电池清洁化生产和回收技术。

5．鼓励机动车通过采用机内优化、进排气消声器、吸音隔音材料、主动降噪、低噪声轮胎等技术降低整车噪声排放水平。

（二）排放测试技术及设备

1．加快新生产机动车实验室排放测试、实际道路排放测试等技术及设备的自主研发，为加强机动车产品生产一致性、在用符合性和企业新产品研发提供保障。

2．加快在用车简易工况法、遥感法及 OBD 测试技术、设备及软件控制系统的研发，为加强机动车排放监管提供支持。

海关总署关于进一步规范进口机动车环保项目检验的公告

（2019 年　第 168 号）

为进一步加强生态环境保护，打好污染防治攻坚战，推进进口机动车节能减排，确保进口机动车符合国家环保标准，根据《中华人民共和国进出口商品检验法》《中华人民共和国大气污染防治法》，海关总署决定进一步规范进口机动车环保项目检验。现将有关事宜公告如下：

一、各地海关按照《汽油车污染物排放限值及测量方法（双怠速法及简易工况法）》（GB 18285—2018）、《柴油车污染物排放限值及测量方法（自由加速法及加载减速法）》（GB 3847—2018）要求，实施进口机动车环保项目外观检验、车载诊断系统检查，并按不低于同车型进口数量 1%的比例实施排气污染物检测。海关对监测到环保风险信息需通过型式试验实施风险评估的车型，可按现阶段环保达标标准开展型式试验。

二、进口企业应提前解除影响环保检测的运输模式或功能锁定状态。无法手动切换两驱驱动模式的全时四驱车和适时四驱等车辆，不能实施简易工况法或加载减速法检测的，可按双怠速法或自由加速法实施检测。

三、进口企业应承担遵守国家环保法律法规的主体责任，确保进口机动车符合国家环保技术规范的强制性要求。进口企业的相关车型应符合机动车和非道路移动机械环保信息公开要求。对列入强制性产品认证目录的机动车应完成环保项目型式试验，取得强制性产品认证证书。对最大设计总质量不超 3 500 千克的 M_1、M_2 类和 N_1 类车辆，应符合轻型汽车燃料消耗量标识管理规定。

四、进口企业获知机动车因设计、生产缺陷或不符合规定的环境保护耐久性要求导致排放大气污染物超过标准的，环保信息公开与进口机动车不符的，在实施环保召回或环保信息公开修改的同时，应当及时向海关总署报告相应风险消减措施。

本公告自 2019 年 11 月 1 日起实施。

特此公告。

海关总署

2019 年 10 月 28 日

关于完善新能源汽车推广应用财政补贴政策的通知

（财建〔2020〕86 号）

各省、自治区、直辖市、计划单列市财政厅（局）、工业和信息化主管部门、科技厅（局、科委）、发展改革委：

为支持新能源汽车产业高质量发展，做好新能源汽车推广应用工作，促进新能源汽车消费，现将新能源汽车推广应用财政补贴政策有关事项通知如下：

一、延长补贴期限，平缓补贴退坡力度和节奏

综合技术进步、规模效应等因素，将新能源汽车推广应用财政补贴政策实施期限延长至 2022 年底。平缓补贴退坡力度和节奏，原则上 2020—2022 年补贴标准分别在上一年基础上退坡 10%、20%、30%（2020 年补贴标准见附件）。为加快公共交通等领域汽车电动化，城市公交、道路客运、出租（含网约车）、环卫、城市物流配送、邮政快递、民航机场以及党政机关公务领域符合要求的车辆，2020 年补贴标准不退坡，2021—2022 年补贴标准分别在上一年基础上退坡 10%、20%。原则上每年补贴规模上限约 200 万辆。

二、适当优化技术指标，促进产业做优做强

2020 年，保持动力电池系统能量密度等技术指标不作调整，适度提高新能源汽车整车能耗、纯电动乘用车纯电续驶里程门槛（具体技术要求见附件）。2021—2022 年，原则上保持技术指标总体稳定。支持“车电分离”等新型商业模式发展，鼓励企业进一步提升整车安全性、可靠性，研发生产具有先进底层操作系统、电子电气系统架构和智能化网联化特征的新能源汽车产品。

三、完善资金清算制度，提高补贴精度

从 2020 年起，新能源乘用车、商用车企业单次申报清算车辆数量应分别达到 10 000 辆、1 000 辆；补贴政策结束后，对未达到清算车辆数量要求的企业，将安排最终清算。

新能源乘用车补贴前售价须在 30 万元以下（含 30 万元），为鼓励“换电”新型商业模式发展，加快新能源汽车推广，“换电模式”车辆不受此规定。

四、调整补贴方式，开展燃料电池汽车示范应用

将当前对燃料电池汽车的购置补贴，调整为选择有基础、有积极性、有特色的城市或区域，重点围绕关键零部件的技术攻关和产业化应用开展示范，中央财政将采取“以奖代补”方式对示范城市给予奖励（有关通知另行发布）。争取通过 4 年左右时间，建立氢能和燃料电池汽车产业链，关键核心技术取得突破，形成布局合理、协同发展的良好局面。

五、强化资金监管，确保资金安全

地方新能源汽车推广牵头部门应会同其他相关部门强化管理，要把补贴核查结果同步公示，接受社会监督，对未按要求审核公示的上报资料不予受理。切实发挥信息化监管作用，对于数据弄虚作假的，经查实一律取消补贴。对监管不严、造成骗补等问题的地方和企业按规定严肃处理。

六、完善配套政策措施，营造良好发展环境

根据资源优势、产业基础等条件合理制定新能源汽车产业发展规划，强化规划的严肃性，确保规划落实。加大新能源汽车政府采购力度，机要通信等公务用车除特殊地理环境等因素外原则上采购新能源汽车，优先采购提供新能源汽车的租赁服务。推动落实新能源汽车免限购、免限行、路权等支持政策，加大柴油货车治理力度，提高新能源汽车使用优势。

本通知从 2020 年 4 月 23 日起实施，2020 年 4 月 23 日至 2020 年 7 月 22 日为过渡期。过渡期期间，符合 2019 年技术指标要求但不符合 2020 年技术指标要求的销售上牌车辆，按照《关于进一步完善新能源汽车推广应用财政补贴政策的通知》（财建〔2019〕138 号）对应标准的 0.5 倍补贴，符合 2020 年技术指标要求的销售上牌车辆按 2020 年标准补贴。补贴车辆限价规定过渡期后开始执行。2019 年 6 月 26 日至 2020 年 4 月 22 日推广的燃料电池汽车按照财建〔2019〕138 号规定的过渡期补贴标准执行。

其他相关规定继续按《关于 2016—2020 年新能源汽车推广应用财政支持政策的通知》（财建〔2015〕134 号）、《关于新能源汽车推广应用审批责任有关事项的通知》（财建〔2016〕877 号）、《关于调整新能源汽车推广应用财政补贴政策的通知》（财建〔2016〕958 号）、《关于调整完善新能源汽车推广应用财政补贴政策的通知》（财建〔2018〕18 号）、《关于进一

步完善新能源汽车推广应用财政补贴政策的通知》（财建〔2019〕138 号）、《关于支持新能源公交车推广应用的通知》（财建〔2019〕213 号）等有关文件执行。

附件：2020 年新能源汽车推广补贴方案及产品技术要求（略）

财政部　工业和信息化部
科技部　国家发展改革委
2020 年 4 月 23 日

关于印发《推动重点消费品更新升级　畅通资源循环利用实施方案（2019—2020年）》的通知

（发改产业〔2019〕967号）

各省、自治区、直辖市及计划单列市、新疆生产建设兵团发展改革委、生态环境厅（局）、商务主管部门：

为贯彻落实中央经济工作会议精神和政府工作报告部署，进一步推动重点消费品更新升级，畅通资源循环利用，促进形成强大国内市场，国家发展改革委会同有关部门共同研究制定了《推动重点消费品更新升级　畅通资源循环利用实施方案（2019—2020年）》。现印发你们，请结合本地区本部门实际，认真抓好贯彻落实。

国家发展改革委
生态环境部
商务部
2019年6月3日

推动重点消费品更新升级　畅通资源循环利用实施方案（2019—2020年）

认真贯彻中央经济工作会议精神和政府工作报告部署，深入落实《中共中央　国务院关于完善促进消费体制机制　进一步激发居民消费潜力的若干意见》（中发〔2018〕32号）和《国务院办公厅关于印发完善促进消费体制机制实施方案（2018—2020年）的通知》（国办发〔2018〕93号），聚焦汽车、家电、消费电子产品领域，进一步巩固产业升级势头，增强市场消费活力，提升消费支撑能力，畅通资源循环利用，促进形成强大的国内市场，实现产业高质量发展。

一、巩固产业升级势头，不断优化市场供给

牢牢把握新一轮产业变革大趋势，大力推动汽车产业电动化、智能化、绿色化，积极发展绿色智能家电，加快推进 5G 手机商业应用，努力增强新产品供给保障能力。

（一）大幅降低新能源汽车成本。加快新一代车用动力电池研发和产业化，提升电池能量密度和安全性，逐步实现电池平台化、标准化，降低电池成本。引导企业创新商业模式，推广新能源汽车电池租赁等车电分离消费方式，降低购车成本。优化产品准入管理，避免重复认证，降低企业运行成本。

（二）加快发展使用便利的新能源汽车。聚焦续驶里程短、充电时间长等痛点，借鉴公共服务领域换电模式和应用经验，鼓励企业研制充换电结合、电池配置灵活、续驶里程长短兼顾的新能源汽车产品。推进高功率快充、无线充电、移动充换电等技术装备研发应用，提高新能源汽车充换电便利性。

（三）稳步推动智能汽车创新发展。加强汽车制造、信息通信、互联网等领域骨干企业深度合作，组织实施智能汽车关键技术攻关，重点开展车载传感器、芯片、中央处理器、操作系统等研发与产业化。坚持自主式和网联式相结合的发展模式，不断提升整车智能化水平，培育具有国际竞争力的智能汽车品牌。

（四）持续提升汽车节能环保性能。适应汽车燃料消耗量、环保标准升级要求，重点突破整车轻量化、混合动力、高效内燃机、先进变速器、尾气处理等关键技术，增强达到国六排放标准的汽车市场供给能力。优化整车结构设计，积极采用高性能电池和轻量化材料，不断提高新能源汽车节能水平。

（五）着力推动绿色智能家电研发和产业化。支持节能、智能型家电研发，鼓励开发基于物联网、人工智能技术的家电组合产品和一体化产品。重点突破柔性 OLED 显示、激光投影显示、量子点背光、小间距 LED 背光等新型显示技术，逐步实现超高清、柔性面板和新型背板量产，加快超高清视频关键系统设备产业化。

（六）不断丰富数字创意内容和服务。增加 4K 超高清视频内容供给，创新电视互动节目。全面实现彩电网络化服务，加快推进彩电智能化应用，增强双向人机交互功能。鼓励有条件的广播电视台及互联网电视平台开播 4K 超高清节目，支持终端厂商及内容服务商创作 8K 内容，开展 5G+8K 内容传输试验。

（七）积极推进 5G 手机商业应用。鼓励 5G 手机研制和上市销售。加强人工智能、生物信息、新型显示、虚拟现实等新一代信息技术在手机上的融合应用。推动办公、娱乐等应用软件研发，增强手机产品应用服务功能。

（八）深入开展智慧家居跨行业应用试点。以家居智能化为目标，横向打通家电、照明、安防、家具等行业，提供智慧家居综合解决方案。鼓励智慧家居企业与房地产、家装企业加强合作，开展智慧家居项目试点应用。

二、增强市场消费活力，积极推动更新消费

着力破除限制消费的市场壁垒，切实维护消费者正当权益，综合应用各类政策工具，积极推动汽车、家电、消费电子产品更新消费。

（一）坚决破除乘用车消费障碍。严禁各地出台新的汽车限购规定，已实施汽车限购的地方政府应根据城市交通拥堵、污染治理、交通需求管控效果，加快由限制购买转向引导使用，结合路段拥堵情况合理设置拥堵区域，研究探索拥堵区域内外车辆分类使用政策，原则上对拥堵区域外不予限购。

（二）大力推动新能源汽车消费使用。认真落实国务院常务会议精神，各地不得对新能源汽车实行限行、限购，已实行的应当取消。鼓励地方对无车家庭购置首辆家用新能源汽车给予支持。鼓励有条件的地方在停车费等方面给予新能源汽车优惠，探索设立零排放区试点。

（三）研究制定促进老旧汽车淘汰更新政策。大气污染防治重点区域应采取经济补偿、限制使用、严格超标排放监管等方式，大力推进国三及以下排放标准营运柴油货车提前淘汰更新或出口，加快淘汰采用稀薄燃烧技术和“油改气”的老旧燃气车辆。

（四）加快更新城市公共领域用车。推动城市公共领域车辆更新升级，加快推进城市建成区新增和更新的公交、环卫、邮政、出租、通勤、轻型物流配送车辆使用新能源或清洁能源汽车，2020 年底前大气污染防治重点区域使用比例达到 80%。鼓励地方加大新能源汽车运营支持力度，降低新能源汽车使用成本。

（五）积极推动农村车辆消费升级。对农村居民报废三轮汽车并购买 3.5 吨及以下货车或者 1.6 升及以下排量乘用车，有条件的地方可商供货企业给予适当支持，积极发挥商会、协会作用。组织开展“汽车下乡”促销活动，促进农村汽车消费。

（六）着力培育汽车特色消费市场。积极探索住行一体化消费模式，统筹规划建设旅居车（又称房车）停车设施和营地，完善配套水电、通信等设施，促进旅居车市场发展。鼓励有条件的地级及以下城市加快取消皮卡进城限制，充分发挥皮卡客货两用功能。建立健全汽车改装行业管理机制和技术标准，推动汽车消费型改装规范化发展。鼓励发展长租、短租、分时租赁等多种租赁模式，构建多元化汽车消费体系。

（七）持续推动家电和消费电子产品更新换代。鼓励消费者更新淘汰能耗高、安全性差的电冰箱、洗衣机、空调、电视机等家电产品，有条件的地方对消费者购置节能、智能型家电产品给予适当支持。促进智能手机、个人计算机更新换代，有条件的地方对消费者

交售旧手机及电脑并购买新产品给予适当支持。鼓励生产企业对消费者进一步让利。经检测认定安全可靠、性能较好的旧产品，鼓励地方免费提供给有需要的贫困居民。

三、提升消费支撑能力，完善配套使用环境

积极发展二手车经营和汽车金融，健全家电基层营销网络，完善充换电、停车、网络等基础设施，营造便利消费、放心消费的市场环境。

（一）全面完善二手车流通管理政策。贯彻落实国务院关于促进二手车便利交易有关要求，坚决取消二手车限迁政策，各地对环保、安全年检有效，且符合转入地在用车排放标准的二手车，积极出台便利交易、促进流通的政策措施。加快修订《二手车流通管理办法》，推动实现二手车交易信息部门共享，加强诚信体系建设。研究建立二手车出口管理体系，制定完善二手车出口检测规范，支持条件成熟地区开展二手车出口。

（二）大力提升二手车便利交易水平。鼓励汽车生产企业依托现有经销网络，采取自主经营、联合经营等方式，积极发展二手车业务，推动二手车经销企业品牌化、连锁化经营。依托具备条件的经销商建立二手车服务站，提供交易、纳税、登记、保险一站式服务。推行二手车异地交易，逐步在全国范围内推行车辆转籍信息网上转递，并在交易地办理转移登记手续，提高异地交易便利化水平。

（三）积极引导汽车金融产品创新。鼓励银行等金融机构优化资源配置和业务布局，增加地级及以下城市和农村地区汽车金融服务的有效供给。针对细分市场提供特色金融服务，适应多样化汽车消费需求。利用金融科技手段优化产品定价、简化抵押贷款等业务办理流程，提高风险控制能力。积极创新汽车金融消费信贷产品，规范汽车金融服务费收取标准，切实保障消费者权益。

（四）建立健全产品基层营销网络。深入实施《汽车销售管理办法》，鼓励发展共享型、节约型、社会化的汽车流通体系。鼓励家电企业与经销商、物流仓储企业加强合作，完善欠发达地区高效分销网络和仓储物流体系，提升安装维修等服务水平。积极开展新建社区全屋家电定制业务。

（五）不断改善配套基础设施。中央和地方财政继续对充换电等基础设施建设和配套运营服务给予支持，加快大型公共场所充电桩建设。鼓励国有企事业单位充分利用现有停车场地，按照不低于停车位数量10%的比例建设充电设施。支持地方和企业依托路灯、加油站等现有基础设施，因地制宜开展充电设施建设和服务。鼓励机关和企事业单位与周边居民小区建立停车设施昼夜错峰使用调配机制，提高现有停车设施利用效率。加快已有停车设施升级改造，推动立体停车设施建设。鼓励各地为新能源汽车分时租赁提供停车、充电设施支持。大力推进道路基础设施智能化升级改造，积极发展汽车信息服务。继续加强农村和边远落后地区“四好农村路”建设，提高固定宽带和4G网络覆盖率。推进5G规

模组网建设及应用示范。

（六）切实保障消费者合法权益。严格实施《消费者权益保护法》，强化质量责任追究机制，健全问题产品召回制度和消费者维权制度，加大对消费者合法权益的保护力度。加快修订出台《家用汽车产品修理、更换、退货责任规定》。健全家电和消费电子产品生命周期标准，研究制定家电安全使用年限标准。

四、畅通资源循环利用，构建绿色产业生态

加强老旧产品报废管理，落实生产者责任，完善回收网络体系，规范梯级利用、回收拆解、资源化利用和无害化处置，壮大回收拆解领域市场主体实力，畅通全生命周期资源循环，提高利用效率。

（一）严格执行老旧产品淘汰规定。建立健全并落实汽车检验和报废制度，严格执行机动车强制报废相关政策，推动车辆注销、报废信息共享，加大执法监管力度，夯实车主责任义务，督促符合强制报废条件的车辆及时退出。对无强制报废要求但使用年限较长的汽车、家电、消费电子产品，鼓励地方积极引导消费者及时报废更新。对排放污染大、安全性能差的老旧汽车，研究提高第三者责任强制保险投保费率。

（二）着力完善废旧产品回收拆解体系。认真落实生产者责任延伸制度，支持符合条件的汽车、家电、消费电子产品生产企业，通过自建、联合和委托等方式开展回收拆解业务。拓展全国汽车流通信息管理应用服务系统功能，及时发布更新报废汽车回收拆解企业信息。在有条件的地区试行家电、消费电子产品回收网点登记制度，探索实施汽车跨区域报废拆解。积极发展线上线下相结合、智能回收等服务新模式，探索“互联网+资源回收”新业态，不断提升回收体系的组织化、规范化水平。

（三）切实加强回收拆解企业管理。落实《报废机动车回收管理办法》，制定配套实施细则。修订《报废汽车回收拆解企业技术规范》。加大回收拆解关键技术和装备研发力度，鼓励有条件的回收拆解企业开展技术改造，提高清洁环保、安全生产和资源利用水平。加快回收拆解企业信息化建设，实现部门信息共享。

（四）积极化解拆解企业经营压力。深化废弃电器电子产品处理制度改革，落实废弃电器电子产品处理基金“以收定支、自我平衡”的机制，推动基金征收、补贴标准及时调整，促进废弃电器电子产品进入正规渠道处理。

（五）加快建立废旧电子产品信息安全管理规范。建立分级“信息清除”标准，制定废旧电子产品处理企业“信息安全”认证制度。研究探讨利用涉密废旧电子产品处置体系，回收拆解涉及个人信息安全废旧手机、电脑等电子产品。

（六）不断提高废旧产品资源利用水平。加强资源回收利用源头管理，鼓励生产企业开展生态设计和制造，加快淘汰不利于回收利用的生产工艺和装备，提高产品可回收性、

易拆解性，及时提供拆解手册，组织开展拆解培训。加强废旧汽车、家电和消费电子产品拆解产物流向监管。研究制定废旧电路板、聚氨酯材料回收利用管理办法。加快出台汽车零部件再制造规范管理文件，明确再制造企业应具备的条件，构建再制造企业及产品监管机制，不断提升产品循环利用水平。

中华人民共和国海关对非居民长期旅客进出境自用物品监管办法

第一章 总 则

第一条 为规范海关对非居民长期旅客进出境自用物品的管理，根据《中华人民共和国海关法》和其他有关法律、行政法规，制定本办法。

第二条 非居民长期旅客进出境自用物品应当符合《非居民长期旅客自用物品目录》（以下简称《物品目录》），以个人自用、合理数量为限。《物品目录》由海关总署另行制定并且发布。其中，常驻人员可以进境机动车辆，每人限 1 辆，其他非居民长期旅客不得进境机动车辆。

非居民长期旅客进出境自用物品，可以由本人或者其委托的报关企业向主管海关或者口岸海关办理通关手续。常驻人员进境机动车辆，向主管海关办理通关手续。

自用物品通关时，海关可以对相关物品进行查验，防止违禁物品进出境。

自用物品放行后，海关可以通过实地核查等方式对使用情况进行抽查。

第三条 非居民长期旅客取得境内长期居留证件后方可申报进境自用物品，首次申报进境的自用物品海关予以免税，但按照本规定准予进境的机动车辆和国家规定应当征税的 20 种商品除外。再次申报进境的自用物品，一律予以征税。

对于应当征税的非居民长期旅客进境自用物品，海关按照《中华人民共和国进出口关税条例》的有关规定征收税款。

根据政府间协定免税进境的非居民长期旅客自用物品，海关依法免征税款。

第二章 进境自用物品监管

第四条 非居民长期旅客申报进境自用物品时，应当填写《中华人民共和国海关进出境自用物品申报单》（以下简称《申报单》），并提交身份证件、长期居留证件、提（运）单和装箱单等相关单证。港澳台人员还需提供其居住地公安机关出具的居留证明。

常驻人员申报进境机动车辆时，应当填写《进口货物报关单》，并提交前款规定的单证。

第五条 进境机动车辆因事故、不可抗力等原因遭受严重损毁或因损耗、超过使用年限等原因丧失使用价值，经报废处理后，常驻人员凭公安交通管理部门出具的机动车辆注销证明，经主管海关同意办理机动车辆结案手续后，可重新申报进境机动车辆 1 辆。

进境机动车辆有丢失、被盗、转让或出售给他人、超出监管期限等情形的，常驻人员不得重新申报进境机动车辆。

第六条　常驻人员进境机动车辆，应当自海关放行之日起 10 个工作日内，向主管海关申领《中华人民共和国海关监管车辆进/出境领/销牌照通知书》（以下简称《领/销牌照通知书》），办理机动车辆牌照申领手续。其中，免税进境的机动车辆，常驻人员还应当自取得《领/销牌照通知书》之日起 10 个工作日内，凭公安交通管理部门颁发的《机动车辆行驶证》向主管海关申领《中华人民共和国海关监管车辆登记证》（以下简称《监管车辆登记证》）。

第三章　出境自用物品监管

第七条　非居民长期旅客申报出境原进境自用物品时，应当填写《申报单》，并提交身份证件、长期居留证件、提（运）单和装箱单等相关单证。

常驻人员申报出境原进境机动车辆的，海关开具《领/销牌照通知书》，常驻人员凭此向公安交通管理部门办理注销牌照手续。

第四章　进境免税机动车辆后续监管

第八条　常驻人员依据本办法第三条第三款规定免税进境的机动车辆属于海关监管机动车辆，主管海关对其实施后续监管，监管期限为自海关放行之日起 6 年。

未经海关批准，进境机动车辆在海关监管期限内不得擅自转让、出售、出租、抵押、质押或者进行其他处置。

第九条　海关对常驻人员进境监管机动车辆实行年审制度。常驻人员应当根据主管海关的公告，在规定时间内，将进境监管机动车辆驶至指定地点，凭本人身份证件、长期居留证件、《监管车辆登记证》《机动车辆行驶证》向主管海关办理机动车辆海关年审手续。年审合格后，主管海关在《监管车辆登记证》上加盖年审印章。

第十条　常驻人员任期届满后，经主管海关批准，可以按规定将监管机动车辆转让给其他常驻人员或者常驻机构，或者出售给特许经营单位。受让方的机动车辆进境指标相应扣减。

机动车辆受让方同样享有免税进境机动车辆权利的，受让机动车辆予以免税，受让方主管海关在该机动车辆的剩余监管年限内实施后续监管。

第十一条　常驻人员转让进境监管机动车辆时，应当由受让方向主管海关提交经出、受让双方签章确认的《中华人民共和国海关公/自用车辆转让申请表》（以下简称《转让申请表》）及其他相关单证。受让方主管海关审核批注后，将《转让申请表》转至出让方主管海关。出让方凭其主管海关开具的《领/销牌照通知书》向公安交通管理部门办理机动车辆牌照注销手续；出让方主管海关办理机动车辆结案手续后，将机动车辆进境原始档案及《转让申请表》回执联转至受让方主管海关。受让方凭其主管海关出具的《领/销牌照通知书》向公安交通管理部门办理机动车辆牌照申领手续。应当补税的机动车辆由受让方向其主管海关依法补缴税款。

常驻人员进境监管机动车辆出售时，应当由特许经营单位向常驻人员的主管海关提交经常驻人员签字确认的《转让申请表》，主管海关审核无误后，由特许经营单位参照前款规定办理机动车辆注销牌照等结案手续，并依法向主管海关补缴税款。

第十二条 机动车辆海关监管期限届满的，常驻人员应当凭《中华人民共和国海关公/自用车辆解除监管申请表》《机动车辆行驶证》向主管海关申请解除监管。主管海关核准后，开具《中华人民共和国海关监管车辆解除监管证明书》，常驻人员凭此向公安交通管理部门办理有关手续。

第十三条 海关监管期限内的机动车辆因法院判决抵偿他人债务或者丢失、被盗的，机动车辆原所有人应当凭有关证明向海关申请办理机动车辆解除监管手续，并依法补缴税款。

第十四条 任期届满的常驻人员，应当在离境前向主管海关办理海关监管机动车辆的结案手续。

第五章 法律责任

第十五条 违反本办法，构成走私行为、违反海关监管规定行为或者其他违反海关法行为的，海关依照《中华人民共和国海关法》《中华人民共和国海关行政处罚实施条例》予以处罚；构成犯罪的，依法追究刑事责任。

第六章 附 则

第十六条 本办法下列用语的含义：

“非居民长期旅客”是指经公安部门批准进境并在境内连续居留一年以上（含一年），期满后仍回到境外定居地的外国公民、港澳台地区人员、华侨。

“常驻人员”是指非居民长期旅客中的下列人员：

（一）境外企业、新闻机构、经贸机构、文化团体及其他境外法人经中华人民共和国政府主管部门批准，在境内设立的并在海关备案的常设机构内的工作人员；

（二）在海关注册登记的外商投资企业内的人员；

（三）入境长期工作的专家。

“身份证件”是指中华人民共和国主管部门颁发的《外国（地区）企业常驻代表机构工作证》《中华人民共和国外国人工作许可证》等证件，以及进出境使用的护照、《港澳居民来往内地通行证》《台湾居民往来大陆通行证》等。

“长期居留证件”是指有效期一年及以上的《中华人民共和国外国人居留许可》《港澳居民来往内地通行证》《台湾居民来往大陆通行证》等准予在境内长期居留的证件。

“主管海关”是指非居民长期旅客境内居留所在地的直属海关或者经直属海关授权的隶属海关。

“自用物品”是指非居民长期旅客在境内居留期间日常生活所需的《物品目录》范围内物品及机动车辆。

“机动车辆”是指摩托车、小轿车、越野车、9座及以下的小客车。

“20种商品”是指电视机、摄像机、录像机、放像机、音响设备、空调器、电冰箱（柜）、洗衣机、照相机、复印机、程控电话交换机、微型计算机、电话机、无线寻呼系统、传真机、电子计算器、打印机及文字处理机、家具、灯具和餐料。

第十七条　外国驻中国使馆、领馆人员，联合国及其专门机构以及其他与中国政府签有协议的国际组织驻中国代表机构人员进出境物品，不适用本办法，另按有关法律、行政法规办理。

第十八条　本办法所规定的文书由海关总署另行制定并且发布。

第十九条　本办法由海关总署负责解释。

第二十条　本办法自2004年8月1日起施行。本办法附件所列规范性文件同时废止。

附件：废止文件清单（略）

商务部等七部门关于进一步促进汽车平行进口发展的意见

（商建函〔2019〕462 号）

天津市、内蒙古自治区、上海市、江苏省、福建省、山东省、河南省、湖南省、广东省、广西壮族自治区、海南省、重庆市、四川省、新疆维吾尔自治区、大连市、宁波市、青岛市、深圳市商务、工业和信息化、公安、生态环境、交通运输、海关、市场监管主管部门：

商务部等 8 部门印发《关于促进汽车平行进口试点的若干意见》（商建发〔2016〕50 号）以来，汽车平行进口试点工作取得了重要进展，社会化汽车流通体系基本建立，形成了一批可复制推广经验，有效满足了多样化多层次消费需求。但是，还存在平行进口汽车整改场所设立程序不明确、贸易便利化水平有待提升、政府监管需要强化等问题。为进一步促进汽车平行进口规范发展，现提出如下意见：

一、允许探索设立平行进口汽车标准符合性整改场所

在风险可控、依法合规前提下，允许已开展汽车平行进口工作的省、自治区、直辖市、计划单列市（以下简称有关地区）在海关特殊监管区域内设立标准符合性整改场所。有关地区应向社会公布经当地人民政府有关部门确定的标准符合性整改场所信息，并及时上报商务部、工业和信息化部、海关总署、市场监管总局。平行进口汽车标准符合性整改业务只能在整改场所实施，且整改项目仅限于整车标志等 5 大类别共计 16 小项（详见附件）。经整改后的平行进口汽车应当符合《机动车运行安全技术条件》（GB 7258）等国家安全技术标准。在符合产业政策、海关相关规定的前提下，指定认证机构可视情况仅对在海关特殊监管区域内的整改场所进行 CCC 认证工厂检查。有关地区要切实加强整改场所监管，明确部门监管职责和责任主体，严禁整改场所开展标准符合性整改以外的业务。整改过程应全程录像，相关影像资料保存期不少于 3 年。

二、进一步提高汽车平行进口贸易便利化水平

简化汽车自动进口许可证申领管理制度，对有关地区确定的开展汽车平行进口业务的企业（以下简称试点企业）申报的平行进口汽车产品自动进口许可证，经商务部审核签发

后，委托有关地区省级商务主管部门打印发放。积极推动自动进口许可证无纸化申领，推广进口证件电子化应用。平行进口汽车应符合国务院整车进口口岸管理的相关规定，在进口口岸、出区进口时按照相关规定办理有关手续。有关地区应允许非本地试点企业在本地符合条件的海关特殊监管区域和保税物流中心（B 型）开展平行进口汽车整车保税仓储业务。优化报关、通关、查验等流程，提高通关效率。

三、加强平行进口汽车产品质量把控

平行进口汽车应符合机动车国家安全技术标准、质量标准、排放标准、技术规范的强制性要求。海关要加强平行进口汽车检验，对于不符合机动车国家安全技术标准和排放标准，未依法获得强制性产品认证、未依法依规在国家机动车和非道路移动机械环保信息公开平台公开排放检验信息和污染控制技术信息的车型车辆，海关不予进口。禁止进口旧车和非法改装车。加强平行进口汽车产品溯源管理和销售监管，试点企业应在销售车辆前对车辆左前右后整车照片、车辆识别代号、发动机号、车速表、座椅、外部灯具、信号装置、轮胎、号牌板、中文说明书、中文警示说明等重要部位进行影像留存，相关影像资料和车辆售前检验记录应保存不少于 3 年。引导试点企业进一步增强产品质量安全和环保准入意识，在海关监管下通过加强与境外检验机构合作等方式，对采购车辆提前进行车辆质量安全与合规性检查，降低车辆退运风险。各地生态环境部门在车辆销售、注册登记等环节加强监督抽查，核实环保信息公开情况，进行污染物控制装置检查。

四、规范平行进口汽车登记管理

各地公安交管部门在办理进口汽车注册登记时，要严格执行《机动车运行安全技术条件》（GB 7258）等机动车国家安全技术标准，重点查验车辆识别代号、发动机号、产品标牌、车速表、外部灯具和信号装置等，对不符合国家标准的，不得办理注册登记。对发现违规进口汽车产品的，要复印留存车辆照片、违规部位照片、相关进口资料和凭证等，及时通过公安交通管理综合应用平台上报。对符合我国相关标准规定的，要优化登记服务流程，方便群众办理登记。

五、推进汽车平行进口工作常态化制度化

经国务院批复的汽车整车进口口岸，在通过正式验收后，汽车整车年进口数量（海关统计）累计达到 1 000 辆的，省级商务主管部门在向商务部报备经省级人民政府批准的开展汽车平行进口工作方案后，执行汽车平行进口相关政策，确定试点企业数量原则上不得

超过5家。要选择守法合规、汽车售后服务保障和产品一致性管控能力强的企业为试点企业，并切实加强监督管理，确保相关工作规范有序进行。对于组织领导有力、风险防范有效、工作成效显著的地区，根据业务发展需要可适时增加试点企业数量。

六、强化试点企业监督管理

有关地区要明确试点企业是平行进口汽车产品质量追溯的责任主体，依法履行相关义务，严禁试点企业诱导消费者签订“三包”免责协议。督促指导试点企业严格执行《汽车销售管理办法》《乘用车企业平均燃料消耗量与新能源汽车积分并行管理办法》《汽车维修技术信息公开实施管理办法》《进口汽车检验管理办法》。加强试点平台企业监管，明确平台企业的责任义务，且要防止其利用优势地位侵害其他企业利益。建立健全试点企业动态调整机制，对于不履行售后服务责任、长期不开展业务和有进口销售不符合机动车国家安全技术标准的汽车等严重违法违规经营行为的企业，应当取消试点企业资格，并做好善后工作，可视情调补试点企业。

七、切实加强组织实施

有关地区要加强组织领导，完善工作机制，强化责任落实，按照"谁批准、谁监管、谁负责”的原则，明确地方城市责任，有效防控各种风险。加强一站式公共服务平台、国际市场采购体系、贸易便利通关体系、售后服务保障体系和政府监管信息体系建设。加强汽车进口、检验、环保等法律法规和标准宣贯，使试点企业熟知相关规定，引导进口销售符合国家标准汽车。规范汽车平行进口相关单证填写，通过对接本地各相关部门信息系统等方式，实现部门信息共享和平行进口汽车全程可追溯，提升政府监管服务能力。制定相关政策应符合世贸组织规则，具体政策出台之前，按照相关规定程序进行合规性评估。充分发挥行业组织自律、纠纷调解、权益维护等方面的作用。工作中遇重大问题要及时上报商务部等相关部门，每半年报送工作进展情况。

商务部　工业和信息化部　公安部
生态环境部　交通运输部　海关总局
市场监管总局
2019年5月19日

附件

平行进口汽车标准符合性整改项目列表

整改类别		项目号	整改项目	主要技术要求
一	整车标志	1	中文产品标牌	应符合 GB 7258 第 4.1.2 条的规定
		2	车辆识别代号	应符合 GB 7258 第 4.1.3 条、第 4.1.5 条、第 4.1.6 条、第 4.1.7 条、第 4.1.10 条、第 4.15.1 条、第 4.15.3 条的规定。同时，不得变更原车打刻的 VIN 号码，原车打刻的 VIN 内容和构成不符合 GB 16735 标准关于编码规则等规定的，不属于标准符合性整改的范围
		3	发动机型号和出厂编号	应符合 GB 7258 第 4.1.4 条、第 4.1.10 条、第 4.15.1 条的规定
		4	CCC 标识	应符合《强制性产品认证实施规则汽车》（CNCA-C11-01：2014）、《国家认监委关于强制性产品认证标志改革事项的公告》（2018 年第 10 号）的规定
		5	能源消耗量标识	应符合 GB 22757.1 和 GB 22757.2 的规定
二	图形与文字标志	6	警告性文字	应符合 GB 7258 第 4.7.3 条、第 9.1.4 条的规定
		7	喷涂总质量及栏板高度	应符合 GB 7258 第 4.7.6 条的规定
三	产品使用说明书	8	产品使用说明书	应符合 GB 7258 第 4.15 条的规定
四	照明、信号装置和其他电气设备	9	照明和信号装置	应符合 GB 7258 第 8.1.1 条、第 8.1.2 条、第 8.2.1 条、第 8.3 条、第 8.6.2 条的规定
		10	货车车身反光标识	应符合 GB 7258 第 8.4.1 条、第 8.4.2 条的规定
		11	车速表	应符合 GB 15082 第 3 条的规定
		12	燃料表	应符合 GB 7258 第 8.6.3 条的规定
		13	汽车操纵件、指示器及信号装置的标志	应符合 GB 7258 第 4.7.1 条的规定或 GB 4094，GB ZT4094.2 的规定
五	车身及安全防护装置	14	号牌板	应符合 GB 7258 第 11.8 条的规定
		15	三角警告牌、反光背心	应符合 GB 7258 第 12.15.2 条的规定
		16	排气管	应符合 GB 7258 第 12.15.7 条的规定

水路运输与船舶管理

港口和船舶岸电管理办法

（交通运输部令　2019 年第 45 号）

《港口和船舶岸电管理办法》已于 2019 年 12 月 4 日经第 29 次部务会议通过，现予公布，自 2020 年 2 月 1 日起施行。

交通运输部部长　李小鹏

2019 年 12 月 9 日

港口和船舶岸电管理办法

第一章　总　则

第一条　为减少船舶靠港期间大气污染物排放，保障船舶靠港安全规范使用岸电，依据《中华人民共和国港口法》《中华人民共和国大气污染防治法》等法规的规定，制定本办法。

第二条　中华人民共和国境内港口和船舶岸电建设、使用及有关活动，应当遵守本办法。

第三条　交通运输部主管全国港口和船舶岸电建设、使用等工作。

县级以上地方人民政府交通运输（港口）主管部门按照职责负责辖区水路运输经营者船舶受电设施安装、码头岸电设施建设以及向靠港船舶提供岸电服务等活动的监督管理。

各级海事管理机构按照职责，负责船舶受电设施安装的监督管理。

第四条　地方各级交通运输（港口）主管部门应当积极争取地方人民政府出台政策，支持码头岸电设施改造和船舶受电设施安装，鼓励船舶靠港使用岸电。

第二章 建设和使用

第五条 码头工程项目单位应当按照法律法规和强制性标准等要求，对新建、改建、扩建码头工程（油气化工码头除外）同步设计、建设岸电设施。

第六条 港口经营人应当按照法律法规、强制性标准和国家有关规定，对已建码头（油气化工码头除外）逐步实施岸电设施改造。

第七条 码头岸电设施的供电能力应当与靠泊船舶的用电需求相适应。

第八条 为保障船舶靠港使用岸电安全，码头工程项目单位或者港口经营人在岸电设施投入使用前，应当按照相关强制性标准组织对岸电设施检测，其中高压岸电设施投入使用前，应当由具备相应能力的专业机构检测。

第九条 新建和已建中国籍船舶受电设施安装应当符合船舶法定检验技术规则，投入使用前需经船舶检验机构检验合格。

第十条 在船舶大气污染排放控制区靠泊的中国籍船舶，需要满足大气污染排放要求加装船舶受电设施的，相应水路运输经营者应当制定船舶受电设施安装计划并组织实施。

第十一条 具备受电设施的船舶（液货船除外），在沿海港口具备岸电供应能力的泊位靠泊超过 3 小时，在内河港口具备岸电供应能力的泊位靠泊超过 2 小时，且未使用有效替代措施的，应当使用岸电；船舶、码头岸电设施临时发生故障，或者恶劣气候、意外事故等紧急情况下无法使用岸电的除外。

船舶靠泊不足前款规定时间的，鼓励使用岸电。

第十二条 船舶靠港使用岸电的用电量不计入港口能耗统计范围。

第三章 服务和安全

第十三条 港口经营人、岸电供电企业应当将码头岸电设施主要技术参数等信息通过网站等渠道向社会公开，并报送所在地交通运输（港口）主管部门。

所在地交通运输（港口）主管部门应当汇总辖区全部码头岸电设施信息，通过网站等渠道向社会公开，并通报海事管理机构。

第十四条 船舶应当在靠泊前，向港口经营人提供船舶受电设施的配备情况以及主要技术参数等信息。

第十五条 按照第十一条规定应当使用岸电的，港口经营人应当将用电船舶安排在具备相应岸电供应能力的泊位靠泊，对其他具备受电设施的船舶，鼓励安排在具备岸电设施的泊位靠泊。

第十六条 鼓励有关单位对使用岸电的船舶实施优先靠泊、减免岸电服务费、优先过闸或者优先通行等措施。

第十七条 岸电供电企业和水路运输经营者应当建立健全码头岸电设施、船舶受电设施的管理、使用、维护保养制度和操作规程等，发生故障应当及时修复。

第十八条　岸电供电企业和船舶应当如实记录岸电设备设施使用情况，并至少保存 2 年。记录内容主要包括泊位名称、船舶名称、靠离泊时间、岸电使用起止时间、用电量等。码头岸电设施、船舶受电设施发生故障的，还应当记录故障时间、故障情况及修复时间等。

岸电供电企业应当按照有关规定将岸电供应情况报送所在地交通运输（港口）主管部门。船舶应当按照船舶能耗数据收集管理的要求，向海事管理机构报告岸电使用情况，将岸电使用情况记录留船备查。

第十九条　港口经营人、岸电供电企业和船舶应当制定事故应急预案，明确岸电使用过程中各类事故的应急处置流程，并定期进行演练，适时修订。

第二十条　岸电供电企业和水路运输经营者应当组织作业人员进行操作技能、设备使用、作业程序、安全防护和应急处置等培训。

第二十一条　港口经营人、岸电供电企业和水路运输经营者应明确划分岸电使用安全责任。鼓励港口经营人、岸电供电企业和水路运输经营者购买岸电安全责任相关保险。

第四章　监督检查

第二十二条　码头岸电设施建设和检测，港口经营人、岸电供电企业向靠港船舶提供岸电服务以及水路运输经营者组织实施船舶受电设施安装等情况由市、县级交通运输（港口）主管部门监督检查。

海事管理机构可以通过文件查阅等方式，核查船舶受电设施满足本办法和船舶法定检验技术规则要求、船舶使用岸电等情况。

交通运输（港口）主管部门和海事管理机构应当制定相关监督检查制度，并定期相互通报有关信息。

第二十三条　新建、改建、扩建港口工程的项目单位、已建码头的港口经营人违反第五条、第六条，港口经营人违反第十五条规定的，由所在地交通运输（港口）主管部门责令限期改正。

第二十四条　国内航行船舶未按照第十条规定安装受电设施的，由海事管理机构通报水路运输经营者注册地交通运输主管部门；国际航行船舶未按照第十条规定安装受电设施的，由直属海事机构汇总后定期报告交通运输部。

第二十五条　船舶违反本办法第十一条第一款规定的，由海事管理机构责令限期改正。

第二十六条　水路运输经营者未按照第十七条、第十九条规定制定相关制度、应急预案，由注册地交通运输主管部门责令限期改正。

第二十七条　岸电供电企业和船舶未按照第十七条、第十八条、第十九条、第二十条规定建立相关制度或者应急预案、记录或者报送岸电供电信息、提供岸电服务，或者岸电设施出现故障不及时维修导致 3 个月以上无法正常使用，由所在地交通运输（港口）主管部门和海事管理机构责令限期改正。

第二十八条 船舶未按照第十八条第二款规定报告岸电使用情况，由海事管理机构责令限期改正。

第五章 附 则

第二十九条 岸电供电质量、供电安全、电力供应与使用、供电价格等应当符合电力、价格等法规，以及电力领域的强制性标准和技术规范。

第三十条 本办法所称船舶受电设施是指船舶岸电系统船载装置。

岸电供电企业是指为靠港船舶提供岸电服务的组织或单位，可为港口经营人或者受港口经营人委托的第三方。

有效替代措施是指船舶靠港期间使用电能、LNG 等新能源、清洁能源作为动力，或者关闭辅机等其他等效措施。

岸电设施是指由岸侧电力系统向停靠码头的船舶提供电能的设备及装置的整体，主要包括开关柜、岸电电源、接电装置、电缆管理装置等。

第三十一条 公务船舶和工程船舶使用岸电参照本办法执行。

第三十二条 军事船舶、渔船和体育船舶不适用本办法。

第三十三条 本办法自 2020 年 2 月 1 日起施行。

交通运输部　发展改革委　财政部　自然资源部　生态环境部　应急部　海关总署　市场监管总局　国家铁路集团关于建设世界一流港口的指导意见

各省、自治区、直辖市交通运输、发展改革、财政、自然资源、生态环境、应急管理、市场监管厅（局、委），海关总署广东分署、各直属海关，国家铁路集团所属各单位，中国远洋海运集团、招商局集团、中国交通建设集团：

港口是综合交通运输枢纽，也是经济社会发展的战略资源和重要支撑。为深入贯彻习近平新时代中国特色社会主义思想和习近平总书记关于港口发展的重要指示精神，贯彻落实《交通强国建设纲要》，加快世界一流港口建设，现提出如下指导意见。

一、总体要求

以习近平新时代中国特色社会主义思想为指导，全面贯彻党的十九大和十九届二中、三中、四中全会精神，深入贯彻新发展理念，以高质量发展为主题，以供给侧结构性改革为主线，以交通强国建设为统领，坚持市场主导、政府引导，坚持目标导向、改革创新，坚持整体推进、重点突破，坚持因港制宜、分类指导，着力促进降本增效，着力促进绿色、智慧、安全发展，着力推进陆海联动、江河海互动、港产城融合，着力把港口建设好、管理好、发展好，打造一流设施、一流技术、一流管理、一流服务，强化港口的综合枢纽作用，整体提升港口高质量发展水平，以枢纽港为重点，建设安全便捷、智慧绿色、经济高效、支撑有力、世界先进的世界一流港口，更好服务人民群众、服务国家重大战略，为社会主义现代化强国建设提供重要支撑，谱写交通强国建设港口篇章。

到 2025 年，世界一流港口建设取得重要进展，主要港口绿色、智慧、安全发展实现重大突破，地区性重要港口和一般港口专业化、规模化水平明显提升。到 2035 年，全国港口发展水平整体跃升，主要港口总体达到世界一流水平，若干个枢纽港口建成世界一流港口，引领全球港口绿色发展、智慧发展。到 2050 年，全面建成世界一流港口，形成若干个世界级港口群，发展水平位居世界前列。

二、重点任务

（一）着力提升港口综合服务能力

1．系统优化供给体系。着力优化供给布局，节约集约利用空间资源，优化港口布局规划，促进港口间合理分工、错位发展，优化重点货类运输系统。统筹新港区开发与老港区搬迁，引导新建港区码头集中布置、连片开发。扩大优质增量供给，开展港口智能建造技术创新，提升工程质量品质。优化存量资源，坚持新建与既有码头技术升级改造并重，坚持建设、管理和养护并重，强化监测监控、健康诊断与日常维护，提高港口设施使用年限和耐久可靠性。

2．提升港口综合服务功能。进一步优化港口装卸存储主业，完善港口船舶供应和服务保障体系。大力发展冷链、汽车、化工等专业物流，增强中转配送、流通加工等增值服务，延伸港口物流产业链。积极发展港航信息、商贸、金融保险等现代服务业，吸引国际货物中转、集拼等业务，提升航运服务能级，支撑世界一流的国际航运中心建设。完善以邮轮母港为引领、邮轮始发港为主体、访问港为补充的邮轮港口布局，提升邮轮等客运码头综合服务功能，拓展邮轮产业链，改善旅客候船环境和陆岛客运码头条件，加强与城市公交和其他运输方式衔接，提升旅客体验和满意度。

3．以多式联运为重点补齐短板。健全港口集疏运体系，促进不同运输方式间有效衔接，重点解决铁路进港“最后一公里”问题，重要港区新建集装箱、大宗干散货作业区原则上同步规划建设进港铁路。以铁水联运、江海联运、江海直达等为重点，大力发展以港口为枢纽、“一单制”为核心的多式联运。加快专业化、规模化内河港区建设，积极推进新出海通道相关港区建设和 LNG 接收站配套码头、江海联运码头等建设。完善客运码头设施，有序建设改造内河游轮码头。加强进港深水航道和锚地建设。到 2025 年，集装箱、干散货重要港区铁路进港率达到60%以上，矿石、煤炭等大宗货物主要由铁路或水路集疏运；到 2035 年，重要港区基本实现铁路进港全覆盖，港口集装箱铁水联运比例显著提升。

（二）加快绿色港口建设

4．着力强化污染防治。推进港口和船舶污染防治攻坚，开展既有码头环保设施升级改造及港口规范作业专项行动。推动市县人民政府依法统筹规划建设港口船舶污染物接收、转运、处置设施，加强分类管理、有效处置和利用。优化污染治理模式，新建港区同步推进环保设施的规划建设和综合利用，逐步推行内河船舶污染物集中接收转运、小型船舶“船上储存交岸处置”为主的排放治理模式。健全环保标准制度，强化散货作业防尘抑尘措施，推进原油、成品油装船码头油气回收。严格实施危险废物、船舶水污染物转移联合监管制度，加快单证电子化管理和多部门共享。2025 年初步形成设施齐备、制度健全、运行有效的港口和船舶污染防治体系；2035 年港口和船舶污染防治水平居于世界前列。

5．构建清洁低碳的港口用能体系。完善港口 LNG 加注、岸电标准规范和供应服务体系。完善船舶大气污染物排放控制区，协同推进、大力提升船舶靠港岸电使用率，加强岸电使用绩效考核。鼓励新增和更换港口作业机械、港内车辆和拖轮等优先使用新能源和清洁能源，加快提升港口作业机械和车辆清洁化比例。

6．加强资源节约循环利用和生态保护。严格落实围填海管控政策，严格管控和合理利用深水岸线，提倡建设公用码头，鼓励现有货主自用码头提供公共服务。实施既有设施设备改造，推广应用节能节水新技术、新工艺。综合利用航道疏浚土、施工材料、废旧材料。推进港区生产生活污水、雨污水循环利用。实施港区绿化工程，引导有条件的港口开展陆域、水域生态修复。到 2025 年，港口资源节约循环利用水平明显提升，2035 年主要港口绿色发展达到国际先进水平。

（三）加快智慧港口建设

7．建设智能化港口系统。加强自主创新、集成创新，加大港作机械等装备关键技术、自动化集装箱码头操作系统、远程作业操控技术研发与推广应用，积极推进新一代自动化码头、堆场建设改造。建设基于 5G、北斗、物联网等技术的信息基础设施，推动港区内部集卡和特殊场景集疏运通道集卡自动驾驶示范，深化港区联动。到 2025 年，部分沿海集装箱枢纽港初步形成全面感知、泛在互联、港车协同的智能化系统。到 2035 年，集装箱枢纽港基本建成智能化系统。

8．加快智慧物流建设。大力推进港口无纸化作业，完善“一站式”“一网通”等信息服务系统，主要港口加快实现主要作业单证电子化和业务项目在线办理。推广应用铁水联运数据交换报文标准，实现信息交换共享。实施“互联网+”战略，建立港口企业云服务数据中心，创新港口物流模式，促进与上下游产业的有效衔接、业务协同。

（四）加快推进开放融合发展

9．积极推动港航协同发展。开展中小港口企业专优特精行动。加强港口互动，合作建设完善专业化码头服务网络。以更高质量一体化为导向，推动区域性航道、锚地共享共用，完善干支联动、江海互动的发展格局。强化枢纽港的引领作用，加快建设布局合理、功能完善、优势互补、协同高效的京津冀、长三角、东南沿海、粤港澳大湾区、西南沿海等区域港口群。鼓励港航企业通过产权置换、共同开发、联合运营、航线合作等方式，促进港航互动联合、合作共赢。

10．推动港产城深度融合发展。按照国土空间规划总体布局，加强港口与城乡建设、产业发展布局的有效衔接，推进城市景观岸线与港口生产岸线协调发展，将港口污染防治融入城市生态环境保护体系，促进港城协调发展。依托港口建设物流中心、商品车和大宗商品交易平台、跨境贸易中心，促进要素资源集聚，服务临港产业升级。推动港口岸线与后方土地统筹开发，鼓励共建共用内陆无水港，增强港口的辐射带动作用。

11．持续优化口岸营商环境。依托自由贸易试验区、自由贸易港的口岸监管和政策创新，探索港口建设管理模式创新。继续简化一体化通关流程，优化海事监管和引航服务，进一步简化进出口环节监管证件，加快推进“单一窗口”功能覆盖海运和贸易全链条，推动运输和通关便利化、一体化。落实口岸经营服务性收费目录清单和公示制度，联合开展监督检查。加快推进口岸通关物流服务全过程电子化，推动大型港航企业与“单一窗口”的合作对接，共同建设跨境贸易大数据平台，打造“一站式”贸易服务平台。

12．更好服务“一带一路”建设。通过设点、连线、成网、布局，构建完善的海上互联互通网络，加强港口与中欧班列、西部陆海新通道、中欧陆海快线等衔接，加快建设便捷高效的国际贸易综合运输体系，推动形成陆海内外联动、东西双向互济的开放格局。完善港口国际合作机制，加强政策技术交流，促进物流信息共享和标准互通。优化外商投资港口的发展环境，吸引境外投资；鼓励我国企业积极参与“一带一路”沿线港口投资、建设、运营，交流共享港口管理经验和发展模式，形成若干个世界一流全球码头建设和运营商、综合服务商。推动建设国际港口联盟，完善海丝港口国际合作论坛等“21 世纪海上丝绸之路”港口合作机制。

（五）加快平安港口建设

13．着力强化本质安全。加强安全设施建设维护，建立完善港口储罐、安全设施检测和日常管控制度，提高设施设备安全可靠性。提升客运码头安检查危能力，推动高危作业场所和环节逐步实现自动化、无人化。推进建立省级港口危险货物监管平台，实现重要设施设备实时监测、智能感知和风险预警。强化重要港口网络安全保障，确保关键信息基础设施安全。

14．着力推进双重预防机制建设。加强源头管控，严格落实港口危险货物建设项目安全审查制度。以危险货物作业和重大危险源等为重点，定期全面排查，形成安全风险清单，落实分级分类管控措施。加强港口客运站、危险货物储罐、堆场等区域风险联防联控。建立健全隐患排查治理制度，实行隐患定期排查、重大隐患及时“清零”，形成闭环管理。

15．着力强化安全保障与应急能力。落实管行业必须管安全、管业务必须管安全、管生产经营必须管安全的要求，严密安全责任体系；强化基层监管能力建设，建立部门间信息共享、协同监管和应急联动机制。建立实施港口客运、危险货物作业安全生产责任保险制度。完善港口应急预案，纳入城市应急预案体系。加强消防和应急救援专业设备设施、队伍建设，强化港口非预设场景应急演练和实战演练，加快应急保障关键技术研发应用。到 2025 年，港口安全发展水平显著提升。到 2035 年，主要港口安全发展达到国际先进水平。

（六）推进港口治理体系现代化

16. 深化重点领域改革。加强资源整合，有序推进区域港口一体化改革，促进港口资源利用集约化、运营一体化、竞争有序化、服务现代化。鼓励国有骨干港口企业向资本投资、营运管理转变。深化“放管服”改革，精简港口经营许可事项，逐步推行普通货物港口经营许可告知承诺制。深化港口价格形成机制改革，进一步放开市场竞争性服务收费。

17. 推动完善法规政策标准。加快《中华人民共和国港口法》修订研究工作，完善配套规章制度。以高质量发展为导向，建立实施港口发展指标体系（附件），完善港口管理体制机制、投融资体制、统计监测制度和港口发展政策。以安全、绿色、智慧为重点，完善港口标准。

18. 建立健全市场监管体系。以客运和危险货物作业等为重点，加强“双随机、一公开”检查，推进跨部门联合监管和“互联网+监管”。强化信用监管，构建以信用为基础的新型监管机制，强化行业自律和企业自我约束。

19. 加强人才队伍建设。引导航海类高校增加港口危险货物安全、国际化管理等课程设置，推动建立国际港口专业人员培训平台，推进智库建设。开展从业人员素质提升行动，强化技能等级评价、岗位练兵、技能竞赛，建设知识型、技能型、创新型港口劳动者大军。培养科技领军人才、创新团队、国际运营团队，打造高素质专业化港口人才队伍。

三、保障措施

（一）加强组织领导

把党的领导贯穿到世界一流港口建设全过程。推动地方政府将港口发展纳入经济社会发展全局中谋划推进，依法落实港口公共基础设施建设维护资金责任。要因港施策，根据自身特点和功能定位，对标国际同类型先进港口，找准差距补短板。地区性重要港口和一般港口要科学定位，突出特色，防止贪大求全。细化完善任务措施，明确任务分工，加强协作配合，狠抓任务落实，确保港口高质量发展取得实效。

（二）加强政策支持

加快研究建立港口发展长效资金保障机制。采取多元化筹资方式，鼓励社会资本设立多式联运产业基金；利用中央、地方资金等现有资金，支持港口多式联运和安全、绿色、智慧发展。对纳入港口总体规划和运输结构调整计划的项目，符合国家重大战略的，加大支持力度，保障合理用海、用地需求，纳入环评审批绿色通道，加快审查审批进度。加强指导督促，协调解决企业发展难题。

（三）营造良好环境

强化舆论宣传和典型引路，加强港口重大建设成就、“最美港口人”等宣传。强化港口文化建设，推进港口历史文化展示区、港口博物馆建设，打造一批港口文化作品；统筹兼顾沿岸生态景观和交通功能，因地制宜发展港口游、工业遗产游。支持友好港建设，讲好中国港口故事。鼓励有条件的主要港口、企业纳入交通强国建设试点范围，开展世界一流港口对标和综合评价。

附件：港口发展指标体系（略）

交通运输部　发展改革委　财政部
自然资源部　生态环境部　应急部
海关总署　市场监管总局　国家铁路集团
2019 年 11 月 6 日

交通运输部关于印发《内河航运发展纲要》的通知

各省、自治区、直辖市交通运输厅（局、委），部属各单位，部内各司局：

现将《内河航运发展纲要》印发给你们，请结合工作实际，认真组织实施。

交通运输部

2020 年 5 月 29 日

内河航运发展纲要

内河航运是综合运输体系和水资源综合利用的重要组成部分，在促进流域经济发展、优化产业布局、服务对外开放等方面发挥了重要作用。为贯彻落实交通强国建设战略部署，推动内河航运高质量发展，服务国家战略实施，助力中国特色社会主义现代化强国建设，特制定本纲要。

一、总体要求

（一）指导思想

以习近平新时代中国特色社会主义思想为指导，紧紧围绕统筹推进“五位一体”总体布局和协调推进“四个全面”战略布局，贯彻落实新发展理念，以交通强国建设为统领，以高质量发展为导向，坚持生态优先、绿色发展，坚持衔接协调、融合发展，坚持整体推进、协同发展，坚持创新驱动、科学发展，科学开发和保护内河航运资源，着力补齐发展短板，加强与其他运输方式衔接，加快提升效率效益，充分发挥比较优势，有力促进运输结构优化，实现内河航运现代化，更好服务交通强国建设和国家重大战略实施。

（二）发展目标

到 2035 年，基本建成人民满意、保障有力、世界前列的现代化内河航运体系。内河航运基础设施、运输服务、绿色发展、安全监管等取得重大突破，在综合交通运输中的比较优势得到充分发挥，服务国家战略的保障能力显著增强。内河千吨级航道达到 2.5 万千米；主要港口重点港区基本实现铁路进港；内河货物周转量占全社会比重达到 9%；重要航段应急到达时间不超过 45 分钟，主要港口（区）应急到达时间不超过 30 分钟；新能源和清洁能源船占比显著提高，船舶污水垃圾等污染物实现应收尽收、达标排放；物联网、人工智能等新一代信息技术在内河航运广泛应用。

到 2050 年，全面建成人民满意、保障有力、世界前列的现代化内河航运体系。东西向跨区域水运大通道高效畅通，南北向跨水系联通，以一流港航基础设施、一流航运技术装备、高品质航运服务、智能化安全监管，全面实现治理体系和治理能力现代化，服务社会主义现代化强国。

二、主要任务

（一）建设干支衔接江海联通的内河航道体系

以千吨级航道为骨干，加快建设横贯东西、连接南北、通达海港的国家高等级航道。强化东西向跨区域水运大通道，形成长江干线、西江干线、淮河干线、黑龙江通道横向走廊，研究解决三峡枢纽通航瓶颈，推进三峡枢纽水运新通道前期工作，拓展延伸主要支流航道。打通南北向跨流域水运大通道，建设新大运河，统筹推进长江、珠江、淮河等主要水系间的京杭运河黄河以北段复航工程以及平陆运河等运河沟通工程，形成京杭运河、江淮干线、浙赣粤通道、汉湘桂通道纵向走廊。建设适应长三角一体化和粤港澳大湾区发展的长三角、珠三角国家高等级航道网，对接沿海主要港口，完善内部联络，构筑水网地区河海联运通道。

统筹推进国境国际通航河流航道发展。遵守相关国际协定，积极推进黑龙江、澜沧江、鸭绿江等重要国境国际通航河流航道的综合开发利用和养护管理，有序推进图们江、额尔古纳河、乌苏里江、红河、怒江、北仑河等其他国境国际通航河流航道的建设、养护和管理。

积极拓展其他航道。积极推进东部地区支流航道建设，拓展延伸水运服务范围。提升中西部地区支流航道和库湖区航道能力，改善区域交通和群众出行条件。坚持黄河水资源综合利用和生态保护，因地制宜推进黄河各区段航道建设。结合各地实际，积极推动旅游航道发展和碍断航闸坝复航。

（二）打造集约高效功能协同的现代化港口

强化港口枢纽辐射功能。完善集疏运体系，推进重点港区与沿江开发区、物流园区的连接通道建设，加快打通铁路、高等级公路进港“最后一公里”，着力提升大宗散货铁路水路集疏运和集装箱铁水联运比例，有效降低物流成本。优化港口仓储设施、配送网络，提升水运口岸效率，拓展港口现代物流、商贸服务、大宗商品贸易功能，促进以港口为枢纽的全程物流供应服务链发展。

推进资源整合完善港口布局。深入推进港口资源整合，有序有效推进区域港口一体化发展，形成层次分明、功能互补、竞争有序的发展格局。分类盘活存量港口岸线，严格管控新增港口岸线，着力加强集约化、规模化公用港区建设。规范港口公共锚地建设管理，统筹共享航道、锚地、水上服务区等公共资源。

促进港产城协同发展。加强港口与城乡建设、产业发展布局的有效衔接，推进城市景观岸线与港口生产岸线协调发展，加强旅游客运码头、内河游轮码头和库区便民码头建设，将港口污染防治融入城市生态环境保护体系。

（三）构建经济高效衔接融合的航运服务体系

推进标准化、专业化运输船舶发展。继续推进船型标准化工作，推进水系或区域内运输船舶标准统一，引导现有各类非标船舶逐步退出航运市场。制修订船舶安全技术标准、设施设备配备标准和配员标准。大力发展集装箱、LNG、商品汽车滚装、化学品运输等专业化船舶，积极发展封闭式散货船舶。加快江海直达特定船型，以及大型休闲度假豪华游轮和中短途休闲游、观光游特色游轮船型研发。

发展经济高效的江海联运和多式联运。完善江海直达运输发展相关政策和技术标准，形成江海直达、江海联运有机衔接的江海运输物流体系，提高江海运输服务水平。加强信息资源共享，加快技术标准和服务规则统一，大力发展以港口为枢纽、“一单制”为核心的多式联运。

加快提升内河航运服务水平。以武汉、重庆等航运中心建设为依托，大力提升金融、保险、海事仲裁、航运交易、信息咨询等服务能力，研究开展期货交易，发展货、港、船等要素协同的水运电商平台，开展线上线下服务。

促进港航企业转型升级。推进港航企业规模化、集约化、专业化发展，优化市场主体结构，鼓励优势企业推进合资合作和兼并重组。积极发展内河航运物流及供应链体系，推动港航企业向全程物流承运人转型。鼓励航运企业向船、港、货、金融等上下游发展，构建一体化产业链发展运营模式。

发展高品质内河水上客运。促进内河水上客运与旅游、文化、城市的融合发展，推动水上客运旅游化、舒适化、客滚化发展，提升客运品质。因地制宜提升农村内河水上客运服务设施供给质量和水平，推进公共交通运输服务均等化。高标准打造内河精品航线，丰富完善水上旅游客运多样化产品。

（四）践行资源节约环境友好的绿色发展方式

加强船舶港口污染防治。研究推动船舶排放控制区政策向全国内河延伸，完善排放控制标准。加快推进长江干线等重点航道沿线的港口船舶污染物接收转运、化学品洗舱站、危险化学品锚地等设施建设和常态化运行，在重要库湖区等封闭水域率先实行船舶向水体零排放。统筹推动既有码头环保设施升级改造和新建码头环保设施建设使用。加强重点水域智能化监测预警能力建设与监管。

加大新能源清洁能源推广应用力度。推广 LNG 节能环保船舶，探索发展纯电力、燃料电池等动力船舶，研究推进太阳能、风能、氢能等在行业的应用。推进船舶靠港使用岸电。完善水上绿色综合服务区、液化天然气加注码头等绿色服务体系建设。加强港口节能减排技术应用。

强化内河航运生态保护修复。严守生态保护红线，将资源节约和保护环境的理念贯穿于内河水运规划、设计、施工、养护和运营全过程，推进绿色航道、绿色港口建设。推进早期建设航运设施的生态修复工程，强化对重要生态功能区的生态保护与修复。实施港区绿化工程，引导港口采用多种措施开展陆域、水域生态修复。

（五）构筑功能完善能力充分的航运安全体系

提升设施及装备本质安全水平。完善内河航运基础设施安全技术标准规范，构建现代化工程建设质量管理体系，持续加大基础设施安全防护投入和养护管理力度，推进精品建造和精细管理。强化船舶、港口机械等载运工具质量管理，保障运输装备安全。

完善安全风险防控与监管体系。完善安全生产风险分级管控和事故隐患排查治理双重预防机制，建立完善安全风险清单。推动企业落实安全生产主体责任与安全生产标准化建设，强化事前事中安全监管。持续加强重点水域、重点港口、重点船舶、重点时段安全监管，强化危险化学品运输、水上客运、城市渡运等重要领域联防联控。完善应急管理机制与预案，纳入城市应急预案体系，强化专业救助和应急管理等人才队伍建设，支持社会救援力量发展，提高公众水运安全素养和意识。

提升安全监管与应急救助能力。建立健全内河航运应急救助指挥体系，完善水上交通安全监管与救助系统布局规划建设，加强无人机、水下机器人等新装备、新技术推广应用，强化水上交通动态感知预警、人命快速有效救助、船舶溢油与危化品处置等核心能力建设。加快长江干线、西江航运干线北斗导航系统的常态化应用，逐步向全国内河覆盖。升级完善各级水路交通应急指挥系统，加强对“四类”重点船舶和重点水域、重点航道实施有效监控。

（六）强化创新引领技术先进的航运科技保障

加强重要基础设施建养前瞻性基础研究。推进航道整治和通航建筑物的建设、养护、生态修复等关键技术，以及基于船岸协同的内河航运安全管控与应急搜救技术研发。推进平安百年品质工程建设。发展以高能低耗材料、建筑信息模型（BIM）、装配式技术相融合的基础设施智能设计与建造技术。发展用于基础设施服役性能保持和提升的监测预警技术。突破空间、功能和寿命协同的内河港航共网多线基础设施养护技术。

推进重大核心装备自主研发应用。逐步推动新一代自动化码头研究与建设。开展端—网—云架构下自动驾驶集卡、轨道平台、大型无人机等港口货物集疏运设备研究与应用。开展以船舶自动驾驶、智能组织和协同调度为目标的智能航运核心技术研究。开发急流、浊水、深水条件下船舶救捞技术与装备。

实现智能综合信息高效便捷服务。推动基于云网交互的电子航道图、船舶过闸调度、港航基础设施运养等综合信息服务平台建设。运用大数据、区块链等信息技术，构建多资源要素融合的港口经济生态圈。在重点水域、通航建筑物及港口加快新一代移动通信、卫星通信（北斗）等部署。

（七）传承弘扬历史悠久内涵丰富的航运文化

打造新时代航运文化载体。支持沿江沿河文化带、景观廊道等建设，加强古运河历史文化和人文景观的综合保护与开发。完善相关设施、设备和管理制度，鼓励开展科普教育和体验游。

建立健全航运文化服务和产品体系。打造有影响、有品质、有内涵的航运博物馆品牌。开辟滨海滨水、历史人文、品质商务等航运文化旅游线路，发展游船、游艇经济，形成世界级的高品质航运文化休闲品牌。推进水上客运联网售票和电子船票应用，促进内河水路客运与旅游融合发展，推广与其他客运方式联程运输。

巩固和发展行业精神文明成果。整合航运大型论坛、会展、节庆、航海日等资源，充分利用传统和新兴媒介创新组织开展航运文化宣传活动，建设具有全球影响力的国际航运文化盛会等。完善职业道德规范、文明服务标准，不断提升行业文明程度。

（八）构建多方共建共治共享的现代行业治理体系

深化内河航运事权改革。巩固完善长江航运行政体制改革，推动研究完善西江航运干线等航运管理体制机制。完善交通运输综合行政执法体制机制，加强区域合作和联合执法，坚决打击航道非法采砂和船舶超载。推进与周边国家建立双边或多边的长期交流合作机制。

完善法规标准体系。研究推动制定航运法等法律法规，适时推动修订港口法、航道法等行业法律法规，进一步完善配套法规规章和标准规范。推进法治政府部门建设与行政审批制度改革。研究制定体现高质量发展的内河航运标准体系，强化标准实施和监督。进一步改革和完善行业统计制度。

统筹基础设施建管养用。完善内河航道常态化养护管理跟踪分析机制与疏浚养护市场化机制。加强基础设施养护投入和运营管理。依法保护航道资源，加强航道和航道保护范围内航道整治建筑物、通航建筑物和航运枢纽大坝运行安全监管，加强跨临拦河建筑物航道通航条件影响评价审核。

构建统一开放、竞争有序的现代市场体系。加强政府对航运市场监测与信息引导，完善以信用为基础的新型行业监管机制。充分发挥行业协会、联盟等组织作用，引导行业自发良性发展。

加强人才队伍建设。完善人才队伍建设体制机制，提升行业从业人员的荣誉感、获得感和职业吸引力。不断完善人才培养、技术产学研用机制，营造行业人才发展良好环境。加强应用型船员培养，统筹共享优质内河船员教育培训资源，完善船员职业等级晋升通道。

三、保障措施

（一）加强组织领导

把党的领导贯穿到推动内河航运补短板和高质量发展各方面各环节全过程。推动地方政府制定本区域内河航运高质量发展工作方案，细化完善任务措施，明确责任分工。

（二）加强政策支持

统筹使用中央和地方财政资金，加强航道等公益性基础设施建设养护以及符合高质量发展、服务民生需求等重点领域的资金支持。加强与自然资源、生态环境、水利、农业农村等部门的协调，争取用地、用林、环评、水资源综合利用等政策支持。

（三）强化示范引领

针对绿色水运、航运文化服务、智能服务等新的发展模式、业态，开展试点示范，及时总结和推广经验，科学引导内河航运高质量发展。

渔业船舶检验管理规定

（交通运输部令　2019年第28号）

《渔业船舶检验管理规定》已于2019年11月6日经第25次部务会议通过，现予公布，自2020年1月1日起施行。

交通运输部部长　李小鹏

2019年11月20日

渔业船舶检验管理规定

第一章　总　则

第一条　为加强渔业船舶检验管理，规范渔业船舶检验行为，保障渔业船舶检验质量，依据《中华人民共和国渔业法》《中华人民共和国渔业船舶检验条例》《中华人民共和国船舶和海上设施检验条例》，制定本规定。

第二条　渔业船舶检验活动及从事渔业船舶检验活动的机构和人员的管理适用本规定。

前款所称渔业船舶检验，是指对渔业船舶和船用产品的强制检验。

第三条　交通运输部主管全国渔业船舶检验和监督管理工作。

交通运输部海事局负责渔业船舶检验监督管理和行业指导工作。

县级以上地方人民政府承担渔业船舶检验监管职责的部门，负责本行政区域国内渔业船舶检验的监督管理。

渔业船舶检验机构依照本规定负责有关渔业船舶检验工作。

第二章　检验机构和检验人员

第四条　渔业船舶检验机构是实施渔业船舶检验的机构，包括交通运输部设置的船舶检验机构和省级、市级、县级地方渔业船舶检验机构。

第五条　渔业船舶检验机构应当在交通运输部海事局核定的业务范围内开展检验业务。

渔业船舶检验机构的业务范围应当向社会公布。

第六条　渔业船舶检验人员应当具备相应的专业知识和检验技能，满足国家有关检验人员管理的要求，经交通运输部海事局考核合格，方可从事相应的渔业船舶检验工作。

交通运输部海事局负责统一组织渔业船舶检验人员考试，并按照国家有关规定发放检验人员证书。

第七条　渔业船舶检验机构应当配备与核定的业务范围相适应符合相关要求的检验人员。渔业船舶检验机构应当组织对检验人员进行岗前培训和不定期持续知识更新培训。

第八条　渔业船舶检验机构和检验人员应当按照法律、法规、规章以及渔业船舶检验技术规范的要求开展检验工作，并对检验结论负责。

渔业船舶检验人员开展检验工作应当恪守职业道德和执业纪律。

第三章　检验业务范围

第九条　交通运输部设置的船舶检验机构负责远洋渔业船舶及船用产品的检验业务，地方渔业船舶检验机构负责本行政区域国内渔业船舶及船用产品的检验业务。

第十条　渔业船舶检验机构按照 A、B、C、D 四类从事渔业船舶检验：

（一）A 类检验机构，可以从事远洋渔业船舶及船用产品的检验；

（二）B 类检验机构，可以从事国内渔业船舶及相关船用产品的检验；

（三）C 类检验机构，可以从事内河渔业船舶的检验；

（四）D 类检验机构，可以从事内河 12 米以下渔业船舶的检验。

第十一条　交通运输部海事局根据技术条件对渔业船舶检验机构的业务范围进行核定。省级地方渔业船舶检验机构申请业务范围核定前，应当初步划分本行政区域内下级地方渔业船舶检验机构业务范围，统一向交通运输部海事局申请业务范围核定。

第十二条　渔业船舶检验机构业务范围变更的，应当向交通运输部海事局申请重新核定。

第四章　强制检验

第十三条　渔业船舶强制检验是渔业船舶检验机构根据法律、法规、规章和渔业船舶检验技术规范，对渔业船舶和船用产品的安全技术状况实施的技术监督服务活动。

渔业船舶强制检验包括初次检验、营运检验、临时检验。

第十四条 渔业船舶检验机构应当根据法律、法规、规章和检验技术规范开展检验，确保检验完成时，图纸符合检验技术规范要求、船舶与图纸相符、证书与实船相符。

渔业船舶检验机构开展强制检验应当通过核查、审查、检查（包括抽查、详细检查、检测或试验等）方式对有关检验项目的技术状况进行确认。

第十五条 进口的渔业船舶和远洋渔业船舶的初次检验、远洋渔业船舶的营运检验和临时检验，由交通运输部设置的船舶检验机构统一组织实施。其他渔业船舶的初次检验、营运检验和临时检验，由船籍港渔业船舶检验机构负责实施。

渔业船舶的制造地或者改造地与船籍港不一致的，初次检验由制造地或者改造地渔业船舶检验机构实施；因故不能回船籍港进行营运检验、临时检验的渔业船舶，由船籍港渔业船舶检验机构委托船舶的营运地或者维修地渔业船舶检验机构实施检验，并提供相应的信息支持。船舶的营运地或者维修地渔业船舶检验机构不得拒绝接受委托。

第十六条 下列渔业船舶的所有者或者经营者应当申报初次检验：

（一）制造的渔业船舶；

（二）改造的渔业船舶（包括非渔业船舶改为渔业船舶、国内作业的渔业船舶改为远洋作业的渔业船舶）；

（三）进口的渔业船舶。

第十七条 营运中的渔业船舶的所有者或者经营者应当按照交通运输部规定的时间申报营运检验。

渔业船舶检验机构应当按照交通运输部的规定，根据渔业船舶运行年限和安全要求对下列项目实施检验：

（一）渔业船舶的结构和机电设备；

（二）与渔业船舶安全有关的设备、部件；

（三）与防止污染环境有关的设备、部件；

（四）交通运输部规定的其他检验项目。

第十八条 有下列情形之一的渔业船舶，其所有者或者经营者应当申报临时检验：

（一）因检验证书失效无法及时回船籍港的；

（二）因不符合水上交通安全或者环境保护法律、法规的有关要求被责令检验的；

（三）因发生事故而影响船舶安全航行、作业技术条件的；

（四）改变证书所限定的航区或者用途的；

（五）检验证书失效的；

（六）涉及渔业船舶安全的修理或者改装，但重大改建的除外；

（七）变更渔业船舶检验机构、船名、船籍港的；

（八）具有交通运输部规定的其他特定情形的。

第十九条 渔业船舶制造、改造、维修中使用的与航行、作业和人身财产安全以及防止污染环境有关的重要设备、部件和材料，应当进行船用产品检验。

前款规定应当检验的重要设备、部件和材料的目录，由交通运输部公布。

渔业船舶检验机构应当按照检验技术规范，对纳入检验范围内的船用产品开展工厂认可、型式认可、设计认可、产品检验。

第二十条 进行渔业船舶和船用产品强制检验，应当按照交通运输部海事局的有关规定向渔业船舶检验机构提交相关申请材料。

渔业船舶检验机构不得增加或者变相增加有关申请材料或者设置前置条件。

第二十一条 国内渔业船舶和船用产品经检验符合相关的渔业船舶检验技术要求的，渔业船舶检验机构应当使用国家船舶检验发证系统签发相应的检验证书或者技术文件。

远洋渔业船舶经检验符合相关检验技术要求的，交通运输部设置的船舶检验机构应当使用经交通运输部海事局认可的检验发证系统签发相应的检验证书或者技术文件。

渔业船舶和船用产品的检验证书、检验记录、检验报告的式样和检验业务印章，由交通运输部海事局统一规定。

第五章 检验技术规范

第二十二条 渔业船舶检验技术规范由交通运输部海事局组织制定，经交通运输部批准后公布施行。

前款所称渔业船舶检验技术规范，是指与渔业船舶和船用产品相关的，涉及航行安全、作业安全及环境保护的检验制度、安全标准和检验规程等。

第二十三条 省级地方人民政府承担渔业船舶检验监管职责的部门，对船长小于 12 米的渔业船舶，可以制定符合本地实际情况的渔业船舶检验技术规范，明确相应的检验制度和技术要求，并报交通运输部海事局备案。

第二十四条 有下列情形之一的，渔业船舶检验技术规范的制定机构应当组织开展检验技术规范后评估：

（一）实施满 5 年的；

（二）上位法或者相关国际公约有重大修改或者调整的；

（三）渔业船舶的航行、作业环境发生重大变化，影响渔业船舶检验技术规范适宜性的；

（四）其他应当进行后评估的情形。

第六章 检验管理和监督

第二十五条 交通运输部海事局应当对渔业船舶检验机构和检验活动进行监督。

县级以上地方人民政府承担渔业船舶检验监管职责的部门应当对本行政区域内地方渔业船舶检验机构和检验活动进行监督。

第二十六条　交通运输部海事局应当建立渔业船舶检验工作报告制度。

渔业船舶检验机构应当建立船舶检验业务管理制度和档案管理制度。

第二十七条　渔业船舶检验机构应当建立渔业船舶船用产品强制检验质量监督机制，发现船用产品存在重大质量问题的，应当撤销检验证书或者禁止装船使用。

第二十八条　渔业船舶检验机构在渔业船舶制造、改造开工前，应当对开工条件进行检查，检查合格后方可开展检验。

第二十九条　渔业船舶检验机构应当对为其提供服务的检修、检测、图纸评审机构进行安全质量、技术条件的控制和监督。

第三十条　渔业船舶的所有者、经营者，渔业船舶设计、制造、改造单位，渔业船舶船用产品制造厂商应当按照规定如实向渔业船舶检验机构提交检查、检测、试验报告等相关材料，并对其真实性负责。

第三十一条　为渔业船舶提供服务的检修、检测机构应当对其出具的检修、检测结果负责。

第三十二条　有下列情形之一的渔业船舶，渔业船舶检验机构不得受理检验：

（一）设计图纸、技术文件未经渔业船舶检验机构审查批准或者确认的；

（二）设计、制造、改造渔业船舶的单位不符合国家规定条件，或者不遵守渔业船舶技术规范的；

（三）渔业船舶所有者或者经营者未选择符合国家规定条件的维修单位对渔业船舶进行维修的；

（四）用于维修、更换渔业船舶的有关航行、作业和人身财产安全以及防止污染环境的重要设备、部件和材料，在使用前未经渔业船舶检验机构检验合格的；

（五）按照国家有关规定应当报废的。

第三十三条　有下列情形之一的，渔业船舶检验机构应当停止检验或者撤销相关检验证书：

（一）违规制造、改造渔业船舶的；

（二）提供虚假证明材料的。

第三十四条　有下列情形之一的渔业船舶，其所有者或者经营者应当在渔业船舶报废、改籍、改造之日前 7 个工作日内或者自渔业船舶灭失之日起 20 个工作日内，向渔业船舶检验机构申请注销其渔业船舶检验证书；逾期不申请的，渔业船舶检验证书自渔业船舶改籍、改造完毕之日起或者渔业船舶报废、灭失之日起失效，并由渔业船舶检验机构注销渔业船舶检验证书：

（一）按照国家有关规定报废的；

（二）中国籍改为外国籍的；

（三）渔业船舶改为非渔业船舶的；

（四）因沉没等原因灭失的。

第三十五条 申请检验的单位或者个人对检验结论持有异议，可以向上一级渔业船舶检验机构申请复验，接到复验申请的检验机构应当在 7 个工作日内作出是否予以复验的答复。

对复验结论仍有异议的，可以向交通运输部海事局提出再复验。交通运输部海事局应当在接到再复验申请之日起 15 个工作日内作出是否予以再复验的答复。予以再复验的，交通运输部海事局应当组织技术专家组进行检验、评议并作出最终结论。

第七章 法律责任

第三十六条 渔业船舶检验机构有下列情形之一的，由交通运输部海事局责令限期整改，并向社会公告：

（一）超越业务范围开展检验的；

（二）违反规定受理检验的；

（三）使用不符合规定的检验人员独立从事检验活动的；

（四）渔业船舶制造、改造开工前未进行开工条件检查或者在检查不合格的情况下开展检验的；

（五）未对提供服务的检修、检测、图纸评审机构进行安全质量、技术条件的控制和监督的；

（六）检验机构擅自增加申请材料或者设置前置条件的；

（七）检验机构应当停止检验或者撤销检验证书而未停止检验或者撤销的；

（八）出现重大检验质量问题的。

第三十七条 渔业船舶检验机构有下列情形之一的，由交通运输部海事局责令改正：

（一）未对检验人员进行培训的；

（二）未按规定向交通运输部海事局报告工作情况的；

（三）未建立检验业务管理制度的；

（四）未建立档案管理制度的；

（五）未建立渔业船舶船用产品强制检验质量监督机制的。

第三十八条 渔业船舶检验机构的工作人员未经考核合格从事渔业船舶检验工作的，责令其立即停止检验工作，处 1000 元以上 5000 元以下的罚款。

第三十九条 有下列情形之一的，责令立即改正，对直接负责的主管人员和其他直接责任人员，依法给予降级、撤职、取消检验资格的处分；构成犯罪的，依法追究刑事责任；已签发的渔业船舶检验证书无效：

（一）未按照本规定实施检验的；

（二）所签发的渔业船舶检验证书或者检验记录、检验报告与渔业船舶实际情况不相符的；

（三）超越规定的权限进行渔业船舶检验的。

第八章　附　则

第四十条　从事国际航行的渔业辅助船舶的检验适用《船舶检验管理规定》（交通运输部令 2016 年第 2 号）。

第四十一条　本规定自 2020 年 1 月 1 日起施行。

交通运输部关于印发《船舶与港口污染防治专项行动实施方案（2015—2020年）》的通知

（交水发〔2015〕133号）

各有关省、自治区、直辖市交通运输厅（委），各直属海事机构：

现将《船舶与港口污染防治专项行动实施方案（2015—2020年）》印发给你们，请认真贯彻落实。

交通运输部

2015年8月27日

船舶与港口污染防治专项行动实施方案（2015—2020年）

为贯彻落实《中共中央　国务院关于加快推进生态文明建设的意见》（中发〔2015〕12号）、《大气污染防治行动计划》（国发〔2013〕37号）和《水污染防治行动计划》（国发〔2015〕17号），结合履行国际公约相关义务和我国水运发展实际，全面推进船舶与港口污染防治工作，积极推进绿色水路交通发展，特制定本方案。

一、总体要求

（一）指导思想

全面贯彻党的十八大和十八届三中、四中全会精神，认真落实党中央、国务院的决策部署，大力推进生态文明建设，依法推进船舶与港口污染防治工作，以减少污染物排放和强化污染物处置为核心，以完善法规、标准、规范为基础，以推进排放控制区试点示范为抓手，港航联动，河海并举，标本兼治，协同推进，努力实现水运绿色、循环、低碳、可持续发展。

（二）基本原则

坚持统筹谋划、防治结合。紧密结合船舶与港口污染防治工作现状和阶段性特征，立足当前、着眼长远、科学规划、有效衔接，系统提出分阶段行动目标和主要任务，强化源头防控，注重科学治理，有序推进船舶与港口污染防治工作。

坚持全面推进、重点突破。系统梳理船舶、港口污染防治全过程、各环节存在的问题，紧抓制约污染防治水平的关键领域和重点环节，打好攻坚战，以点带面，全面推进船舶与港口污染防治工作。

坚持政府推动、企业施治。贯彻节约资源和保护环境的基本国策，在充分发挥污染防治企业主体作用和市场调节作用的同时，发挥好政府的政策引导和监督管理作用，形成政府、企业协同推进工作格局。

坚持创新驱动、示范带动。发挥企业的科技创新主体作用，加强船舶与港口污染防治关键技术、设施设备科技攻关，推动科研成果的转化应用；选择具有较好基础条件、符合污染防治发展方向的项目，开展试点示范和经验推广，推动污染防治工作深入开展。

（三）工作目标

总体目标：到 2020 年，船舶与港口污染防治政策法规标准体系进一步完善，船舶与港口大气污染物、水污染物得到有效防控和科学治理，排放强度明显降低，清洁能源得到推广应用，船舶和港口污染防治水平与我国生态文明建设水平、全面建成小康社会目标相适应。

具体目标：到 2020 年，珠三角、长三角、环渤海（京津冀）水域船舶硫氧化物、氮氧化物、颗粒物与 2015 年相比分别下降 65%、20%、30%；主要港口 90%的港作船舶、公务船舶靠泊使用岸电，50%的集装箱、客滚和邮轮专业化码头具备向船舶供应岸电的能力；主要港口 100%的大型煤炭、矿石码头堆场建设防风抑尘设施或实现封闭储存。沿海和内河港口、码头、装卸站（以下简称港口）、船舶修造厂分别于 2017 年底前和 2020 年底前具备船舶含油污水、化学品洗舱水、生活污水和垃圾等接收能力，并做好与城市市政公共处理设施的衔接，全面实现船舶污染物按规定处置。按照新修订的船舶污染物排放相关标准，2020 年底前完成现有船舶的改造，经改造仍不能达到要求的，限期予以淘汰。

二、主要任务

（一）加快相关法规、标准、规范制修订

按照国家污染防治总体要求，完善相关管理制度，加强船舶与港口污染防治相关法规、标准、规范的制修订工作，强化标准约束，做好船舶与港口污染防治标准，以及与国家有关标准的衔接。

2015 年底前，发布《防治船舶污染内河水域环境管理规定（修订）》《水路危险货物运输管理规定》；配合环境保护部力争出台船舶污染物排放、船舶发动机废气排放标准；配合国家质检总局、国家能源局修订船用燃料油强制性国家标准；会同有关部门出台《内河危险化学品禁运目录》。2016 年底前，出台《码头船舶岸电设施工程技术规范》国家标准；出台《水运工程环境保护设计规范》；发布内河危险化学品禁运品种遴选管理办法，建立禁运目录动态调整机制。2017 年底前，配合环境保护部制修订适合我国国情的码头油气排放相关标准。2020 年底前，出台船舶天然气动力设施改造技术规范，编制船舶污染物排放监测系列技术标准。

（二）持续推进船舶结构调整

依法强制报废超过使用年限的船舶，继续落实老旧运输船舶和单壳油轮提前报废更新政策并力争延续内河船型标准化政策，加快淘汰老旧落后船舶，鼓励节能环保船舶建造和船上污染物储存、处理设备改造，严格执行船舶污染物排放标准，限期淘汰不能达到污染物排放标准的船舶，严禁新建不达标船舶进入运输市场，规范船舶水上拆解行为。

2016 年起，禁止内河单壳化学品船舶和 600 载重吨以上的单壳油船进入“两横一纵两网十八线”水域航行。2017 年底前，继续开展老旧运输船舶和单壳油轮提前报废更新；分级分类修订船舶及其设施设备的相关环保标准，2018 年起投入使用的沿海船舶、2021 年起投入使用的内河船舶执行新修订的船舶污染物排放相关标准。2020 年底前，完成对不符合新修订的船舶污染物排放相关标准要求的船舶有关设施、设备的配备或改造，对经改造仍不能达到要求的，限期予以淘汰。

（三）推进设立船舶大气污染物排放控制区

借鉴国际经验，突出国家大气污染联防联控重点区域，兼顾区域船舶活动密集程度与经济发展水平，设立珠三角、长三角、环渤海（京津冀）水域船舶大气污染物排放控制区，控制船舶硫氧化物、氮氧化物和颗粒物排放。

2015 年底前，发布《珠三角、长三角、环渤海（京津冀）水域船舶排放控制区实施方

案》，按照方案要求分阶段分步骤推进实施。在排放控制区内选择核心港口区域试点示范；适时评估试点示范效果，将排放控制要求扩大至排放控制区内所有港口。2018 年底前，评估确定采取更加严格排放控制要求、扩大排放控制区范围以及其他进一步举措。

（四）积极开展港口作业污染专项治理

加强港口作业扬尘监管，开展干散货码头粉尘专项治理，全面推进主要港口大型煤炭、矿石码头堆场防风抑尘设施建设和设备配备；推进原油成品油码头油气回收治理。

2015 年底前，出台《煤炭矿石码头粉尘控制设计规范》；发布原油成品油码头油气回收行动试点方案，在环渤海、长三角、珠三角、长江干线等重点区域分批次、分类别开展码头油气回收试点工作。2016 年底前，开展港口作业扬尘监管专项整治行动，推进煤炭、矿石码头的大型堆场建设防风抑尘设施或实现封闭储存；出台《码头油气回收设施建设技术规范》。2017 年底前，国内沿海稳步推广原油成品油码头油气回收。

（五）协同推进船舶污染物接收处置设施建设

加强港口、船舶修造厂环卫设施、污水处理设施建设规划与所在地城市设施建设规划的衔接。会同工信、环保、住建等部门探索建立船舶污染物接收处置新机制，推动港口、船舶修造厂加快建设船舶含油污水、化学品洗舱水、生活污水和垃圾等污染物的接收设施，做好船港之间、港城之间污染物转运、处置设施的衔接，提高污染物接收处置能力，满足到港船舶污染物接收处置需求。

2016 年底前，港口、船舶修造厂所在地交通运输（港口）管理部门会同工信、环保、住建、海事等部门完成本区域船舶污染物接收、转运及处置能力评估，编制完善接收、转运及处置设施建设方案。2017 年底前，沿海港口、船舶修造厂达到建设要求。2020 年底前，内河港口、船舶修造厂达到建设要求；进入我国水域的国际航行船舶，按照已加入的国际公约要求安装压载水管理系统。

（六）积极推进 LNG 燃料应用

全面落实《交通运输部关于推进水运行业应用液化天然气的指导意见》（交水发〔2013〕625 号），进一步完善 LNG 加注设施的相关标准规范体系，统筹 LNG 加注站点布局规划与建设，有序推进船舶与港口应用 LNG 试点示范工作，加大 LNG 动力船船员、码头操作人员的培训力度，逐步扩大 LNG 燃料在水运行业的应用范围。

2015 年底前，完成长江、西江航运干线和京杭运河船舶 LNG 燃料加注码头布局规划。2016 年底前，修订完成《液化天然气码头设计规范》，制订《液化天然气加注码头设计规范》。2017 年底前，建立水运行业应用 LNG 标准体系。2018 年底前，加快推进 LNG 加注站及配套设施建设，完善相关技术法规和规范；扩大 LNG 动力船舶试点应用范围，试点推广 LNG 燃料在港作车船中的应用。

（七）大力推动靠港船舶使用岸电

推动建立船舶使用岸电的供售电机制和激励机制，降低岸电使用成本，引导靠港船舶使用岸电。开展码头岸电示范项目建设，加快港口岸电设备设施建设和船舶受电设施设备改造。

2015 年底前，加大码头岸电推进力度，发布一批新的示范项目名单。2016 年底前，积极协调配合有关部门建立靠港船舶使用岸电供售电机制；完善港口岸电设施建设相关标准和船舶使用岸电的鼓励政策。2018 年底前，重点在珠三角、长三角、环渤海（京津冀）排放控制区主要港口推进建设岸电设施，鼓励其他港口积极推进船舶靠港使用岸电。

（八）加强污染物排放监测和监管

强化监测和监管能力建设，建立交通运输环境监测网络，完善交通运输环境监测、监管机制；建立完善船舶污染物接收、转运、处置监管联单制度，加强对船舶防污染设施、污染物偷排漏排行为和船用燃料油质量的监督检查，坚决制止和纠正违法违规行为。

2016 年，开展船舶污染物接收、转运、处置联合专项整治，加强海事、港航、环保、城建等部门的联合监管。2017 年，完善船舶污染物报告、接收制度，完善水路交通主要污染物统计指标及核算方法，逐步开展船舶污染物排放监测。推进实施《全国公路水路交通运输环境监测网总体规划》，2020 年底前，初步建成水路交通运输环境监测网骨干框架，覆盖沿海及内河主要港口、长江干线航道等重要水运基础设施。

（九）提升污染防治科技水平

鼓励企业开展船舶与港口污染防治技术研究，积极争取国家重点专项对船舶与港口污染防治的支持，加强污染防治新技术在水运领域的转化应用。重点开展船舶与港口污染物监测与治理、危险化学品运输泄漏事故应急处置等方面的技术和装备研究。

2016 年底前，完成船舶大气污染基础性数据调查、船舶尾气后处理技术、船舶及港口大气污染扩散机理与区域影响研究。2017 年底前，完成船舶污染物监测技术研究，完成船舶化学品污染事故预测预警、应急处置、决策支持技术研究。2018 年底前，完成船舶发动机节能减排技术、船舶压载水检测和沉积物处置技术、原油成品油码头油气回收技术研究。

（十）优化水路运输组织

优化港口资源配置，拓展港口服务功能，充分发挥水运节能环保比较优势，促进现代物流发展；加快港口集疏运体系建设，解决进港铁路“最后一公里”问题，继续推进集装箱铁水联运、江（河）海直达运输、滚装甩挂运输发展，发挥多种运输方式的组合效率；

充分发挥“两横一纵两网”等水运主通道作用，提高水水中转比例；引导船舶大型化、标准化和企业规模化、集约化发展；大力推动京杭运河苏北、山东段内河船舶智能过闸系统应用。

2015年底前，与中国铁路总公司联合研究推进重点港口疏港铁路“最后一公里”建设。2016年底前，加快现有集装箱海铁联运物联网应用示范工程建设，实现铁水联运集装箱信息实时监测、业务协同和信息共享。2020年底前，形成若干条以沿海主要港口为枢纽的集装箱铁水联运通道，推动有条件的主要港口铁路线进港。

（十一）提升污染事故应急处置能力

建立健全应急预案体系，统筹水上污染事故应急能力建设，完善应急资源储备和运行维护制度，强化应急救援队伍建设，改善应急装备，提高人员素质，加强应急演练，提升油品、危险化学品泄漏事故应急能力。

2016年底前，出台《水上溢油风险评估导则》、修订《港口码头溢油应急设备配备要求》；督促港口经营人制定防治船舶及其有关活动污染港区水环境的应急计划；推动地方人民政府制定船舶污染事故应急预案，编制防治船舶及其有关作业活动污染水域环境应急能力建设规划。2020年底前，完成《国家水上交通安全监管和救助系统布局调整规划》相关建设任务。

三、保障措施

（一）加强组织领导

各地交通运输管理部门要紧密结合工作实际，加强组织领导和工作协同，制定具体落实方案，细化任务措施，明确责任分工和进度安排，抓好试点示范和推广应用，加强目标考核，确保各项工作落实到位。

（二）强化规划引领

各地交通运输管理部门要将船舶与港口污染防治工作纳入交通运输“十三五”发展规划，并制定本地区船舶与港口污染防治专项规划，完善配套政策措施，强化规划的约束和引领作用，推动船舶与港口污染防治工作有序开展。

（三）完善支持政策

在充分利用好中央和地方已有相关资金支持政策的基础上，各级交通运输管理部门要积极协调有关部门加大政策与资金支持力度，力争建立船舶与港口污染防治引导资金，不断完善其他配套政策和激励措施；港航企业要结合提质增效升级，进一步加大对污染防治设施设备改造、配备的资金投入。

（四）加强协调联动

各地交通运输管理部门和各直属海事机构要加强与有关部门的沟通协调，探索建立区域、部门联动协作机制，实现相关建设规划的有效衔接，推进联合监测、联合执法、应急联动、信息共享，确保船舶与港口污染防治工作顺利推进和工作目标如期实现。

交通运输部关于印发《珠三角、长三角、环渤海（京津冀）水域船舶排放控制区实施方案》的通知

（交海发〔2015〕177号）

各有关省、自治区、直辖市交通运输厅（委），各直属海事机构：

现将《珠三角、长三角、环渤海（京津冀）水域船舶排放控制区实施方案》印发给你们，请认真贯彻落实。

交通运输部

2015年12月2日

珠三角、长三角、环渤海（京津冀）水域船舶排放控制区实施方案

为贯彻实施《中华人民共和国大气污染防治法》，推进绿色航运发展和船舶节能减排，减少船舶在我国重点区域的大气污染物排放，制定本实施方案。

一、工作目标

通过设立船舶大气污染物排放控制区（以下简称“排放控制区”），控制我国船舶硫氧化物、氮氧化物和颗粒物排放，改善我国沿海和沿河区域特别是港口城市的环境空气质量，为全面控制船舶大气污染奠定基础。

二、设立原则

（一）突出国家大气污染联防联控重点区域。

（二）维护区域港口公平竞争，鼓励核心港区先行先试。

（三）兼顾区域船舶活动密集程度与经济发展水平。

（四）遵守国际法和国内法律法规要求。

三、适用对象

本方案适用于在排放控制区内航行、停泊、作业的船舶，军用船舶、体育运动船艇和渔业船舶除外。

四、排放控制区范围

基于以上目标和原则，设立珠三角、长三角、环渤海（京津冀）水域船舶排放控制区，确定排放控制区内的核心港口区域，具体如下：

（一）珠三角水域船舶排放控制区。

海域边界：下列 A、B、C、D、E、F 六点连线以内海域（不含香港、澳门管辖水域）。

A：惠州与汕尾大陆岸线交界点

B：针头岩外延 12 海里处

C：佳蓬列岛外延 12 海里处

D：围夹岛外延 12 海里处

E：大帆石岛外延 12 海里处

F：江门与阳江大陆岸线交界点

内河水域范围为广州、东莞、惠州、深圳、珠海、中山、佛山、江门、肇庆 9 个城市行政管辖区域内的内河通航水域。

本排放控制区内的核心港口区域为深圳、广州、珠海港。

图 1　珠三角水域船舶排放控制区示意图（略）

（二）长三角水域船舶排放控制区。

海域边界：下列 A、B、C、D、E、F、G、H、I、J 十点连线以内海域。

A：南通与盐城大陆岸线交界点

B：外磕脚岛外延 12 海里处

C：佘山岛外延 12 海里处

D：海礁外延 12 海里处

E：东南礁外延 12 海里处

F：两兄弟屿外延 12 海里处

G：渔山列岛外延 12 海里处

H：台州列岛（2）外延 12 海里处

I：台州与温州大陆岸线交界点外延 12 海里处

J：台州与温州大陆岸线交界点

内河水域范围为南京、镇江、扬州、泰州、南通、常州、无锡、苏州、上海、嘉兴、湖州、杭州、绍兴、宁波、舟山、台州 16 个城市行政管辖区域内的内河通航水域。

本排放控制区内的核心港口区域为上海、宁波—舟山、苏州、南通港。

图 2　长三角水域船舶排放控制区示意图（略）

（三）环渤海（京津冀）水域船舶排放控制区。

海域边界：大连丹东大陆岸线交界点与烟台威海大陆岸线交界点的连线以内海域。

内河水域范围为大连、营口、盘锦、锦州、葫芦岛、秦皇岛、唐山、天津、沧州、滨州、东营、潍坊、烟台 13 个城市行政管辖区域内的内河通航水域。

本排放控制区内的核心港口区域为天津、秦皇岛、唐山、黄骅港。

图 3　环渤海（京津冀）水域船舶排放控制区示意图（略）

五、控制要求

（一）自 2016 年 1 月 1 日起，船舶应严格执行现行国际公约和国内法律法规关于硫氧化物、颗粒物和氮氧化物的排放控制要求，排放控制区内有条件的港口可以实施船舶靠岸停泊期间使用硫含量（质量分数）≤0.5%的燃油等高于现行排放控制要求的措施。

（二）自 2017 年 1 月 1 日起，船舶在排放控制区内的核心港口区域靠岸停泊期间（靠港后的一小时和离港前的一小时除外，下同）应使用硫含量（质量分数）≤0.5%的燃油。

（三）自 2018 年 1 月 1 日起，船舶在排放控制区内所有港口靠岸停泊期间应使用硫含量（质量分数）≤0.5%的燃油。

（四）自 2019 年 1 月 1 日起，船舶进入排放控制区应使用硫含量（质量分数）≤0.5%的燃油。

（五）2019 年 12 月 31 日前，评估前述控制措施实施效果，确定是否采取以下行动：

1．船舶进入排放控制区使用硫含量（质量分数）≤0.1%的燃油；

2．扩大排放控制区地理范围；

3．其他进一步举措。

（六）船舶可采取连接岸电、使用清洁能源、尾气后处理等与上述排放控制要求等效的替代措施。

六、保障措施

（一）加强组织领导。

各级交通运输主管部门应加强组织领导和协调，细化任务措施，明确职责分工；积极协调国家有关部门和地方政府出台相关政策，制定技术标准；推进信息共享，开展联合执法，建立监督管理联动机制，共同推动排放控制区方案的有效实施。

（二）强化监督管理。

海事管理机构应组织开展船舶大气污染监测技术研究，不断提高监测能力，推进船舶大气污染监测工作；建立监督检查管理工作机制，推进检测装备与能力建设；加强船舶防止空气污染证书和油类记录簿、燃油供应单证及燃油质量的检查；督促船舶检验机构提高船舶发动机等相关船用产品检验质量；开展对替代措施有效性的核查。

（三）发挥政策引导作用。

各级交通运输主管部门应积极协调国家有关部门和地方政府出台相关激励政策和配套措施，加强低硫燃油的生产和供应，对船舶使用低硫燃油、岸电，船舶改造升级和应用清洁能源等实施资金补贴、便利运输等优惠措施。

（四）建立与港澳联动机制。

建立和完善与香港、澳门特别行政区沟通协调机制，加强珠三角水域船舶排放控制区工作与港澳的联动，协调排放控制标准和实施时间，交流排放控制措施应用和监督管理经验，推动与港澳船舶排放控制行动一体化。

中华人民共和国防治船舶污染内河水域环境管理规定

（交通运输部令　2015年第25号）

《中华人民共和国防治船舶污染内河水域环境管理规定》已于2015年12月15日经第25次部务会议通过，现予公布，自2016年5月1日起施行。

交通运输部部长　杨传堂

2015年12月31日

中华人民共和国防治船舶污染内河水域环境管理规定

第一章　总则

第一条　为防治船舶及其作业活动污染内河水域环境，保护内河水域环境，根据《中华人民共和国水污染防治法》《危险化学品安全管理条例》等法律、行政法规，制定本规定。

第二条　防治船舶及其作业活动污染中华人民共和国内河水域环境，适用本规定。

第三条　防治船舶及其作业活动污染内河水域环境，实行预防为主、防治结合、及时处置、综合治理的原则。

第四条　交通运输部主管全国防治船舶及其作业活动污染内河水域环境的管理。

国家海事管理机构统一负责全国防治船舶及其作业活动污染内河水域环境的监督管理工作。

各级海事管理机构依照各自的职责权限，具体负责管辖区域内防治船舶及其作业活动污染内河水域环境的监督管理工作。

第二章　一般规定

第五条　中国籍船舶防治污染的结构、设备、器材应当符合国家有关规范、标准，经海事管理机构或者其认可的船舶检验机构检验，并保持良好的技术状态。

外国籍船舶防治污染的结构、设备、器材应当符合中华人民共和国缔结或者加入的有关国际公约，经船旗国政府或者其认可的船舶检验机构检验，并保持良好的技术状态。船舶经船舶检验机构检验可以免除配备相应的污染物处理装置的，应当在相应的船舶检验证书中予以注明。

第六条　船舶应当依照法律、行政法规、国务院交通运输主管部门的规定以及中华人民共和国缔结或者加入的国际条约、协定的要求，具备并随船携带相应的防治船舶污染内河水域环境的证书、文书。

第七条　船员应当具有相应的防治船舶污染内河水域环境的专业知识和技能，熟悉船舶防污染程序和要求，经过相应的专业培训，持有有效的适任证书和合格证明。

从事有关作业活动的单位应当组织本单位作业人员进行防治污染操作技能、设备使用、作业程序、安全防护和应急反应等专业培训，确保作业人员具备相关防治污染的专业知识和技能。

第八条　港口、码头、装卸站以及从事船舶水上修造、水上拆解、打捞等作业活动的单位，应当按照国家有关规范和标准，配备相应的污染防治设施、设备和器材，并保持良好的技术状态。同一港口、港区、作业区或者相邻港口的单位，可以通过建立联防机制，实现污染防治设施、设备和器材的统一调配使用。

港口、码头、装卸站应当接收靠泊船舶生产经营过程中产生的船舶污染物。从事船舶水上修造、水上拆解、打捞等作业活动的单位，应当按照规定处理船舶修造、打捞、拆解过程中产生的污染物。

第九条　150 总吨及以上的油船、油驳和 400 总吨及以上的非油船、非油驳的拖驳船队应当制定《船上油污应急计划》。150 总吨以下油船应当制定油污应急程序。

150 总吨及以上载运散装有毒液体物质的船舶应当按照交通运输部的规定制定《船上有毒液体物质污染应急计划》和货物资料文书，明确应急管理程序与布置要求。

400 总吨及以上载运散装有毒液体物质的船舶可以制定《船上污染应急计划》，代替《船上有毒液体物质污染应急计划》和《船上油污应急计划》。

水路运输企业应当针对所运输的危险化学品的危险特性，制定运输船舶危险化学品事故应急救援预案，并为运输船舶配备充足、有效的应急救援器材和设备。

港口、码头、装卸站的经营人以及有关作业单位应当制定防治船舶及其作业活动污染内河水域环境的应急预案，每年至少组织一次应急演练，并做好记录。

第十条　依法设立特殊保护水域涉及防治船舶污染内河水域环境的，应当事先征求海事管理机构的意见，并由海事管理机构发布航行通（警）告。设立特殊保护水域的，应当同时设置船舶污染物接收及处理设施。

在特殊保护水域内航行、停泊、作业的船舶，应当遵守特殊保护水域有关防污染的规定、标准。

第十一条　船舶或者有关作业单位造成水域环境污染损害的，应当依法承担污染损害赔偿责任。

通过内河运输危险化学品的船舶，其所有人或者经营人应当投保船舶污染损害责任保险或者取得财务担保。船舶污染损害责任保险单证或者财务担保证明的副本应当随船携带。

通过内河运输危险化学品的中国籍船舶的所有人或者经营人，应当向在我国境内依法成立的商业性保险机构和互助性保险机构投保船舶污染损害责任保险。具体办法另行制定。

第十二条　船舶污染事故引起的污染损害赔偿争议，当事人可以申请海事管理机构调解。在调解过程中，当事人申请仲裁、向人民法院提起诉讼或者一方中途退出调解的，应当及时通知海事管理机构，海事管理机构应当终止调解，并通知其他当事人。

调解成功的，由各方当事人共同签署《船舶污染事故民事纠纷调解协议书》。调解不成或者在 3 个月内未达成调解协议的，应当终止调解。

第三章　船舶污染物的排放和接收

第十三条　在内河水域航行、停泊和作业的船舶，不得违反法律、行政法规、规范、标准和交通运输部的规定向内河水域排放污染物。不符合排放规定的船舶污染物应当交由港口、码头、装卸站或者有资质的单位接收处理。

禁止船舶向内河水体排放有毒液体物质及其残余物或者含有此类物质的压载水、洗舱水或者其他混合物。

禁止船舶在内河水域使用焚烧炉。

禁止在内河水域使用溢油分散剂。

第十四条　150 总吨及以上的油船、油驳和 400 总吨及以上的非油船、非油驳的拖驳船队应当将油类作业情况如实、规范地记录在经海事管理机构签注的《油类记录簿》中。

150 总吨以下的油船、油驳和 400 总吨以下的非油船、非油驳的拖驳船队应当将油类作业情况如实、规范地记录在《轮机日志》或者《航行日志》中。

载运散装有毒液体物质的船舶应当将有关作业情况如实、规范地记录在经海事管理机构签注的《货物记录簿》中。

船舶应当将使用完毕的《油类记录簿》《货物记录簿》在船上保留 3 年。

第十五条　船长 12 米及以上的船舶应当设置符合格式要求的垃圾告示牌，告知船员和旅客关于垃圾管理的要求。

100总吨及以上的船舶以及经核准载运15名及以上人员且单次航程超过2千米或者航行时间超过15分钟的船舶，应当持有《船舶垃圾管理计划》和海事管理机构签注的《船舶垃圾记录簿》，并将有关垃圾收集处理情况如实、规范地记录于《船舶垃圾记录簿》中。《船舶垃圾记录簿》应当随时可供检查，使用完毕后在船上保留2年。

本条第二款规定以外的船舶应当将有关垃圾收集处理情况记录于《航行日志》中。

第十六条 禁止向内河水域排放船舶垃圾。船舶应当配备有盖、不渗漏、不外溢的垃圾储存容器或者实行袋装，按照《船舶垃圾管理计划》对所产生的垃圾进行分类、收集、存放。

船舶将含有有毒有害物质或者其他危险成分的垃圾排入港口接收设施或者委托船舶污染物接收单位接收的，应当提前向对方提供此类垃圾所含物质的名称、性质和数量等信息。

第十七条 船舶在内河航行时，应当按照规定使用声响装置，并符合环境噪声污染防治有关要求。

第十八条 船舶使用的燃料应当符合有关法律法规和标准要求，鼓励船舶使用清洁能源。

船舶不得超过相关标准向大气排放动力装置运转产生的废气以及船上产生的挥发性有机化合物。

第十九条 来自疫区船舶的船舶垃圾、压载水、生活污水等船舶污染物，应当经检疫部门检疫合格后，方可进行接收和处理。

第二十条 船舶污染物接收单位在污染物接收作业完毕后，应当向船舶出具污染物接收处理单证，并将接收的船舶污染物交由岸上相关单位按规定处理。

船舶污染物接收单证上应当注明作业双方名称、作业开始和结束的时间、地点，以及污染物种类、数量等内容，并由船方签字确认。船舶应当将船舶污染物接收单证与相关记录簿一并保存备查。

第四章　船舶作业活动的污染防治

第二十一条 从事水上船舶清舱、洗舱、污染物接收、燃料供受、修造、打捞、拆解、污染清除作业以及利用船舶进行其他水上水下活动的，应当遵守相关操作规程，采取必要的防治污染措施。

船舶在港从事前款所列相关作业的，在开始作业时，应当通过甚高频、电话或者信息系统等向海事管理机构报告作业时间、作业内容等信息。

第二十二条 托运人交付船舶载运具有污染危害性货物的，应当采取有效的防污染措施，确保货物状况符合船舶载运要求和防污染要求，并在运输单证上注明货物的正确名称、数量、污染类别、性质、预防和应急措施等内容。

曾经载运污染危害性货物的空容器和空运输组件，在未彻底清洗或者消除危害之前，应当按照原所装货物的要求进行运输。

交付船舶载运污染危害性质不明的货物，货物所有人或者其代理人应当委托具备相应技术能力的机构进行货物污染危害性评估分类，确定安全运输条件，方可交付船舶载运。

第二十三条 船舶载运污染危害性货物应当具备与所载货物危害性质相适应的防污染条件。

船舶不得载运污染危害性质不明的货物以及超过相关标准、规范规定的单船限制性数量要求的危险化学品。

第二十四条 船舶运输散发有毒有害气体或者粉尘物质等货物的，应当采取封闭或者其他防护措施。

从事前款货物的装卸和过驳作业，作业双方应当在作业过程中采取措施回收有毒有害气体。

第二十五条 从事散装液体污染危害性货物装卸作业的，作业双方应当在作业前对相关防污染措施进行确认，按照规定填写防污染检查表，并在作业过程中严格落实防污染措施。

第二十六条 船舶从事散装液体污染危害性货物水上过驳作业时，应当遵守有关作业规程，会同作业单位确定操作方案，合理配置和使用装卸管系及设备，按照规定填写防污染检查表，针对货物特性和作业方式制定并落实防污染措施。

第二十七条 船舶进行下列作业，在长江、珠江、黑龙江水系干线作业量超过 300 吨和其他内河水域超过 150 吨的，港口、码头、装卸站应当采取包括布设围油栏在内的防污染措施，其中过驳作业由过驳作业经营人负责：

（一）散装持久性油类的装卸和过驳作业，但船舶燃油供应作业除外；

（二）比重小于 1（相对于水）、溶解度小于 0.1%的散装有毒液体物质的装卸和过驳作业；

（三）其他可能造成水域严重污染的作业。

因自然条件等原因，不适合布设围油栏的，应当采取有效替代措施。

第二十八条 从事船舶燃料供应作业的单位应当建立有关防治污染的管理制度和应急预案，配备足够的防污染设备、器材和合格的人员。

从事船舶燃料供受作业，作业双方应当在作业前对相关防污染措施进行确认，按照规定填写防污染检查表，并在作业过程中严格落实防污染措施。

第二十九条 从事船舶燃料供受作业的水上燃料加注站应当满足国家规定的防污染技术标准要求。

水上燃料加注站接受燃料补给作业应当按照污染危害性货物过驳作业办理相关手续。

第三十条 水上船舶修造及其相关作业过程中产生的污染物应当及时清除，不得投弃入水。

船舶燃油舱、液货舱中的污染物需要通过过驳方式交付储存的，应当遵守污染危害性货物过驳作业管理要求。

船坞内进行的修造作业结束后，作业单位应当进行坞内清理和清洁，确认不会造成水域污染后，方可沉坞或者开启坞门。

第三十一条 从事船舶水上拆解的单位在船舶拆解作业前，应当按规定落实防污染措施，彻底清除船上留有的污染物，满足作业条件后，方可进行船舶拆解作业。

从事船舶水上拆解的单位在拆解作业结束后，应当及时清理船舶拆解现场，并按照国家有关规定处理船舶拆解产生的污染物。

禁止采取冲滩方式进行船舶拆解作业。

第五章 船舶污染事故应急处置

第三十二条 海事管理机构应当配合地方人民政府制定船舶污染事故应急预案，开展应急处置工作。

第三十三条 船舶发生污染事故，应当立即就近向海事管理机构如实报告，同时启动污染事故应急计划或者程序，采取相应措施控制和消除污染。在初始报告以后，船舶还应当根据污染事故的进展情况作出补充报告。

海事管理机构接到报告后应当立即核实有关情况，按规定向上级海事管理机构和县级以上地方人民政府报告。海事管理机构和有关单位应当在地方人民政府的统一领导和指挥下，按照职责分工，开展相应的应急处置工作。

第三十四条 发生船舶污染事故的船舶，应当在事故发生后 24 小时内向事故发生地的海事管理机构提交《船舶污染事故报告书》。因特殊情况不能在规定时间内提交《船舶污染事故报告书》的，经海事管理机构同意可以适当延迟，但最长不得超过 48 小时。

《船舶污染事故报告书》应当至少包括以下内容：

（一）船舶的名称、国籍、呼号或者编号；

（二）船舶所有人、经营人或者管理人的名称、地址；

（三）发生事故的时间、地点以及相关气象和水文情况；

（四）事故原因或者事故原因的初步判断；

（五）船上污染物的种类、数量、装载位置等概况；

（六）事故污染情况；

（七）应急处置情况；

（八）船舶污染损害责任保险情况。

第三十五条　船舶有沉没危险或者船员弃船的，应当尽可能地关闭所有液货舱或者油舱（柜）管系的阀门，堵塞相关通气孔，防止溢漏，并向海事管理机构报告船舶燃油、污染危害性货物以及其他污染物的性质、数量、种类、装载位置等情况。

第三十六条　船舶发生事故，造成或者可能造成内河水域污染的，船舶所有人或者经营人应当及时消除污染影响。不能及时消除污染影响的，海事管理机构可以采取清除、打捞、拖航、引航、过驳等必要措施，发生的费用由责任者承担。

依法应当承担前款规定费用的船舶及其所有人或者经营人应当在开航前缴清相关费用或者提供相应的财务担保。

第六章　船舶污染事故调查处理

第三十七条　船舶污染事故调查处理依照下列规定组织实施：

（一）重大以上船舶污染事故由交通运输部组织调查处理；

（二）重大船舶污染事故由国家海事管理机构组织调查处理；

（三）较大船舶污染事故由直属海事管理机构或者省级地方海事管理机构负责调查处理；

（四）一般等级及以下船舶污染事故由事故发生地海事管理机构负责调查处理。

较大及以下等级的船舶污染事故发生地不明的，由事故发现地海事管理机构负责调查处理。事故发生地或者事故发现地跨管辖区域或者相关海事管理机构对管辖权有争议的，由共同的上级海事管理机构确定调查处理机构。

第三十八条　事故调查机构应当及时、客观、公正地开展事故调查，勘验事故现场，检查相关船舶，询问相关人员，收集证据，查明事故原因，认定事故责任。

船舶污染事故调查应当由至少两名调查人员实施。

第三十九条　在证据可能灭失或者以后难以取得的情况下，事故调查机构可以依法先行登记保存相应的证书、文书、资料。

第四十条　船舶污染事故调查的证据种类包括：

（一）书证、物证、视听资料、电子数据；

（二）证人证言；

（三）当事人陈述；

（四）鉴定意见；

（五）勘验笔录、调查笔录、现场笔录；

（六）其他可以证明事实的证据。

第四十一条　船舶造成内河水域污染的，应当主动配合事故调查机构的调查。船舶污染事故的当事人和其他有关人员应当如实反映情况和提供资料，不得伪造、隐匿、毁灭证据或者以其他方式妨碍调查取证。

船舶污染事故的当事人和其他有关人员提供的书证、物证、视听资料应当是原件原物，不能提供原件原物而提供抄录件、复印件、照片等非原件原物的，应当签字确认；拒绝确认的，事故调查人员应当注明有关情况。

第四十二条 有下列情形的，事故调查机构可以按照规定程序组织各级海事管理机构和相关部门开展船舶污染事故协查：

（一）污染事故肇事船舶逃逸的；

（二）污染事故嫌疑船舶已经开航离港的；

（三）辖区发生污染事故但暂时无法确认污染来源，经分析过往船舶有事故嫌疑的。

第四十三条 事故调查处理需要委托有关机构进行技术鉴定或者检验、检测的，事故调查机构应当委托具备国家规定资质要求的机构进行。

第四十四条 事故调查机构应当自事故调查结案之日起 20 个工作日内制作船舶污染事故认定书，并送达当事人。

船舶污染事故认定书应当载明事故基本情况、事故原因和事故责任。

自海事管理机构接到船舶污染事故报告或者发现船舶污染事故之日起 6 个月内无法查明污染源或者无法找到造成污染船舶的，经船舶污染事故调查处理机构负责人批准可以终止事故调查，并在船舶污染事故认定书中注明终止调查的原因。

第七章 法律责任

第四十五条 违反本规定，有下列情形之一的，由海事管理机构责令改正，并处以 2 万元以上 3 万元以下的罚款：

（一）船舶超过标准向内河水域排放生活污水、含油污水等；

（二）船舶超过标准向大气排放船舶动力装置运转产生的废气；

（三）船舶在内河水域排放有毒液体物质的残余物或者含有此类物质的压载水、洗舱水及其他混合物；

（四）船舶在内河水域使用焚烧炉；

（五）未按规定使用溢油分散剂。

第四十六条 违反本规定第十四条、第十五条、第二十一条有下列情形之一的，由海事管理机构责令改正，并处以 3 000 元以上 1 万元以下的罚款：

（一）船舶未按规定如实记录油类作业、散装有毒液体物质作业、垃圾收集处理情况的；

（二）船舶未按规定保存《油类记录簿》《货物记录簿》和《船舶垃圾记录簿》的；

（三）船舶在港从事水上船舶清舱、洗舱、污染物接收、燃料供受、修造、打捞、污染清除作业活动，未按规定向海事管理机构报告的。

第四十七条 违反本规定第八条、第二十一条、第二十四条、第二十七条、第三十一条，有下列情形之一的，由海事管理机构责令改正，并处以1万元以上3万元以下的罚款：

（一）港口、码头、装卸站以及从事船舶修造、打捞等作业活动的单位未按规定配备污染防治设施、设备和器材的；

（二）从事水上船舶清舱、洗舱、污染物接收、燃料供受、修造、打捞、污染清除作业活动未遵守操作规程，未采取必要的防治污染措施的；

（三）运输及装卸、过驳散发有毒有害气体或者粉尘物质等货物，船舶未采取封闭或者其他防护措施，装卸和过驳作业双方未采取措施回收有毒有害气体的；

（四）未按规定采取布设围油栏或者其他防治污染替代措施的；

（五）采取冲滩方式进行船舶拆解作业的。

第四十八条　违反本规定第七条、第二十条、第二十五条、第二十六条，有下列情形之一的，由海事管理机构责令停止违法行为，并处以5000元以上1万元以下的罚款：

（一）从事有关作业活动的单位，未组织本单位相关作业人员进行专业培训的；

（二）船舶污染物接收单位未按规定向船方出具船舶污染物接收单证的；

（三）从事散装液体污染危害性货物装卸、过驳作业的，作业双方未按规定填写防污染检查表及落实防污染措施的。

第四十九条　违反本规定第十条，船舶未遵守特殊保护水域有关防污染的规定、标准的，由海事管理机构责令停止违法行为，并处以1万元以上3万元以下的罚款。

第五十条　船舶违反本规定第二十三条规定载运污染危害性质不明的货物的，由海事管理机构责令改正，并对船舶处以5000元以上2万元以下的罚款。

第五十一条　船舶发生污染事故，未按规定报告的或者未按规定提交《船舶污染事故报告书》的，由海事管理机构对船舶处以2万元以上3万元以下的罚款；对直接负责的主管人员和其他直接责任人员处以1万元以上2万元以下的罚款。

第五十二条　海事管理机构行政执法人员滥用职权、玩忽职守、徇私舞弊、违法失职的，依法给予行政处分；构成犯罪的，依法追究刑事责任。

第八章　附　则

第五十三条　本规定中下列用语的含义是：

（一）有毒液体物质，是指排入水体将对水资源或者人类健康产生危害或者对合法利用水资源造成损害的物质。包括在《国际散装运输危险化学品船舶构造和设备规则》的第17章或第18章的污染种类列表中标明的或者暂时被评定为X、Y或者Z类的任何物质。

（二）污染危害性货物，是指直接或者间接地进入水体，会损害水体质量和环境质量，对生物资源、人体健康等产生有害影响的货物。

（三）特殊保护水域，是指各级人民政府按照有关规定划定并公布的自然保护区、饮用水源保护区、渔业资源保护区、旅游风景名胜区等需要特别保护的水域。

（四）水上燃料加注站，是指固定于某一水域，具有燃料储存功能，给船舶供给燃料的趸船或者船舶。

第五十四条 本规定有关界河水域防治船舶污染的规定与我国缔结或者加入的国际公约、协定不符的，适用我国缔结或者加入的国际公约、协定。

防治军事船舶、渔业船舶污染内河水域环境的监督管理工作，不适用本规定。

第五十五条 本规定自2016年5月1日起施行。2005年8月20日以交通部令2005年第11号公布的《中华人民共和国防治船舶污染内河水域环境管理规定》同时废止。

交通运输部关于开展港口船舶污染物接收处置有关工作的通知

（交办水函〔2016〕308号）

为落实我部印发的《船舶与港口污染防治专项行动实施方案（2015—2020年）》（以下简称《实施方案》），推动各有关交通运输（港口）管理部门于2016年底前完成本区域船舶污染物接收、转运及处置能力评估，编制完善接收、转运及处置设施建设方案，现将有关工作安排通知如下：

一、省级交通运输主管部门要根据辖区内港口分布情况，提出需编制《船舶污染物接收、转运和处置设施建设方案》（以下简称《建设方案》）的单个港口或联合编制方案的港口群名单，填写附件1，于2016年4月30日前报部备案。

沿海各港口原则上按照"一港一方案"编制。内河区域主要涉及长江干线、西江干线、黑龙江和京杭运河沿线港口，长江干线各港口可按照"一港一方案"编制，西江干线、黑龙江和京杭运河沿线港口可按照"一省一方案"编制，除上述内河港口外，其他内河港口《建设方案》可由各省级交通运输主管部门根据实际需要组织编制，由各单位根据具体情况确定。

二、省级交通运输主管部门要组织港口所在地交通运输（港口）管理部门开展所辖区域内沿海及长江干线、西江干线、黑龙江和京杭运河沿线港口船舶污染物接收、转运及处置能力评估，了解相关设施的运行模式和存在的主要问题，并于2016年6月底前汇总所辖各港口有关情况后，以省（区、市）为单位形成评估报告报部，同时将调查表格（附件2、附件3、附件4）电子版报送部规划研究院。

三、我部选择深圳港（沿海港口）和京杭运河苏北段港口（内河港口）作为试点，编制建设方案，并根据试点经验，于7月底前发布《编制指南》，明确建设方案编制原则、范围及主要内容。

2016年底前，沿海各港口及长江、西江、黑龙江和京杭运河沿线港口依据《编制指南》编制完成《建设方案》，由省级交通运输主管部门组织审核后报部备案。其他内河港口《建设方案》由省级交通运输主管部门组织审核。

四、省级交通运输主管部门要组织开展所辖区域内船舶污染物接收、转运和处置设施建设和管理方面的研究。所在地交通运输（港口）管理部门要会同环保、住建、海事等部门就船舶污染物的源头控制、与市政设施的衔接、相关设施的运营管理以及船舶污染物接收、转运及处置过程的监测监管等内容进行沟通协调，为《建设方案》的编制和实施提供保障。

五、联系人及联系方式。（略）

交通运输部办公厅

2016 年 4 月 1 日

中华人民共和国船舶及其有关作业活动污染海洋环境防治管理规定

（2010 年 11 月 16 日交通运输部发布　根据 2013 年 8 月 31 日交通运输部《关于修改〈中华人民共和国船舶及其有关作业活动污染海洋环境防治管理规定〉的决定》第一次修正　根据 2013 年 12 月 24 日交通运输部《关于修改〈中华人民共和国船舶及其有关作业活动污染海洋环境防治管理规定〉的决定》第二次修正　根据 2016 年 12 月 13 日交通运输部《关于修改〈中华人民共和国船舶及其有关作业活动污染海洋环境防治管理规定〉的决定》第三次修正　根据 2017 年 5 月 23 日交通运输部《关于修改〈中华人民共和国船舶及其有关作业活动污染海洋环境防治管理规定〉的决定》第四次修正）

第一章　总　则

第一条　为了防治船舶及其有关作业活动污染海洋环境，根据《中华人民共和国海洋环境保护法》《中华人民共和国大气污染防治法》《中华人民共和国防治船舶污染海洋环境管理条例》和中华人民共和国缔结或者加入的国际条约，制定本规定。

第二条　防治船舶及其有关作业活动污染中华人民共和国管辖海域适用本规定。

本规定所称有关作业活动，是指船舶装卸、过驳、清舱、洗舱、油料供受、修造、打捞、拆解、污染危害性货物装箱、充罐、污染清除以及其他水上水下船舶施工作业等活动。

第三条　国务院交通运输主管部门主管全国船舶及其有关作业活动污染海洋环境的防治工作。

国家海事管理机构负责监督管理全国船舶及其有关作业活动污染海洋环境的防治工作。

各级海事管理机构根据职责权限，具体负责监督管理本辖区船舶及其有关作业活动污染海洋环境的防治工作。

第二章　一般规定

第四条　船舶的结构、设备、器材应当符合国家有关防治船舶污染海洋环境的船舶检验规范以及中华人民共和国缔结或者加入的国际条约的要求，并按照国家规定取得相应的合格证书。

第五条 船舶应当依照法律、行政法规、国务院交通运输主管部门的规定以及中华人民共和国缔结或者加入的国际条约的要求，取得并随船携带相应的防治船舶污染海洋环境的证书、文书。

海事管理机构应当向社会公布本条第一款规定的证书、文书目录，并及时更新。

第六条 中国籍船舶持有的防治船舶污染海洋环境的证书、文书由国家海事管理机构或者其认可的机构签发；外国籍船舶持有的防治船舶污染海洋环境的证书、文书应当符合中华人民共和国缔结或者加入的国际条约的要求。

第七条 船员应当具有相应的防治船舶污染海洋环境的专业知识和技能，并按照有关法律、行政法规、规章的规定参加相应的培训、考试，持有有效的适任证书或者相应的培训合格证明。

从事有关作业活动的单位应当组织本单位作业人员进行操作技能、设备使用、作业程序、安全防护和应急反应等专业培训，确保作业人员具备相关安全和防治污染的专业知识和技能。

第八条 港口、码头、装卸站和从事船舶修造作业的单位应当按照国家有关标准配备相应的污染监视设施和污染物接收设施。

港口、码头、装卸站以及从事船舶修造、打捞、拆解等有关作业活动的其他单位应当按照国家有关标准配备相应的防治污染设备和器材。

第九条 船舶从事下列作业活动，应当遵守有关法律法规、标准和相关操作规程，落实安全和防治污染措施，并在作业前将作业种类、作业时间、作业地点、作业单位和船舶名称等信息向海事管理机构报告；作业信息变更的，应当及时补报：

（一）在沿海港口进行舷外拷铲、油漆作业或者使用焚烧炉的；

（二）在港区水域内洗舱、清舱、驱气以及排放垃圾、生活污水、残油、含油污水、含有毒有害物质污水等污染物和压载水的；

（三）冲洗沾有污染物、有毒有害物质的甲板的；

（四）进行船舶水上拆解、打捞、修造和其他水上、水下船舶施工作业的；

（五）进行船舶油料供受作业的。

第十条 从事 3 万载重吨以上油轮的货舱清舱、1 万吨以上散装液体污染危害性货物过驳以及沉船打捞、油轮拆解等存在较大污染风险的作业活动的，作业方应当进行作业方案可行性研究，并在作业活动中接受海事管理机构的检查。

第十一条 任何单位和个人发现船舶及其有关作业活动造成或者可能造成海洋环境污染的，应当立即就近向海事管理机构报告。

第三章 船舶污染物的排放与接收

第十二条 在中华人民共和国管辖海域航行、停泊、作业的船舶排放船舶垃圾、生活污水、含油污水、含有毒有害物质污水、废气等污染物以及压载水，应当符合法律、行政法规、有关标准以及中华人民共和国缔结或者加入的国际条约的规定。

船舶在船舶排放控制区内航行、停泊、作业还应当遵守船舶排放控制区大气污染防治控制要求。船舶应当使用低硫燃油或者采取使用岸电、清洁能源、尾气后处理装置等替代措施满足船舶大气排放控制要求。

第十三条　船舶不得向依法划定的海洋自然保护区、海洋特别保护区、海滨风景名胜区、重要渔业水域以及其他需要特别保护的海域排放污染物。

依法设立本条第一款规定的需要特别保护的海域的，应当在适当的区域配套设置船舶污染物接收设施和应急设备器材。

第十四条　船舶应当将不符合第十二条规定排放要求以及依法禁止向海域排放的污染物，排入具备相应接收能力的港口接收设施或者委托具备相应接收能力的船舶污染物接收单位接收。

船舶委托船舶污染物接收单位进行污染物接收作业的，其船舶经营人应当在作业前明确指定所委托的船舶污染物接收单位。

第十五条　船舶污染物接收单位进行船舶垃圾、残油、含油污水、含有毒有害物质污水等污染物接收作业，应当在作业前将作业时间、作业地点、作业单位、作业船舶、污染物种类和数量以及拟处置的方式及去向等情况向海事管理机构报告。接收处理情况发生变更的，应当及时补报。

港口建立船舶污染物接收、转运、处置监管联单制度的，船舶与船舶污染物接收单位应当按照联单制度的要求将船舶污染物接收、转运和处置情况报告有关主管部门。

第十六条　船舶污染物接收作业单位应当落实安全与防污染管理制度。进行污染物接收作业的，应当编制作业方案，遵守国家有关标准、规程，并采取有效的防污染措施，防止污染物溢漏。

第十七条　船舶污染物接收单位应当在污染物接收作业完毕后，向船舶出具污染物接收单证，经双方签字确认并留存至少 2 年。污染物接收单证上应当注明作业单位名称，作业双方船名，作业开始和结束的时间、地点，以及污染物种类、数量等内容。

船舶应当将污染物接收单证保存在相应的记录簿中。

第十八条　船舶进行涉及污染物处置的作业，应当在相应的记录簿内规范填写、如实记录，真实反映船舶运行过程中产生的污染物数量、处置过程和去向。按照法律、行政法规、国务院交通运输主管部门的规定以及中华人民共和国缔结或者加入的国际条约的要求，不需要配备记录簿的，应当将有关情况在作业当日的航海日志或者轮机日志中如实记载。

船舶应当将使用完毕的船舶垃圾记录簿在船舶上保留 2 年；将使用完毕的含油污水、含有毒有害物质污水记录簿在船舶上保留 3 年。

第十九条　船舶污染物接收单位应当将接收的污染物交由具有国家规定资质的污染

物处理单位进行处理，并每月将船舶污染物的接收和处理情况报海事管理机构备案。

第二十条 接收处理含有有毒有害物质或者其他危险成分的船舶污染物的，应当符合国家有关危险废物的管理规定。来自疫区船舶产生的污染物，应当经有关检疫部门检疫处理后方可进行接收和处理。

第二十一条 船舶应当配备有盖、不渗漏、不外溢的垃圾储存容器，或者对垃圾实行袋装。

船舶应当对垃圾进行分类收集和存放，对含有有毒有害物质或者其他危险成分的垃圾应当单独存放。

船舶将含有有毒有害物质或者其他危险成分的垃圾排入港口接收设施或者委托船舶污染物接收单位接收的，应当向对方说明此类垃圾所含物质的名称、性质和数量等情况。

第二十二条 船舶应当按照国家有关规定以及中华人民共和国缔结或者加入的国际条约的要求，设置与生活污水产生量相适应的处理装置或者储存容器。

第四章 船舶载运污染危害性货物及其有关作业

第二十三条 本规定所称污染危害性货物，是指直接或者间接进入水体，会损害水体质量和环境质量，从而产生损害生物资源、危害人体健康等有害影响的货物。

国家海事管理机构应当向社会公布污染危害性货物的名录，并根据需要及时更新。

第二十四条 船舶载运污染危害性货物进出港口，承运人或者代理人应当在进出港 24 小时前（航程不足 24 小时的，在驶离上一港口时）向海事管理机构办理船舶适载申报手续；货物所有人或者代理人应当在船舶适载申报之前向海事管理机构办理货物适运申报手续。

货物适运申报和船舶适载申报经海事管理机构审核同意后，船舶方可进出港口或者过境停留。

第二十五条 交付运输的污染危害性货物的特性、包装以及针对货物采取的风险防范和应急措施等应当符合国家有关标准、规定以及中华人民共和国缔结或者加入的国际条约的要求；需要经国家有关主管部门依法批准后方可载运的，还需要取得有关主管部门的批准。

船舶适载的条件按照《中华人民共和国海事行政许可条件规定》关于船舶载运危险货物的适载条件执行。

第二十六条 货物所有人或者代理人办理货物适运申报手续的，应当向海事管理机构提交下列材料：

（一）货物适运申报单，包括货物所有人或者代理人有关情况以及货物名称、种类、特性等基本信息；

（二）由代理人办理货物适运申报手续的，应当提供货物所有人出具的有效授权证明；

（三）相应的污染危害性货物安全技术说明书，安全作业注意事项、防范和应急措施等有关材料；

（四）需要经国家有关主管部门依法批准后方可载运的污染危害性货物，应当持有有效的批准文件；

（五）交付运输下列污染危害性货物的，还应当提交下列材料：

1．载运包装污染危害性货物的，应当提供包装和中型散装容器检验合格证明或者压力容器检验合格证明；

2．使用可移动罐柜装载污染危害性货物的，应当提供罐柜检验合格证明；

3．载运放射性污染危害性货物的，应当提交放射性剂量证明；

4．货物中添加抑止剂或者稳定剂的，应当提交抑止剂或者稳定剂的名称、数量、温度、有效期以及超过有效期时应当采取的措施；

5．载运限量污染危害性货物的，应当提交限量危险货物证明；

6．载运污染危害性不明货物的，应当提交符合第三十条规定的污染危害性评估报告。

第二十七条　承运人或者代理人办理船舶适载申报手续的，应当向海事管理机构提交下列材料：

（一）船舶载运污染危害性货物申报单，包括承运人或者代理人有关情况以及货物名称、种类、特性等基本信息；

（二）海事管理机构批准的货物适运证明；

（三）由代理人办理船舶适载申报手续的，应当提供承运人出具的有效授权证明；

（四）防止油污证书、船舶适载证书、船舶油污损害民事责任保险或者其他财务保证证书；

（五）载运污染危害性货物的船舶在运输途中发生过意外情况的，还应当在船舶载运污染危害性货物申报单内扼要说明所发生意外情况的原因、已采取的控制措施和目前状况等有关情况，并于抵港后送交详细报告；

（六）列明实际装载情况的清单、舱单或者积载图；

（七）拟进行装卸作业的港口、码头、装卸站。

定船舶、定航线、定货种的船舶可以办理不超过一个月期限的船舶定期适载申报手续。办理船舶定期适载申报手续的，除应当提交本条第一款规定的材料外，还应当提交能够证明固定船舶在固定航线上运输固定污染危害性货物的有关材料。

第二十八条　海事管理机构收到货物适运申报、船舶适载申报后，应当根据第二十五条规定的条件在 24 小时内作出批准或者不批准的决定；办理船舶定期适载申报的，应当在 7 日内作出批准或者不批准的决定。

第二十九条　货物所有人或者代理人交付船舶载运污染危害性货物，应当采取有效的防治污染措施，确保货物的包装与标志的规格、比例、色度、持久性等符合国家有关安全与防治污染的要求，并在运输单证上如实注明该货物的技术名称、数量、类别、性质、预防和应急措施等内容。

第三十条 货物所有人或者代理人交付船舶载运污染危害性不明的货物，应当委托具备相应资质的技术机构对货物的污染危害性质和船舶载运技术条件进行评估。

第三十一条 曾经载运污染危害性货物的空容器和运输组件，应当彻底清洗并消除危害，取得由具有国家规定资质的检测机构出具的清洁证明后，方可按照普通货物交付船舶运输。在未彻底清洗并消除危害之前，应当按照原所装货物的要求进行运输。

第三十二条 海事管理机构认为交付船舶载运的货物应当按照污染危害性货物申报而未申报的，或者申报的内容不符合实际情况的，经海事管理机构负责人批准，可以采取开箱等方式查验。

海事管理机构在实施开箱查验时，货物所有人或者代理人应当到场，并负责搬移货物，开拆和重封货物的包装。海事管理机构认为必要时，可以径行开验、复验或者提取货样。有关单位和个人应当配合。

第三十三条 船舶不符合污染危害性货物适载要求的，不得载运污染危害性货物，码头、装卸站不得为其进行装卸作业。

发现船舶及其有关作业活动可能对海洋环境造成污染危害的，码头、装卸站、船舶应当立即采取相应的应急措施，并向海事管理机构报告。

第三十四条 从事污染危害性货物装卸作业的码头、装卸站，应当符合安全装卸和污染物处理的相关标准，并向海事管理机构提交安全装卸和污染物处理能力情况的有关材料。海事管理机构应当将具有相应安全装卸和污染物处理能力的码头、装卸站向社会公布。

载运污染危害性货物的船舶应当在海事管理机构公布的具有相应安全装卸和污染物处理能力的码头、装卸站进行装卸作业。

第三十五条 船舶进行散装液体污染危害性货物过驳作业的，应当符合国家海上交通安全和防治船舶污染海洋环境的管理规定和技术规范，选择缓流、避风、水深、底质等条件较好的水域，远离人口密集区、船舶通航密集区、航道、重要的民用目标或者设施、军用水域，制定安全和防治污染的措施和应急计划并保证有效实施。

第三十六条 进行散装液体污染危害性货物过驳作业的船舶，其承运人、货物所有人或者代理人应当向海事管理机构提交下列申请材料：

（一）船舶作业申请书，内容包括作业船舶资料、联系人、联系方式、作业时间、作业地点、过驳种类和数量等基本情况；

（二）船舶作业方案、拟采取的监护和防治污染措施；

（三）船舶作业应急预案；

（四）对船舶作业水域通航安全和污染风险的分析报告；

（五）与具有相应能力的污染清除作业单位签订的污染清除作业协议。

海事管理机构应当自受理申请之日起2日内根据第三十五条规定的条件作出批准或者不予批准的决定。2日内无法作出决定的，经海事管理机构负责人批准，可以延长5日。

第三十七条　从事船舶油料供受作业的单位应当向海事管理机构备案，并提交下列备案材料：

（一）工商营业执照；

（二）安全与防治污染制度文件、应急预案、应急设备物资清单、输油软管耐压检测证明以及作业人员参加培训情况；

（三）通过船舶进行油料供受作业的，还应当提交船舶相关证书、船上油污应急计划、作业船舶油污责任保险凭证以及船员适任证书；

（四）燃油质量承诺书；从事成品油供受作业的单位应当同时提交有关部门依法批准的成品油批发或者零售经营的证书。

第三十八条　进行船舶油料供受作业的，作业双方应当采取满足安全和防治污染要求的供受油作业管理措施，同时应当遵守下列规定：

（一）作业前，应当做到：

1. 检查管路、阀门，做好准备工作，堵好甲板排水孔，关好有关通海阀；

2. 检查油类作业的有关设备，使其处于良好状态；

3. 对可能发生溢漏的地方，设置集油容器；

4. 供受油双方以受方为主商定联系信号，双方均应切实执行。

（二）作业中，要有足够人员值班，当班人员要坚守岗位，严格执行操作规程，掌握作业进度，防止跑油、漏油。

（三）停止作业时，必须有效关闭有关阀门。

（四）收解输油软管时，必须事先用盲板将软管有效封闭，或者采取其他有效措施，防止软管存油倒流入海。

海事管理机构应当对船舶油料供受作业进行监督检查，发现不符合安全和防治污染要求的，应当予以制止。

第三十九条　船舶燃油供给单位应当如实填写燃油供受单证，并向船舶提供燃油供受单证和燃油样品。燃油供受单证应当包括受油船船名，船舶识别号或国际海事组织编号，作业时间、地点，燃油供应商的名称、地址和联系方式以及燃油种类、数量、密度和含硫量等内容。船舶和燃油供给单位应当将燃油供受单证保存3年，将燃油样品妥善保存1年。

燃油供给单位应当确保所供燃油的质量符合相关标准要求，并将所供燃油送交取得国家规定资质的燃油检测单位检测。燃油质量的检测报告应当留存在作业船舶上备查。

第四十条　船舶应当在出港前将上一航次消耗的燃料种类和数量，主机、辅机和锅炉功率以及运行工况时间等信息按照规定报告海事管理机构。

船舶按照船舶排放控制区要求转换低硫燃油或者采取使用岸电、清洁能源、尾气后处理装置等替代措施满足船舶大气排放控制要求的，应当按照规定如实记录。

第四十一条　船舶进行下列作业，且作业量超过300吨时，应当采取包括布设围油栏在内的防污染措施，其中过驳作业由过驳作业经营人负责：

（一）散装持久性油类的装卸和过驳作业，但船舶燃油供应作业除外；

（二）比重小于1（相对于水）、溶解度小于0.1%的散装有毒液体物质的装卸和过驳作业；

（三）其他可能造成水域严重污染的作业。

因自然条件等原因，不适合布设围油栏的，应当采取有效替代措施。

第四十二条 载运污染危害性货物的船舶进出港口和通过桥区、交通管制区、通航密集区以及航行条件受限制的区域，或者载运剧毒、爆炸、放射性货物的船舶进出港口，应当遵守海事管理机构的特别规定，并采取必要的安全和防治污染保障措施。

第四十三条 船舶载运散发有毒有害气体或者粉尘物质等货物的，应当采取密闭或者其他防护措施。对有封闭作业要求的污染危害性货物，在运输和作业过程中应当采取措施回收有毒有害气体。

第五章 船舶拆解、打捞、修造和其他水上水下船舶施工作业

第四十四条 禁止采取冲滩方式进行船舶拆解作业。

第四十五条 进行船舶拆解、打捞、修造和其他水上水下船舶施工作业的，应当遵守相关操作规程，并采取必要的安全和防治污染措施。

第四十六条 在进行船舶拆解和船舶油舱修理作业前，作业单位应当将船舶上的残余物和废弃物进行有效处置，将燃油舱、货油舱中的存油驳出，进行洗舱、清舱、测爆等工作，并按照规定取得船舶污染物接收单证和有效的测爆证书。

船舶燃油舱、货油舱中的存油需要通过过驳方式交付储存的，应当遵守本规定关于散装液体污染危害性货物过驳作业的要求。

修造船厂应当建立防治船舶污染海洋环境管理制度，采取必要防护措施，防止船舶修造期间造成海洋环境污染。

第四十七条 在船坞内进行船舶修造作业的，修造船厂应当将坞内污染物清理完毕，确认不会造成水域污染后，方可沉起浮船坞或者开启坞门。

第四十八条 船舶拆解、打捞、修造或者其他水上水下船舶施工作业结束后，应当及时清除污染物，并将作业全过程产生的污染物的清除处理情况一并向海事管理机构报告，海事管理机构可以视情况进行现场核实。

第六章 法律责任

第四十九条 海事管理机构发现船舶、有关作业单位存在违反本规定行为的，应当责令改正；拒不改正的，海事管理机构可以责令停止作业、强制卸载，禁止船舶进出港口、靠泊、过境停留，或者责令停航、改航、离境、驶向指定地点。

第五十条　违反本规定，船舶的结构不符合国家有关防治船舶污染海洋环境的船舶检验规范或者有关国际条约要求的，由海事管理机构处10万元以上30万元以下的罚款。

第五十一条　违反本规定，船舶、港口、码头和装卸站未配备防治污染设施、设备、器材，有下列情形之一的，由海事管理机构予以警告，或者处2万元以上10万元以下的罚款：

（一）配备的防治污染设施、设备、器材数量不能满足法律、行政法规、规章、有关标准以及我国缔结或者参加的国际条约要求的；

（二）配备的防治污染设施、设备、器材技术性能不能满足法律、行政法规、规章、有关标准以及我国缔结或者参加的国际条约要求的。

第五十二条　违反本规定第九条、第四十条规定，船舶未按照规定将有关情况向海事管理机构报告的，由海事管理机构予以警告；情节严重的，处2万元以下的罚款。

第五十三条　违反本规定，船舶未持有防治船舶污染海洋环境的证书、文书的，由海事管理机构予以警告，或者处2万元以下的罚款。

第五十四条　违反本规定，船舶向海域排放本规定禁止排放的污染物的，由海事管理机构处3万元以上20万元以下的罚款。

第五十五条　违反本规定，船舶排放或者处置污染物，有下列情形之一的，由海事管理机构处2万元以上10万元以下的罚款：

（一）超过标准向海域排放污染物的；

（二）未按照规定在船上留存船舶污染物排放或者处置记录的；

（三）船舶污染物处置记录与船舶运行过程中产生的污染物数量不符合的。

第五十六条　违反本规定，船舶污染物接收单位进行船舶垃圾、残油、含油污水、含有毒有害物质污水等污染物接收作业，未编制作业方案、遵守相关操作规程、采取必要的防污染措施的，由海事管理机构处1万元以上5万元以下的罚款；造成海洋环境污染的，处5万元以上25万元以下的罚款。

第五十七条　违反本规定，船舶、船舶污染物接收单位接收处理污染物，有下列第（一）项情形的，由海事管理机构予以警告，或者处2万元以下的罚款；有下列第（二）项、第（三）项情形的，由海事管理机构处2万元以下的罚款：

（一）船舶未如实记录污染物处置情况的；

（二）船舶污染物接收单位未按照规定向海事管理机构报告船舶污染物接收情况，或者未按照规定向船舶出具污染物接收单证的；

（三）船舶污染物接收单位未按照规定将船舶污染物的接收和处理情况报海事管理机构备案的。

第五十八条　违反本规定，未经海事管理机构批准，船舶载运污染危害性货物进出港口、过境停留的，由海事管理机构对其承运人、货物所有人或者代理人处1万元以上5万元以下的罚款；未经海事管理机构批准，船舶进行散装液体污染危害性货物过驳作业的，由海事管理机构对船舶处 1 万元以上 5 万元以下的罚款。

第五十九条 违反本规定，有下列第（一）项情形的，由海事管理机构予以警告，或者处 2 万元以上 10 万元以下的罚款；有下列第（二）项、第（三）项、第（四）项情形的，由海事管理机构处 2 万元以上 10 万元以下的罚款：

（一）船舶载运的污染危害性货物不具备适运条件的；

（二）载运污染危害性货物的船舶不符合污染危害性货物适载要求的；

（三）载运污染危害性货物的船舶未在具有相应安全装卸和污染物处理能力的码头、装卸站进行装卸作业的；

（四）货物所有人或者代理人未按照规定对污染危害性不明的货物进行污染危害性评估的。

第六十条 违反本规定，有下列情形之一的，由海事管理机构处 2000 元以上 1 万元以下的罚款：

（一）船舶未按照规定保存污染物接收单证的；

（二）船舶油料供受单位未如实填写燃油供受单证的；

（三）船舶油料供受单位未按照规定向船舶提供燃油供受单证和燃油样品的；

（四）船舶和船舶油料供受单位未按照规定保存燃油供受单证和燃油样品的。

船舶油料供给单位未按照有关安全和防治污染规范要求从事供受油作业，或者所提供的船舶油料超标的，由海事管理机构要求整改，并通报有关主管部门。

第六十一条 违反本规定，进行船舶水上拆解、旧船改装、打捞和其他水上水下船舶施工作业，造成海洋环境污染损害的，由海事管理机构予以警告，或者处 5 万元以上 20 万元以下的罚款。

第七章 附 则

第六十二条 军事船舶以及国务院交通运输主管部门所辖港区水域外渔业船舶污染海洋环境的防治工作，不适用本规定。

第六十三条 本规定自 2011 年 2 月 1 日起施行。

交通运输部等十三部门关于加强船用低硫燃油供应保障和联合监管的指导意见

（交海发〔2017〕163 号）

近年来，我国局部地区大气污染形势仍然严峻，控制船舶大气污染物排放势在必行。《中华人民共和国大气污染防治法》明确要求，内河和江海直达船舶应当使用符合标准的普通柴油，远洋船舶靠港后应当使用符合大气污染物控制要求的船舶用燃油；进入排放控制区的船舶应当符合船舶相关排放要求。随着珠三角、长三角、环渤海（京津冀）水域船舶排放控制区实施方案的推进，以及国际公约提出的 2020 年船舶使用低硫燃油时限的逼近，保障合规的船用低硫燃油供应已成为当前和今后一段时期控制船舶大气污染的关键。为落实绿色发展理念，推进供给侧结构性改革，维护船用燃油流通市场秩序，保障船用低硫燃油供应，现提出以下意见。

一、总体要求

（一）指导思想

全面贯彻党的十八大和十八届三中、四中、五中、六中全会精神，深入贯彻习近平总书记系列重要讲话精神和治国理政新理念新思想新战略，认真落实党中央、国务院决策部署，统筹推进“五位一体”总体布局和协调推进“四个全面”战略布局，按照“加快推进生态文明建设”决策部署和“坚决打好蓝天保卫战”工作要求，坚持以推进供给侧结构性改革为主线，通过政策引导、行业自律、强化监管，维护公平、有序、健康的船用燃油流通市场秩序，提升我国船用低硫燃油供应能力和质量，促进绿色交通发展。

（二）基本原则

坚持政策引导。健全配套支持政策，加大社会宣传力度，通过激励和约束机制，积极引导企业生产、销售、使用合规的船用低硫燃油。

坚持突出重点。紧抓船用低硫燃油供需不平衡这一突出矛盾，集中力量、重点突破，着力解决合规燃油供应不足、市场秩序混乱等突出问题，保障防治船舶大气污染政策依法、有序推进实施。

坚持建管并重。按照“立好规则、管住市场”的要求，同步推进制度建设和联合监管工作，实现二者相互优化、同步促进，保障合规船用燃油的供应，打造良好的市场秩序。

（三）总体目标

通过政策引导，保障船用低硫燃油供应，提升船用低硫燃油供应与航运市场需求的适应性。通过强化监管，打击不合规船用燃油进入流通市场的违法行为，促进船用燃油流通市场公平、有序、健康发展。

二、重点任务

（一）建立船用低硫燃油基本供应制度

引导国内炼化企业生产合规船用低硫燃油，疏通生产、销售和使用企业间的信息渠道，建立和完善相关制度，保障合规船用低硫燃油的供应。（交通运输部、国家能源局牵头，国家发展改革委、工业和信息化部、商务部、税务总局、工商总局参与。2018 年完成政策制定，长期实施。）

取消船舶供油企业港口经营许可，打破供油区域限制，允许供油企业跨区域经营。（交通运输部牵头，商务部、工商总局、税务总局参与。2018 年前完成政策制定，长期实施。）

（二）加快船用燃油标准制修订

研究修订《船用燃料油》（GB 17411—2015）、《普通柴油》（GB 252—2015）和《船舶供受燃油程序及检测方法》（GB/T 25346—2010）等相关标准规范，优化燃油质量指标，以适应船舶安全绿色航行要求，为船用燃油监管提供技术依据。（交通运输部、国家能源局、国家标准委牵头，环境保护部、工业和信息化部、税务总局、工商总局、质检总局参与。2019 年完成标准制修订，长期实施。）

（三）加大船用燃油监管力度

全面加强船用燃油生产、流通和使用环节的事中事后监管，提高“双随机”抽检比例。（交通运输部、工商总局、质检总局、商务部、国家能源局、海关总署按职责分工负责。2018 年起实施。）

提升船用燃油监管能力，为一线执法人员配备检测装备，建立完善执法监管信息系统，加强执法人员培训，提高执法检查效能。（交通运输部、工商总局、质检总局、环境保护部、海关总署按职责分工负责。2018 年起逐步实施。）

（四）加强船用燃油监管部门协作

建立船用燃油生产、流通和使用环节的多部门联合执法制度，组织专项治理行动，开展联合执法。（交通运输部牵头，工商总局、质检总局、公安部、环境保护部、商务部、税务总局、安全监管总局、国家能源局、海关总署参与。2018 年完成制度建设，长期实施。）

建立船用燃油监管信息通报制度，打通各环节监管部门之间的信息沟通渠道，并定期向社会公开监管信息。（交通运输部牵头，工商总局、质检总局、公安部、环境保护部、商务部、税务总局、安全监管总局、国家能源局、海关总署参与。2018 年完成制度建设，长期实施。）

三、保障措施

（一）加强组织领导

各省、自治区、直辖市有关部门要加强对贯彻实施本意见的组织领导，按照本意见的要求，制定具体实施方案，有条件的地方可先行先试，确保各项工作任务和要求得到落实。

（二）建立信用制度

建立船用燃油生产、销售、使用主体信用记录，纳入全国信用信息共享平台，建立低硫燃油“产销用”主体信用约束机制和对严重失信主体的联合惩戒机制，通过国家企业信用信息公示系统、“信用中国”网站公示有关企业信用信息，促进“产销用”主体守法经营。

（三）加强科技支撑

鼓励油品质量提升与低成本化生产、油品流量计量和跟踪检测等先进工艺、技术和装备的研发与应用，推动船用燃油产销用创新发展，为船用燃油市场监管提供技术支撑。

（四）开展督查考核

加强船用燃油监管工作的督查考核，对督查发现的问题，各有关部门应依职责督促整改落实，并依法依规实施责任追究。

（五）加强宣传引导

各省、自治区、直辖市有关部门要通过多种方式加强政策宣传，并充分发挥行业协会作用，引导行业自律、自治，有序发展。

交通运输部　国家发展改革委　工业和信息化部
公安部　财政部　环境保护部
商务部　海关总署　税务总局　工商总局
质检总局　安全监管总局　国家能源局
2017 年 10 月 27 日

交通运输部关于印发《长江经济带船舶污染防治专项行动方案（2018—2020年）》的通知

上海、江苏、浙江、安徽、江西、湖北、湖南、重庆、四川、云南、贵州省（市）交通运输厅（委），长江航务管理局，上海、浙江海事局：

经交通运输部同意，现将《长江经济带船舶污染防治专项行动方案（2018—2020年）》印发给你们，请认真贯彻落实。

交通运输部办公厅

2017年12月25日

长江经济带船舶污染防治专项行动方案（2018—2020年）

为全面贯彻落实党的十九大关于生态文明和美丽中国建设的新时代发展理念，认真落实习近平总书记关于长江经济带“共抓大保护，不搞大开发”指示精神，推进实施《大气污染防治法》《水污染防治法》以及《大气污染防治行动计划》《水污染防治行动计划》等法律和国家政策性文件关于防治船舶污染环境的要求，针对长江经济带船舶污染风险高、船舶污染物接收与处置衔接不畅、船舶洗舱设施缺乏和船舶突发污染事件应急能力不足等突出问题，根据《交通运输部关于推进长江经济带绿色航运发展的指导意见》（交水发〔2017〕114号），交通运输部决定在2018—2020年组织开展长江经济带船舶污染防治专项行动。本次专项行动以问题为导向，标本兼治，协同推进，努力实现绿色交通和航运可持续发展，以满足广大人民群众对蓝天碧水、清洁空气的殷切期待，具体要求如下：

一、主要任务

（一）强化船舶污染源头管理

长江经济带相关省级交通运输主管部门、长江航务管理局要严格执行船舶强制报废制度，把控长江液体散装危险货物运输船舶运力审批关，积极推进老旧化学品船舶和油船淘汰。各船检机构要加强船舶检验，严禁给不符合安全和环保技术法规要求的船舶核发证书。长江航务管理局、上海海事局和浙江海事局要加强航运企业安全和防污染管理体系审核，督促落实企业安全生产和防污染主体责任；加强现场监管，严禁不符合船舶检验规范的内河化学品船舶和600载重吨以上的单壳油船（从事植物油运输的单壳油船按照交通运输部规定执行）进入长江干线航行；加强载运危险货物船舶的动态监控，对载运散装毒害性危险货物船舶通过重点水域实施重点监控；严把船舶载运危险化学品申报员和集装箱装箱现场检查员从业人员资质审批关，确保人员适任。长江航务管理局会同长江经济带相关省级交通运输主管部门、上海海事局和浙江海事局组织开展长江干线水路危险货物种类、航线、船舶适装条件、航行时间等方面适运性评估，全面评价水路运输危险货物安全运输条件。

2018年2月前，长江经济带相关省级交通运输主管部门牵头，长江航务管理局、上海海事局和浙江海事局配合组织对本辖区船舶污染风险防治情况进行全面摸底排查，按要求填报调查问卷（见附件）。2018年，部海事局要组织完成《船舶载运危险货物安全综合治理行动方案（2017—2018年）》工作任务，2019—2020年组织开展船舶载运危险货物安全综合治理"回头看"活动；2018年初，组织首批船舶载运危险化学品申报员和集装箱装箱现场检查员从业资格考核评估。2019年，长江航务管理局要牵头完成长江干线水路危险货物适运性评估。

（二）加强船舶防污染作业现场监管

长江航务管理局、上海海事局和浙江海事局要制定并落实船舶污染相关作业活动信息报送和双随机检查制度，加强对有污染风险船舶相关作业的事中事后监管；要严把船舶散装液体污染危害性货物过驳作业审批关，严控船舶及有关作业单位从事高污染风险作业活动；对进入长江经济带水域的国际航行船舶，按照规定要求对船舶压载水进行灭活处理或采取其他等效措施，禁止排放不符合规定的船舶压载水。长江经济带相关省级交通运输主管部门、长江航务管理局、上海海事局和浙江海事局要全力推进长三角水域船舶排放控制区政策实施，监督内河船舶和江海直达船舶依法使用普通柴油。长江航务管理局、上海海事局和浙江海事局要提高船舶燃油抽检力度，积极协调推进落实《交通运输部等十三个部门关于加强船用低硫燃油供应保障和联合监管的指导意见》（交海发〔2017〕163号），参与船用低硫燃油生产、流通、使用联合监管。部海事局要组织船舶排放控制区政策实施效果全面评估，适时调整船舶大气污染物排放控制要求，支持指导长三角水域两省一市实施更为严格的船舶大气排放控制要求；要组织开展船舶大气污染物排放因子实船监测，会同有关部门编制公布船舶大气污染物排放清单。

2018 年，部海事局要制定船舶污染相关作业活动报告规定和船舶防污染作业“双随机”检查指南，2019 年组织开展压载水排放现场检测执法。2018—2020 年，长江经济带内的船舶排放控制区相关省级交通运输主管部门、长航航务管理局、上海海事局和浙江海事局要按照《珠三角、长三角、环渤海（京津冀）水域船舶排放控制区实施方案》（交海发〔2017〕177 号）确定的船舶排放控制要求，加强监管和配套措施的落实。2018 年起，部海事局要开展船舶大气污染物排放因子实船监测，会同有关部门编制公布年度船舶大气污染物排放清单；2019 年底前，完成船舶排放控制区政策实施效果评估，制定船舶排放控制区调整实施方案。

（三）推进船舶污染物接收与处置船岸衔接

长江经济带相关省级交通运输主管部门要积极推动当地政府统筹规划建设船舶污染物接收设施，建立港口和船舶污染物接收、转运处置新机制，明确海事、港航、环保、城建等各部门职责，并确保与城市公共转运处置设施之间的衔接，保障船舶污染物可送岸接收处置。长江航务管理局、上海海事局和浙江海事局要按照新的船舶水污染物排放标准要求，逐步推行“船上储存交岸处置”为主的“零排放”治理模式。长江航务管理局、上海海事局和浙江海事局要推动当地政府建立并实施船舶污染物接收、转运、处置联单制度，开展船舶污染物免费接收示范试点，防止二次污染。

2020 年底，长江经济带相关省级交通运输主管部门要推动内河港口船舶含油污水、化学品洗舱水、生活污水和垃圾等污染物接收设施达到建设要求，并与城市公共转运、处置设施有效衔接。2018 年，部综合规划司要牵头研究制定长江干线水上洗舱站布局方案；长江经济带相关省级交通运输主管部门要会同当地有关部门实施船舶污染物接收、转运、处置联单制度，根据法规要求组织实施内河载运危险化学品船舶洗舱水强制预洗规定。

（四）提升船舶污染应急处置能力

长江经济带相关省级交通运输主管部门、长江航务管理局、上海海事局和浙江海事局要继续编制完善船舶污染应急预案，组织开展专项演习，出台并实施防治船舶及其有关作业活动污染应急能力建设，逐步形成长江干线 200 吨、重点航段 400 吨的溢油应急处置能力。长江经济带相关省级交通运输主管部门、长江航务管理局、上海海事局和浙江海事局要积极推动水上危险化学品泄漏事故应急处置能力建设，开展应急联动，不断提高应对危险化学品泄漏事故的能力。部海事局要参照沿海船舶油污损害赔偿责任由船东和货主共同承担风险的原则，全面推行内河船舶载运危险化学品事故污染损害赔偿强制保险制度，提高内河水域船舶污染损害赔偿保障能力。

2018 年，长江经济带相关省级交通运输主管部门、长江航务管理局、上海海事局和浙江海事局要积极推进省市两级船舶污染应急能力建设规划实施，推动完善船舶污染应急预案。2020 年，长江航务管理局要支持地方政府启动江苏（江阴）沿江危险化学品应急救援基地示范项目建设。2019 年，由部法制司会同部海事局出台内河船舶载运危险化学品污染损害赔偿强制保险配套管理规定，在内河水域全面推行强制保险制度。

（五）创新监管方式

长江航务管理局、上海海事局和浙江海事局要建立内河船舶安全和防污染信用机制，培树“绿色船舶”品牌，对节能减排效果明显的船舶，实施诚信优惠待遇政策；建立基于风险的选船机制，提高船舶监管效能；试行船舶污染举报奖励制度，加大船舶违法偷排漏排污染物打击力度；严格船舶污染物处理装置法定检验制度，鼓励船舶加装船舶污染物在线监测装置，开展船舶营运污染和能效监测示范试点。部海事局要加快推进海事危防管理信息系统改造工程，建立方便相对人的船舶载运危险货物和防污染作业监管信息系统。部法制司、综合规划司、水运局、安质司、科技司、搜救中心，长江经济带相关省级交通运输主管部门，长江航务管理局、上海海事局和浙江海事局要结合“十三五”规划调整，研究为海事一线执法人员配备船用燃油硫含量快速检测装备和船舶压载水快速检测装备。长江经济带相关省级交通运输主管部门、长江航务管理局、上海海事局和浙江海事局要继续推进长江船舶污染监视监测系统建设，配置船舶溢油遥感监视监测设施，提升船舶污染防治海事监管能力。

2020 年，建立船舶安全和防污染信用机制，开展船舶营运污染和能效监测示范试点；2018 年底运行新的海事危防管理信息系统。2018—2020 年，部海事局会同部综合规划司、财审司，结合“十三五”规划调整，研究为海事一线执法人员配备船用燃油硫含量快速检测装备和船舶压载水快速检测装备。2018—2020 年，部海事局要持续组织开展长江三峡船舶污染监测，开展船舶溢油和大气污染物遥感监视监测示范试点工作。

（六）完善船舶污染防治法规标准体系

部法制司会同海事局、水运局，加快完善船舶载运危险货物和固体散装货物相关管理制度，加强对危险货物和固体散装货物水上运输的安全监督管理；修订《船舶油污损害民事责任保险实施办法》，细化内河船舶污染损害责任强制保险制度。部科技司会同海事局，配合环境保护部加快推进《船舶水污染物排放标准》国家标准的出台。部海事局及时修订相关船舶检验规范，严格内河船舶水污染物排放要求。

2019 年，完成《船舶油污损害民事责任保险实施办法》修订。部海事局要根据环境保护部发布《船舶水污染物排放标准》的进度，于 2018 年底前完成《内河船舶法定检验技术规则》修订，2021 年起投入使用的内河船舶执行新修订的船舶污染物排放相关标准。2020 年底前，长江航务管理局、上海海事局和浙江海事局要督促航运企业完成对不符合《船舶水污染物排放标准》要求的船舶有关设施、设备的配备或改造，对经改造仍不能达到要求的，限期予以淘汰。

（七）推进航运清洁生产

长江经济带相关省级交通运输主管部门要按照《交通运输部关于推进长江经济带绿色航运发展的指导意见》，推动船舶使用液化天然气（LNG）等清洁能源、靠港优先使用岸电、加装船舶尾气处理装置，以及原油和成品油装船作业油气回收等工作，保障船舶大气污染防治各项措施安全、环保地运行。部海事局要加快推进船舶法定检验规则和船舶检验规范的制修订工作，明确 LNG 水上加注趸船、LNG 动力船舶和船舶尾气处理装置等技术要求；制定船舶油气回收操作规程，确定 LNG 罐柜安全运输条件，争取将船舶使用岸电操作规程纳入国际海事组织技术规则。

2018 年 2 月底前，部海事局要发布船舶受电设施相关法定检验规则、LNG 动力船舶及内河加注趸船检验规则。2018 年底前，发布船舶使用 LNG 船员操作指南，完成船舶使用 LNG 动力、岸电和 LNG 运输（包括罐式集装箱运输）、油气回收操作规程以及相关安全监管制度的制定，协助长江航务管理局研究提出 LNG 动力船通过三峡船闸的可行方案；2019 年，在船舶检验技术规则中增加船舶尾气处理装置的技术要求。

二、保障措施

（一）加强组织领导

长江经济带相关省级交通运输主管部门、长江航务管理局、上海海事局和浙江海事局要高度重视，把防治船舶污染、推动水运绿色发展放在更加突出位置；要紧紧依靠地方政府，加强组织领导和工作协同，制定具体落实方案，细化任务措施，建立考核制度，明确责任分工和进度安排，确保各项工作落实到位。长江经济带相关省级交通运输主管部门、长江航务管理局、上海海事局和浙江海事局应于每年 1 月 31 日前将上年度工作落实情况和本年度工作计划安排报部海事局。

（二）加强资金支持

长江经济带相关省级交通运输主管部门、长江航务管理局、上海海事局和浙江海事局要积极协调有关部门和地方政府加大资金支持力度，通过财政补贴等方式，支持船舶使用清洁能源和岸电、加装危险化学品洗舱装置、污水处理装置和尾气处理装置等防污染设施改造，扶持安全性高、符合防污染标准及节能减排政策的船舶投入运输市场。同时，要加大船舶污染监视监测执法装备的投入，用先进的技术手段支撑海事现场执法工作。

（三）加强协调联动

大力推进部省协同联动，建立船舶污染共治和联防联控机制。长江经济带相关省级交通运输主管部门、长江航务管理局、上海海事局和浙江海事局要加强与环保、城建、工商、质检等有关部门的沟通协调，在船舶污染物接收处置、船用燃油供应与使用、船舶污染事故应急等方面探索建立区域、部门联动协作机制，实现相关建设规划的有效衔接，推进联合监测、联合执法、应急联动和信息共享。

（四）加强宣传引导

长江经济带相关省级交通运输主管部门、长江航务管理局、上海海事局和浙江海事局要通过多种方式加强政策宣传，形成共抓长江大保护的社会氛围；提升社会大众对绿色交通的认知度，增强从业单位和人员对船舶污染防治工作的自律意识。

附件：长江经济带船舶污染风险防治情况调查表（略）

交通运输部关于进一步做好港口污染防治相关工作的通知

（交办水函〔2018〕581号）

各省、自治区、直辖市交通运输厅（委）：

为深入贯彻国务院《水污染防治行动计划》《大气污染防治行动计划》，认真落实《船舶与港口污染防治专项行动实施方案（2015—2020年）》，进一步做好港口污染防治工作，经交通运输部同意，现将有关事项通知如下：

一、加快推进港口船舶污染物接收处置有关工作

各省级交通运输主管部门要进一步加大工作力度，推动港口所在地人民政府按照新修订出台的《中华人民共和国水污染防治法》有关规定，统筹规划建设船舶污染物接收、转运及处置设施，确保港口和船舶污染物接收设施与城市公共转运、处置设施的有效衔接。所在地港口管理部门要按照发布的港口和船舶污染物接收、转运及处置设施建设方案（以下简称建设方案）和时间进度要求，按期完成接收设施建设，并主动公开已建成设施的相关信息。

二、积极推进长江干线水上洗舱站建设

长江沿线各省级交通运输主管部门要按照《交通运输部办公厅关于印发长江干线水上洗舱站布局方案的通知》（交办规划〔2018〕34号）相关要求明确责任分工，落实工作措施，纳入建设方案，认真组织实施，并作为《水污染防治行动计划》实施情况的重点考核内容，确保按期完成建设任务。

三、加强港口作业扬尘整治

地方各级交通运输（港口）管理部门要在当地人民政府的统一领导下，根据职责分

工，会同有关部门做好港口作业扬尘污染防治工作。指导督促辖区内港口企业切实履行污染防治主体责任，于 2018 年 5 月底前开展自查自纠，加强港口作业扬尘整治，对于易引起扬尘污染的散货装卸和运输环节，通过采取湿法、干法、机械物理方法等多种技术措施，进行综合处理和全面防治。新建码头要严格按照《煤炭矿石码头粉尘控制设计规范》（JTS 156—2015）有关要求，建设防风抑尘设施设备。主要港口要加快推进现有大型煤炭、矿石码头堆场防风抑尘设施建设和设备配备。

四、加快淘汰老旧高排放港作机械

地方各级交通运输（港口）管理部门要积极引导港口企业加快淘汰老旧高排放港作机械。鼓励通过“油改气”“油改电”、报废更新等措施，加快淘汰不满足我国第三阶段非道路移动机械用柴油机排气污染物排放限值（即发动机为国Ⅰ、国Ⅱ排放标准）的港作燃油机械。

五、加强督查考核

地方各级交通运输（港口）管理部门要加强港口码头污染防治，将各项工作落到实处。各省级交通运输主管部门要加强督促检查，及时发现并解决存在的困难和问题。部将继续按照《水污染防治行动计划实施情况考核规定（试行）》有关要求对港口污染防治工作落实情况进行考核和抽查。

各省级交通运输主管部门应当将以上工作进展和落实情况、存在问题和相关建议形成书面材料，分别于每年的 6 月底和 12 月 15 日前报部，长江沿线各省级交通运输主管部门将有关情况同时抄送长江航务管理局。

联系人及联系方式。（略）

交通运输部办公厅

2018 年 4 月 16 日

中华人民共和国船舶污染海洋环境应急防备和应急处置管理规定

（2011 年 1 月 27 日交通运输部公布　根据 2013 年 12 月 24 日交通运输部《关于修改〈中华人民共和国船舶污染海洋环境应急防备和应急处置管理规定〉的决定》第一次修正　根据 2014 年 9 月 5 日交通运输部《关于修改〈中华人民共和国船舶污染海洋环境应急防备和应急处置管理规定〉的决定》第二次修正　根据 2015 年 5 月 12 日交通运输部《关于修改〈中华人民共和国船舶污染海洋环境应急防备和应急处置管理规定〉的决定》第三次修正　根据 2016 年 12 月 13 日交通运输部《关于修改〈中华人民共和国船舶污染海洋环境应急防备和应急处置管理规定〉的决定》第四次修正　根据 2018 年 9 月 27 日交通运输部《关于修改〈中华人民共和国船舶污染海洋环境应急防备和应急处置管理规定〉的决定》第五次修正）

第一章　总　则

第一条　为提高船舶污染事故应急处置能力，控制、减轻、消除船舶污染事故造成的海洋环境污染损害，依据《中华人民共和国防治船舶污染海洋环境管理条例》等有关法律、行政法规和中华人民共和国缔结或者加入的有关国际条约，制定本规定。

第二条　在中华人民共和国管辖海域内，防治船舶及其有关作业活动污染海洋环境的应急防备和应急处置，适用本规定。

船舶在中华人民共和国管辖海域外发生污染事故，造成或者可能造成中华人民共和国管辖海域污染的，其应急防备和应急处置，也适用本规定。

本规定所称“应急处置”是指在发生或者可能发生船舶污染事故时，为控制、减轻、消除船舶造成海洋环境污染损害而采取的响应行动；“应急防备”是指为应急处置的有效开展而预先采取的相关准备工作。

第三条　交通运输部主管全国防治船舶及其有关作业活动污染海洋环境的应急防备和应急处置工作。

国家海事管理机构负责统一实施船舶及其有关作业活动污染海洋环境应急防备和应急处置工作。

沿海各级海事管理机构依照各自职责负责具体实施防治船舶及其有关作业活动污染海洋环境的应急防备和应急处置工作。

第四条 船舶及其有关作业活动污染海洋环境应急防备和应急处置工作应当遵循统一领导、综合协调、分级负责、属地管理、责任共担的原则。

第二章 应急能力建设和应急预案

第五条 国家防治船舶及其有关作业活动污染海洋环境应急能力建设规划，应当根据全国防治船舶及其有关作业活动污染海洋环境的需要，由国务院交通运输主管部门组织编制，报国务院批准后公布实施。

沿海省级防治船舶及其有关作业活动污染海洋环境应急能力建设规划，应当根据国家防治船舶及其有关作业活动污染海洋环境应急能力建设规划和本地实际情况，由沿海省、自治区、直辖市人民政府组织编制并公布实施。

沿海市级防治船舶及其有关作业活动污染海洋环境应急能力建设规划，应当根据所在地省级人民政府防治船舶及其有关作业活动污染海洋环境应急能力建设规划和本地实际情况，由沿海设区的市级人民政府组织编制并公布实施。

编制防治船舶及其有关作业活动污染海洋环境应急能力建设规划，应当对污染风险和应急防备需求进行评估，合理规划应急力量建设布局。

沿海各级海事管理机构应当积极协助、配合相关地方人民政府完成应急能力建设规划的编制工作。

第六条 交通运输部、沿海设区的市级以上地方人民政府应当根据相应的防治船舶及其有关作业活动污染海洋环境应急能力建设规划，建立健全船舶污染事故应急防备和应急反应机制，建立专业应急队伍，建设船舶污染应急专用设施、设备和器材储备库。

第七条 沿海各级海事管理机构应当根据防治船舶及其有关作业活动污染海洋环境的需要，会同海洋主管部门建立健全船舶及其有关作业活动污染海洋环境的监测、监视机制，加强对船舶及其有关作业活动污染海洋环境的监测、监视。

港口、码头、装卸站以及从事船舶修造的单位应当配备与其装卸货物种类和吞吐能力或者修造船舶能力相适应的污染监视设施和污染物接收设施，并使其处于良好状态。

第八条 港口、码头、装卸站以及从事船舶修造、打捞、拆解等作业活动的单位应当按照交通运输部的要求制定有关安全营运和防治污染的管理制度，按照国家有关防治船舶及其有关作业活动污染海洋环境的规范和标准，配备必需的防治污染设备和器材，确保防治污染设备和器材符合防治船舶及其有关作业活动污染海洋环境的要求。

第九条 港口、码头、装卸站以及从事船舶修造、打捞、拆解等作业活动的单位应当编写报告，评价其具备的船舶污染防治能力是否与其装卸货物种类、吞吐能力或者船舶修造、打捞、拆解活动所必需的污染监视监测能力、船舶污染物接收处理能力以及船舶污染事故应急处置能力相适应。

交通运输主管部门依法开展港口、码头、装卸站的验收工作时应当对评价报告进行审查，确认其具备与其所从事的作业相应的船舶污染防治能力。

第十条　交通运输部应当根据国家突发公共事件总体应急预案，制定国家防治船舶及其有关作业活动污染海洋环境的专项应急预案。

沿海省、自治区、直辖市人民政府应当根据国家防治船舶及其有关作业活动污染海洋环境的专项应急预案，制定省级防治船舶及其有关作业活动污染海洋环境应急预案。

沿海设区的市级人民政府应当根据所在地省级防治船舶及其有关作业活动污染海洋环境的应急预案，制定市级防治船舶及其有关作业活动污染海洋环境应急预案。

交通运输部、沿海设区的市级以上地方人民政府应当定期组织防治船舶及其有关作业活动污染海洋环境应急预案的演练。

第十一条　中国籍船舶所有人、经营人、管理人应当按照国家海事管理机构制定的应急预案编制指南，制定或者修订防治船舶及其有关作业活动污染海洋环境的应急预案，并报海事管理机构备案。

港口、码头、装卸站的经营人以及有关作业单位应当制定防治船舶及其有关作业活动污染海洋环境的应急预案，并报海事管理机构和环境保护主管部门备案。

船舶以及有关作业单位应当按照制定的应急预案定期组织应急演练，根据演练情况对应急预案进行评估，按照实际需要和情势变化，适时修订应急预案，并对应急预案的演练情况、评估结果和修订情况如实记录。

第十二条　中国籍船舶防治污染设施、设备和器材应当符合国家有关标准，并按照国家有关要求通过型式和使用性能检验。

第三章　船舶污染清除单位

第十三条　船舶污染清除单位是指具备相应污染清除能力，为船舶提供污染事故应急防备和应急处置服务的单位。

根据服务区域和污染清除能力的不同，船舶污染清除单位的能力等级由高到低分为四级，其中：

（一）一级单位能够在我国管辖海域为船舶提供溢油和其他散装液体污染危害性货物泄漏污染事故应急服务；

（二）二级单位能够在距岸 20 海里以内的我国管辖海域为船舶提供溢油和其他散装液体污染危害性货物泄漏污染事故应急服务；

（三）三级单位能够在港区水域为船舶提供溢油应急服务；

（四）四级单位能够在港区水域内的一个作业区、独立码头附近水域为船舶提供溢油应急服务。

第十四条 从事船舶污染清除的单位应当具备以下条件，并接受海事管理机构的监督检查：

（一）应急清污能力符合《船舶污染清除单位应急清污能力要求》（见附件）的规定；

（二）制定的污染清除作业方案符合防治船舶及其有关作业活动污染海洋环境的要求；

（三）污染物处理方案符合国家有关防治污染规定。

第十五条 船舶污染清除单位应当将下列情况向社会公布，并报送服务区域所在地的海事管理机构：

（一）本单位的污染清除能力符合《船舶污染清除单位应急清污能力要求》相应能力等级和服务区域的报告；

（二）污染清除作业方案；

（三）污染物处理方案；

（四）船舶污染清除设施、设备、器材和应急人员情况；

（五）船舶污染清除协议的签订和履行情况以及参与船舶污染事故应急处置工作情况。

船舶污染清除单位的污染清除能力和服务区域发生变更的，应当及时将变更情况向社会公布，并报送服务区域所在地的海事管理机构。

第四章 船舶污染清除协议的签订

第十六条 载运散装油类货物的船舶，其经营人应当在船舶进港前或者港外装卸、过驳作业前，按照以下要求与相应的船舶污染清除单位签订船舶污染清除协议：

（一）600 总吨以下仅在港区水域航行或作业的船舶，应当与四级以上等级的船舶污染清除单位签订船舶污染清除协议；

（二）600 总吨以上 2000 总吨以下仅在港区水域航行或作业的船舶，应当与三级以上等级的船舶污染清除单位签订船舶污染清除协议；

（三）2000 总吨以上仅在港区水域航行或作业的船舶以及所有进出港口和从事过驳作业的船舶应当与二级以上等级的船舶污染清除单位签订船舶污染清除协议。

第十七条 载运油类之外的其他散装液体污染危害性货物的船舶，其经营人应当在船舶进港前或者港外装卸、过驳作业前，按照以下要求与相应的船舶污染清除单位签订船舶污染清除协议：

（一）进出港口的船舶以及在距岸 20 海里之内的我国管辖水域从事过驳作业的船舶应当与二级以上等级的船舶污染清除单位签订船舶污染清除协议；

（二）在距岸 20 海里以外的我国管辖水域从事过驳作业的载运其他散装液体污染危害性货物的船舶应当与一级船舶污染清除单位签订船舶污染清除协议。

第十八条 1 万总吨以上的载运非散装液体污染危害性货物的船舶，其经营人应当在船舶进港前或者港外装卸、过驳作业前，按照以下要求与相应的船舶污染清除单位签订船船污染清除协议：

（一）进出港口的 2 万总吨以下的船舶应当与四级以上等级的船舶污染清除单位签订船舶污染清除协议；

（二）进出港口的 2 万总吨以上 3 万总吨以下的船舶应当与三级以上等级的船舶污染清除单位签订船舶污染清除协议；

（三）进出港口的 3 万总吨以上的船舶以及在我国管辖水域从事过驳作业的船舶应当与二级以上等级的船舶污染清除单位签订船舶污染清除协议。

第十九条　与一级、二级船舶污染清除单位签订污染清除协议的船舶划分标准由国家海事管理机构确定。

第二十条　国家海事管理机构应当制定并公布船舶污染清除协议样本，明确协议双方的权利和义务。

船舶和污染清除单位应当按照国家海事管理机构公布的协议样本签订船舶污染清除协议。

第二十一条　船舶应当将所签订的船舶污染清除协议留船备查，并在办理船舶进出港口手续或者作业申请时向海事管理机构出示。

船舶发现船舶污染清除单位存在违反本规定的行为，或者未履行船舶污染清除协议的，应当向船舶污染清除单位所在地的直属海事管理机构报告。

第五章　应急处置

第二十二条　船舶发生污染事故或者可能造成海洋环境污染的，船舶及有关作业单位应当立即启动相应的应急预案，按照有关规定的要求就近向海事管理机构报告，通知签订船舶污染清除协议的船舶污染清除单位，并根据应急预案采取污染控制和清除措施。

船舶在终止清污行动前应当向海事管理机构报告，经海事管理机构同意后方可停止应急处置措施。

第二十三条　船舶污染清除单位接到船舶污染事故通知后，应当根据船舶污染清除协议及时开展污染控制和清除作业，并及时向海事管理机构报告污染控制和清除工作的进展情况。

第二十四条　接到船舶造成或者可能造成海洋环境污染的报告后，海事管理机构应当立即核实有关情况，并加强监测、监视。

发生船舶污染事故的，海事管理机构应当立即组织对船舶污染事故的等级进行评估，并按照应急预案的要求进行报告和通报。

第二十五条　发生船舶污染事故后，应当根据《中华人民共和国防治船舶污染海洋环境管理条例》的规定，成立事故应急指挥机构。事故应急指挥机构应当根据船舶污染事故的等级和特点，启动相应的应急预案，有关部门、单位应当在事故应急指挥机构的统一组织和指挥下，按照应急预案的分工，开展相应的应急处置工作。

第二十六条 发生船舶污染事故或者船舶沉没，可能造成中华人民共和国管辖海域污染的，有关沿海设区的市级以上地方人民政府、海事管理机构根据应急处置的需要，可以征用有关单位和个人的船舶、防治污染设施、设备、器材以及其他物资。有关单位和个人应当予以配合。

有关单位和个人所提供的船舶和防治污染设施、设备、器材应当处于良好可用状态，有关物资质量符合国家有关技术标准、规范的要求。

被征用的船舶和防治污染设施、设备、器材以及其他物资使用完毕或者应急处置工作结束，应当及时返还。船舶和防治污染设施、设备、器材以及其他物资被征用或者征用后毁损、灭失的，应当给予补偿。

第二十七条 发生船舶污染事故，海事管理机构可以组织并采取海上交通管制、清除、打捞、拖航、引航、护航、过驳、水下抽油、爆破等必要措施。采取上述措施的相关费用由造成海洋环境污染的船舶、有关作业单位承担。

需要承担前款规定费用的船舶，应当在开航前缴清有关费用或者提供相应的财务担保。

本条规定的财务担保应当由境内银行或者境内保险机构出具。

第二十八条 船舶发生事故有沉没危险时，船员离船前，应当按照规定采取防止溢油措施，尽可能关闭所有货舱（柜）、油舱（柜）管系的阀门，堵塞货舱（柜）、油舱（柜）通气孔。

船舶沉没的，其所有人、经营人或者管理人应当及时向海事管理机构报告船舶燃油、污染危害性货物以及其他污染物的性质、数量、种类及装载位置等情况，采取或者委托有能力的单位采取污染监视和控制措施，并在必要的时候采取抽出、打捞等措施。

第二十九条 船舶应当在污染事故清除作业结束后，对污染清除行动进行评估，并将评估报告报送当地直属海事管理机构，评估报告至少应当包括下列内容：

（一）事故概况和应急处置情况；

（二）设施、设备、器材以及人员的使用情况；

（三）回收污染物的种类、数量以及处置情况；

（四）污染损害情况；

（五）船舶污染应急预案存在的问题和修改情况。

事故应急指挥机构应当在污染事故清除作业结束后，组织对污染清除作业的总体效果和污染损害情况进行评估，并根据评估结果和实际需要修订相应的应急预案。

第六章　法律责任

第三十条 海事管理机构应当建立、健全防治船舶污染应急防备和处置的监督检查制度，对船舶以及有关作业单位的防治船舶污染能力以及污染清除作业实施监督检查，并对监督检查情况予以记录。

海事管理机构实施监督检查时，有关单位和个人应当予以协助和配合，不得拒绝、妨碍或者阻挠。

第三十一条　海事管理机构发现船舶及其有关作业单位和个人存在违反本规定行为的，应当责令改正；拒不改正的，海事管理机构可以责令停止作业、强制卸载，禁止船舶进出港口、靠泊、过境停留，或者责令停航、改航、离境、驶向指定地点。

第三十二条　违反本规定，船舶未制定防治船舶及其有关作业活动污染海洋环境应急预案的，由海事管理机构处2万元以下的罚款，应急预案未报海事管理机构备案的，由海事管理机构责令限期改正；港口、码头、装卸站的经营人未制定防治船舶及其有关作业活动污染海洋环境应急预案的，由海事管理机构予以警告，或者责令限期改正。

第三十三条　违反本规定，船舶和有关作业单位未配备防污设施、设备、器材的，或者配备的防污设施、设备、器材不符合国家有关规定和标准的，由海事管理机构予以警告，或者处2万元以上10万元以下的罚款。

第三十四条　违反本规定，有下列情形之一的，由海事管理机构处1万元以上5万元以下的罚款：

（一）载运散装液体污染危害性货物的船舶和1万总吨以上的其他船舶，其经营人未按照规定签订污染清除作业协议的；

（二）污染清除作业单位不符合国家有关技术规范从事污染清除作业的。

第三十五条　违反本规定，有下列情形之一的，由海事管理机构处2万元以上10万元以下的罚款：

（一）船舶沉没后，其所有人、经营人未及时向海事管理机构报告船舶燃油、污染危害性货物以及其他污染物的性质、数量、种类及装载位置等情况的；

（二）船舶沉没后，其所有人、经营人未及时采取措施清除船舶燃油、污染危害性货物以及其他污染物的。

第三十六条　违反本规定，发生船舶污染事故，船舶、有关作业单位迟报、漏报事故的，对船舶、有关作业单位，由海事管理机构处5万元以上25万元以下的罚款；对直接负责的主管人员和其他直接责任人员，由海事管理机构处1万元以上5万元以下的罚款；直接负责的主管人员和其他直接责任人员属于船员的，给予暂扣适任证书或者其他有关证件3个月至6个月的处罚。瞒报、谎报事故的，对船舶、有关作业单位，由海事管理机构处25万元以上50万元以下的罚款；对直接负责的主管人员和其他直接责任人员，由海事管理机构处5万元以上10万元以下的罚款；直接负责的主管人员和其他直接责任人员属于船员的，并处给予吊销适任证书或者其他有关证件的处罚。

第三十七条　违反本规定，发生船舶污染事故，船舶、有关作业单位未立即启动应急预案的，对船舶、有关作业单位，由海事管理机构处2万元以上10万元以下的罚款；对直接负责的主管人员和其他直接责任人员，由海事管理机构处1万元以上2万元以下的罚款；直接负责的主管人员和其他直接责任人员属于船员的，并处给予暂扣适任证书或者其他适任证件1个月至3个月的处罚。

第七章 附 则

第三十八条 本规定所称“以上”“以内”包括本数，“以下”“以外”不包括本数。

第三十九条 本规定自2011年6月1日起施行。

交通运输部关于印发《船舶大气污染物排放控制区实施方案》的通知

（交海发〔2018〕168 号）

各省、自治区、直辖市、新疆生产建设兵团交通运输厅（局、委），各直属海事局，长江航务管理局、珠江航务管理局：

现将《船舶大气污染物排放控制区实施方案》印发给你们，请认真贯彻落实。

交通运输部

2018 年 11 月 30 日

船舶大气污染物排放控制区实施方案

为深入贯彻落实党中央、国务院关于加快推进生态文明建设、打好污染防治攻坚战和打赢蓝天保卫战的部署，促进绿色航运发展和船舶节能减排，根据《中华人民共和国大气污染防治法》和我国加入的有关国际公约，在实施《珠三角、长三角、环渤海（京津冀）水域船舶排放控制区实施方案》（交海发〔2015〕177 号）的基础上，制定本实施方案。

一、工作目标

通过设立船舶大气污染物排放控制区（以下简称排放控制区），降低船舶硫氧化物、氮氧化物、颗粒物和挥发性有机物等大气污染物的排放，持续改善沿海和内河港口城市空气质量。

二、设立原则

（一）促进环境质量改善和航运经济协调发展。

（二）强化船舶大气污染物排放控制。

（三）遵守国际公约和我国法律标准要求。

（四）分步实施和先行先试并举。

三、适用对象

本方案适用于在排放控制区内航行、停泊、作业的船舶。

四、排放控制区范围

本方案所指排放控制区包括沿海控制区和内河控制区。

沿海控制区范围为表 1 所列 60 个点依次连线以内海域，其中海南水域范围为表 2 所列 20 个点依次连线以内海域。

表 1 沿海控制区海域边界控制点位坐标

序号	经度	纬度	序号	经度	纬度
1	124°10′06.00″	39°49′41.00″	17	122°07′30.00″	28°18′58.32″
2	122°57′14.40″	37°22′11.64″	18	122°06′03.60″	28°17′01.68″
3	122°57′00.00″	37°21′29.16″	19	121°19′12.00″	27°21′30.96″
4	122°48′18.00″	36°53′51.36″	20	120°42′28.80″	26°17′32.64″
5	122°45′14.40″	36°48′25.20″	21	12°36′10.80″	26°04′01.92″
6	122°40′58.80″	36°44′41.28″	22	120°06′57.60″	25°18′37.08″
7	122°24′36.00″	36°35′08.88″	23	119°37′26.40″	24°49′31.80″
8	121°03′03.60″	35°44′44.16″	24	118°23′16.80″	24°00′54.00″
9	120°12′57.60″	34°59′27.60″	25	117°50′31.20″	23°23′16.44″
10	121°32′24.00″	33°28′46.20″	26	117°22′26.40″	23°03′05.40″
11	121°51′14.40″	33°06′19.08″	27	117°19′51.60″	23°01′32.88″
12	122°26′42.00″	31°32′08.52″	28	116°34′55.20″	22°45′05.04″
13	123°23′31.20″	30°49′15.96″	29	115°13′01.20″	22°08′03.12″
14	123°24′36.00″	30°45′51.84″	30	114°02′09.60″	21°37′02.64″
15	123°09′28.80″	30°05′43.44″	31	112°50′52.80″	21°22′25.68″
16	122°28′26.40″	28°47′31.56″	32	112°29′20.40″	21°17′12.48″

序号	经度	纬度	序号	经度	纬度
33	111°27′00.00″	19°51′57.96″	47	108°28′44.40″	18°25′34.68″
34	111°23′42.00″	19°46′54.84″	48	108°24′46.80″	18°49′13.44″
35	110°38′56.40″	18°31′10.56″	49	108°23′20.40″	19°12′47.16″
36	110°37′40.80″	18°30′24.12″	50	108°22′45″	20°24′05″
37	110°15′07.20″	18°16′00.84″	51	108°12′31″	21°12′35″
38	110°09′25.20″	18°12′45.36″	52	108°08′05″	21°16′32″
39	109°45′32.40″	17°59′03.12″	53	108°05′43.7″	21°27′08.2″
40	109°43′04.80″	17°59′03.48″	54	108°05′38.8″	21°27′23.1″
41	109°34′26.40″	17°57′18.36″	55	108°05′39.9″	21°27′28.2″
42	109°03′39.60″	18°03′10.80″	56	108°05′51.5″	21°27′39.5″
43	108°50′42.00″	18°8′58.56″	57	108°05′57.7″	21°27′50.1″
44	108°33′07.20″	18°21′07.92″	58	108°06′01.6″	21°28′01.7″
45	108°31′40.80″	18°22′30.00″	59	108°06′04.3″	21°28′12.5″
46	108°31′08.40″	18°23′10.32″	60	北仑河主航道中心线向海侧终点	

表 2　海南水域的海域边界控制点位坐标

序号	经度	纬度	序号	经度	纬度
A1	108°26′24.88″	19°24′06.50″	33	111°27′00.00″	19°51′57.96″
A2	109°20′00″	20°07′00″	34	111°23′42.00″	19°46′54.84″
A3	111°00′00″	20°18′32″	35	110°38′56.40″	18°31′10.56″
			36	110°37′40.80″	18°30′24.12″
			37	110°15′07.20″	18°16′00.84″
			38	110°09′25.20″	18°12′45.36″
			39	109°45′32.40″	17°59′03.12″
			40	109°43′04.80″	17°59′03.48″
			41	109°34′26.40″	17°57′18.36″
			42	109°03′39.60″	18°03′10.80″
			43	108°50′42.00″	18°08′58.56″
			44	108°33′07.20″	18°21′07.92″
			45	108°31′40.80″	18°22′30.00″
			46	108°31′08.40″	18°23′10.32″
			47	108°28′44.40″	18°25′34.68″
			48	108°24′46.80″	18°49′13.44″
			49	108°23′20.40″	19°12′47.16″

内河控制区范围为长江干线（云南水富至江苏浏河口）、西江干线（广西南宁至广东肇庆段）的通航水域，起止点位坐标见表 3。

表 3　内河控制区起止点位坐标

内河控制区	边界名称	地名	点位详细描述	点位序号	经度	纬度
长江干线	起点	云南水富	向家坝大桥	B1	104°24′30.60″	28°38′22.38″
				B2	104°24′35.94″	28°38′27.84″
	终点	江苏浏河口	浏河口下游的浏黑屋与崇明岛施翘河下游的施信杆的连线	B3	121°18′54.00″	31°30′52.00″
				B4	121°22′30.00″	31°37′34.00″
西江干线	起点	广西南宁	南宁民生码头	B5	108°18′19.77″	22°48′48.60″
				B6	108°18′26.72″	22°48′39.76″
	终点	广东肇庆	西江干流金利下铁线角与五顶岗涌口上咀连线	B7	112°48′30.00″	23°08′45.00″
				B8	112°47′19.00″	23°08′01.00″

五、控制要求

（一）硫氧化物和颗粒物排放控制要求

1．2019 年 1 月 1 日起，海船进入排放控制区，应使用硫含量（质量分数）不大于 0.5%的船用燃油，大型内河船和江海直达船舶应使用符合新修订的船用燃料油国家标准要求的燃油；其他内河船应使用符合国家标准的柴油。2020 年 1 月 1 日起，海船进入内河控制区，应使用硫含量（质量分数）不大于 0.1%的船用燃油。

2．2020 年 3 月 1 日起，未使用硫氧化物和颗粒物污染控制装置等替代措施的船舶进入排放控制区只能装载和使用按照本方案规定应当使用的船用燃油。

3．2022 年 1 月 1 日起，海船进入沿海控制区海南水域，应使用硫含量（质量分数）不大于 0.1%的船用燃油。

4．适时评估船舶使用硫含量（质量分数）不大于 0.1%的船用燃油的可行性，确定是否要求自 2025 年 1 月 1 日起，海船进入沿海控制区使用硫含量（质量分数）不大于 0.1%的船用燃油。

（二）氮氧化物排放控制要求

5．2000 年 1 月 1 日及以后建造（以铺设龙骨日期为准，下同）或进行船用柴油发动机重大改装的国际航行船舶，所使用的单台船用柴油发动机输出功率超过 130 千瓦的，应满足《国际防止船舶造成污染公约》第一阶段氮氧化物排放限值要求。

6．2011 年 1 月 1 日及以后建造或进行船用柴油发动机重大改装的国际航行船舶，所使用的单台船用柴油发动机输出功率超过 130 千瓦的，应满足《国际防止船舶造成污染公约》第二阶段氮氧化物排放限值要求。

7．2015 年 3 月 1 日及以后建造或进行船用柴油发动机重大改装的中国籍国内航行船舶，所使用的单台船用柴油发动机输出功率超过 130 千瓦的，应满足《国际防止船舶造成污染公约》第二阶段氮氧化物排放限值要求。

8．2022 年 1 月 1 日及以后建造或进行船用柴油发动机重大改装的、进入沿海控制区海南水域和内河控制区的中国籍国内航行船舶，所使用的单缸排量大于或等于 30 升的船用柴油发动机应满足《国际防止船舶造成污染公约》第三阶段氮氧化物排放限值要求。

9．适时评估船舶执行《国际防止船舶造成污染公约》第三阶段氮氧化物排放限值要求的可行性，确定是否要求 2025 年 1 月 1 日及以后建造或进行船用柴油发动机重大改装的中国籍国内航行船舶，所使用的单缸排量大于或等于 30 升的船用柴油发动机满足《国际防止船舶造成污染公约》第三阶段氮氧化物排放限值要求。

（三）船舶靠港使用岸电要求

10．2019 年 1 月 1 日及以后建造的中国籍公务船、内河船舶（液货船除外）和江海直达船舶应具备船舶岸电系统船载装置，2020 年 1 月 1 日及以后建造的中国籍国内沿海航行集装箱船、邮轮、客滚船、3 000 总吨及以上的客船和 5 万吨级及以上的干散货船应具备船舶岸电系统船载装置。

11．2019 年 7 月 1 日起，具有船舶岸电系统船载装置的现有船舶（液货船除外），在沿海控制区内具备岸电供应能力的泊位停泊超过 3 小时，或者在内河控制区内具备岸电供应能力的泊位停泊超过 2 小时，且不使用其他等效替代措施的（包括使用清洁能源、新能源、船载蓄电装置或关闭辅机等，下同），应使用岸电。2021 年 1 月 1 日起，邮轮在排放控制区内具备岸电供应能力的泊位停泊超过 3 小时，且不使用其他等效替代措施的，应使用岸电。

12．2022 年 1 月 1 日起，使用的单台船用柴油发动机输出功率超过 130 千瓦、且不满足《国际防止船舶造成污染公约》第二阶段氮氧化物排放限值要求的中国籍公务船、内河船舶（液货船除外），以及中国籍国内沿海航行集装箱船、客滚船、3 000 总吨及以上的客船和 5 万吨级及以上的干散货船，应加装船舶岸电系统船载装置，并在沿海控制区内具备岸电供应能力的泊位停泊超过 3 小时，或者在内河控制区内具备岸电供应能力的泊位停泊超过 2 小时，且不使用其他等效替代措施时，应使用岸电。

13．鼓励中国航运企业和经营人对拥有的第 12 条规定之外的船舶加装船舶岸电系统船载装置，并在排放控制区内具备岸电供应能力的泊位停泊时使用岸电。

（四）其他

14．船舶可使用清洁能源、新能源、船载蓄电装置或尾气后处理等替代措施满足船舶排放控制要求。采取尾气后处理方式的，应当安装排放监测装置，产生的废水废液应当按照有关规定进行处理。

15．鼓励其他内河水域所在的地方人民政府参照内河控制区的要求，对海船进入本水域所使用的燃油硫含量提出控制要求。

16．2020 年 1 月 1 日及以后建造的 150 总吨及以上中国籍国内航行油船进入排放控制区，应具备码头油气回收条件，鼓励满足安全要求时开展油气回收。国际航行船舶应符合《国际防止船舶造成污染公约》关于挥发性有机物的排放控制要求。

17．船舶应严格执行其他现行国际公约和国内法律法规、标准规范关于大气污染物的排放控制要求。

六、保障措施

（一）加强组织领导

各省级交通运输主管部门、各直属海事管理机构、长江航务管理局、珠江航务管理局要加强组织领导和协调，细化任务措施，明确职责分工，完善保障机制。部适时评估前述控制措施实施效果，确定是否调整排放控制区实施方案。

（二）强化联动监管

各省级交通运输主管部门、各直属海事管理机构要认真落实《交通运输部等十三个部门关于加强船用低硫燃油供应保障和联合监管的指导意见》（交海发〔2017〕163 号）等文件要求，建立联合监管机制，保障合规船用低硫燃油供应，加强船舶大气污染防治监督管理。

（三）注重政策引导

各省级交通运输主管部门、各直属海事管理机构要积极协调地方人民政府出台相关激励政策和配套措施，增加执法装备、人员培训等执法保障方面的投入，对使用低硫燃油、清洁能源、尾气后处理、油气回收、岸电、在线监测、提前淘汰老旧船舶等措施，采取资金补贴、便利通行等鼓励政策和措施。

（四）发挥科技支撑作用

各省级交通运输主管部门、各直属海事管理机构、长江航务管理局、珠江航务管理局要积极引导和支持相关科研单位、港航企业和设备厂商等，开展船舶大气污染控制和监管技术研究，组织制定技术标准，促进成果转化。

交通运输部　财政部　国家发展改革委　国家能源局　国家电网公司　南方电网公司关于进一步共同推进船舶靠港使用岸电工作的通知

（交水发〔2019〕14号）

各省、自治区、直辖市交通运输厅（委、局）、财政厅（局）、发展改革委（能源局），交通运输部长江航务管理局、珠江航务管理局、各直属海事局，国家能源局各派出机构，国家电网公司各省、自治区、直辖市电力公司，南方电网公司各省、自治区电力公司：

为深入贯彻落实习近平新时代中国特色社会主义思想和党的十九大精神，坚决打好污染防治攻坚战，打赢蓝天保卫战，进一步加大船舶靠港使用岸电协同推进力度，推动绿色交通发展，现就有关工作通知如下。

一、统一岸电标准，促进岸电规范化建设

（一）强化标准的协调与衔接。加强部门、行业间协调，促进交通、能源等相关行业协会、科研机构、有关企业在标准制修订方面的沟通与合作，做好行业间标准的衔接，并与国家标准和国际标准协调，共同推动建立涵盖岸电设施建设、设备配置、运营操作、检验检测、信息交换等全链条的岸电标准体系。企业标准、地方标准和团体标准应注重与国家标准和行业标准的衔接，促进岸电设施规范建设、稳定运行和船舶安全使用。

（二）完善交通行业重点标准规范。针对沿海和内河岸电特点，组织制修订码头岸电设施建设技术规范和船舶岸电技术规范，发布内河码头船舶岸电设施建设技术指南，重点完善码头低压小容量岸电建设标准，对新建船舶提出配备受电设施要求，统一码头与船舶间岸电接插件标准。组织编制码头船舶岸电设施检测技术规范，明确设施检测流程和技术要求。修订岸电系统操作技术规程，强化码头和船舶岸电兼容性评估、技术状态确认、安全操作等内容。

（三）完善能源行业重点标准规范。组织编制港口岸电接入电网技术规范，在岸电接入对电网影响和电能质量等方面提出要求。编制港口供配电系统技术规范，明确配电容量和供电方式等内容，保障船舶可靠用电。编制岸电运营服务技术规范，统一岸电和船舶系

统、岸电系统和运营服务平台、平台和平台之间的通信规约，实现岸电应用互联互通。

（四）加强宣贯和培训。充分发挥交通运输、电力行业相关协会、科研机构作用，加大对标准规范的宣贯力度，促进标准规范有效执行。有关交通运输、电力行业企业要加强对岸电设施设计、建设、操作和运营维护管理人员的培训，提升管理和操作水平。

二、加快设施建设，推动岸电规模化发展

（五）强化规划衔接。各地发展改革、能源主管部门在编制电力规划时要加强与港口岸电布局方案、港口总体规划以及区域性航运发展规划等的衔接。国家电网公司、南方电网公司等相关电网企业积极落实配电网规划，加快电网升级改造和岸电配套电网建设，满足船舶靠港使用岸电需求。

（六）严格落实新建码头和船舶同步建设岸电设施要求。各地交通运输主管部门、发展改革部门应按照《中华人民共和国大气污染防治法》《港口工程建设管理规定》和有关标准规范要求，在项目核准备案、设计审查、验收等重点环节督促新建、改建、扩建码头同步设计、建设岸电设施。船舶检验机构严格落实船舶法定检验规则和建造规范，要求新建船舶同步配置受电设施及相关配套设备。

（七）积极推进现有码头和船舶岸电设施改造。各地交通运输主管部门应督促港口企业加快已建码头岸电设施改造，2020 年底前完成《港口岸电布局方案》的建设任务，实现全国主要港口 50%以上已建的集装箱、客滚、邮轮、3 000 吨级以上客运和 5 万吨级以上干散货专业化泊位具备向船舶供应岸电能力的目标。开展船舶受电设施情况摸底调查，鼓励现有船舶加快改造。各地交通运输主管部门和电力公司可结合实际需求，签署合作协议。支持港航企业与电力公司加强协作，加大港口岸电设施投资建设力度。

（八）推动重点区域岸电设施建设。国家电网公司在推动京杭运河水上服务区岸电设施全覆盖的基础上，继续在推动长江干线主要港口岸电设施建设方面发挥骨干作用。深化三峡坝区岸电建设合作机制，加快三峡岸电发展实验区建设和应用，2020 年底前基本实现三峡通航核心水域港口和待闸锚地岸电设施全覆盖。南方电网公司发挥区位优势，加快推动西江航运干线主要港口、待闸锚地和珠三角沿海主要港口岸电设施建设。

三、完善供售电机制，推动岸电可持续发展

（九）落实允许岸电设施运营企业售电政策。各地发展改革、能源、交通运输等部门加快落实允许港口企业等岸电设施运营企业按现行电价政策向船舶收取电费等政策，细化相关要求，切实解决岸电设施运营企业尤其是港口企业不能向船舶收取电费问题。

（十）推动降低岸电使用成本。各地发展改革部门要加快落实关于港口岸电执行大工

业电价、免收容量（需量）电费政策。按照国家降本增效要求，研究完善岸电服务费政策，推动岸电服务费合理、规范收取。鼓励岸电设施运营企业在市场培育期实施服务费优惠。

（十一）支持港口企业等参与电力市场化改革。各地发展改革、能源主管部门和国家能源局派出机构，应为港口企业等注册开展售电业务提供高效服务，支持并帮助协调符合条件的港口企业等优先参与国家增量配电业务改革试点，鼓励港口企业等参与市场化购电。

四、加大支持力度，推动岸电常态化使用

（十二）明确岸电使用管理要求。加快研究制定岸电使用部门规章，落实《中华人民共和国大气污染防治法》中船舶靠港应当优先使用岸电的规定，提出船舶靠港应当优先使用岸电要求。率先在船舶排放控制区实施分阶段、分区域、分类型使用岸电要求，2019 年 7 月 1 日起具有船舶岸电系统船载装置的现有船舶（液货船舶除外）应按要求靠港使用岸电，2021 年 1 月 1 日起邮轮应按要求靠港使用岸电，2022 年 1 月 1 日起中国籍的内河船舶和海船应按要求靠港使用岸电。鼓励港口企业、岸电设施运营企业与航运企业签订岸电使用协议，不断提高岸电使用比例。

（十三）加强财政政策引导。在岸电设施的市场化经营管理机制尚未完全建立之前，利用现有资金渠道，建立与岸电设施使用效益相挂钩的财政资金奖励机制，采取"以奖代补"的方式促进岸电设施建设和推广使用。各地财政部门积极出台地方财政资金奖励政策。各地交通运输主管部门应充分利用政策机遇，加快推动港口、水上服务区岸电设施建设和船舶受电设施改造，并强化推广使用。

（十四）优化能耗统计、考核制度以及电价形成机制。优化港口能耗统计制度和相关标准，明确港口能源消耗量不包括岸电用电量。各地节能主管部门在分解和考核重点用能单位能耗"双控"目标任务时，应鼓励和支持港口企业实施岸电改造和使用。各地发展改革、能源主管部门，要积极落实将因岸电电能替代产生的合理岸电配套电网建设改造投资纳入配电网企业有效资产，将合理运营成本纳入输配电准许成本。

（十五）鼓励各地出台配套支持政策。各地交通运输、发展改革、能源等部门要积极推动地方政府出台岸电建设、运营、使用等支持政策，出台对使用岸电船舶优先过闸等鼓励政策，进一步简化港口岸电项目审批流程，将港口岸电设施建设项目纳入用地绿色通道，鼓励港口企业对使用岸电船舶实施优先靠离泊等激励措施。

五、提升服务水平，推动岸电便利化使用

（十六）配套便捷高效的电网服务。各级电网公司要开辟岸电服务"绿色通道"，建立提

前介入、主动服务、高效运转的岸电项目服务机制，简化审批手续、加快岸电增容接电速度，落实红线外供配电设施投资，协助港口企业协调相关部门加快红线内变电站、开关站建设，加快满足靠港船舶使用岸电需求。

（十七）实现重点区域统一结算。国家电网公司和南方电网公司研究建立规范统一的岸电运营服务平台，创新多渠道岸电服务支付方式，率先在京杭运河、长江干线、西江航运干线和长三角水网地区实现区域岸电统一结算，相关数据与主管部门实现信息共享，提升岸电应用便利性和用户满意度。发挥电网企业"互联网+"营销服务优势，优化岸电服务方式，丰富服务内容，鼓励互联网企业参与运营服务创新。

（十八）强化技术进步。针对高压变频岸电技术复杂，内河大水位差码头岸电操作不便捷、不安全，江心锚地岸电建设和使用难度大等问题，加强关键技术和新型设备研发，提高岸电设备设施的稳定性、安全性和使用便捷性，推动岸电装备制造业发展，促进岸电产业链持续健康发展。

交通运输部　财政部　国家发展改革委

国家能源局　国家电网公司　南方电网公司

2019 年 1 月 28 日

附件：进一步共同推进船舶靠港使用岸电工作任务分工及完成时限（略）

交通运输部关于发布《绿色港口等级评价指南》的公告

（2020 年　第 29 号）

《绿色港口等级评价指南》为推荐性行业标准，标准代码为 JTS/T 105-4—2020，自 2020 年 7 月 1 日起施行。《绿色港口等级评价标准》（JTS/T 105-4—2013）同时废止。

《绿色港口等级评价指南》由交通运输部水运局负责管理和解释，其文本可在交通运输部政府网站 http：//www.mot.gov.cn"水运工程行业标准"专栏下载。

特此公告。

交通运输部

2020 年 5 月 7 日

绿色港口等级评价指南（略）

非道路移动机械管理

生态环境部关于发布《非道路移动机械污染防治技术政策》的公告

（2018 年　第 34 号）

为贯彻《中华人民共和国环境保护法》《中华人民共和国大气污染防治法》等法律法规，落实《中共中央　国务院关于全面加强生态环境保护坚决打好污染防治攻坚战的意见》和《国务院关于印发打赢蓝天保卫战三年行动计划的通知》等文件要求，防治非道路移动机械污染大气环境，保障生态环境安全和人体健康，指导环境管理与科学治污，促进非道路移动机械污染防治技术进步，我部组织制订了《非道路移动机械污染防治技术政策》，现予发布。文件内容可登录生态环境部网站（http：//www.mee.gov.cn）查询。

生态环境部

2018 年 8 月 19 日

非道路移动机械污染防治技术政策

一、总则

（一）为贯彻《中华人民共和国环境保护法》和《中华人民共和国大气污染防治法》等法律法规，改善环境质量，促进非道路移动机械污染防治技术进步，制定本技术政策。

（二）本技术政策所称的非道路移动机械是指我国境内所有新生产、进口及在用的以压燃式、点燃式发动机和新能源（例如：插电式混合动力、纯电动、燃料电池等）为动力的移动机械、可运输工业设备等。

（三）本技术政策提出了非道路移动机械在设计、生产、使用、回收等全生命周期内的大气、噪声等污染的防治技术。大气污染物主要指一氧化碳（CO）、碳氢化合物（HC）、氮氧化物（NO_x）和颗粒物（PM）。

（四）非道路移动机械产品应向低能耗、低污染的方向发展。优先发展非道路移动机械用发动机电控燃油系统、高效增压系统、排气后处理系统及污染控制系统所使用的传感器。

（五）污染物排放控制目标：

新生产装用压燃式发动机的非道路移动机械，2020 年达到国家第四阶段排放控制水平，2025 年与世界最先进排放控制水平接轨。

新生产装用小型点燃式发动机的非道路移动机械，2020 年前后达到国家第三阶段排放控制水平，2025 年与世界最先进排放控制水平接轨。

新生产装用大型点燃式发动机的非道路移动机械，在 2025 年前达到世界最先进排放控制水平。

（六）鼓励地方政府根据大气环境质量需求，对非道路移动机械分时、分类划定禁止使用高排放非道路移动机械的区域。优先控制城市建成区内非道路移动机械的污染物排放，逐步建立非道路移动机械使用的登记制度。

鼓励淘汰高排放非道路移动机械。

二、新生产（含进口）非道路移动机械

（一）鼓励生态设计。鼓励开展非道路移动机械模块化、无（低）害化、绿色低碳、循环利用等产品生态设计，综合考虑生产、使用、回收等全生命周期内的资源消耗及污染排放。

（二）鼓励排放提前达标。鼓励非道路移动机械生产企业通过机内净化技术降低原机排放水平，装用压燃式发动机的非道路移动机械安装壁流式颗粒物捕集器（DPF）、选择性催化还原装置（SCR）；装用大型点燃式发动机的非道路移动机械安装三元催化转化器（TWC）等排放控制装置；装用小型点燃式发动机的非道路移动机械安装氧化型催化转化器（OC），提前达到国家下一阶段的非道路移动机械排放标准。

（三）产品应信息公开。非道路移动机械生产企业应依法依规公开排放检验、污染控制装置和排放相关技术信息，供社会公众监督，维修企业免费查询使用。

（四）提高产品环保生产一致性水平。非道路移动机械生产企业应不断提高产品环保生产一致性管理水平。根据国家排放标准对生产一致性的要求，建立并不断完善产品排放性能和耐久性能的控制方法，在产品开发、生产过程的质量控制、售后服务等各个环节，有效落实生产一致性保证计划。生产一致性检查应重点加强对发动机电子控制单元（ECU）和相关传感器部件、在线诊断系统、燃油供给系统、进气系统、排气后处理装置、废气再循环装置（EGR）等系统和零部件的检查。

（五）提高产品排放在用符合性。生产企业应加强其产品及其污染物排放装置耐久性

的研究，对非道路移动机械在实际使用中的排放情况进行监测自查，确保非道路移动机械污染物排放的在用符合性。

生产企业应引导用户正确使用和维护保养排放相关控制装置，应在其产品说明书中，明确列出维护排放水平的内容，应详细说明非道路移动机械使用的适用条件、排放控制策略、日常保养项目、排放相关零部件的更换周期、维护保养规程以及企业认可的零部件等，为保证非道路移动机械污染物排放的在用符合性提供技术保障。

（六）加强排放在线监控和诊断。新生产非道路移动机械应根据相关标准要求，增加排放在线诊断系统，对与排放相关部件的运行状态进行实时监控，当监测到非道路移动机械排放超标时，应采取报警、限扭、强制怠速运转等手段，限制排放超标非道路移动机械的正常使用，督促用户及时进行维修处理。

（七）推广排放远程监控技术。利用信息技术的进步和发展，通过安装卫星定位及远程排放监控装置、电子围栏平台建设、数据库动态分析等方法，逐步实现对各类非道路移动机械的远程排放监控。企业应积极参与推进定位系统和远程排放监控系统与生态环境部门的联网。优先对在城市中使用的非道路移动机械实施排放远程监控管理。

（八）积极开展天然气、生物柴油等替代燃料的排放控制技术研究。重点研究替代燃料使用过程中的常规污染物和非常规污染物排放特性，科学评估使用替代燃料对环境空气及非道路移动机械排放性能、可靠性和耐久性的影响，确保替代燃料使用的安全性和规范性。

（九）控制温室气体排放。逐步将二氧化碳（CO_2）、甲烷（CH_4）、氧化亚氮（N_2O）等非道路移动机械排放的温室气体纳入排放管理体系，实现非道路移动机械大气污染物与温室气体排放的协同控制。

（十）加强对进口二手非道路移动机械的排放控制。进口二手非道路移动机械的排放控制水平，应满足我国新生产非道路移动机械现行排放标准要求。

（十一）提高噪声污染控制水平。生产企业应加强对非道路移动机械产品噪声污染控制技术的研究、开发和应用，不断提高噪声污染控制水平。

新生产非道路移动机械噪声污染控制的技术原则为：优先采用发动机优化燃烧、电控管理技术、优化进排气消声器，采用吸声和隔声技术、提高发动机刚度和整机匹配等技术措施，降低新生产非道路移动机械的噪声污染。

（十二）企业应具备污染物排放检测能力。生产企业应配备非道路移动机械（或发动机）污染物排放检测设备，对产品按照标准要求进行排放检验，检验合格才能出厂销售。

三、在用非道路移动机械

（一）加强在用非道路移动机械的排放检测和维修。加强非道路移动机械的维修、保养，使其保持良好的技术状态。加强对非道路移动机械排放检测能力的建设；经检测排放不达标的非道路移动机械，应强制进行维修、保养，保证非道路移动机械及其污染控制装置处于正常技术状态。

非道路移动机械维修企业应配备必要的排放检测及诊断设备，确保维修后的非道路移动机械排放稳定达标，同时妥善保存维修记录。

（二）研究建立在用非道路移动机械登记制度。鼓励有条件的地方，对需要重点监控的在用非道路移动机械进行登记，并对其排放状况进行监督检查。

（三）在用非道路移动机械的排放治理改造。在排放治理改造中，针对要改造的非道路移动机械，应先进行科学的、系统的匹配和小规模示范应用，确认技术的可行性和治理效果，再进行推广应用，并确保对改造产品的持续维护和质量监管。

（四）加强对再制造发动机的排放管理。对装用再制造发动机的非道路移动机械，再制造发动机的排放性能指标应不低于原机定型时的排放要求，且只能作为配件进入发动机配件市场，用于替换同等排放水平的发动机。

（五）加强非道路移动机械的噪声控制。禁止任何单位或个人擅自拆除弃用非道路移动机械的消声、隔声和吸声装置，加强对噪声控制装置的维护保养。

四、非道路用燃料、机油及氮氧化物还原剂

（一）提升油品和氮氧化物还原剂质量。燃油应不断降低烯烃、芳烃、多环芳烃的含量；机油应不断降低硫、磷、硫酸盐灰分的含量；氮氧化物还原剂应重点研究解决低温结晶问题，降低醛类、金属离子等杂质的含量。

（二）加强生产、销售环节管理。禁止生产、进口、销售不符合标准的燃料、机油和氮氧化物还原剂。鼓励油品生产企业在生产环节加入能辨别生产企业的微量物质示踪剂。确保终端使用环节的燃料、机油及氮氧化物还原剂质量稳定满足国家标准的要求。

五、鼓励研发及推广应用的污染防治技术

（一）鼓励研发的污染防治技术

1. 鼓励新能源动力技术的开发应用。鼓励混合动力、纯电动、燃料电池等新能源技术在非道路移动机械上的应用，优先发展中小非道路移动机械动力装置的新能源化，逐步达到超低排放、零排放。

2. 加快各类先进污染控制技术的自主研发和国产化。压燃式发动机主要污染控制技术包括：电控燃油喷射系统（EFI）、SCR、DPF、高效增压中冷系统（TC）、闭环控制废气再循环装置（EGR）、柴油氧化型催化转化器（DOC）、固体氨选择性催化还原装置（SSCR）等先进后处理系统，以及排放控制传感器等关键零部件及相关技术。

点燃式发动机主要污染控制技术包括：EFI、分层扫气技术及电控化油器等关键零部件及相关技术。

3．鼓励开展噪声控制技术的研究。对于发动机应优化机内燃烧、优化进排气消声器，优化插入损失，降低功率损失比；对于非道路移动机械应优化旋转件匹配、发动机和变速箱的匹配、采用吸隔音材料的研究等措施，降低整个非道路移动机械设备的噪声。

（二）鼓励推广应用的排放控制技术

1．压燃式发动机非道路移动机械排放控制技术装用压燃式发动机的非道路移动机械鼓励优先采用的排放控制技术见表 1。

表 1 装用压燃式发动机的非道路移动机械排放控制技术

功率（P_{max}）/kW	$P_{max}<19$	$19\leqslant P_{max}<37$	$37\leqslant P_{max}<56$	$56\leqslant P_{max}\leqslant 560$	$P_{max}>560$
国四	EFI	EFI	EFI＋TC＋EGR＋DOC＋DPF	EFI＋TC＋DOC＋DPF＋SCR	EFI＋TC＋SCR
国五	—	EFI＋DOC＋DPF＋排放远程监控	EFI＋TC＋EGR＋DOC＋DPF＋排放远程监控	EFI＋TC＋DOC＋DPF＋SCR＋排放远程监控	EFI＋TC＋SCR＋排放远程监控

2．点燃式发动机非道路移动机械排放控制技术

（1）手持式二冲程发动机

应推广具有低逃逸率的高效扫气系统，并加装 OC。

（2）大型点燃式发动机（19kW 以上）

应推广使用 EFI，实现空燃比的闭环控制，加装三元催化器（TWC），降低 HC、CO 和 NO_x 的排放。

对装用汽油发动机的非道路移动机械，鼓励采用低渗透油管、油箱和炭罐等燃油蒸发控制装置，以有效控制蒸发排放。

（三）鼓励开发排放测试技术及设备

1．加快非道路移动机械排放测试设备和技术的研究开发，加快非道路移动机械远程排放监控系统、在线诊断系统测试技术的引进吸收和开发，加快后处理系统传感器国产化的研发，为非道路移动机械产品的生产一致性、在用符合性和企业新产品研发提供保障。

2．鼓励车载排放测试技术及测试设备的研究开发，为加强在用非道路移动机械排放监管提供技术保障。

关于加快推进非道路移动机械摸底调查和编码登记工作的通知

（环办大气函〔2019〕655号）

各省、自治区、直辖市生态环境厅（局），新疆生产建设兵团生态环境局：

为贯彻落实国务院《打赢蓝天保卫战三年行动计划》和《柴油货车污染治理攻坚战行动计划》相关要求，加快推进非道路移动机械摸底调查和编码登记工作，现将有关事项通知如下。

一、充分认识开展摸底调查和编码登记工作的重要性

非道路移动机械种类繁多，应用广泛，相对于机动车而言，存在底数不清、污染控制技术水平相对落后、污染物排放量大等问题。《打赢蓝天保卫战三年行动计划》和《柴油货车污染治理攻坚战行动计划》明确要求，开展非道路移动机械摸底调查和编码登记，划定非道路移动机械排放控制区，严格管控高排放非道路移动机械。各地要统一思想，提高认识，强化组织协调，健全工作机制，通过摸底调查和编码登记，摸清非道路移动机械底数和排放水平，为有效实施排放控制区管理、管控高排放非道路移动机械、减少污染物排放奠定基础。

二、突出重点场所，全面有效推进工作落实

各地生态环境部门按照重点突破、全面推进的原则，制定摸底调查和编码登记工作方案，力争做到机械类型、数量全覆盖。以城市建成区内施工工地、物流园区、大型工矿企业以及港口、码头、机场、铁路货场使用的非道路移动机械为重点，主要包括挖掘机、起重机、推土机、装载机、压路机、摊铺机、平地机、叉车、桩工机械、堆高机、牵引车、摆渡车、场内车辆等机械类型。摸底调查和编码登记信息主要包括生产厂家名称、出厂日期等基本信息，所有人或使用人名称（可为单位或个人）、联系方式等登记人信息，排放阶段、机械类型（按用途分）、燃料类型、污染控制装置等技术信息，以及机械铭牌、发

动机铭牌、非道路移动机械环保信息公开标签等。按照《柴油货车污染治理攻坚战行动计划》要求，于 2019 年年底前完成在用非道路移动机械摸底调查和编码登记，新购置或转入的非道路移动机械，应在购置或转入之日起 30 日内完成编码登记。

三、加强部门协同，通过信息化手段简化流程

各地生态环境部门要加强与行业主管部门沟通协调，充分发挥相关部门和行业组织的作用，形成联合工作机制。要简化流程，通过服务办事窗口、网上监管平台、手机应用程序（APP）、现场填报等方式开展摸底调查和编码登记工作，对完成信息登记的非道路移动机械按照统一编码规则发放非道路移动机械环保标牌，并根据实际情况，选择悬挂、粘贴、喷涂等方式固定，具体技术要求见附件。非道路移动机械环保标牌具有唯一性，编码规则全国统一，环保标牌跨区域有效、各地互认。对于此前已经完成编码登记、在本地使用的非道路移动机械可沿用原编码和环保标牌。鼓励通过电子标牌的方式实现非道路移动机械数据化管理。可直接通过国家非道路移动机械环保监管平台（以下简称国家平台）和 APP 开展摸底调查和编码登记工作，自动实现信息联网报送。使用本地平台的地区，应在 2019 年年底前与国家平台进行技术对接，实现信息联网报送。国家平台（https：//fdl.vecc.org.cn/fdlgather/）和 APP 由中国环境科学研究院机动车排污监控中心负责建设运行。

四、加强指导，确保数据信息准确规范

各省级生态环境部门要及时组织培训，定期调度工作进展，加大对填报信息的审核和复查力度，通过现场抽查等方式核实，确保信息准确规范，杜绝"一机多码"或"多机一码"的现象。各地生态环境部门要充分利用广播、电视、报纸、网络等媒体，并深入施工工地、物流园区、大型工矿企业、港口、码头、机场、铁路货场等场所，广泛宣传非道路移动机械摸底调查和编码登记相关政策和方法。鼓励各地生态环境部门对非道路移动机械集中的单位提供上门服务。鼓励企事业单位、社会组织和公众进行监督。

各地依法划定非道路移动机械排放控制区，生态环境部门充分利用环境监管平台，加大执法监管力度，对违规进入排放控制区或超标排放的非道路移动机械依法实施处罚。

五、联系人及联系方式（略）

生态环境部办公厅

2019 年 7 月 29 日

附件：

非道路移动机械摸底调查和编码登记技术要求

一、非道路移动机械环保登记号码编码规则

（一）非道路移动机械环保登记号码组成方式

非道路移动机械环保登记号码由1位排放阶段代号和8位机械环保序号组成，排放阶段代号与机械环保序号以短横分隔符相连。示例：2-12345678。

（二）排放阶段代号

非道路移动机械排放阶段指出厂时的排放阶段，代号采用排放阶段对应的序号（国一及以前排放阶段代号统一为“1”），电动机械排放阶段代号为"D"，不能确定排放阶段的代号为“X”。

柴油非道路移动机械的排放阶段根据《非道路移动机械用柴油机排气污染物排放限值及测量方法（中国Ⅰ、Ⅱ阶段）》（GB 20891—2007）及其以后修订的版本确定。

场内车辆的排放阶段根据《轻型汽车污染物排放限值及测量方法（Ⅰ）》（GB 18352.1—2001）、《车用压燃式发动机排气污染物排放限值及测量方法》（GB 17691—2001）及其以后修订的版本确定。

（三）机械环保序号

机械环保序号采用数字和字母组合的方式，数字为0～9，字母为英文字母表中除去I、O外的其余24个大写字母。序号由8位字符组成，序号第一位根据省、自治区和直辖市排序确定（见表1），第二位至第八位各省份自行编号。

表1 各省、自治区、直辖市机械环保序号第一位分配表

地区名称	环保序号第一位	地区名称	环保序号第一位
北京市	1	湖北省	H
天津市	2	湖南省	J
河北省	3	广东省	K
山西省	4	广西壮族自治区	L
内蒙古自治区	5	海南省	M
辽宁省	6	重庆市	N
吉林省	7	四川省	P
黑龙江省	8	贵州省	Q
上海市	9	云南省	R

地区名称	环保序号第一位	地区名称	环保序号第一位
江苏省	A	西藏自治区	S
浙江省	B	陕西省	T
安徽省	C	甘肃省	U
福建省	D	青海省	V
江西省	E	宁夏回族自治区	W
山东省	F	新疆维吾尔自治区（含新疆生产建设兵团）	X
河南省	G		

（四）非道路移动机械环保登记号码的确定

根据上传信息，非道路移动机械环境监管平台自动完成排放阶段的确认。工作人员根据排放阶段，发放相应号码，实现机械设备与环保登记号码关联匹配。

非道路移动机械环保登记号码与机械信息一一对应，不允许一台机械对应多个环保登记号码，也不允许多台机械共用一个环保登记号码。

二、非道路移动机械环保标牌技术要求

（一）样式及尺寸

外观标准尺寸：长 50 cm×高 10 cm，单字高 7 cm。

字体：方正大黑简体，字体水平、垂直居中。

字体颜色：白色。

背景颜色：蓝色（R：53、G：85、B：219）。

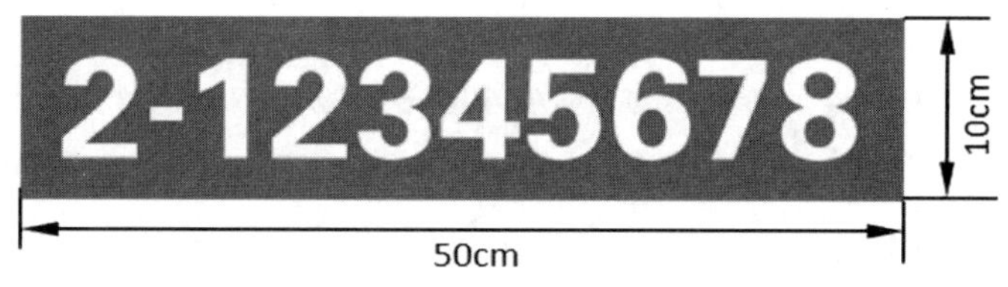

图 1　非道路移动机械环保标识样式

（二）位置要求

位置应优先在机械左右两侧，每侧一个；如果侧边没有合适空间，可以选择机械尾端或机械操作手臂等明显位置。

位于机械左、右侧或尾端时，要求水平，离地面高度至少 1 米。

（三）材料和方式

1．金属标牌

材料要求

材质：厚度不小于 1.2mm 的铝质材料。

耐温性能：在−40℃～＋60℃的环境中，不得有开裂、剥落、碎裂或者翘曲现象。

抗弯曲性能：在受到外力弯曲时，表面不应有裂缝、剥落、层间分离等损坏现象。

抗溶剂性能：应能经受溶剂的浸蚀，表面不得出现褪色、变色、掉色、软化、皱纹、起泡、开裂、起层、卷边或被溶解的痕迹。

耐盐水腐蚀性能：应能经受盐水的腐蚀，表面和铝板不得出现褪色、变色、掉色、软化、皱纹、起泡、开裂、起层、卷边或被浸蚀的痕迹。

抗风沙性能：应能抵御风沙，不应有破损、凹陷、剥落、掉色等缺陷。

耐候性能：按照《中华人民共和国机动车号牌》（GA 36—2018）中的 7.14 试验后，应无明显的变色、褪色、霉斑、开裂、刻痕、凹陷、侵蚀、剥离、粉化或变形；在任何边缘不应出现超过 1 mm 的收缩、膨胀或开裂。

字符要求

字符全部采用冲压方式。

安装要求

采用铆钉方式安装，要求水平、安装牢固，离地面高度至少 1 米。

2．标牌贴

材料要求

耐温性能：按照《车身反光标识》（GA 406—2002）中的 4.8 试验后，不应有裂缝、剥落、碎裂痕迹。

耐候性能：按照《车身反光标识》（GA 406—2002）中的 4.4 试验后，不应有开裂、刻痕、凹陷、侵蚀、剥离、粉化或变形，从任何一边均不应出现明显的收缩或膨胀，不应出现从底板边缘的脱胶现象。

附着性能：按照《车身反光标识》（GA 406—2002）中的 6.10 方法试验后，背胶的 90 度剥离强度不应小于 25N。

粘贴要求

对于机械外表面漆膜完好的，可对表面作清洁处理后直接粘贴在漆膜表面；对于漆膜已经松软、粉化的，应除去漆膜、对底材作防锈处理后粘贴。

3．标牌喷涂

要求按图 1 样式喷涂。涂料要求黏附、耐候性能好。

三、非道路移动机械环保信息采集卡技术要求

非道路移动机械环保信息采集卡使用塑封膜加防伪层塑封，外观尺寸为长 8.8 cm，宽 6 cm。非道路移动机械环保信息采集卡正面样式如图 2，背面样式如图 3。

图 2　采集卡正面样式

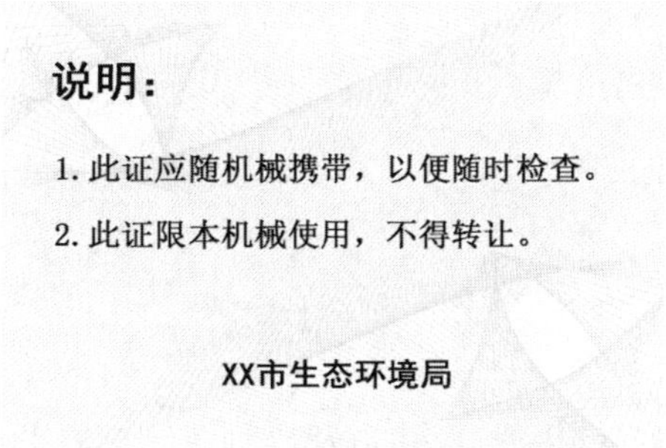

说明：

1. 此证应随机械携带，以便随时检查。
2. 此证限本机械使用，不得转让。

XX市生态环境局

图 3　采集卡背面样式

采集卡样式说明如下：

①正面文字“非道路移动机械环保信息采集卡”颜色为白色，字体为 12 磅黑体，位置居中。

②正面文字“2-12345678”颜色为黑色、字体为 30 磅黑体、位置居中。

③背面文字“说明”颜色为黑色、字体为 16 磅黑体。

④背面文字“1.此证应随机械携带，以便随时检查。2.此证限本机械使用，不得转让。”颜色为黑色、字体为 12 磅宋体。

⑤背面文字“××市生态环境局”颜色为黑色、字体为 12 磅黑体、位置居中。

⑥正面二维码尺寸为 25 mm×25 mm，二维码关联非道路移动机械环保登记号码。

农业农村部办公厅　财政部办公厅　商务部办公厅关于印发《农业机械报废更新补贴实施指导意见》的通知

（农办机〔2020〕2号）

各省、自治区、直辖市及计划单列市农业农村（农牧）厅（局、委）、财政厅（局）、商务主管部门，新疆生产建设兵团农业农村局、财政局、商务主管部门，黑龙江省农垦总局、广东省农垦总局：

为加快老旧农业机械报废更新进度，进一步优化农机装备结构，促进农机安全生产和节能减排，根据《农业机械安全监督管理条例》《国务院关于加快推进农业机械化和农机装备产业转型升级的指导意见》等有关法规政策要求，我们共同制定了《农业机械报废更新补贴实施指导意见》，现印发你们，请结合实际，抓好贯彻落实。

农业农村部办公厅
财政部办公厅
商务部办公厅
2020年2月19日

农业机械报废更新补贴实施指导意见

按照《农业机械安全监督管理条例》《国务院关于加快推进农业机械化和农机装备产业转型升级的指导意见》和农机购置补贴有关实施指导意见等法规政策要求，为做好农机报废更新补贴工作，制定本意见。

一、总体要求

全面贯彻党的十九大和十九届二中、三中、四中全会精神，牢固树立新发展理念，紧紧围绕实施乡村振兴战略，深入推进农业供给侧结构性改革，坚持"农民自愿、政策支持、方便高效、安全环保"的原则，通过政策支持进一步加大耗能高、污染重、安全性能低的老旧农机淘汰力度，加快先进适用、节能环保、安全可靠农业机械的推广应用，努力优化农机装备结构，推进农业机械化转型升级和农业绿色发展。

二、实施范围和补贴对象

中央财政从农机购置补贴中安排资金，实施农机报废更新补贴政策，对农民报废老旧农机给予适当补助。农机报废更新补贴政策在全国所有农牧业县（场）范围内实施，各省（自治区、直辖市）及计划单列市、新疆生产建设兵团、黑龙江省农垦总局、广东省农垦总局（以下简称"各省"）也可结合实际，选择部分市县（场）开展试点再逐步扩大实施范围。补贴对象为从事农业生产的个人和农业生产经营组织，农业生产经营组织包括农村集体经济组织、农民专业合作经济组织、农业企业和其他从事农业生产经营的组织。

三、补贴种类和报废条件

中央财政资金补贴报废农机种类为《农业机械安全监督管理条例》规定的危及人身财产安全的农业机械，包括拖拉机、联合收割机、水稻插秧机、机动喷雾（粉）机、机动脱粒机、饲料（草）粉碎机、铡草机等，具体补贴种类由各省结合实际从中选择确定。补贴的报废农机应当主要部件齐全，来源清楚合法，机主应就机具来源、归属等作出书面承诺。纳入牌证管理的农机需要提供监理机构核发的牌证；无牌证或未纳入牌证管理的，应当具有铭牌或出厂编号、车架号等机具身份信息。报废农机的使用年限等技术条件由各省参照相关机械报废标准确定。对未达报废年限但安全隐患大、故障发生率高、损毁严重、维修成本高的农机，允许申请报废补贴。

四、补贴标准

中央财政农机报废更新补贴由报废部分补贴与更新部分补贴两部分构成。报废部分补贴实行定额补贴，补贴额由省级农业农村部门商财政部门确定。拖拉机和联合收割机报废补贴额不超过农业农村部发布的最高补贴额（详见附表 1），各省可在此基础上归并或细化类别档次，确定具体补贴额。其他农机报废补贴额原则上按不超过同类型农机购置补贴额的 30%测算，并综合考虑运输拆解成本等因素确定，单台农机报废补贴额原则上不超过 2 万元。在多个省份进行报废补贴的农机，相邻省农业农村部门应加强信息沟通，力求补贴额相对统一稳定。更新部分补贴标准按农机购置补贴政策相关规定执行。

五、回收企业

报废农机回收企业（以下简称"回收企业"）应以当地具备资质的报废机动车回收拆解企业为主，也可选择依法具有农机回收拆解经营业务的其他企业或合作社。具体由各省农业农村部门依据《农业机械安全监督管理条例》等确定，并向社会公布。回收企业应当遵守国家有关消防、安全、环保的规定，按照《报废农业机械回收拆解技术规范》开展报废农机回收拆解工作。

六、操作程序

（一）报废旧机。机主自愿将拟报废的农机交售给回收企业。回收企业应当核对机主和拟报废的农机信息，向机主出具《报废农业机械回收确认表（样式）》（见附表 2，以下简称《确认表》），向当地农业农村部门提供机主和报废农机信息。回收企业及时对回收的农机进行拆解并建立档案，对国家禁止生产销售的发动机等部件进行破坏性处理。拆解档案应包括铭牌或其它能体现农机身份的原始资料，保存期不少于 3 年。县级农业农村部门应对回收企业拆解或者销毁农机进行监督。

（二）注销登记。纳入牌证管理的拖拉机和联合收割机机主持《确认表》和相关证照，到当地负责农机牌证管理的机构依法办理牌证注销手续。相关机构核对机主和报废农机信息后，在《确认表》上签注"已办理注销登记"字样。

（三）兑现补贴。机主凭有效的《确认表》，按当地相关规定申请补贴。当地农业农村部门、财政部门按职责分工进行审核，财政部门向符合要求的机主兑现补贴资金。各地可结合实际，设置个人和农业生产经营组织年度内享受报废补贴的农机数量上限。县级农业农村部门应按照报废补贴机具总量不超过购置补贴机具总量的原则，合理确定年度报废补贴农机数量。

七、工作要求

（一）加强组织领导。各级农业农村部门、财政部门、商务部门要切实加强农机报废更新补贴工作的组织领导，明确职责分工，密切配合，形成工作合力。要细化完善管理措施，建立健全制度机制。要加强政策宣传，扩大公众知晓度。大力推行信息公开，对享受补贴的信息进行公示，对实施方案、补贴额、操作程序、投诉咨询方式等信息全面公开，主动接受监督。要加强补贴业务培训，提高工作人员素质能力。地方各级财政部门要加大投入力度，保障必要的工作经费。

（二）推行便民服务。各地有关部门要强化服务意识，创新工作方式，鼓励采取"一站式"服务、网上办理等便民措施，提高工作效率和服务质量。要做好与农机购置补贴工作信息平台的衔接，加快实现回收拆解等信息与农机购置补贴相关信息的互联互通，提高补贴申请资料校核效率。鼓励机动车回收拆解企业、农机维修企业、农机合作社合作开展农机报废回收工作，鼓励回收企业上门回收、办理业务。允许机主购买与报废种类和数量不同的农业机械。

（三）强化监督管理。各省要将农机报废更新补贴实施纳入农机购置补贴延伸绩效管理考核内容，强化结果运用。有关部门按照各自职责加强对农机报废更新补贴工作的监管。对未纳入牌证管理的农机具，各省要制定风险防控措施，严格加强监管，严查虚假报补等骗套补贴资金的违规行为，严惩违规主体。发现回收企业存在违规行为，应视情节轻重，采取警告、通报、暂停参与补贴实施并限期整改、禁止参与补贴实施等措施进行处理。对弄虚作假套取国家补贴资金的企业、个人和农业生产经营组织，要参照农机购置补贴的有关规定和原则进行严肃处理。

（四）及时报送情况。各省要根据本指导意见，结合实际制定印发本省农机报废更新补贴实施方案，并抄报农业农村部、财政部和商务部。要加强实施进度统计分析，严格执行进度季报制度，做好半年和全年总结分析，每年 7 月 10 日和 12 月 10 日前分别报送半年和全年农机报废更新补贴工作总结。

附表：1．拖拉机和联合收割机中央财政资金最高报废补贴额一览表（略）

2．报废农业机械回收确认表（样式）（略）